高等学校计算机专业系列教材

离散数学及其应用

第 2 版

陈琼 马千里 陈伟能 周育人 王家兵 胡劲松 黄艳 编著

Discrete
Mathematics and
Its Applications

Second Edition

机械工业出版社
CHINA MACHINE PRESS

本书根据计算机科学与技术专业对离散数学的教学要求，参考国内外众多优秀的离散数学教材，并结合教学组老师多年的教学实践编写而成。本书对离散数学的核心知识单元进行了系统的理论阐述，对离散数学的分析证明方法进行了严谨的介绍，并通过丰富的应用实例介绍了离散系统建模，旨在帮助读者在掌握理论基础的同时，理解如何利用这些理论知识来分析和解决问题。作为《离散数学及其应用》的第 2 版，本书将函数的相关内容列为独立章节，进行了更详尽的阐述；图论部分增加了握手定理、独立集、覆盖和支配集，以及网络与网络流、基本割集和基本回路的相关内容。此外，本书根据用书学校的反馈对其他章节进行了更新和完善，使其更符合教学要求。本书每部分均配有大量典型例题和难易程度不同的习题，紧密结合实际应用，使学生能够将对离散数学课程的认识由抽象、枯燥转变为易学、有趣。

本书理论与实践相结合、深入浅出，是一本学术性和可读性都很强的教学参考书，适用于计算机科学、计算机工程、软件工程等不同专业方向的离散数学教学。

图书在版编目（CIP）数据

离散数学及其应用 / 陈琼等编著． -- 2 版．

北京 ： 机械工业出版社，2024. 9. --（高等学校计算机专业系列教材）． -- ISBN 978-7-111-76427-4

Ⅰ．O158

中国国家版本馆 CIP 数据核字第 2024K177A1 号

机械工业出版社（北京市百万庄大街 22 号　邮政编码 100037）
策划编辑：郎亚妹　　　　　　　　责任编辑：郎亚妹
责任校对：王小童　马荣华　景　飞　责任印制：常天培
北京铭成印刷有限公司印刷
2024 年 11 月第 2 版第 1 次印刷
185mm×260mm · 18.25 印张 · 416 千字
标准书号：ISBN 978 - 7 - 111 - 76427 - 4
定价：59.00 元

电话服务　　　　　　　　　网络服务
客服电话：010-88361066　　机 工 官 网：www.cmpbook.com
　　　　　010-88379833　　机 工 官 博：weibo.com/cmp1952
　　　　　010-68326294　　金 书 网：www.golden-book.com
封底无防伪标均为盗版　　　机工教育服务网：www.cmpedu.com

前　言

　　离散数学是计算机科学、信息科学、管理科学等诸多学科的重要理论基础。随着信息技术的不断发展，离散数学的应用无处不在，从计算机程序设计、数据结构和算法设计，到前沿的人工智能、大数据和物联网等领域的，都离不开离散数学基础理论和方法的支撑。

　　离散数学课程是计算机科学及相关专业的核心基础课程，包括数理逻辑、集合论、组合数学、图论和代数结构等内容。这门课程不仅为计算机学科专业课程提供了理论支撑，还培养了学生的抽象思维、提高了学生的逻辑推理和计算能力。学生通过学习离散数学，能够掌握离散对象的数学描述和分析方法，从而解决计算机科学中的复杂问题。

　　本书凝聚了作者多年的教学实践经验。本次修订旨在吸收我们近年来在"离散数学"国家级一流本科课程建设方面的成果，以及离散数学慕课的建设经验，进一步提高教材的科学性、系统性、前沿性和实用性。本次修订对教材的内容进行了全面梳理和更新，对教材结构进行了优化和改进，力求使教材更加符合学生的学习特点和学习习惯。自本教材首次出版以来，我们收到了一些师生的反馈和建议，这些宝贵的意见为我们修订教材提供了重要参考。

　　我们对教材中的部分内容进行了更新和补充。在数理逻辑中更新了部分例题；在集合论部分，对自然数、集合基数等的定义和相关概念等进行了更新；在图论部分补充了网络流、最大割最小流、覆盖集、回路矩阵、割集矩阵等概念。此外，我们还对章节结构进行了优化和调整，使各个章节之间的逻辑关系更加清晰。为了使学生更好地理解抽象的概念和定理，我们修订和增加了大量的实例，补充了命题逻辑和谓词逻辑在机器学习和人工智能中的应用，补充了关系在编译器设计、机器学习、优化等领域的应用，以及图论在计算机学科和日常生活中的应用。这些理论联系实际的实例不仅涵盖计算机科学、信息科学等领域的应用，还涉及生活中的实际问题，可帮助学生了解离散数学的前沿应用，也使离散数学课程的学习更加生动有趣。

　　本书的数理逻辑部分由马千里老师和胡劲松老师修订，集合论部分由陈伟能老师和黄艳老师修订，图论部分由陈琼老师和王家兵老师修订，组合数学和代数结构部分由周育人老师修订。

　　本书可作为高等院校计算机及相关专业的离散数学课程教材，我们还会为使用本教材的教师提供配套的电子教案和习题解答。

　　在本书的编写过程中，我们得到了许多领导、老师及业界同人的帮助和支持，在此表示衷心的感谢。由于作者水平有限，书中难免存在错误和不妥之处，敬请读者不吝赐教。

作者

2024 年 5 月

教 学 建 议

教学章节		教学要求	课时
第一部分 数理逻辑	第1章 命题逻辑	掌握命题的基本概念 掌握联结词的定义、能准确应用它们表示命题 掌握命题公式的分类和公式类型的判定 熟悉命题演算的等价关系式 了解其他联结词和最小全功能联结词集 掌握求主析取范式和主合取范式的方法 掌握推理的概念和命题演算的推理	10～12
	第2章 谓词逻辑	掌握谓词逻辑的基本概念 了解谓词公式的解释和分类 熟悉谓词演算的关系式 了解前束范式的概念 掌握谓词演算推理理论和推理问题的证明 了解谓词演算推理的应用	6～8
第二部分 集合、关系和 函数	第3章 集 合	掌握集合的概念及表示 掌握集合间的关系判断 熟悉集合的运算	2～4
	第4章 关 系	掌握关系的定义和表示 掌握关系的复合运算和逆运算 掌握关系性质的定义和判断、关系闭包的求法 掌握等价关系、偏序关系的概念及证明	10～14
	第5章 函 数	掌握函数的定义 掌握单射、双射和满射函数的判断和证明 了解集合的基数的概念，掌握无限集合的比较方法	4
第三部分 组合数学	第6章 计 数	掌握基本计数规则及其应用 掌握排列和组合计数方法、多重集的排列和组合计数方法 掌握容斥原理及应用 了解鸽巢原理	4～6
	第7章 高级计数技术	掌握递推方程、常系数线性齐次递推方程和常系数线性非齐次递推方程的求解方法 掌握生成函数的定义 了解生成函数的应用	8～10
第四部分 图 论	第8章 图	掌握图的基本概念和图的分类 理解通路、回路和连通的概念 掌握用邻接表、邻接矩阵、关联矩阵、可达矩阵表示图的方法 了解图的应用	6～8

（续）

教学章节		教学要求	课时
第四部分 图 论	第 9 章 特 殊 图	掌握欧拉图和哈密顿图的判定 了解带权图，掌握求最短路径算法，了解旅行商问题和中国邮路问题的求解方法 理解匹配的概念，掌握二分图的定义及判定 掌握平面图的定义和判定 了解图的着色的概念及其应用	6～8
	第 10 章 树	掌握无向树、有向树的概念 掌握最小生成树的概念、求最小生成树的方法，了解最小生成树的应用 掌握根树的概念，理解根树的遍历算法 了解根树的应用，掌握求前缀码、最优二元树的方法及其应用，了解决策树的概念	4～6
第五部分 代数结构	第 11 章 代数系统	掌握代数系统的定义、性质和分类，代数系统的同态和同构的概念 掌握群、半群、子群的定义、性质及证明方法 掌握循环群和置换群的概念和相关结论的证明 了解环和域的概念及证明	8
	第 12 章 格与布尔代数	掌握格、分配格、有界格、有补格、有补分配格的概念，能够证明格中的等式或不等式 掌握判定一个偏序集或代数系统是否构成格的方法 掌握布尔代数的概念，了解布尔代数在数字电路中的应用	8
总课时			76～96

说明：

1）完成全部教学内容，建议教学课时为 76～96，不同学校可以根据各自的教学要求和计划课时数对教学内容进行取舍。

2）如果计划课时数较少，可以只讲第一、二、四部分，即：数理逻辑，集合，关系和函数，图论。计划课时为 48。第一、二、四部分中，1.3.2 节、1.3.3 节、3.4 节、3.5 节、9.4.3 节可以略去不讲。

目　　录

第一部分

数 理 逻 辑

第1章 命题逻辑

逻辑学是研究思维规律及推理的形式结构的科学。数理逻辑是用数学方法研究推理过程的科学，是计算机科学的理论基础之一。数理逻辑不仅对理解数学推理十分重要，而且在计算机电路设计、计算机程序设计、程序设计正确性的证明、程序设计语言、人工智能等计算机科学的其他领域都有广泛的应用。命题逻辑是数理逻辑的基本组成部分，是以命题为推理的基本单位的逻辑系统。本章介绍命题逻辑的基本知识、基本思想和方法。

1.1 命题与联结词

1.1.1 命题的概念

定义 1.1.1 **命题**是用陈述句表示的一个或者为真或者为假，但不能同时既为真又为假的判断语句。

命题代表人们进行思维活动时的一种判断，或者是肯定，或者是否定，因此命题只能为真或假，把这种真假的结果称为命题的**真值**。如果命题的真值为真，称该命题为**真命题**，其真值可用"T"或"1"表示；如果命题的真值为假，称该命题为**假命题**，其真值可用"F"或"0"表示。

例 1.1.1 判断下列句子哪些是命题？若是命题，判断其真值。

1）$2+3=5$。

2）$2+3=6$。

3）北京是中国的首都。

4）2013 年 5 月 1 日是星期日。

5）$3-x=5$。

6）请关上门。

7）几点了？

8）除地球外的星球有生物。

9）多漂亮的花啊！

10）对每一对实数 x、y，都有 $x+y=y+x$。

解 1）、2）、3）、4）、8）、10）是命题，5）、6）、7）、9）不是命题。1）、3）、10）的真值为 1，2）、4）的真值为 0。8）是命题，能判断真假，且其真值是唯一确定的，只是目前人们不知道。5）不是命题，因为 x 是变元，它的真值不确定。6）是祈使句，7）是疑问句，9）是感叹句。祈使句、疑问句、感叹句表示的语义没有真假，所以 6）、7）、9）都不是命题。

注意：表示命题的陈述句可判断真假，具有唯一真值。悖论是陈述句，但不能判断其真假，因此不是命题。例如，"我只给所有不给自己理发的人理发"不是命题。

引入英文字母表示任意的命题，就像用字母表示数学变元那样。表示命题的符号称为**命题变元**，通常用 p、q、$r\cdots$ 或 P、Q、$R\cdots$ 来表示。命题变元没有真值，只有表示一个确定的命题后，才有真值。如用 p 表示命题"$2+3=6$"，这时 p 的真值为 0，也可以用 p 表示命题"$2+3=5$"，这时 p 的真值为 1。

定义 1.1.2　表示命题的陈述语句如果不能分解为更简单的陈述语句，称为**简单命题**或**原子命题**；表示命题的陈述句由几个简单句和连词组合而成，称为**复合命题**。

本书中用小写英文字母表示简单命题，如用 p 表示简单命题"北京是中国的首都"。数理逻辑中定义了对应于自然语言中连词的联结词，通常用英文字母和联结词的组合表示复合命题。

定义 1.1.3　用英文字母或英文字母和联结词的组合表示命题，称为**命题的符号化**。

1.1.2　联结词

定义 1.1.4　设 p 是一个命题，$\neg p$ 表示一个新命题"非 p"。"$\neg$"是否定联结词，命题 $\neg p$ 称为 p 的**否定**。当且仅当 p 为假时，$\neg p$ 为真。

真值表给出命题真值之间的关系。表 1.1.1 给出命题变元 p 及其否定的所有可能的真值，称为否定联结词"$\neg$"的**真值表**。

表 1.1.1　$\neg p$ 的真值表

p	$\neg p$
1	0
0	1

例如，p 表示"今天是晴天"，则 $\neg p$ 表示"今天不是晴天"。注意，$\neg p$ 不能理解为"今天是雨天"，因为"今天是晴天"的否定并不是"今天是雨天"，还可能是"今天是阴天""今天是下雪天"等。

自然语言中表示否定的连词"非""不""没有""无""并非"等都可用 $\neg$ 来表示。

定义 1.1.5　设 p、q 表示任意两个命题，$p \wedge q$ 可表示复合命题"p 并且 q"。"$\wedge$"称为**合取**联结词。命题 $p \wedge q$ 称为 p 和 q 的合取。当且仅当 p 和 q 同时为真时，$p \wedge q$ 为真。真值表见表 1.1.2。

例如，p 表示"今天是晴天"，q 表示"今天去公园"。则 $p \wedge q$ 表示"今天是晴天并且今天去公园"。

自然语言中的"和""与""也""并且""既……又……""不仅……而且……""虽然……但是……"等表示同时的连词都可用 $\wedge$ 来表示。假设 p 表示"小李聪明"；q 表示"小李用功"，则"小李既聪明又用功"和"小李不仅聪明而且用功"均可符号化为 $p \wedge q$。

表 1.1.2　$p \wedge q$ 的真值表

p	q	$p \wedge q$
1	1	1
1	0	0
0	1	0
0	0	0

定义 1.1.6　设 p、q 是任意两个命题，$p \vee q$ 可表示复合命题"p 或 q"，"$\vee$"称为**析取**联结词。命题 $p \vee q$ 称为 p 和 q 的析取。当且仅当 p 和 q 都为假时，$p \vee q$ 为假。真值表见表 1.1.3。

表 1.1.3　$p \vee q$ 的真值表

p	q	$p \vee q$
1	1	1
1	0	1
0	1	1
0	0	0

例如，p 表示"电灯不亮是灯泡有问题所致"，q 表示"电灯不亮是线路有问题所致"，则 $p \vee q$ 表示电灯不亮是灯泡或线路有问题所致。

析取联结词可表示自然语言中的"或""可能……可能……""或者……或者……"等。自然语言中的"或"具有二义性，有时表示兼容性或，有时表示不兼容性或。由定义可以看出，$p \vee q$ 表示的是兼容性或，即容许 p 和 q 的真值中一个为真，或 p 与 q 的真值都为真。而对于命题"派小王或小李中的一人去开会"，其中的"或"表达的是不兼容性或（又称排斥或）。假设 p 表示命题"派小王去开会"，q 表示命题"派小李去开会"，该句不能符号化为 $p \vee q$ 的形式，而应符号化为 $(p \wedge \neg q) \vee (\neg p \wedge q)$。在命题逻辑中，将不兼容性或称为**异或**。

定义 1.1.7　设 p、q 为任意两个命题，$p \rightarrow q$ 可表示复合命题"如果 p，则 q"，"$\rightarrow$"称为**蕴涵**联结词。命题 $p \rightarrow q$ 称为 p 与 q 的蕴涵式。当且仅当 p 为真、q 为假时，$p \rightarrow q$ 为假。真值表见表 1.1.4。

表 1.1.4　$p \rightarrow q$ 的真值表

p	q	$p \rightarrow q$
1	1	1
1	0	0
0	1	1
0	0	1

例如，p 表示"今天天气晴朗"，q 表示"我们去海滩"，则 $p \rightarrow q$ 表示"如果今天天气晴朗，我们就去海滩"。

蕴涵式 $p \rightarrow q$ 表示的逻辑关系是：p 是 q 的充分条件，q 是 p 的必要条件。因此形如"如果 p，则 q""如果 p，那么 q""当 p 则 q""p 仅当 q"等复合命题都可以符号化为 $p \rightarrow q$ 的形式。形如 $p \rightarrow q$ 的蕴涵式中，称 p 为**蕴涵前件**，q 为**蕴涵后件**。

例 1.1.2　将下列命题符号化。

1）如果天气晴朗，我们去海滩。

2）仅当天气晴朗，我们去海滩。

解　假设 p 表示"天气晴朗"，q 表示"我们去海滩"。

1）可符号化为 $p \rightarrow q$，因为"天气晴朗"是"我们去海滩"的充分条件。

2）可符号化为 $q \rightarrow p$，这句的"天气晴朗"是"我们去海滩"的必要条件。　◀

注意，只有 p 的真值为真而 q 的真值为假时，$p \rightarrow q$ 的真值才为假；当 p 和 q 的真值都为真或 p 的真值为假（无论 q 的真值为真还是假）时，$p \rightarrow q$ 的真值都为真。蕴涵式的前件的真值为假、后件的真值为任何值时，蕴涵式的真值都为真，对此，可以理解为当规定的前提条件不成立时，得出任何结论都是有效的。例如，命题"如果 $2+3=6$，则太阳从东方升起"和"如果 $2+3=6$，则太阳从西方升起"的真值都为真。

这两个命题的假设和结论之间没有什么联系，在自然语言中，我们不会使用这样的条件句。在数学推理中，条件语句作为一个数学概念不依赖于假设和结论之间的语义关系。

定义 1.1.8　设 p、q 为任意两个命题，$p \leftrightarrow q$ 可表示命题"p 当且仅当 q"。"$\leftrightarrow$"称为**等价**联结词，命题 $p \leftrightarrow q$ 称为等值式。当且仅当 p 和 q 同时为真或同时为假时，$p \leftrightarrow q$ 为真。真值表见表 1.1.5。

表 1.1.5　$p \leftrightarrow q$ 的真值表

p	q	$p \leftrightarrow q$
1	1	1
1	0	0
0	1	0
0	0	1

等值式 $p \leftrightarrow q$ 表示 p 与 q 互为充分必要条件的逻辑关系，也就是表示形如"p 当且仅当 q""如果 p，那么 q，反之亦然"等的命题。

例如，p 表示"两个三角形是全等的"，q 表示"两个三角形的三条对应边相等",则 $p\leftrightarrow q$ 表示"两个三角形是全等的当且仅当它们的三条对应边相等"。

也可以用一个英文字母来表示复合命题,但在推理问题的研究中有时是不适合的。对于一个复合命题,通常先分析出其中包含的简单命题及它们之间的关系,分别用英文字母表示每一个简单命题,选用合适的联结词表示命题间的关系,然后用联结词联结表示简单命题的字母,组成复合命题的表示式。

例 1.1.3 将下列命题符号化。

1)虽然天气很冷,老王还是来了。

2)小王和小李是好朋友。

3)小王和小李是好学生。

4)小王或小李中的一个人是游泳冠军。

5)只有学过微积分或数学系的学生,才可以选修这门课。

6)如果明天早晨 6 点不下雨,我就去跑步。

7)今天下雨与 3＋3＝6。

8)登录服务器必须输入一个有效的口令。

9)2＋3＝5 的充要条件是加拿大位于亚洲。

解 1)设 p 表示"天气很冷",q 表示"老王来了",则 1)可符号化为 $p\wedge q$。

2)这句虽然有连词"和",但是一个简单句,可用 p 表示"小王和小李是好朋友"。

3)这句中的连词"和"连接两个简单句"小王是好学生"和"小李是好学生",分别用 p 和 q 表示这两个简单命题,则可符号化为 $p\wedge q$。

4)这句中的"或"是不兼容性或,因此应符号化为 $(p\wedge\neg q)\vee(\neg p\wedge q)$,其中 p 表示"小王是游泳冠军",q 表示"小李是游泳冠军"。

5)这句含有 3 个简单命题,可分别用 p、q、r 来表示,设 p 表示"学过微积分的学生",q 表示"数学系的学生",r 表示"你可以选修这门课"。这句中含有的"或"是兼容性或,"只有……才……"的表达方式表示"你学过微积分或是数学系的学生"是"你可以选修这门课"的必要条件,所以,这个命题可以符号化为 $r\rightarrow(p\vee q)$。

6)设 p 表示"明天早晨 6 点下雨",q 表示"我去跑步",则 6)可符号化为 $\neg p\rightarrow q$,或者也可以符号化为 $\neg q\rightarrow p$。

7)设 p 表示"今天下雨",q 表示"3＋3＝6",则 7)可符号化为 $p\wedge q$。

8)设 p 表示"登录服务器",q 表示"输入一个有效的口令",则 8)可符号化为 $p\rightarrow q$。

9)设 p 表示"2＋3＝5",q 表示"加拿大位于亚洲",则 9)可符号化为 $p\leftrightarrow q$。 ◀

有些命题在自然语言中可能是没有意义的,如上例中的命题7),其中包含的两个简单句语义上没有联系,逻辑上是合取关系。在数理逻辑中,$p\wedge q$、$p\vee q$、$p\rightarrow q$、$p\leftrightarrow q$ 中的 p 和 q 可以没有语义上的联系。

这里定义了 5 个主要联结词:$\neg$,$\wedge$,$\vee$,$\rightarrow$,$\leftrightarrow$。其中 $\neg$ 是一元联结词,$\wedge$、$\vee$、$\rightarrow$、$\leftrightarrow$ 是二元联结词。与普通运算符一样,可以规定运算的优先级,优先顺序为 $\neg$、$\wedge$、$\vee$、$\rightarrow$、$\leftrightarrow$。例如,$p\vee q\rightarrow r$ 等同于 $(p\vee q)\rightarrow r$。若有括号,先进行括号中内容的运算。

括号有时被省略，如¬$p \land q$ 是¬p 和 q 的合取，这里是省略了¬p 的括号，即(¬p)$\land q$，而不是 p 和 q 的合取的否定，即¬($p \land q$)。合取运算符的优先级高于析取运算符，但这个规则不好记，所以可使用括号来区别合取运算符和析取运算符的顺序。对于条件运算符和双条件运算符，也可使用括号区分它们的运算顺序。

例 1.1.4 将下列命题符号化，并指出它们的真值。

1)1＋1＝2 和 2＋3＝6。

2)1＋1＝2 或猴子是飞禽。

3)若 2＋3＝6，则猴子是飞禽。

4)若猴子不是飞禽，则 1＋1＝2 和 2＋3＝6。

5)若 2＋3＝6 或猴子是飞禽，则 1＋1＝2。

6)2＋3＝6 当且仅当猴子不是飞禽。

解 设 p 表示"1＋1＝2"，q 表示"2＋3＝6"，r 表示"猴子是飞禽"，则 p 表示的命题真值为 1，q 表示的命题真值为 0，r 表示的命题真值也为 0。因而命题符号化为：

1)$p \land q$，真值为 0，因为 p 和 q 中有一个为 0。

2)$p \lor q$，真值为 1，因为 p 和 q 中有一个为 1。

3)$q \to r$，真值为 1，因为这个条件蕴涵式的前件为 0，当条件蕴涵式的前件为 0 时，无论它的后件的真值为 1 还是 0，这个条件蕴涵式的真值都为 1。

4)¬$r \to p \land q$，真值为 0，因为这个条件蕴涵式的前件为 1，后件为 0。

5)$q \lor r \to p$，真值为 1，原因同 3)。

6)$q \leftrightarrow \lnot r$，真值为 0，因为 q 为 0，¬r 为 1。 ◀

除了这 5 个联结词外，还定义了一些表示其他逻辑关系的联结词。常用的有与非联结词、或非联结词和异或联结词等。下面给出它们的定义。

定义 1.1.9 设 p 和 q 是任意两个命题，$p \uparrow q$ 可表示复合命题"p 和 q 的与非"，"↑"称为**与非联结词**。命题 $p \uparrow q$ 称为 p 和 q 的**与非式**。当且仅当 p 和 q 同时为真时，$p \uparrow q$ 为假。真值表见表 1.1.6。可以看出，与非式 $p \uparrow q$ 和¬($p \land q$)等值。

表 1.1.6 $p \uparrow q$ 的真值表

p	q	$p \uparrow q$
1	1	0
1	0	1
0	1	1
0	0	1

定义 1.1.10 设 p 和 q 是任意两个命题，$p \downarrow q$ 可表示复合命题"p 和 q 的或非"，"↓"称为**或非联结词**。命题 $p \downarrow q$ 称为 p 和 q 的**或非式**。当且仅当 p 和 q 同时为假时，$p \downarrow q$ 为真。真值表见表 1.1.7。可以看出，或非式 $p \downarrow q$ 和¬($p \lor q$)等值。

表 1.1.7 $p \downarrow q$ 的真值表

p	q	$p \downarrow q$
1	1	0
1	0	0
0	1	0
0	0	1

定义 1.1.11 设 p 和 q 是任意两个命题，$p \oplus q$ 可表示复合命题"p、q 之中恰有一个成立"，"⊕"称为**异或**(不兼容性或)**联结词**。命题 $p \oplus q$ 称为 p 和 q 的**异或式**。当且仅当 p 和 q 恰有一个为真时，$p \oplus q$ 为真。真值表见表 1.1.8。可以看出，异或式 $p \oplus q$ 和($p \land \lnot q$)$\lor$(¬$p \land q$)等值。

表 1.1.8 $p \oplus q$ 的真值表

p	q	$p \oplus q$
1	1	0
1	0	1
0	1	1
0	0	0

在计算机中，这些联结词表示的逻辑关系可以用数字电路中的门电路实现，例如，表示"非"逻辑关系的否定联结词¬用数字电路中的"非门"实现，∧ 联结词用"与门"实现，∨ 联结词用"或门"实现，→和↔实际上可以用¬、∧ 和 ∨ 三个联结词来表示，所以可以用非门、与门和或门组合的电路来实现。图 1.1.1 是非门、与门和或门的电路符号。

图 1.1.1 逻辑门电路符号

非门有一个输入端和一个输出端，与门和或门有两个或两个以上的输入端和一个输出端。与非、或非和异或逻辑关系可用与非门、或非门和异或门实现。在计算机电路中经常用到这些门电路。

例 1.1.5 用逻辑电路实现命题公式$(p \vee q) \wedge \neg p$。

解 可以用图 1.1.2 所示的逻辑电路实现命题公式$(p \vee q) \wedge \neg p$。 ◀

逻辑联结词广泛应用于信息检索中，例如，大部分网络搜索引擎支持布尔检索技术。在布尔检索中，联结词 AND 用于匹配同时包含两个检索项的记录，联结词 OR 用于匹配至少包含一个检索项的记录，而联结词 NOT 用于排除某个特定的检索项。采用布尔检索时，细心安排逻辑联结词的使用有助于有效找到特定主题的网页和信息。

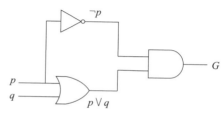

图 1.1.2 例 1.1.5 逻辑电路

使用逻辑运算符可以把自然语言表示的命题翻译成由命题变元和逻辑联结词组成的表达式，例如，在说明计算机硬件系统和软件系统时，将自然语言翻译成逻辑表达式是很重要的部分。对于一些逻辑难题，可以用逻辑表达式表示，然后推理求解。

例 1.1.6 将下面的系统规范说明翻译成逻辑表达式，并确定这些系统规范说明是否一致。

"当且仅当系统正常操作时，系统处于多用户状态。"

"如果系统正常操作，则它的核心程序正在运行。"

"核心程序没有正常运行，或者系统处于中断模式。"

"系统不处于中断模式。"

解 令 p 表示"系统正常操作"，q 表示"系统处于多用户状态"，r 表示"核心程序正在运行"，s 表示"系统处于中断模式"，则上述规范说明可以表示为

$$p \leftrightarrow q, \quad p \rightarrow r, \quad \neg r \vee s, \quad \neg s$$ ◀

系统和软件工程师从自然语言中提取需求，生成精确、无歧义性的规范说明，这些规范说明可作为软件开发的基础。系统规范说明应该是一致的，不应该包含有冲突的需求。当规范说明不一致时，无法开发出满足所有规范说明的系统。

若$\neg s$ 为真，则 s 需为假。当 s 为假时，$\neg r \vee s$ 为真则 r 必须为假，这时 p 必须为假，才能使 $p \rightarrow r$ 为真。当 p 为假时，q 必须为假，才有 $p \leftrightarrow q$ 为真。因此，当 s、r、p、q 都

为假时，上述规范说明的逻辑表达式的真值都为真，这 4 个规范说明是一致的。

如果在上述规范说明中增加"如果系统不处于多用户状态，它就处于中断状态"，表示为逻辑表达式 ¬q→s。当 q 和 s 都为假时，¬q→s 为假。因此，这 5 个规范说明就是不一致的。

例 1.1.7　三个客人坐在餐馆，服务生问："每个人都要咖啡吗？"第一位客人回答："我不知道。"接着第二位客人也回答："我不知道。"最后，第三位客人回答："不是每个人都要咖啡。"一会儿，服务生回来，将咖啡递给需要的客人。请问服务生是如何判断哪位客人需要咖啡的？

解　根据三位客人的回答，服务生给第一位客人和第二位客人送来咖啡。

设 p、q、r 分别表示第一、二、三位客人要咖啡。如果每个人都要咖啡，则 p∧q∧r 为真。如果第一位客人不要咖啡，则 p 为假，这时 p∧q∧r 为假，可以说"不是每个人都要咖啡"。第一个客人的回答是"我不知道"，服务生可以判断 p 不为假。根据第二个人的回答可以判断 q 为真，因为 q 为假时，第二个客人就知道"不是每个人都要咖啡"。第三位客人的回答说明 r 为假，因为这时已知 p 和 q 都为真，只有 r 为假，p∧q∧r 才为假，也就是"不是每个人都要咖啡"。因此，服务员可以断定第一位和第二位客人要咖啡，第三位客人不要咖啡。　◀

1.2　命题公式及其分类

上一节介绍了几个常用的联结词及其组成的基本复合命题表达式 ¬p、p∧q、p∨q、p→q、p↔q 等，其中 p、q 可以代表特定的命题，也可以代表任意的命题。当 p、q 代表特定的命题时，真值是确定的，称为**命题常量（常项）**。当 p、q 代表任意的命题时，称为**命题变元（变项）**。由代表命题常量或命题变元的字母、联结词、括号等组成的符号串称为命题公式，但不是由这些符号任意组成的符号串都是命题公式。下面给出命题公式的定义。

定义 1.2.1

1）每一个命题常量或命题变元都是命题公式。

2）如果 A 是命题公式，则（¬A）是命题公式。

3）如果 A 和 B 都是命题公式，则（A∧B）、（A∨B）、（A→B）、（A↔B）都是命题公式。

4）一个由命题常量或命题变元、联结词和括号所组成的符号串是命题公式，当且仅当这个符号串是有限次应用上面的步骤得到的。

命题公式可以简称为公式。根据定义，¬(p∨q)、p→(q→r)、(p∧q)↔r 等都是命题公式。为了书写方便，一般(¬A)的括号及整个公式最外层的括号可以省略，例如，((p∨(¬q))→r)可写成(p∨¬q)→r。

一个含有命题变元的命题公式的真值是不确定的。只有当公式中的所有命题变元代表特定的命题时，命题公式才成为命题，其真值才唯一确定。例如，命题公式 p∧q 中，若指定 p 为"2 是素数"，q 为"3 是奇数"，也就是 p 的真值为真，q 的真值为真，则 p∧q 为真命题；若指定 p 为"2 是素数"，q 为"3 是偶数"，则 p∧q 为假命题，因为 p 的真值为真，而 q 的真值为假。对命题公式的各个命题变元指定一个特定的命题，实际上就是对命题公式的解释或赋值，定义如下。

定义 1.2.2 若命题公式 A 含有的全部命题变元为 $p_1,p_2,\cdots,p_n$，给 $p_1,p_2,\cdots,p_n$ 指定一组真值，称为对 A 的一个**解释**或**赋值**。使 A 的真值为真的赋值称为**成真赋值**，使 A 的真值为假的赋值称为**成假赋值**。通常赋值与命题变元之间按下标或字母顺序对应，即当 A 的全部命题变元为 $p_1,p_2,\cdots,p_n$ 时，给 A 赋值 $\alpha_1,\alpha_2,\cdots,\alpha_n$，是指 $p_1=\alpha_1,p_2=\alpha_2,\cdots,p_n=\alpha_n$；当 A 的全部命题变元为 $p,q,r,\cdots$ 时，给 A 赋值 $\alpha_1,\alpha_2,\alpha_3,\cdots$ 是指 $p=\alpha_1,q=\alpha_2,r=\alpha_3,\cdots$。

例如，公式 A 为 $(p\vee\neg q)\rightarrow r$，$p=0$、$q=1$、$r=0$ 是对 A 的一个赋值，这时 A 的真值为 1；$p=1$、$q=1$、$r=0$ 是对 A 的又一个赋值，这时 A 的真值为 0。也就是 010 是公式 A 的一个成真赋值，而 110 是公式 A 的一个成假赋值。

含 $n(n\geqslant1)$ 个命题变元的命题公式，共有 2^n 个不同的赋值。将命题公式在所有赋值下的真值列成一个表，称为该命题公式的真值表。命题公式有 n 个命题变元，它的真值表有 2^n 行。n 个命题变元的不同的真值表有 2^{2^n} 个。

例 1.2.1 写出下列公式的真值表。

1) $p\rightarrow(q\wedge\neg r)$

2) $(p\rightarrow q)\vee(\neg p\rightarrow q)$

3) $\neg(\neg p\rightarrow q)\wedge q$

解 1) $p\rightarrow(q\wedge\neg r)$ 有 3 个变元，真值表有 8 行，见表 1.2.1。

表 1.2.1 公式 1) 的真值表

p	q	r	$\neg r$	$q\wedge\neg r$	$p\rightarrow(q\wedge\neg r)$	p	q	r	$\neg r$	$q\wedge\neg r$	$p\rightarrow(q\wedge\neg r)$
0	0	0	1	0	1	1	0	0	1	0	0
0	0	1	0	0	1	1	0	1	0	0	0
0	1	0	1	1	1	1	1	0	1	1	1
0	1	1	0	0	1	1	1	1	0	0	0

在写出命题公式 $p\rightarrow(q\wedge\neg r)$ 的真值表时，按联结词的优先级次序，首先计算在各种赋值下 $\neg r$ 的真值，然后计算 $q\wedge\neg r$ 的赋值，最后算出 $p\rightarrow(q\wedge\neg r)$ 的真值。

2) 同理可以写出 $(p\rightarrow q)\vee(\neg p\rightarrow q)$ 的真值表，见表 1.2.2。

表 1.2.2 公式 2) 的真值表

p	q	$p\rightarrow q$	$\neg p\rightarrow q$	$(p\rightarrow q)\vee(\neg p\rightarrow q)$	p	q	$p\rightarrow q$	$\neg p\rightarrow q$	$(p\rightarrow q)\vee(\neg p\rightarrow q)$
0	0	1	0	1	1	0	0	1	1
0	1	1	1	1	1	1	1	1	1

3) $\neg(\neg p\rightarrow q)\wedge q$ 的真值表见表 1.2.3。

表 1.2.3 公式 3) 的真值表

p	q	$\neg p\rightarrow q$	$\neg(\neg p\rightarrow q)$	$\neg(\neg p\rightarrow q)\wedge q$	p	q	$\neg p\rightarrow q$	$\neg(\neg p\rightarrow q)$	$\neg(\neg p\rightarrow q)\wedge q$
0	0	0	1	0	1	0	1	0	0
0	1	1	0	0	1	1	1	0	0

在表 1.2.1 中有些赋值使命题公式为真，有些赋值使命题公式为假。而在表 1.2.2 中，所有赋值均使命题公式的真值为 1，在表 1.2.3 中，所有赋值均使命题公式的真值为 0。

按照命题公式在各种赋值下的取值情况，可将命题公式分类如下。

定义 1.2.3 设 A 为一个命题公式。

1）若 A 在它的各种赋值下取值均为 1，则称 A 为**重言式**或**永真式**。

2）若 A 在它的各种赋值下取值均为 0，则称 A 为**矛盾式**或**永假式**。

3）若至少存在一种赋值使 A 的真值为 1，则称 A 为**可满足式**。

这三类公式之间有下面的关系。

1）公式 A 永真，则 $\neg A$ 永假，反之亦然。

2）公式 A 是可满足的，当且仅当 $\neg A$ 不是永真式。

3）公式 A 不是可满足的，则一定是永假式。

4）公式 A 不是永假式，则一定是可满足的。

判断一个命题公式的类型（即永真式、永假式、可满足式）可通过构造命题公式的真值表来实现，如例 1.2.1 中的公式 1）存在为真的赋值，也存在为假的赋值，是可满足式，公式 2）的所有赋值都使公式的真值为 1，是永真式，公式 3）的所有赋值都使公式的真值为 0，是永假式。

1.3 命题演算的关系式

1.3.1 等价关系式

定义 1.3.1 设 A 和 B 是两个命题（或命题公式），若 $A \leftrightarrow B$ 是永真式，则称命题 A 和 B **逻辑等价**，可记为 $A \Leftrightarrow B$。

$A \leftrightarrow B$ 是永真式表示命题公式 A 和 B 在所有的赋值下都有相同的真值，也就是说命题公式 A 和 B 有相同的真值表。因此，可以用真值表判定两个命题是否等价。命题 A 和 B 等价当且仅当真值表中给出它们真值的两列完全相同。

例 1.3.1 证明 $p \rightarrow q$ 和 $\neg p \lor q$ 等价。

证明 表 1.3.1 是公式 $p \rightarrow q$ 和 $\neg p \lor q$ 的真值表。

对于 p 和 q 的所有赋值，$p \rightarrow q$ 和 $\neg p \lor q$ 的真值都一样。见表 1.3.1。

表 1.3.1 公式 $p \rightarrow q$ 和 $\neg p \lor q$ 的真值表

p	q	$p \rightarrow q$	$\neg p$	$\neg p \lor q$	p	q	$p \rightarrow q$	$\neg p$	$\neg p \lor q$
0	0	1	1	1	1	0	0	0	0
0	1	1	1	1	1	1	1	0	1

所以这两个公式等价，即 $p \rightarrow q \Leftrightarrow \neg p \lor q$。

例 1.3.2 证明 $p \land (q \lor r)$ 和 $(p \land q) \lor (p \land r)$ 逻辑等价。

证明 表 1.3.2 是公式 $p \land (q \lor r)$ 和 $(p \land q) \lor (p \land r)$ 的真值表。

表 1.3.2　公式 $p \wedge (q \vee r)$ 和 $(p \wedge q) \vee (p \wedge r)$ 的真值表

p	q	r	$p \wedge (q \vee r)$	$(p \wedge q) \vee (p \wedge r)$	p	q	r	$p \wedge (q \vee r)$	$(p \wedge q) \vee (p \wedge r)$
0	0	0	0	0	1	0	0	0	0
0	0	1	0	0	1	0	1	1	1
0	1	0	0	0	1	1	0	1	1
0	1	1	0	0	1	1	1	1	1

可以看出公式 $p \wedge (q \vee r)$ 和 $(p \wedge q) \vee (p \wedge r)$ 有相同的真值表，所以它们是等价的。◀

下面列出了一些重要的等价关系，它们都可以通过构造真值表来证明。在这些等价关系中，1 表示真值为真的任意命题常量，0 表示真值为假的任意命题常量。

1）$\neg(\neg p) \Leftrightarrow p$ 　　　　　　　　　　　双重否定

2）$p \wedge 1 \Leftrightarrow p$ 　　　　　　　　　　　同一律

　　$p \vee 0 \Leftrightarrow p$

3）$p \vee 1 \Leftrightarrow 1$ 　　　　　　　　　　　零元律

　　$p \wedge 0 \Leftrightarrow 0$

4）$p \vee p \Leftrightarrow p$ 　　　　　　　　　　　等幂律

　　$p \wedge p \Leftrightarrow p$

5）$p \vee q \Leftrightarrow q \vee p$ 　　　　　　　　　交换律

　　$p \wedge q \Leftrightarrow q \wedge p$

6）$(p \vee q) \vee r \Leftrightarrow p \vee (q \vee r)$ 　　　　结合律

　　$(p \wedge q) \wedge r \Leftrightarrow p \wedge (q \wedge r)$

7）$p \vee (p \wedge q) \Leftrightarrow p$ 　　　　　　　吸收律

　　$p \wedge (p \vee q) \Leftrightarrow p$

8）$\neg(p \wedge q) \Leftrightarrow \neg p \vee \neg q$ 　　　　　德·摩根律

　　$\neg(p \vee q) \Leftrightarrow \neg p \wedge \neg q$

9）$p \wedge (q \vee r) \Leftrightarrow (p \wedge q) \vee (p \wedge r)$ 　分配律

　　$p \vee (q \wedge r) \Leftrightarrow (p \vee q) \wedge (p \vee r)$

10）$p \rightarrow q \Leftrightarrow \neg p \vee q$ 　　　　　　蕴涵等价式

11）$p \vee \neg p \Leftrightarrow 1$ 　　　　　　　　　排中律

12）$p \wedge \neg p \Leftrightarrow 0$ 　　　　　　　　　矛盾式

13）$(p \rightarrow q) \wedge (q \rightarrow p) \Leftrightarrow p \leftrightarrow q$ 　　等值式

14）$(p \rightarrow q) \wedge (p \rightarrow \neg q) \Leftrightarrow \neg p$ 　　归谬论

德·摩根律的两个逻辑等价公式很重要，它给出了否定合取和析取的方法。等价式 $\neg(p \wedge q) \Leftrightarrow \neg p \vee \neg q$ 说明命题变元的合取的否定等价于命题变元的否定的析取。同理，等价式 $\neg(p \vee q) \Leftrightarrow \neg p \wedge \neg q$ 说明命题变元的析取的否定等价于命题变元的否定的合取。德·摩根律还可以扩展到多个变元，有如下表达式

$$\neg(p_1 \wedge p_2 \wedge \cdots \wedge p_n) \Leftrightarrow \neg p_1 \vee \neg p_2 \vee \cdots \vee \neg p_n$$

或

$$\neg(p_1 \vee p_2 \vee \cdots \vee p_n) \Leftrightarrow \neg p_1 \wedge \neg p_2 \wedge \cdots \wedge \neg p_n$$

上式可以用数学归纳法进行证明。

利用上面的等价关系式和置换规则，可以进行命题公式的等价运算、命题公式的化简及推理问题的证明等。

置换规则　若公式 G 中的一部分 A（包含 G 中几个连续的符号）是公式，则称 A 为 G 的**子公式**；用与 A 逻辑等价的公式 B 置换 A 不改变公式 G 的真值。

利用已知的等价关系式，将其中的子公式用和它等价的公式置换可以推出其他一些等价关系式，这一过程称为**命题的等价运算**。利用命题的等价运算，可以判断两个命题是否等价，判断命题公式的类型及进行命题公式的化简等。

例 1.3.3　证明 $p \rightarrow (q \rightarrow r) \Leftrightarrow (p \wedge q) \rightarrow r$。

证明　$\quad p \rightarrow (q \rightarrow r) \Leftrightarrow \neg p \vee (q \rightarrow r)$　　　　蕴涵等价式

$\qquad\qquad\quad \Leftrightarrow \neg p \vee (\neg q \vee r)$　　　　蕴涵等价式

$\qquad\qquad\quad \Leftrightarrow (\neg p \vee \neg q) \vee r$　　　　结合律

$\qquad\qquad\quad \Leftrightarrow \neg(p \wedge q) \vee r$　　　　德·摩根律

$\qquad\qquad\quad \Leftrightarrow (p \wedge q) \rightarrow r$　　　　蕴涵等价式

例 1.3.4　利用命题的等价运算判断下列公式的类型。

1) $\neg p \wedge \neg(p \rightarrow q)$

2) $p \wedge (p \rightarrow q)$

3) $(p \wedge q) \vee (\neg q \vee \neg p)$

解　1) $\neg p \wedge \neg(p \rightarrow q) \Leftrightarrow \neg p \wedge \neg(\neg p \vee q)$　　　　蕴涵等价式

$\qquad\qquad\qquad \Leftrightarrow \neg p \wedge (p \wedge \neg q)$　　　　德·摩根律

$\qquad\qquad\qquad \Leftrightarrow (\neg p \wedge p) \wedge \neg q$　　　　结合律

$\qquad\qquad\qquad \Leftrightarrow 0 \wedge \neg q$　　　　矛盾式

$\qquad\qquad\qquad \Leftrightarrow 0$　　　　零元律

$\qquad\quad$ 2) $p \wedge (p \rightarrow q) \Leftrightarrow p \wedge (\neg p \vee q)$　　　　蕴涵等价式

$\qquad\qquad\qquad \Leftrightarrow (p \wedge \neg p) \vee (p \wedge q)$　　　　分配律

$\qquad\qquad\qquad \Leftrightarrow 0 \vee (p \wedge q)$　　　　零元律

$\qquad\qquad\qquad \Leftrightarrow p \wedge q$　　　　同一律

$\qquad\quad$ 3) $(p \wedge q) \vee (\neg q \vee \neg p) \Leftrightarrow (p \wedge q) \vee \neg(q \wedge p)$　　　　德·摩根律

$\qquad\qquad\qquad \Leftrightarrow (p \wedge q) \vee \neg(p \wedge q)$　　　　交换律

$\qquad\qquad\qquad \Leftrightarrow 1$　　　　排中律

因此，1)为永假式，2)为可满足式，3)为永真式。

例 1.3.5　化简公式 $(p \vee q) \wedge (p \vee \neg q)$

解　$(p \vee q) \wedge (p \vee \neg q) \Leftrightarrow p \vee (q \wedge \neg q)$　　　　分配律

$\qquad\qquad\qquad \Leftrightarrow p \vee 0$　　　　矛盾式

$\qquad\qquad\qquad \Leftrightarrow p$　　　　同一律

例 1.3.5 是利用等价关系式对命题公式进行化简的示例，利用等价关系式还可以求逻辑电路的输出及对逻辑电路进行化简。

例 1.3.6 对于图 1.3.1 所示的逻辑电路，可否用更简单的电路实现该逻辑关系？

解 首先写出图 1.3.1 所示逻辑电路的逻辑表达式 $G \Leftrightarrow (p \wedge q) \vee (\neg p \wedge \neg q) \vee (p \wedge \neg q)$，化简这个公式

$$G \Leftrightarrow (p \wedge q) \vee (\neg p \wedge \neg q) \vee (p \wedge \neg q)$$
$$\Leftrightarrow (p \wedge q) \vee \neg q$$
$$\Leftrightarrow p \vee \neg q$$

因此，这个电路的输出是 $p \vee \neg q$，可以用更简单的电路实现上面电路的逻辑功能，见图 1.3.2。

图 1.3.1 例 1.3.6 逻辑电路

图 1.3.2 图 1.3.1 逻辑电路的等效电路 ◀

1.3.2 全功能联结词集

蕴涵等价式 $p \rightarrow q \Leftrightarrow \neg p \vee q$ 说明条件联结词 $\rightarrow$ 可以用 $\neg$ 和 $\vee$ 表示。1.1 节除了介绍 5 个主要联结词，还介绍了 $\uparrow$、$\downarrow$ 和 $\oplus$ 三个联结词。按照定义有

$$p \uparrow q \Leftrightarrow \neg (p \wedge q)$$
$$p \downarrow q \Leftrightarrow \neg (p \vee q)$$
$$p \oplus q \Leftrightarrow (p \wedge \neg q) \vee (\neg p \wedge q)$$

由此可见，$\uparrow$、$\downarrow$ 和 $\oplus$ 三个联结词可以用联结词 $\neg$、$\wedge$ 和 $\vee$ 表示。

定义 1.3.2 设 G 是一个联结词的集合，若任意一个命题都可用 G 中的联结词构成的命题公式来表示，则称 G 为**全功能联结词集**。如在 G 中去掉任何一个联结词，就不再具有这种特性，则称其为**最小全功能联结词集**。

可以证明，$\{\neg、\wedge、\vee\}$、$\{\neg、\wedge\}$、$\{\neg、\vee\}$、$\{\neg、\rightarrow\}$、$\{\uparrow\}$ 和 $\{\downarrow\}$ 都是全功能联结词集，而 $\{\neg、\wedge\}$、$\{\neg、\vee\}$、$\{\neg、\rightarrow\}$、$\{\uparrow\}$ 和 $\{\downarrow\}$ 都是最小全功能联结词集。

例 1.3.7 证明：$\{\uparrow\}$ 和 $\{\downarrow\}$ 是最小全功能联结词集。

证明
$$\neg p \Leftrightarrow p \uparrow p, \qquad \neg p \Leftrightarrow p \downarrow p$$
$$p \wedge q \Leftrightarrow (p \uparrow q) \uparrow (p \uparrow q), \qquad p \wedge q \Leftrightarrow (p \downarrow p) \downarrow (q \downarrow q)$$
$$p \vee q \Leftrightarrow (p \uparrow p) \uparrow (q \uparrow q), \qquad p \vee q \Leftrightarrow (p \downarrow q) \downarrow (p \downarrow q)$$
$$p \rightarrow q \Leftrightarrow p \uparrow (q \uparrow q), \qquad p \rightarrow q \Leftrightarrow ((p \downarrow p) \downarrow q) \downarrow ((p \downarrow p) \downarrow q)$$
$$p \leftrightarrow q \Leftrightarrow (p \uparrow q) \uparrow ((p \uparrow p) \uparrow (q \uparrow q)), \qquad p \leftrightarrow q \Leftrightarrow ((p \downarrow p) \downarrow q) \downarrow (p \downarrow (q \downarrow q))$$

故 $\{\uparrow\}$ 和 $\{\downarrow\}$ 是最小全功能联结词集。 ◀

上述等价关系式表明，只用一个↑或↓就可以实现联结词¬、∧、∨、→、↔表示的逻辑关系。在数字电子技术中，可以用与非门实现↑的逻辑关系，用或非门实现↓的逻辑关系。因此，只用与非门或或非门组成的电路就可以实现任何逻辑运算。与非门和或非门的电路符号如图 1.3.3 所示。

例 1.3.8　用只有一种与非门的逻辑电路实现图 1.3.1 的逻辑电路的逻辑关系。

解　图 1.3.1 所示逻辑电路的逻辑表达式为 $G \Leftrightarrow (p \wedge q) \vee (\neg p \wedge \neg q) \vee (p \wedge \neg q)$。化简这个公式为只含有与非联结词的逻辑表达式

$$G \Leftrightarrow (p \wedge q) \vee (\neg p \wedge \neg q) \vee (p \wedge \neg q)$$
$$\Leftrightarrow p \vee \neg q$$
$$\Leftrightarrow \neg (\neg p \wedge q)$$
$$\Leftrightarrow (p \uparrow p) \uparrow q$$

因此实现该逻辑关系的逻辑电路如图 1.3.4 所示。

图 1.3.3　与非门和或非门的电路符号　　　　图 1.3.4　逻辑电路实现　◀

1.3.3　对偶式

在 1.3.1 节所列的等价关系式中，公式 2)～9)都是由两个公式组成的，这些成对出现的公式称为对偶式。对偶式的定义如下。

定义 1.3.3　在仅含有联结词¬、∧、∨ 的公式 A 中，将其中的 ∧ 换成 ∨、∨ 换成 ∧、1(或 T)换成 0(或 F)、0(或 F)换成 1(或 T)，其他符号不变，得到的公式称为 A 的**对偶式**，记为 A^*。

由定义可以看出，A^* 的对偶式就是 A，也就是对偶式是相互的。

例如，$p \vee q$ 和 $p \wedge q$、$p \vee \neg q$ 和 $p \wedge \neg q$、$\neg p \wedge (q \vee \neg r)$ 和 $\neg p \vee (q \wedge \neg r)$ 都互为对偶式。由于 $p \uparrow q \Leftrightarrow \neg (p \wedge q)$、$p \downarrow q \Leftrightarrow \neg (p \vee q)$，而 $\neg (p \wedge q)$ 和 $\neg (p \vee q)$ 互为对偶式，所以 $p \uparrow q$ 和 $p \downarrow q$ 也互为对偶式。

设 $A(p_1, p_2, \cdots, p_n)$ 和 $A^*(p_1, p_2, \cdots, p_n)$ 互为对偶式，其中 $p_1, p_2, \cdots, p_n$ 是出现在 A 和 A^* 中的全部的命题变元，则

$$\neg A(p_1, p_2, \cdots, p_n) \Leftrightarrow A^*(\neg p_1, \neg p_2, \cdots, \neg p_n)$$
$$A(\neg p_1, \neg p_2, \cdots, \neg p_n) \Leftrightarrow \neg A^*(p_1, p_2, \cdots, p_n)$$

例如，假设 $A(p, q) \Leftrightarrow p \wedge q$，则

$$A^*(p, q) \Leftrightarrow p \vee q$$

而

$$\neg A(p, q) \Leftrightarrow \neg (p \wedge q) \Leftrightarrow \neg p \vee \neg q$$
$$A^*(\neg p, \neg q) \Leftrightarrow \neg p \vee \neg q$$

所以

$$\neg A(p, q) \Leftrightarrow A^*(\neg p, \neg q)$$

类似地，有

$$A(\neg p, \neg q) \Leftrightarrow \neg A^*(p, q)$$

定理 1.3.1 设 A 和 B 为两个命题公式，A 和 A^*、B 和 B^* 互为对偶式，若 $A \Leftrightarrow B$，则 $A^* \Leftrightarrow B^*$。

证明 因为
$$A(p_1, p_2, \cdots, p_n) \Leftrightarrow \neg A^*(\neg p_1, \neg p_2, \cdots, \neg p_n)$$
$$B(p_1, p_2, \cdots, p_n) \Leftrightarrow \neg B^*(\neg p_1, \neg p_2, \cdots, \neg p_n)$$

若

$$A(p_1, p_2, \cdots, p_n) \Leftrightarrow B(p_1, p_2, \cdots, p_n)$$

则

$$\neg A^*(\neg p_1, \neg p_2, \cdots, \neg p_n) \Leftrightarrow \neg B^*(\neg p_1, \neg p_2, \cdots, \neg p_n)$$

即

$$A^*(\neg p_1, \neg p_2, \cdots, \neg p_n) \Leftrightarrow B^*(\neg p_1, \neg p_2, \cdots, \neg p_n)$$

则

$$A^*(p_1, p_2, \cdots, p_n) \Leftrightarrow B^*(p_1, p_2, \cdots, p_n)$$ ◀

例 1.3.9 求公式 $A \Leftrightarrow p \vee (\neg p \vee (q \wedge \neg q))$ 的对偶式。

解 公式 A 的对偶式 A^* 为

$$A^* \Leftrightarrow p \wedge (\neg p \wedge (q \vee \neg q))$$ ◀

公式 $A \Leftrightarrow p \vee (\neg p \vee (q \wedge \neg q)) \Leftrightarrow p \vee \neg p \Leftrightarrow 1$ 是重言式，而 1 的对偶式是 0，所以，由对偶原理可以直接得知重言式 A 的对偶式 A^* 是矛盾式。

1.4 范式

1.4.1 析取范式和合取范式

范式是命题公式的规范表示形式，又称为**标准形**。一个命题公式可以有不同的等价式，因而为命题公式的研究带来一定的困难。把命题公式化成规范的标准形可为命题公式的研究和应用带来方便。

定义 1.4.1 一个命题公式具有形式 $A_1 \vee A_2 \vee \cdots \vee A_n (n \geqslant 1)$，其中 $A_1, A_2, \cdots, A_n$ 都是由命题变元或其否定所组成的合取式，则称该命题公式为**析取范式**。

例如，给定命题变元 p、q 和 r，$p \vee (p \wedge \neg q \wedge \neg r) \vee (\neg p \wedge q) \vee \neg q$ 是析取范式。

定义 1.4.2 一个命题公式具有形式 $B_1 \wedge B_2 \wedge \cdots \wedge B_n (n \geqslant 1)$，其中 $B_1, B_2, \cdots, B_n$ 都是由命题变元或其否定所组成的析取式，则称该命题公式为**合取范式**。

例如，给定命题变元 p、q 和 r，$(p \vee \neg q \vee \neg r) \wedge (\neg p \vee q) \wedge \neg q$ 是合取范式。

定理 1.4.1(范式存在定理) 任意一个命题公式都存在着与之等价的析取范式和合取范式。

证明 设 G 为任意一个公式。

1)消去¬、∧、∨以外的联结词。

2)将否定联结词内移或消去。

3)利用分配律、交换律和结合律等将公式归纳为析取范式和合取范式。

通过上面的 3 个步骤可以求出与 G 等价的析取范式和合取范式。因此，任意一个命题公式都存在着与之等价的析取范式和合取范式。以上也是求析取范式和合取范式的步骤。 ◄

例 1.4.1 求命题公式$(p \wedge (p \rightarrow q)) \vee q$的析取范式和合取范式。

解 $(p \wedge (p \rightarrow q)) \vee q \Leftrightarrow (p \wedge (\neg p \vee q)) \vee q$

$$\Leftrightarrow (p \wedge \neg p) \vee (p \wedge q) \vee q \qquad 析取范式$$

$$\Leftrightarrow (p \wedge q) \vee q \qquad 析取范式$$

$$\Leftrightarrow q \qquad 析取范式$$

$$\Leftrightarrow (p \vee q) \wedge q \qquad 合取范式$$

$$\Leftrightarrow (p \vee q) \wedge (\neg p \vee q) \qquad 合取范式$$

$$\Leftrightarrow q \qquad 合取范式 \qquad ◄$$

按析取范式的定义，$(p \wedge \neg p) \vee (p \wedge q) \vee q$、$(p \wedge q) \vee q$、$q$ 都是原公式的析取范式，也就是说，与某个命题公式等值的析取范式是不唯一的。同理，与某个命题公式等值的合取范式也是不唯一的，如上例中，$(p \vee q) \wedge q$、$(p \vee q) \wedge (\neg p \vee q)$ 和 q 都是合取范式。因而析取范式和合取范式不能作为命题公式的标准形。下面介绍主范式的概念。可以证明任意命题公式的主范式都是唯一的，因而可以用与命题公式等值的主范式作为它的标准形。

1.4.2 主析取范式和主合取范式

定义 1.4.3 含有 n 个命题变元的合取式中，若每个命题变元与其否定不同时出现，而二者之一必出现且仅出现一次，这样的合取式称为**极小项**。

定义 1.4.4 含有 n 个命题变元的析取式中，若每个命题变元与其否定不同时出现，而二者之一必出现且仅出现一次，这样的析取式称为**极大项**。

一般来说，极大项和极小项中的各个变元按下标由小到大的顺序排列，若无下标，则按字母顺序排列。例如，对于三个命题变元 p、q 和 r，$p \wedge q \wedge r$、$p \wedge \neg q \wedge \neg r$、$\neg p \wedge q \wedge \neg r$ 都是极小项，$p \vee q \vee r$、$p \vee \neg q \vee \neg r$、$\neg p \vee q \vee \neg r$ 都是极大项，而 $p \wedge q$ 和 $r \wedge \neg q$ 都不是极小项，因为它们没有包含所有的命题变元。同理，$p \vee q$ 和 $\neg p \vee \neg r$ 也不是极大项。

含 n 个命题变元 $p_1, p_2, \cdots, p_n$ 的极小项可表示为 $\bigwedge\limits_{i=1}^{n} p_i^*$，极大项可表示为 $\bigvee\limits_{i=1}^{n} p_i^*$，其中每一个 p_i^* 为 p_i 或 $\neg p_i$。由 n 个命题变元产生的不同的极大项和极小项的个数均为 2^n 个。每个极小项在它的 2^n 个赋值中只有一个成真赋值，例如，含三个变元的极小项 $p \wedge q \wedge r$ 的成真赋值只有 111。每个极大项在它的 2^n 个赋值中只有一个成假赋值，例如，含三个变元的极大项 $p \vee \neg q \vee \neg r$ 的成假赋值只有 011。因而每个极小项可以简记为 m_i，其中，下标 i 为该极小项的成真赋值；每个极大项可以简记为 M_i，其中，下标 i 为该极大项的成假赋值。

例如，3 个命题变元可形成 8 个极小项，如表 1.4.1 所示。

表 1.4.1　极小项表

$\neg p \wedge \neg q \wedge \neg r$	m_{000} 或 m_0	$p \wedge \neg q \wedge \neg r$	m_{100} 或 m_4
$\neg p \wedge \neg q \wedge r$	m_{001} 或 m_1	$p \wedge \neg q \wedge r$	m_{101} 或 m_5
$\neg p \wedge q \wedge \neg r$	m_{010} 或 m_2	$p \wedge q \wedge \neg r$	m_{110} 或 m_6
$\neg p \wedge q \wedge r$	m_{011} 或 m_3	$p \wedge q \wedge r$	m_{111} 或 m_7

一般地，n 个命题变元形成的极小项可表示为

$$m_0, m_1, \cdots, m_{2^n-1}$$

3 个命题变元形成的 8 个极大项如表 1.4.2 所示。

表 1.4.2　极大项表

$p \vee q \vee r$	M_{000} 或 M_0	$\neg p \vee q \vee r$	M_{100} 或 M_4
$p \vee q \vee \neg r$	M_{001} 或 M_1	$\neg p \vee q \vee \neg r$	M_{101} 或 M_5
$p \vee \neg q \vee r$	M_{010} 或 M_2	$\neg p \vee \neg q \vee r$	M_{110} 或 M_6
$p \vee \neg q \vee \neg r$	M_{011} 或 M_3	$\neg p \vee \neg q \vee \neg r$	M_{111} 或 M_7

一般地，n 个命题变元形成的极大项可表示为

$$M_0, M_1, \cdots, M_{2^n-1}$$

定义 1.4.5　如果含 n 个命题变元的命题公式的析取范式的每个合取式全是极小项，则称该析取范式为**主析取范式**。

定理 1.4.2　任何命题公式的主析取范式都是存在的，并且是唯一的。

证明　给定命题公式 A。

1）求 A 的析取范式 A'，A' 的形式为 $A_1 \vee A_2 \vee \cdots \vee A_n (n \geqslant 1)$。

2）若 A' 中的某个简单合取式 A_i 不是极小项，则补入在 A_i 中没有出现的变元。例如，若 p_i 和 $\neg p_i$ 都不在 A_i 中，则将 A_i 展开成如下形式：$A_i \Leftrightarrow A_i \wedge (p_i \vee \neg p_i) \Leftrightarrow (A_i \wedge p_i) \vee (A_i \wedge \neg p_i)$。

3）重复步骤 2，直到所有的简单合取式都含有所有的命题变元或它的否定式。

4）消去重复出现的命题变项、矛盾式及重复出现的极小项。

按上述步骤求得的就是 A 的主析取范式。所以，任何命题公式的主析取范式都是存在的，而且是唯一的(唯一性证明略)。　◀

例 1.4.2　求命题公式 $(p \vee (q \wedge r)) \rightarrow (p \wedge q \wedge r)$ 的主析取范式。

解　$(p \vee (q \wedge r)) \rightarrow (p \wedge q \wedge r)$

　　$\Leftrightarrow \neg (p \vee (q \wedge r)) \vee (p \wedge q \wedge r)$

　　$\Leftrightarrow (\neg p \wedge \neg (q \wedge r)) \vee (p \wedge q \wedge r)$

　　$\Leftrightarrow (\neg p \wedge (\neg q \vee \neg r)) \vee (p \wedge q \wedge r)$

　　$\Leftrightarrow ((\neg p \wedge \neg q) \vee (\neg p \wedge \neg r)) \vee (p \wedge q \wedge r)$

　　$\Leftrightarrow (\neg p \wedge \neg q) \vee (\neg p \wedge \neg r) \vee (p \wedge q \wedge r)$　　　　　　　　析取范式

　　$\Leftrightarrow ((\neg p \wedge \neg q) \wedge (r \vee \neg r)) \vee ((\neg p \wedge \neg r) \wedge (q \vee \neg q)) \vee (p \wedge q \wedge r)$

　　$\Leftrightarrow (\neg p \wedge \neg q \wedge r) \vee (\neg p \wedge \neg q \wedge \neg r) \vee (\neg p \wedge \neg r \wedge q) \vee (\neg p \wedge \neg r \wedge \neg q) \vee (p \wedge q \wedge r)$

　　$\Leftrightarrow (\neg p \wedge \neg q \wedge \neg r) \vee (\neg p \wedge \neg q \wedge r) \vee (\neg p \wedge q \wedge \neg r) \vee (p \wedge q \wedge r)$　　主析取范式　◀

在 $(p \vee (q \wedge r)) \to (p \wedge q \wedge r)$ 的析取范式中含有两个合取式 $\neg p \wedge \neg q$ 和 $\neg p \wedge \neg r$，均不是极小项，因而要补入没有出现的变元，$\neg p \wedge \neg q$ 用 $(\neg p \wedge \neg q) \wedge (r \vee \neg r)$ 代换，并用分配律展开，使得每个合取式都是极小项。对 $\neg p \wedge \neg r$ 同样补入没有出现的变元 q。消去重复出现的极小项，就得到原公式的主析取范式。极小项可以用简记 m_i 表示，按 m_i 的下标由小到大的顺序排列后可用 $\sum$ 表示主析取范式，如

$$(p \vee (q \wedge r)) \to (p \wedge q \wedge r)$$
$$\Leftrightarrow m_0 \vee m_1 \vee m_2 \vee m_7 \Leftrightarrow \sum(0, 1, 2, 7)$$

一个命题公式的主析取范式中的每一个极小项的成真赋值就是该公式的一个成真赋值。因而根据命题公式的真值表可以立即写出公式的主析取范式。

例 1.4.3　试由 $p \wedge q \vee r$ 的真值表（表 1.4.3）求它的主析取范式。

解　由表 1.4.3 知，公式 $p \wedge q \vee r$ 的成真赋值为 001、011、101、110、111，对应的十进制数下标的极小项为 m_1、m_3、m_5、m_6、m_7。因此，$p \wedge q \vee r$ 的主析取范式为

$$p \wedge q \vee r \Leftrightarrow \sum(1, 3, 5, 6, 7)$$

利用表 1.4.1，$p \wedge q \vee r$ 的主析取范式还可写为

$p \wedge q \vee r \Leftrightarrow (\neg p \wedge \neg q \wedge r) \vee (\neg p \wedge q \wedge r) \vee (p \wedge \neg r \wedge q) \vee (p \wedge r \wedge \neg q) \vee (p \wedge q \wedge r)$。◀

表 1.4.3　$p \wedge q \vee r$ 的真值表

p	q	r	$p \wedge q \vee r$
0	0	0	0
0	0	1	1
0	1	0	0
0	1	1	1
1	0	0	0
1	0	1	1
1	1	0	1
1	1	1	1

设 G 是含 n 个命题变项的命题公式，当且仅当 G 的主析取范式含全部 2^n 个极小项时，G 为重言式；若 G 为矛盾式，G 的主析取范式不含任何极小项，记 G 的主析取范式为 0；当 G 的主析取范式中至少含有一个极小项时，G 为可满足式。

类似地可以给出主合取范式的定义。

定义 1.4.6　如果含 n 个命题变元的命题公式的合取范式的每个析取式全是极大项，则称该合取范式为**主合取范式**。

定理 1.4.3　任何命题公式的主合取范式都是存在的，并且是唯一的。

证明　给定命题公式 A。

1）求 A 的合取范式 B'，B' 的形式为 $B_1 \wedge B_2 \wedge \cdots \wedge B_n (n \geqslant 1)$。

2）若 B' 中的某个析取式 B_i 不是极大项，则补入在 B_i 中没有出现的变元。例如，若 p_i 和 $\neg p_i$ 都不在 B_i 中，则将 B_i 展成如下形式：$B_i \Leftrightarrow B_i \vee (p_i \wedge \neg p_i) \Leftrightarrow (B \vee p_i) \wedge (B \vee \neg p_i)$。

3）重复步骤 2，直到所有的简单析取式都含有所有的命题变元或它的否定式。

4）消去重复出现的命题变项、重言式及重复出现的极大项。

按上述步骤求得的就是 A 的主合取范式。所以，任何命题公式的主合取范式都是存在的，而且是唯一的（唯一性证明略）。◀

例 1.4.4　求命题公式 $(p \vee (q \wedge r)) \to (p \wedge q \wedge r)$ 的主合取范式。

解　$(p \lor (q \land r)) \to (p \land q \land r)$

$\Leftrightarrow \neg(p \lor (q \land r)) \lor (p \land q \land r)$

$\Leftrightarrow (\neg p \land (\neg q \lor \neg r)) \lor (p \land q \land r)$

$\Leftrightarrow ((\neg p \lor (p \land q \land r)) \land ((\neg q \lor \neg r) \lor (p \land q \land r))$

$\Leftrightarrow (\neg p \lor p) \land (\neg p \lor q) \land (\neg p \lor r) \land (\neg q \lor \neg r \lor p) \land (\neg q \lor \neg r \lor q) \land (\neg q \lor \neg r \lor r)$

$\Leftrightarrow (\neg p \lor q) \land (\neg p \lor r) \land (\neg q \lor \neg r \lor p)$　　　　　　　　合取范式

$\Leftrightarrow ((\neg p \lor q) \lor (r \land \neg r)) \land (\neg p \lor r) \lor (q \land \neg q)) \land (p \lor \neg q \lor \neg r)$

$\Leftrightarrow (\neg p \lor q \lor r) \land (\neg p \lor q \lor \neg r) \land (\neg p \lor \neg q \lor r) \land (p \lor \neg q \lor \neg r)$　主合取范式　◀

将极大项按下标由小到大的顺序排列后可用 $\prod$ 表示，如

$$(p \lor (q \land r)) \to (p \land q \land r) \Leftrightarrow M_3 \land M_4 \land M_5 \land M_6 \Leftrightarrow \prod(3,4,5,6)$$

一个命题公式的主合取范式中的每一个极大项的成假赋值就是该公式的一个成假赋值。因而根据命题公式的真值表可以立即写出公式的主合取范式。又因为，公式的主析取范式中没有出现的极小项的赋值就是公式的成假赋值，因而主合取范式中的极大项的下标码和主析取范式中没有出现的极小项的下标码相同。因此，只要求出了命题公式的主析取范式，就可以立即写出它的主合取范式，反之亦然。

例如，已知公式 G 的主析取范式

$$G \Leftrightarrow m_0 \lor m_1 \lor m_2 \lor m_7 \Leftrightarrow \sum(0,1,2,7)$$

其中没有出现的极小项的下标码 3、4、5、6 就是主合取范式极大项的下标码，因此可以直接写出主合取范式

$$G \Leftrightarrow M_3 \land M_4 \land M_5 \land M_6 \Leftrightarrow \prod(3,4,5,6)$$

重言式的主合取范式不含任何极大项，用 1 表示重言式；矛盾式的主合取范式包含全部 2^n 个极大项。

利用主析取范式或主合取范式可以判断公式是否等价及求命题公式的成真赋值和成假赋值。

例 1.4.5　判断 $(\neg p \lor q) \land (\neg q \lor r) \land (\neg r \lor p)$ 和 $(p \lor \neg q) \land (q \lor \neg r) \land (r \lor \neg p)$ 是否等价。

解　$(\neg p \lor q) \land (\neg q \lor r) \land (\neg r \lor p) \Leftrightarrow (M_{100} \land M_{101}) \land (M_{010} \land M_{110}) \land (M_{001} \land M_{011})$

$\Leftrightarrow M_4 \land M_5 \land M_2 \land M_6 \land M_1 \land M_3 \Leftrightarrow \prod(1,2,3,4,5,6)$

$(p \lor \neg q) \land (q \lor \neg r) \land (r \lor \neg p) \Leftrightarrow (M_{010} \land M_{011}) \land (M_{001} \land M_{101}) \land (M_{100} \land M_{110})$

$\Leftrightarrow M_2 \land M_3 \land M_1 \land M_5 \land M_4 \land M_6 \Leftrightarrow \prod(1,2,3,4,5,6)$

所以，$(\neg p \lor q) \land (\neg q \lor r) \land (\neg r \lor p)$ 和 $(p \lor \neg q) \land (q \lor \neg r) \land (r \lor \neg p)$ 等价。　◀

例 1.4.6　判断公式 $G \Leftrightarrow (p \to q) \to (\neg q \to \neg p)$ 是否为重言式。

解　$G \Leftrightarrow (p \to q) \to (\neg q \to \neg p)$

$\Leftrightarrow \neg(\neg p \lor q) \lor (q \lor \neg p)$

$\Leftrightarrow (p \land \neg q) \lor q \lor \neg p$

$\Leftrightarrow m_{10} \lor (m_{01} \lor m_{11}) \lor (m_{00} \lor m_{01})$

$\Leftrightarrow m_2 \lor m_1 \lor m_3 \lor m_0 \lor m_1$

$$\Leftrightarrow \sum(0,1,2,3)$$

公式 $G \Leftrightarrow (p \rightarrow q) \rightarrow (\neg q \rightarrow \neg p)$ 是重言式，因为主析取范式包含了所有的极小项。　◀

例 1.4.7　设计一个集成学习系统，该系统综合三个基学习器的分类预测（正类或负类），以投票的方式决定输入样本的预测类别，即在超过半数基学习器给出正类的情况下判定该样本为正类，否则为负类。设计满足上述条件的集成学习分类器，并尝试以逻辑电路图的方式画出该分类器。

解　三个基学习器的预测类别分别为 p、q、r，集成学习器的最终预测类别为 A。正类为 1，负类为 0。

根据题意，可将真值表列出，见表 1.4.4。

由上述真值表可写出 A 的表达式

$$A \Leftrightarrow (\neg p \wedge q \wedge r) \vee (p \wedge \neg q \wedge r) \vee (p \wedge q \wedge \neg r) \vee (p \wedge q \wedge r)$$

化简 A 的表达式得

$$A \Leftrightarrow (\neg p \wedge q \wedge r) \vee (p \wedge q \wedge r) \vee (p \wedge \neg q \wedge r) \vee (p \wedge q \wedge r) \vee (p \wedge q \wedge \neg r) \vee (p \wedge q \wedge r)$$
$$\Leftrightarrow ((\neg p \vee p) \wedge q \wedge r) \vee (p \wedge (\neg q \vee q) \wedge r) \vee (p \wedge q \wedge (\neg r \vee r))$$
$$\Leftrightarrow (p \wedge q) \vee (p \wedge r) \vee (q \wedge r)$$
$$\Leftrightarrow (p \wedge (q \vee r)) \vee (q \wedge r)$$

分类器的逻辑电路图如图 1.4.1 所示。　◀

表 1.4.4　分类器的真值表

p	q	r	A
0	0	0	0
0	0	1	0
0	1	0	0
0	1	1	1
1	0	0	0
1	0	1	1
1	1	0	1
1	1	1	1

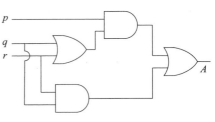

图 1.4.1　分类器的逻辑电路图

例 1.4.8　某单位选派 A、B、C 三位业务骨干去进修，由于工作需要，选派要满足如下条件。

1）若 A 去，则 C 同去。

2）若 B 去，则 C 不能去。

3）若 C 不去，则 A 或 B 可以去。

问可以有哪些选派方案？

解　设 p 表示"派 A 去"，q 表示"派 B 去"，r 表示"派 C 去"。由已知条件可得

$$(p \rightarrow r) \wedge (q \rightarrow \neg r) \wedge (\neg r \rightarrow (p \vee q))$$

该公式的成真赋值就是可行的选派方案。写出该公式的主析取范式

$$(p \rightarrow r) \wedge (q \rightarrow \neg r) \wedge (\neg r \rightarrow (p \vee q))$$

$$\Leftrightarrow(\neg p \wedge \neg q \wedge r) \vee (\neg p \wedge q \wedge \neg r) \vee (p \wedge \neg q \wedge r)$$

有 3 个成真赋值，所以有 3 种选派方案：

1）A 和 B 不去，C 去；

2）A 和 C 不去，B 去；

3）A 和 C 去，B 不去。

1.5 命题逻辑的推理

1.5.1 推理理论

数理逻辑是用数学方法研究推理的形式结构和推理规律的数学学科。推理是从前提出发推出结论的思维过程，其中前提是已知的命题公式，结论是从前提出发应用推理规则推出的命题公式。关于从前提 A 推出结论 B 的定义如下。

定义 1.5.1 设 A 和 B 是两个命题公式，当且仅当命题 $A \rightarrow B$ 是重言式时（即 $A \rightarrow B \Leftrightarrow 1$ 时），称从 A 推出 B 是有效的，或 A 蕴涵 B，或 B 是前提 A 的结论，可以表示成 $A \Rightarrow B$。

一般地，推理的前提可以是多个命题公式 $A_1, A_2, \cdots, A_n$，若 $(A_1 \wedge A_2 \wedge \cdots \wedge A_n) \rightarrow B$ 是重言式，则称由前提 $A_1, A_2, \cdots, A_n$ 推出结论 B 是有效的，可表示为 $(A_1 \wedge A_2 \wedge \cdots \wedge A_n) \Rightarrow B$。

注意，$\Rightarrow$ 不是逻辑联结词，因而 $A \Rightarrow B$ 不是公式，称 $A \Rightarrow B$ 为**蕴涵关系式**。

例 1.5.1 判断下列推理是否正确。

1）$p \wedge (p \rightarrow q) \Rightarrow q$

2）$(p \rightarrow q) \wedge q \Rightarrow p$

解 写出 $p \wedge (p \rightarrow q) \rightarrow q$ 和 $(p \rightarrow q) \wedge q \rightarrow p$ 的真值表。

由真值表 1.5.1 可知，$p \wedge (p \rightarrow q) \rightarrow q$ 是重言式，所以蕴涵关系式 $p \wedge (p \rightarrow q) \Rightarrow q$ 成立。而 $(p \rightarrow q) \wedge q \rightarrow p$ 不是重言式，所以蕴涵关系式 $(p \rightarrow q) \wedge q \Rightarrow p$ 不成立。

表 1.5.1 例 1.5.1 真值表

p	q	$p \wedge (p \rightarrow q) \rightarrow q$	$(p \rightarrow q) \wedge q \rightarrow p$	p	q	$p \wedge (p \rightarrow q) \rightarrow q$	$(p \rightarrow q) \wedge q \rightarrow p$
0	0	1	1	1	0	1	1
0	1	1	0	1	1	1	1

在由前提推出结论时，如果所有前提为真，则结论为真。但是，推理的有效性并不保证推出的结论是真的，因为有效推理并没有要求所有前提的真值必须为真，当前提中包含假命题时，有效推理可能推出真值为假的结论。

例 1.5.2 证明"如果牛吃草，则马会飞；马不会飞，所以牛不吃草"是正确的推理。

证明 设 p 表示"牛吃草"，q 表示"马会飞"。

上述推理问题的前提符号化为 $p \rightarrow q$、$\neg q$，结论符号化为 $\neg p$。因此，只需证明 $\neg p$ 是 $p \rightarrow q$ 和 $\neg q$ 的结论。

而 $(p \rightarrow q) \wedge \neg q \rightarrow \neg p \Leftrightarrow \neg((p \rightarrow q) \wedge \neg q) \vee \neg p$

$$\Leftrightarrow \neg(p \rightarrow q) \vee q \vee \neg p$$

$$\Leftrightarrow \neg(p \to q) \lor (p \to q)$$
$$\Leftrightarrow 1$$

所以，$\neg p$ 是 $p \to q$ 和 $\neg q$ 的结论，即蕴涵关系式 $(p \to q) \land \neg q \Rightarrow \neg p$ 成立。尽管结论 "牛不吃草"真值为假，这仍然是正确的推理，这个结论是有效的，得出这个真值为假的结论的原因是前提条件中的 $p \to q$ 的真值为假。◀

有一些重要的蕴涵关系式，称为**推理定律**。这些蕴涵式如下。

1) $p \land q \Rightarrow p$
   $p \land q \Rightarrow q$　　　　　　　　化简

2) $p \Rightarrow p \lor q$
   $q \Rightarrow p \lor q$　　　　　　　　附加

3) $p, \ p \to q \Rightarrow q$　　　　　　　假言推理

4) $\neg q, \ p \to q \Rightarrow \neg p$　　　　　拒取式

5) $\neg p, \ p \lor q \Rightarrow q$　　　　　　析取三段论

6) $p, \ q \Rightarrow p \land q$　　　　　　　合取

7) $p \to q, \ q \to r \Rightarrow p \to r$　　　假言三段论

8) $p \leftrightarrow q, \ q \leftrightarrow r \Rightarrow p \leftrightarrow r$　　等价三段论

9) $p \to q, \ r \to s, \ p \lor r \Rightarrow q \lor s$　构造性二难

10) $p \lor q, \ \neg p \lor r \Rightarrow q \lor r$　　归结式

定理 1.5.1　对任意公式 $A_1, A_2, \cdots, A_n, B, C$，由 $A_1, A_2, \cdots, A_n$ 推出 $B \to C$ 是有效的，当且仅当由 $A_1, A_2, \cdots, A_n$ 和 B 推出 C 是有效的。

证明　根据定义 1.5.1，有 $(A_1 \land A_2 \land \cdots \land A_n) \to (B \to C) \Leftrightarrow 1$。

因为 $(A_1 \land A_2 \land \cdots \land A_n) \to (B \to C) \Leftrightarrow \neg(A_1 \land A_2 \land \cdots \land A_n) \lor (\neg B \lor C)$

$$\Leftrightarrow (A_1 \land A_2 \land \cdots \land A_n \land B) \to C$$

所以 $(A_1 \land A_2 \land \cdots \land A_n) \to (B \to C)$ 是永真式，当且仅当 $(A_1 \land A_2 \land \cdots \land A_n \land B) \to C$ 是永真式，即 $A_1, A_2, \cdots, A_n$ 和 B 推出 C 是有效的。◀

该定理在证明推理问题时十分有用。根据该定理，如果需要推出结论的形式为 $B \to C$，则可以把 B 放在前提中，设法推出 C 即可。这是一条命题推理规则，称为 **CP 规则**。

1.5.2　推理证明方法

根据定义 1.5.1，判断由前提 A 推出结论 B 的方法就是判断 $A \to B$ 是重言式的方法，可以采用不同的证明方法，下面是常用的证明方法，其中，真值表法、等价运算法是基本的方法。

通过写出真值表判断 $A \to B$ 的类型，若 $A \to B$ 是重言式，则由前提 A 可以推出结论 B。

1. 真值表法

例 1.5.3　证明前提 $p \lor q$ 和 $\neg p \lor r$ 可以推出结论 $q \lor r$。

证明　根据定义 1.5.1，只需证明 $(p \lor q) \land (\neg p \lor r) \to q \lor r$ 是重言式。

其真值表如表 1.5.2 所示。

表 1.5.2 $(p \lor q) \land (\neg p \lor r) \rightarrow q \lor r$ 的真值表

p	q	r	$p \lor q$	$\neg p \lor r$	$q \lor r$	$(p \lor q) \land (\neg p \lor r) \rightarrow q \lor r$
0	0	0	0	1	0	1
0	0	1	0	1	1	1
0	1	0	1	1	1	1
0	1	1	1	1	1	1
1	0	0	1	0	0	1
1	0	1	1	1	1	1
1	1	0	1	0	1	1
1	1	1	1	1	1	1

由真值表可知，$(p \lor q) \land (\neg p \lor r) \rightarrow q \lor r$ 是重言式，所以前提 $p \lor q$ 和 $\neg p \lor r$ 可以推出结论 $q \lor r$。 ◀

2. 等价演算法

利用命题的等值演算判断 $A \rightarrow B$ 的类型，若 $A \rightarrow B$ 是重言式，则由前提 A 可以推出结论 B。

例 1.5.4 证明 q 是 $\neg p$ 和 $p \lor q$ 的结论。

证明
$$\neg p \land (p \lor q) \rightarrow q \Leftrightarrow \neg(\neg p \land (p \lor q)) \lor q$$
$$\Leftrightarrow p \lor (\neg p \land \neg q) \lor q$$
$$\Leftrightarrow p \lor \neg q \lor q$$
$$\Leftrightarrow 1$$

当命题公式所含命题变元较多时，上述证明方法较为不便，因而常用演绎法证明推理的有效性。 ◀

3. 演绎法

演绎法从前提（假设）出发，依据公认的推理规则和推理定律推导出一个结论。在证明过程中，将前提和推理定律匹配，推出结论。判断推出的结论是否为需要证明的结论，如果是，则结束；如果不是，则把推出的结论加入前提集合中，构成一组新的前提，重复上述过程，直到推出需要证明的结论为止。演绎法证明推理问题就是用命题公式序列描述推理过程，其中的每个公式或者是前提，或者是由某些前提得出的结论。在这样的证明中需要引入下面的推理规则。

1）前提引入规则。在推导的过程中，可随时引入前提集合中的任意一个前提。

2）结论引入规则。在推导的过程中，所得到的结论都可作为后续推导的前提。

3）置换规则。在推导的过程中，命题公式的子公式都可以用等值的公式置换。

4）CP 规则（附加前提规则）。如果推出的结论形为 $P \rightarrow Q$，则可以把 P 放到前提中去，设法推出 Q 即可。

这些规则与 1.5.1 节的推理定律和 1.3.1 节的基本等价公式作为推理和演绎的基础，可以构造一个完整的命题演算推理系统，证明命题逻辑的推理。

例 1.5.5 证明 $(p \lor q) \land (p \leftrightarrow r) \land (q \rightarrow s) \Rightarrow s \lor r$。

证明

步骤	公式	理由
1)	$p \vee q$	前提引入
2)	$\neg p \rightarrow q$	1)置换规则
3)	$q \rightarrow s$	前提引入
4)	$\neg p \rightarrow s$	2),3)假言三段论
5)	$\neg s \rightarrow p$	4)置换规则
6)	$p \leftrightarrow r$	前提引入
7)	$(p \rightarrow r) \wedge (r \rightarrow p)$	6)置换规则
8)	$p \rightarrow r$	7)化简
9)	$\neg s \rightarrow r$	5),8)假言三段论
10)	$s \vee r$	9)置换规则 ◄

例 1.5.6 证明，由前提"今天下午有课且今天比昨天冷；只有今天下午没有课，我们才去游泳；如果我们不去游泳，我们就去打篮球；如果我们打篮球，我们就会感到精力充沛"推出结论"我们感到精力充沛"是正确的。

证明 设 p 表示"今天下午有课"，q 表示"今天比昨天冷"，r 表示"我们去游泳"，s 表示"我们去打篮球"，h 表示"我们感到精力充沛"。

则前提为 $p \wedge q$，$r \rightarrow \neg p$，$\neg r \rightarrow s$，$s \rightarrow h$，结论是 h。

步骤	公式	理由
1)	$p \wedge q$	前提引入
2)	p	1)化简
3)	$r \rightarrow \neg p$	前提引入
4)	$\neg r$	2),3)拒取式
5)	$\neg r \rightarrow s$	前提引入
6)	s	4),5)假言推理
7)	$s \rightarrow h$	前提引入
8)	h	6),7)假言推理 ◄

例 1.5.7 证明 $\neg r \rightarrow s$ 是 $p \rightarrow (q \rightarrow r)$ 和 $p \wedge q$ 的结论。

证明

步骤	公式	理由
1)	$p \wedge q$	前提引入
2)	p	1)化简
3)	q	1)化简
4)	$p \rightarrow (q \rightarrow r)$	前提引入
5)	$q \rightarrow r$	2),4)假言推理
6)	r	3),5)假言推理
7)	$r \vee s$	6)附加
8)	$\neg r \rightarrow s$	7)置换规则 ◄

4. 附加前提证明法

根据 CP 规则，如果推出的结论形为 $P \to Q$，则可以把 P 放到前提中去，设法推出 Q 即可。

例 1.5.8　证明 $r \to s$ 是 $p \to (q \to s)$、$\neg r \vee p$、q 的结论。

证明　根据 CP 规则，只需证明 s 是 r、$p \to (q \to s)$、$\neg r \vee p$、q 的结论。

步骤	公式	理由
1)	r	附加前提引入
2)	$\neg r \vee p$	前提引入
3)	p	1），2）析取三段论
4)	$p \to (q \to s)$	前提引入
5)	$q \to s$	3），4）假言推理
6)	q	前提引入
7)	s	6），5）假言推理　◀

以上证明方法又称**直接证明法**。在推理问题的构造证明中，有时采用间接证明的方法（又称归谬法）。

5. 间接推演法（归谬法）

间接推演法就是把要推出的结论否定后与原来的前提一起使用推出矛盾结论的证明方法。

定义 1.5.2　设 $H_1, H_2, \cdots, H_r$ 是 r 个命题公式。若 $H_1 \wedge H_2 \wedge \cdots \wedge H_r$ 是矛盾式，则称 $H_1, H_2, \cdots, H_r$ 是**不相容的**，否则称 $H_1, H_2, \cdots, H_r$ 是**相容的**。

如果公式 B 是由前提 $H_1, H_2, \cdots, H_r$ 推出的，则 $H_1 \wedge H_2 \wedge \cdots \wedge H_r \to B \Leftrightarrow \neg(H_1 \wedge H_2 \wedge \cdots \wedge H_r) \vee B$ 是重言式，因此 $\neg(\neg(H_1 \wedge H_2 \wedge \cdots \wedge H_r) \vee B) \Leftrightarrow H_1 \wedge H_2 \wedge \cdots \wedge H_r \wedge \neg B$ 是矛盾式，即 $H_1, H_2, \cdots, H_r, \neg B$ 不相容。因而，若 $H_1, H_2, \cdots, H_r, \neg B$ 不相容，则说明 B 是公式 $H_1, H_2, \cdots, H_r$ 的逻辑结论。这种将 B 作为附加前提推出矛盾的证明方法称为**间接推演法（归谬法）**。

例 1.5.9　用间接法证明 p 是 $\neg p \to q$、$\neg q \vee r$、$\neg r \wedge \neg s$ 的结论。

步骤	公式	理由
1)	$\neg p$	否定结论
2)	$\neg p \to q$	前提引入
3)	q	1），2）假言推理
4)	$\neg r \wedge \neg s$	前提引入
5)	$\neg r$	4）化简
6)	$\neg q \vee r$	前提引入
7)	$\neg q$	5），6）析取三段论
8)	0	3），7）合取　◀

6. 归结证明法

例 1.5.10　证明 $p \vee q$、$\neg p \vee r$、$\neg q \vee r$ 蕴涵结论 r。

证明

步骤	公式	理由
1)	$p \vee q$	前提引入

2)	$\neg p \vee r$	前提引入
3)	$q \vee r$	1），2）归结规则
4)	$\neg q \vee r$	前提引入
5)	r	3），4）归结规则 ◀

在例 1.5.10 中利用了归结规则，称为**归结证明**。归结规则在基于逻辑规则的编程语言中扮演着重要角色。可以用归结规则构建自动定理证明系统。要使用归结规则构造命题逻辑中的证明，前提和结论必须被表示为子句，子句是变元或其否定的析取，如 $p \vee q$、$\neg p \vee r$ 等是子句。对于非子句的公式，可以用一个或多个和它等价的子句替换它，如可以用 $\neg p \vee q$ 代替公式 $p \rightarrow q$；对于公式 $p \vee (q \wedge r)$，因为 $p \vee (q \wedge r) \Leftrightarrow (p \vee q) \wedge (p \vee r)$，可以用两个子句 $p \vee q$ 和 $p \vee r$ 代替 $p \vee (q \wedge r)$；可以用两个子句 $\neg p$ 和 $\neg q$ 代替 $\neg(p \vee q)$，因为 $\neg(p \vee q) \Leftrightarrow \neg p \wedge \neg q$。

例 1.5.11 用归结规则证明下面的推理。

如果小张守门或小李上场，则 A 队获胜；或者 A 队未获胜，或者 A 队成为联赛第一名；A 队没有成为联赛第一名。因此小张没有守门并且小李没有上场。

证明 设 p 表示"小张守门"，q 表示"小李上场"，r 表示"A 队获胜"，s 表示"A 队成为联赛第一名"。

前提：$(p \vee q) \rightarrow r$，$\neg r \vee s$，$\neg s$。

结论：$\neg p \wedge \neg q$。

前提中的 $(p \vee q) \rightarrow r \Leftrightarrow \neg(p \vee q) \vee r \Leftrightarrow (\neg p \vee r) \wedge (\neg q \vee r)$，用两个子句 $\neg p \vee r$ 和 $\neg q \vee r$ 代替 $(p \vee q) \rightarrow r$，前提中的 $\neg r \vee s$ 和 $\neg s$ 是子句。结论 $\neg p \wedge \neg q$ 可以用两个子句 $\neg p$ 和 $\neg q$ 代替。

步骤	公式	理由
1)	$\neg p \vee r$	前提引入
2)	$\neg r \vee s$	前提引入
3)	$\neg p \vee s$	1），2）归结规则
4)	$\neg q \vee r$	前提引入
5)	$\neg q \vee s$	2），4）归结规则
6)	$\neg s$	前提引入
7)	$\neg p$	3），6）归结规则
8)	$\neg q$	5），6）归结规则
9)	$\neg p \wedge \neg q$	7），8）合取 ◀

习题

1. 判断下列语句哪些是命题并给出命题的真值。

（1）15 是素数。

（2）10 能被 2 整除，3 是偶数。

（3）你下午开会吗？

(4)$2x+3>0$。

(5)4 能被 2 整除或是 3 的倍数。

(6)这个男孩真勇敢啊！

(7)如果 $2+2=4$，则 5 是偶数。

(8)只有 5 是奇数，3 才能被 2 整除。

(9)明年 5 月 1 日是晴天。

(10)圆的面积等于半径的平方与 π 的乘积。

(11)$1+1=2$ 当且仅当 $2+2=5$。

(12)请保护环境！

2. 将下列命题符号化。

(1)2 是偶数又是素数。

(2)虽然天气很冷，老王还是来了。

(3)他一边吃饭，一边看电视。

(4)如果下大雨，他就乘公交车上班。

(5)不经一事，不长一智。

(6)销量下降且价格上涨。

(7)只要你给我发个电子邮件，我就有你的邮件地址。

(8)两个三角形全等当且仅当它们的三条对应边相等。

(9)只有阳光充足的夏天且不下雨，我才去游泳。

(10)热带风暴来临时下大雨，反之亦然。

3. 设 p 表示"小王讲汉语"，q 表示"小王讲英语"，给出描述下列命题公式的语句。

(1)$p \lor q$

(2)$p \land q$

(3)$p \land \neg q$

(4)$\neg p \lor \neg q$

(5)$\neg \neg p$

(6)$\neg(\neg p \land \neg q)$

4. 设 p、q 的真值为 0，r、s 的真值为 1，求下列各命题公式的真值。

(1)$p \lor (q \land r)$

(2)$(p \leftrightarrow r) \land (\neg q \lor s)$

(3)$(p \land (q \lor r)) \to ((p \lor q) \land (r \land s))$

(4)$\neg(p \lor (q \to (r \land \neg p))) \to (r \lor \neg s)$

5. 设命题 p 表示"这个材料很有趣"，q 表示"这些习题很难"，r 表示"学生喜欢这门课"。将下列命题符号化。

(1)这个材料很有趣和这些习题很难。

(2)这个材料很有趣并且这些习题不是很难，那么学生喜欢这门课。

(3)这个材料很有趣意味着学生喜欢这门课，反之亦然。

(4)这个材料不是很有趣,这些习题不是很难,而且学生不喜欢这门课。

(5)或者这个材料很有趣,或者这些习题很难,并且两者恰具其一。

6. 构造下列命题的真值表,写出成真赋值和成假赋值。

(1)$(p \lor \neg q) \to q$

(2)$p \land q \lor \neg r$

(3)$(p \to q) \land (\neg p \to q)$

(4)$(p \leftrightarrow q) \land (\neg p \leftrightarrow q)$

(5)$(q \leftrightarrow (r \to p)) \lor ((\neg q \to p) \leftrightarrow r)$

7. 设 p、q 的真值为 0,r、s 的真值为 1,求下列命题的真值。

(1)$p \lor (q \land r)$

(2)$(p \land (r \lor s)) \to ((p \lor q) \land (r \land s))$

(3)$(p \leftrightarrow q) \land (r \land \neg s)$

(4)$\neg (p \lor (q \to (r \land \neg p))) \to (r \lor \neg s)$

8. 用真值表法和公式法证明下列等价关系式。

(1)$(p \land q) \lor (p \land \neg q) \Leftrightarrow p$

(2)$((p \to q) \land (p \to r)) \Leftrightarrow (p \to (q \land r))$

(3)$\neg (p \leftrightarrow q) \Leftrightarrow ((p \lor q) \land \neg (p \land q))$

(4)$p \lor q \Leftrightarrow (p \downarrow q) \downarrow (p \downarrow q)$

(5)$\neg (p \oplus q) \Leftrightarrow p \leftrightarrow q$

9. 设 A、B、C 为任意的三个命题公式,下面的结论是否正确?

(1)若 $A \lor C \Leftrightarrow B \lor C$,则 $A \Leftrightarrow B$。

(2)若 $A \land C \Leftrightarrow B \land C$,则 $A \Leftrightarrow B$。

(3)若 $\neg A \Leftrightarrow \neg B$,则 $A \Leftrightarrow B$。

10. 求下列命题公式的主析取范式、主合取范式、成真赋值和成假赋值。

(1)$(p \lor (q \land r)) \to (p \land q \land r)$

(2)$(\neg p \to q) \to (\neg q \lor p)$

(3)$\neg (p \to q) \land q \land r$

11. 某勘探队有 3 名队员,有一天取得一块矿样,3 人的判断如下。

甲说:这不是铁,也不是铜。

乙说:这不是铁,是锡。

丙说:这不是锡,是铁。

经实验室鉴定后发现,其中一个人两个判断都正确,一个人判对一半,另一个人全错了。根据以上情况判断矿样的种类,并指出谁的判断全对、谁的判断对一半、谁的判断全错。

12. 判断下列命题公式的类型。

(1)$((p \to q) \land (q \to r)) \to (p \to r)$

(2)$(p \to q) \land p \land \neg q$

$(3)\neg(p\vee r)\vee(\neg p\wedge q)$

$(4)((p\vee q)\rightarrow r)\leftrightarrow((p\rightarrow r)\wedge(q\rightarrow r))$

$(5)(p\wedge q)\wedge\neg(p\vee q)$

13. 一个排队线路，输入为 A、B、C，其输出分别为 F_A、F_B、F_C。在同一时间内只能有一个信号通过。如果同时有两个或两个以上信号通过，则按 A、B、C 的顺序输出。例如，A、B、C 同时输入时，只能 A 有输出。写出 F_A、F_B、F_C 的逻辑表达式。

14. 设计一个符合如下要求的室内照明控制线路：在房间的门边、门内及床头分别装控制同一个电灯 F 的 3 个开关 A、B、C，当且仅当一个开关打开或 3 个开关都打开时电灯亮。写出 F 的逻辑关系式，并画出实现这个逻辑关系的最简单的逻辑电路。

15. 求下列命题公式的主析取范式和主合取范式。

$(1)\neg(p\rightarrow q)\vee(p\vee r)$

$(2)(\neg p\rightarrow(p\vee r))\wedge(p\leftrightarrow q)$

$(3)(\neg q\rightarrow r)\wedge(p\leftrightarrow q)$

$(4)((p\wedge q)\vee\neg r)\leftrightarrow p$

$(5)(p\vee\neg q)\rightarrow r$

16. 证明下列蕴涵关系式成立。

$(1)p\wedge(p\rightarrow q)\Rightarrow q$

$(2)(p\vee q)\wedge(p\rightarrow r)\wedge(q\rightarrow r)\Rightarrow r$

$(3)(p\rightarrow(q\rightarrow r))\wedge(q\rightarrow(r\rightarrow s))\Rightarrow p\rightarrow(q\rightarrow s)$

$(4)(p\wedge q)\Rightarrow p\rightarrow q$

$(5)(\neg p\wedge\neg q)\Rightarrow\neg(p\wedge q)$

17. 证明 $s\rightarrow\neg q$ 是 $\neg p\vee q$、$\neg p\rightarrow r$、$r\rightarrow\neg s$ 的有效结论。

18. 验证下列论断是否有效。

$(1)p\rightarrow q,\ r\wedge s,\ \neg q\Rightarrow p\wedge s$

$(2)p,\ q\rightarrow r,\ r\vee s\Rightarrow q\rightarrow s$

$(3)\neg(p\wedge\neg q),\ \neg q\vee r,\ \neg r\Rightarrow\neg p$

$(4)\neg q\wedge r,\ p\wedge r,\ q\Rightarrow p\vee r$

$(5)p\vee\neg r,\ q\vee s,\ r\rightarrow(s\wedge p)\Rightarrow s\rightarrow p$

19. 判断下述推理是否正确，并证明你的结论。"如果他是理科学生，他必学好数学。如果他不是文科学生，他必是理科学生。他没学好数学。所以他是文科学生。"

20. 符号化下面的论断，并用构造法验证论断是否有效。

(1)如果 6 是偶数，则 2 不能整除 7；或者 5 不是素数，或者 2 整除 7；5 是素数，因此，6 是奇数。

(2)如果今天是星期六，我们就去公园或去爬山；如果公园人太多，我们就不去公园；今天是星期六，公园人太多，所以我们去爬山。

第2章 谓词逻辑

在命题逻辑中，主要研究的是命题和命题之间的逻辑关系，命题是基本单位，对简单命题不再分析，因而命题逻辑的推演存在很大的局限性。例如：

所有的偶数都能被 2 整除，6 是偶数，所以 6 能被 2 整除。

这个推理在数学上是真命题，但是用命题逻辑无法证明这个推理的正确性。因为上述推理表示为 $(p \wedge q) \rightarrow r$，$p$、$q$、$r$ 分别表示前面的 3 个命题时，$(p \wedge q) \rightarrow r$ 不是重言式，所以不能由它判断这个推理的正确性。

命题逻辑存在局限性的原因是它不考虑命题内在的结构和逻辑关系，也就无法建立基于命题内在结构间的联系的命题间的逻辑关系。而在上面的推理中，各命题间的逻辑关系不仅体现在原子命题之间，还体现在命题结构的更深层次上。命题逻辑不能表示数量关系，假设 s 表示"这个班的所有学生都选修离散数学"，t 表示"这个班有些学生选修离散数学"，这样表达不出这两个命题的区别。

为了克服命题逻辑的局限性，有必要对命题的内在结构进行深入的分析。谓词逻辑对简单命题做进一步的分析，分析出其中的个体、谓词和量词，研究它们的形式结构和逻辑关系、推理形式和规则。谓词逻辑是命题逻辑的扩充和发展。

2.1 谓词逻辑的基本概念

2.1.1 个体词和谓词

在谓词逻辑中，要将原子命题分解成个体词和谓词两部分。

定义 2.1.1 **个体**是指可以独立存在的客体，可以是一个具体的事物或抽象的概念，是原子命题所描述的对象。**谓词**用来说明个体的性质或个体间的关系。

例如，对于原子命题"小王是一个大学生"，"小王"是个体词，"……是一个大学生"是谓词，说明个体的性质；而对于原子命题"3 大于 2"，"3"和"2"是个体词，"……大于……"是谓词，说明个体词间的关系。

用谓词逻辑表达命题，要包括表示个体的字母和表示谓词的字母两部分。通常用大写英文字母表示谓词，用小写英文字母表示个体词。一般地，形如"b 是 A"类型的命题可表达为 $A(b)$；表示多个个体间关系的命题，如"a 大于 b"可表达为 $B(a, b)$，B 是"……大于……"，而"点 a 位于点 b 和点 c 之间"可表达为 $P(a, b, c)$，P 是"……位于……和……之间"。

定义 2.1.2 和一个个体相联系的谓词称为**一元谓词**，和两个个体相联系的谓词称为**二元谓词**，和 n 个个体相联系的谓词称为 **n 元谓词**。**个体常元**表示具体的或特定的个体，

用 $a, b, c, \cdots$ 表示个体常元；**个体变元**表示抽象的或泛指的个体，用 $x, y, z, \cdots$ 表示个体变元。表示具体性质或关系的谓词称为**谓词常项**，表示抽象或泛指的谓词称为**谓词变项**，都是用大写英文字母如 $P, Q, R, \cdots$ 表示。通常根据上下文来区分 $P, Q, R, \cdots$ 表示的是谓词常项还是谓词变项。

定义 2.1.3 一个原子命题可以用一个谓词常项 P 和几个个体常元，如 $a, b, c, \cdots$，表示成 $P(a, b, c, \cdots)$ 的形式。称 $P(a, b, c, \cdots)$ 为原子命题或命题的**谓词表达式**。一个谓词常项 P 和几个个体变元如 $x, y, z, \cdots$ 表示成 $P(x, y, z, \cdots)$ 的形式，称为**命题函数**，其中的个体变元可以代表任意一个个体。

命题的谓词表达式和命题函数是不同的。命题的谓词表达式是有真值的，命题函数的真值是不确定的，例如 $A(x)$ 表示 x 是个大学生，真值是不确定的，不是命题。当 b 表示小王，$A(b)$ 表示命题："小王是个大学生"，$A(b)$ 是命题的谓词表达式。

例 2.1.1 写出下列命题的谓词表达式。

1）小赵不是工人。

2）小丽是非常聪明和美丽的。

3）若小明是高中生，则小明不是大学生。

4）2 是偶数，4 是偶数，则 2＋4 也是偶数。

5）小丽是王老师和李老师的孩子。

解 1）设 $A(x)$：x 是工人，a：小赵。则命题符号化为

$$\neg A(a)$$

2）设 $A(x)$ 表示 x 是聪明的，$B(x)$ 表示 x 是美丽的，a 表示小丽，则命题符号化为

$$A(a) \wedge B(a)$$

3）设 $A(x)$ 表示 x 是高中生，$B(x)$ 表示 x 是大学生，a 表示小明，则命题符号化为

$$A(a) \rightarrow \neg B(a)$$

4）设 $A(x)$ 表示 x 是偶数，$B(x, y)$ 表示 $x+y$ 是偶数，a 表示 2，b：4。则命题符号化为

$$A(a) \wedge A(b) \rightarrow B(a, b)$$

5）设 $Q(x, y, z)$ 表示 z 是 y 和 x 的孩子，a 表示小丽，b 表示王老师，c 表示李老师，则命题符号化为

$$Q(c, b, a)$$

从上面的例题可以看出，谓词中个体的顺序是十分重要的，不能随意改变，如命题 $Q(c, b, a)$ 为真，但命题 $Q(a, b, c)$ 为假。

一个 n 元谓词不是一个命题。命题的谓词表达式是用具体的个体名称取代命题函数的个体变元。命题函数的个体变元可以用个体域中的任意个体取代。事实上，个体变元在哪些范围取值及取什么值，对是否成为命题及命题的真值有很大影响。例如，$A(x)$ 表示 x 是大学生。如果 x 的取值范围是某大学班级中的学生，则 $A(x)$ 是永真式。如果 x 的取值范围是某中学班级中的学生，则 $A(x)$ 是永假式。如果 x 的取值范围是单位的员工，其

中有些是大学生，有些不是大学生，则对有些人 $A(x)$ 为真，对有些人 $A(x)$ 为假。 ◀

定义 2.1.4 命题函数中，个体变元的取值范围称为**个体域**或**论述域**。

个体域可以是有限的，也可以是无限的。把宇宙中的一切事物作为对象的集合称为**全总个体域**。通常，没有特别说明时，个体变元的论述域是指全总个体域。

例 2.1.2 设 $F(x, y, z)$：$4x+y-3z \leqslant 0$，$G(x, y)$：$x>y$，求 $F(3, 4, 5) \wedge G(3, 4)$ 和 $F(2, 1, 3) \wedge G(2, 1)$ 的真值。

解 $F(3, 4, 5)$：$12+4-15 \leqslant 0$，真值为 0，$G(3, 4)$：$3>4$，真值为 0，所以 $F(3, 4, 5) \wedge G(3, 4)$ 为假。$F(2, 1, 3)$：$8+1-9 \leqslant 0$，真值为 1，$G(2, 1)$：$2>1$，真值为 1，所以 $F(2, 1, 3) \wedge G(2, 1)$ 为真。 ◀

例 2.1.3 给出执行语句"If $P(x)$ then x:=3"以后 x 的值，其中 $P(x)$ 为语句"$x<3$"，且执行到该语句时 x 的值如下。

1)$x=4$ 　　2)$x=3$ 　　3)$x=1$

解 1)执行到语句"If $P(x)$ then $x:=3$"时，若 $x=4$，$P(x)$ 为语句"$4<3$"，真值为 0，不执行赋值语句"$x:=3$"，所以 $x=4$。

2)执行到语句"If $P(x)$ then $x:=3$"时，若 $x=3$，$P(x)$ 为语句"$3<3$"，真值为 0，不执行赋值语句"$x:=3$"，所以 $x=3$。

3)执行到语句"If $P(x)$ then $x:=3$"时，若 $x=1$，$P(x)$ 为语句"$1<3$"，真值为 1，执行赋值语句"$x:=3$"，所以 $x=3$。 ◀

2.1.2 量词

根据前面的叙述，当命题函数中所有变元均被赋值后，命题函数才成为命题。当把命题函数中的所有变元都量化后，也可使命题函数成为命题。例如：

1)这家公司所有员工都喜欢锻炼。

2)这家公司某些员工喜欢锻炼。

这两句都是命题，除了有个体词和谓词外，还有表示数量的词。这两句的个体词和谓词相同，个体域都是这家公司的员工。将个体域的每个个体代换个体变元后，可以判断其真假。当 1)中每个个体代换后均为真，该命题的真值才为 1，只要有一个个体代换后为假，该命题的真值就是 0。当 2)中有一个或多个个体代换后为真，该命题的真值就是 1，只有当每个个体代换后均为假，该命题的真值才为 0。因此，将这两个命题符号化时要使用表示数量的词。

定义 2.1.5 表示个体常元或个体变元之间数量关系的词称为**量词**。量词有两种。

1)**全称量词** 符号为"$\forall$"，$\forall x$ 表示对个体域"所有的 x""每一个 x""一切 x"等。

2)**存在量词** 符号为"$\exists$"，$\exists x$ 表示个体域中"存在这样的 x""某个 x""至少有一个 x"或"有一些 x"等。

$\forall x F(x)$ 表示个体域中所有个体都有性质 F，$\exists x F(x)$ 表示个体域中存在个体有性质 F。

例 2.1.4 假设 $F(x)$ 表示 x 喜欢锻炼，x 的个体域是某家公司的员工，将上面的命题符号化。

解 1)这家公司所有员工都喜欢锻炼，可符号化为 $\forall x F(x)$。

2)这家公司某些员工喜欢锻炼，可符号化为 $\exists x F(x)$。 ◀

这个例题中，$F(x)$ 是命题函数，$\forall x F(x)$ 和 $\exists x F(x)$ 是命题。也就是说，命题可以通过将命题函数中的个体变元量化得到。

在使用量词时，不同的个体域中命题符号化的形式可能不一样。一般来说，没有特别说明时，以全总个体域为个体域。例如上面的例题中，当个体域是全总个体域时，1)不能符号化为 $\forall x F(x)$，因为用宇宙中一切事物代换个体变元时，该命题的真值不为 1。2)也不能符号化为 $\exists x F(x)$，因为在宇宙的一切事物中存在具有性质 F 的个体，但这和题意是不相符的。原因是这两个命题的个体域只是全总个体域的子集。因此，需要引入一个新的谓词表示个体的取值范围。称这个表示个体范围的谓词为**特性谓词**。在命题符号化时，一定要正确使用特性谓词。

在例 2.1.4 中，如果个体的取值范围是全总个体域，则设特性谓词 $S(x)$ 表示 x 是这个公司的员工，这样，1)符号化为 $\forall x(S(x) \rightarrow F(x))$，2)符号化为：$\exists x(S(x) \wedge F(x))$。

注意：在使用全称量词时，表示个体范围的特性谓词和表示个体性质的谓词构成条件关系式；在使用存在量词时，表示个体范围的特性谓词和表示个体性质的谓词构成合取关系式。

例 2.1.5 个体域分别为人类集合、全总个体域，将下列命题符号化，并给出它们的真值。

1)人类都呼吸。

2)有的人用左手。

解 假设 $F(x)$ 表示 x 呼吸，$G(x)$ 表示 x 用左手写字。

(1)个体域为人类集合

1)符号化为 $\forall x F(x)$，真值为 1。

2)符号化为 $\exists x G(x)$，真值为 1。

(2)个体域为全总个体域

因为全总个体域里包括人以外的东西，所以我们在这里引入谓词 $A(x)$：x 是人类。

1)符号化为 $\forall x(A(x) \rightarrow F(x))$，真值为 1。

2)符号化为 $\exists x(A(x) \wedge G(x))$，真值为 1。 ◀

例 2.1.6 用谓词逻辑将下列命题符号化。

1)所有的教练员都是运动员。

2)这个班有些学生有智能手机。

3)没有不爱学习的华工人。

4)并非每个实数都是有理数。

5)某些大学生运动员是国家运动员。

6)有些大学生不钦佩运动员。

解 1)设 $A(x)$ 表示 x 是教练员，$B(x)$ 表示 x 是运动员。则原命题可符号化为

$$\forall x(A(x) \rightarrow B(x))$$

2）设 $A(x)$ 表示 x 是这个班的学生，$B(x)$ 表示 x 有智能手机。则原命题可符号化为

$$\exists x(A(x) \wedge B(x))$$

3）设 $A(x)$ 表示 x 是华工人，$B(x)$ 表示 x 爱学习，命题可符号化为

$$\neg \exists x(A(x) \wedge \neg B(x))$$

4）设 $A(x)$ 表示 x 是实数，$B(x)$ 表示 x 是有理数。则原命题可符号化为

$$\neg \forall x(A(x) \rightarrow B(x))$$

5）设 $A(x)$ 表示 x 是大学生，$B(x)$ 表示 x 是运动员，$C(x)$ 表示 x 是国家选手。则原命题可符号化为

$$\exists x(A(x) \wedge B(x) \wedge C(x))$$

6）设 $A(x)$ 表示 x 是大学生，$B(y)$ 表示 y 是运动员，$C(x, y)$ 表示 x 钦佩 y。则原命题可符号化为

$$\exists x(A(x) \wedge \forall y(B(y) \rightarrow C(x, y)))\qquad◀$$

以上各题中论述域都是全总个体域，因而都要引入特性谓词表示个体的取值范围。在全称量词后面的是表示个体范围的谓词和表示个体特征的谓词构成的条件式，在存在量词后面的是表示个体范围的谓词和表示个体特征的谓词构成的合取式。命题1）不可以表示成 $\forall x(A(x) \wedge B(x))$，因为 $\forall x(A(x) \wedge B(x))$ 表示所有的 x 都是正整数并且大于 0，和题意不符。命题2）不能表示成 $\exists x(A(x) \rightarrow B(x))$，因为不是这个班的有智能手机的学生代入也可使 $A(x) \rightarrow B(x)$ 为真。

当论述域中的元素个数有限时，例如，论述域为 n 个元素的集合 $\{a_1, a_2, a_3, \cdots, a_n\}$ 时，有

$$\forall x A(x) \Leftrightarrow A(a_1) \wedge A(a_2) \wedge A(a_3) \cdots \wedge A(a_n)$$
$$\exists x A(x) \Leftrightarrow A(a_1) \vee A(a_2) \vee A(a_3) \cdots \vee A(a_n)$$

例 2.1.7　假设个体域为 $D = \{-2, 3, 6\}$，谓词 $F(x): x \leqslant 3$，$G(x): x > 5$，$R(x): x \leqslant 7$，求下列各式的真值：

1）$\forall x F(x)$

2）$\exists x F(x)$

3）$\forall x(F(x) \wedge G(x))$

4）$\forall x(R(x) \rightarrow F(x)) \vee G(5)$

5）$\exists x(F(x) \vee G(x))$

解　1）$\forall x F(x)$

$\Leftrightarrow F(-2) \wedge F(3) \wedge F(6)$

$\Leftrightarrow 1 \wedge 1 \wedge 0$

$\Leftrightarrow 0$

所以 $\forall x F(x)$ 为假。

2）$\exists x F(x)$

$\Leftrightarrow F(-2) \vee F(3) \vee F(6)$

$\Leftrightarrow 1 \vee 1 \vee 0$

$\Leftrightarrow 1$

所以 $\exists x F(x)$ 为真。

3) $\forall x(F(x) \wedge G(x))$

$\Leftrightarrow (F(-2) \wedge G(-2)) \wedge (F(3) \wedge G(3)) \wedge (F(6) \wedge G(6))$

$\Leftrightarrow (1 \wedge 0) \wedge (1 \wedge 0) \wedge (0 \wedge 1) \Leftrightarrow 0$

所以 $\forall x(F(x) \wedge G(x))$ 为假。

4) $\forall x(R(x) \rightarrow F(x)) \vee G(5)$

$\Leftrightarrow ((R(-2) \rightarrow F(-2)) \wedge (R(3) \rightarrow F(3)) \wedge (R(6) \rightarrow F(6))) \vee 0$

$\Leftrightarrow (1 \rightarrow 1) \wedge (1 \rightarrow 1) \wedge (1 \rightarrow 0)$

$\Leftrightarrow 0$

所以 $\forall x(R(x) \rightarrow F(x)) \vee G(5)$ 为假。

5) $\exists x(F(x) \vee G(x))$

$\Leftrightarrow \exists x F(x) \vee \exists x G(x)$ 量词分配等价式

$\Leftrightarrow (F(-2) \vee F(3) \vee F(6)) \vee (G(-2) \vee G(3) \vee G(6))$

$\Leftrightarrow (1 \vee 1 \vee 0) \vee (0 \vee 0 \vee 1) \Leftrightarrow 1$

所以 $\exists x(F(x) \vee G(x))$ 为真。

根据上面的例题，可以得出如下结论。

1) 在不同的个体域内，同一个命题的符号化形式可能不同，也可能相同。

2) 同一命题，在不同的个体域中的真值可能不同，也可能相同。

3) 全称量词后跟的是由特性谓词和谓词组成的条件式，存在量词后跟的是由特性谓词和谓词组成的合取式。

4) $P(x)$ 不是命题，当 x 用个体常元代替，或用量词量化为 $\forall x P(x)$ 和 $\exists x P(x)$ 时，则成为命题。

5) 对含多个个体变元的命题函数，要对每一个个体变元量化或用个体常元代换，才能转变为命题。因而，会同时出现多个量词。除非所有量词都是全称量词或存在量词，否则，在多个量词同时出现时，不能随意颠倒量词的顺序，颠倒后会改变原命题的含义。

例 2.1.8 对个体域 $\{1, 2\}$，判定下列公式的真值，$E(x)$ 表示"x 是偶数"。

1) $\forall x(E(x) \rightarrow \neg x = 1)$

2) $\exists x(E(x) \wedge \neg x = 1)$

3) $\forall x(E(x) \wedge x = 1)$

4) $\forall x(E(x) \rightarrow x = 1)$

解 1) 第一个命题的含义是对于任意 x，如果 x 是偶数，则 x 不等于 1，个体域中只有 2 是偶数，为真命题。

2) 第二个命题的含义是存在 x 为偶数，且 x 不等于 1。2 满足条件，所以这是真命题。

3) 第三个命题的含义是对于任意 x，x 都是偶数且等于 1，这显然是错误的，是假命题。

4) 第四个命题的含义为对于任意 x，如果 x 为偶数，则 x 等于 1，当 x 为 1 时，$E(1) \rightarrow$

$1=1$ 为真，当 x 为 2 时，$E(2) \to 2=1$ 为假，所以此命题为假。 ◀

2.2 谓词合式公式

一个谓词 P 和 n 个个体变元，如 $x_1, x_2, x_3, \cdots, x_n$，表示成 $P(x_1, x_2, x_3, \cdots, x_n)$ 的形式，称为 **n 元原子谓词公式**，简称 **n 元谓词公式**。例如 $A(x)$ 是一元谓词公式，$B(x, y)$ 是二元谓词公式，$P(x, y, z)$ 是三元谓词公式。特别地，如果谓词公式中没有个体变元，即 $n=0$ 时称为 0 元谓词公式。0 元谓词公式就是原子命题。下面给出谓词合式公式的定义。

定义 2.2.1 谓词演算的合式公式，简称**谓词演算公式**，定义如下。

1）每一个原子谓词公式都是谓词演算公式。

2）如果 A 是谓词公式，则 $\neg A$ 是谓词公式。

3）如果 A 和 B 都是谓词公式，则 $A \land B$、$A \lor B$、$A \to B$、$A \leftrightarrow B$ 都是谓词公式。

4）如果 A 是谓词公式，x 是其中的任一变元，则 $\forall x A$ 和 $\exists x A$ 都是谓词公式。

5）只有有限次地应用上面的步骤得到的符号串才是谓词公式。

定义 2.2.2 谓词公式 $\forall x A$ 和 $\exists x A$ 中出现在量词 $\forall$ 和 $\exists$ 后面的变元 x 称为量词的**指导变元**。每个量词后面的最小的谓词子公式，称为该量词的**辖域**。在量词的辖域中，x 的所有出现都称为**约束出现**。约束出现的变元称为**约束变元**。除约束变元以外的其他变元的出现称为**自由出现**。自由出现的变元称为**自由变元**。

例 2.2.1 指出下列谓词公式中的量词及其辖域，指出各自由变元和约束变元。

1）$\forall x(P(x) \lor Q(x)) \land R$

2）$\forall x(P(x) \land Q(x)) \land \exists x S(x) \to T(x)$

3）$\forall x(P(x) \to \exists y(B(x, y) \land Q(y)) \lor T(y))$

4）$P(x) \to (\forall y \exists x(P(x) \land B(x, y)) \to P(x))$

5）$\forall x \exists y(P(x, y) \land Q(y, z)) \land \forall y R(x, y)$

解 1）全称量词 $\forall x$，辖域为 $P(x) \lor Q(x)$，其中 x 为约束变元，R 为命题常元。

2）全称量词 $\forall x$，辖域为 $P(x) \land Q(x)$，其中 x 为约束变元。存在量词 $\exists x$，其辖域为 $S(x)$，其中 x 为约束变元。$T(x)$ 中 x 为自由变元。

3）全称量词 $\forall x$，辖域为 $P(x) \to \exists y(B(x, y) \land Q(y)) \lor T(y)$，其中 x 为约束变元，$T(y)$ 中 y 为自由变元。存在量词 $\exists y$，辖域为 $B(x, y) \land Q(y)$，其中 y 为约束变元。

4）全称量词 $\forall y$，辖域为 $\exists x(P(x) \land B(x, y))$，其中 y 为约束变元。存在量词 $\exists x$，辖域为 $P(x) \land B(x, y)$，其中 x 为约束变元。不在量词辖域中的 $P(x)$ 中的 x 为自由变元。

5）$\forall x$ 的辖域是 $\exists y(P(x, y) \land Q(y, z))$，$\exists y$ 的辖域是 $P(x, y) \land Q(y, z)$，$\forall y$ 的辖域是 $R(x, y)$。在 $\forall x \exists y(P(x, y) \land Q(y, z))$ 中，x、y 为约束变元，z 为自由变元。在 $\forall y R(x, y)$ 中，y 为约束变元，x 为自由变元。 ◀

上例 5）中的 x 既是约束变元，也是自由变元，这样会引起概念上的混淆。一个公式中的变元所使用的符号是无关紧要的，例如 $\forall x P(x)$ 和 $\forall y P(y)$ 的真值相同，$\exists x P(x)$ 和 $\exists y P(y)$ 的真值相同，所以可以对公式中的约束变元或自由变元更改名称符号，使得一个变元在一个公式中只呈现一种形式，即呈自由出现或呈约束出现，以避免混淆。

对谓词公式中约束出现的变元更改符号名称，称为**约束变元换名**。

约束变元换名规则：将量词中的指导变元以及该量词辖域中该变元的所有出现更改为辖域中没有出现的变元名称，公式的其余部分不变。

对谓词公式中自由出现的变元更改符号名称，称为**自由变元代入**。

自由变元代入规则：对某自由出现的个体变元的每一处都代入与原公式中所有变元的名称不相同的变元。

例 2.2.2 对下列谓词公式中的变元，使用变元换名规则进行正确换名。

1）$\forall x P(x, y) \rightarrow \exists y Q(y)$

2）$\forall x \exists y (P(x, y) \wedge Q(y, z)) \wedge \forall x R(x, y, z)$

解 1）利用约束变元换名规则，将 $\exists y Q(y)$ 中的约束变元 y 换成 z，得公式为

$$\forall x P(x, y) \rightarrow \exists z Q(z)$$

或利用自由变元代入规则，将 $\forall x P(x, y)$ 中的 y 用 z 代入，得公式为

$$\forall x P(x, z) \rightarrow \exists y Q(y)$$

2）利用约束变元换名规则，将 $\forall x R(x, y, z)$ 中的约束变元 x 换成 s，利用自由变元代入规则，将 $\forall x R(x, y, z)$ 中自由出现的 y 用 t 代入，得公式为

$$\forall x \exists y (P(x, y) \wedge Q(y, z)) \wedge \forall s R(s, t, z) \qquad \blacktriangleleft$$

定义 2.2.3 任一谓词公式 A，若 A 中没有自由出现的个体变元，称 A 是**封闭的谓词公式**，简称**闭式**。

例 2.2.3 判断下列谓词公式是否是闭式。

1）$\forall x (P(x) \wedge Q(x) \wedge \exists y (S(x, y) \wedge F(x)))$

2）$\forall x \exists y (P(x, y) \wedge Q(x, y)) \wedge \forall x S(x, z)$

解 1）是闭式，因为无自由出现的变元；

2）不是闭式，有自由出现的变元 z。 $\qquad \blacktriangleleft$

2.3 谓词公式的解释和分类

2.3.1 谓词公式的解释

在谓词公式中，要确定其真值，需要指定个体域，要对谓词变元和个体变元赋以确定的值，要给函数符号指定具体的函数。因此对谓词公式的解释要复杂得多。下面给出谓词公式的一个解释的概念。

定义 2.3.1 谓词逻辑中公式 A 的一个解释（或赋值）I 由如下四部分组成：

1）非空的个体域集合 D；

2）A 中的每个常量符号，指定 D 中的某个特定的元素；

3）A 中的每个 n 元函数符号，指定 D^n 到 D 的某个特定的函数；

4）A 中的每个 n 元谓词符号，指定 D^n 到 $\{0, 1\}$ 的某个特定的谓词。

例 2.3.1 给定解释 I 如下：

1）个体域为实数集合 $\mathbb{R}$；

2）元素 $a=0$；

3）N 中特定的函数 $f(x, y)=x-y$；

4）N 中特定的谓词 $F(x, y)$：$x<y$。

在解释 I 下，求下列公式的真值。

1）$\forall xF(f(a, x), a)$

2）$\forall x \forall y(\neg F(f(x, y), x))$

3）$\forall x \forall y \forall z(F(x, y) \to F(f(x, z), f(y, z)))$

4）$\forall x \exists yF(x, f(f(x, y), y))$

5）$\forall xF(x, f(x, a)) \to F(x, y)$

解   1）$\forall xF(f(a, x), a) \Leftrightarrow \forall x(f(a, x)<a) \Leftrightarrow \forall x(a-x<a) \Leftrightarrow \forall x(0-x<0) \Leftrightarrow$
$\forall x(0<x) \Leftrightarrow 0$。

2）$\forall x \forall y(\neg F(f(x, y), x)) \Leftrightarrow \forall x \forall y(\neg(f(x, y)<x)) \Leftrightarrow \forall x \forall y(\neg(x-y<x)) \Leftrightarrow$
$\forall x \forall y(\neg(0<y)) \Leftrightarrow \forall x \forall y(y \leqslant 0) \Leftrightarrow 0$。

3）$\forall x \forall y \forall z(F(x, y) \to F(f(x, z), f(y, z))) \Leftrightarrow \forall x \forall y \forall z((x<y) \to (f(x, z)<$
$f(y, z))) \Leftrightarrow \forall x \forall y \forall z((x<y) \to (x-z<y-z)) \Leftrightarrow \forall x \forall y \forall z((x<y) \to (x<y)) \Leftrightarrow 1$。

4）$\forall x \exists yF(x, f(f(x, y), y)) \Leftrightarrow \forall x \exists y(x<f(f(x, y), y)) \Leftrightarrow \forall x \exists y(x<$
$(f(x, y)-y)) \Leftrightarrow \forall x \exists y(x<(x-y-y)) \Leftrightarrow \forall x \exists y(x<x-2y) \Leftrightarrow 1$。

5）$\forall xF(x, f(x, a)) \to F(x, y) \Leftrightarrow \forall x(x<(x-0)) \to (x<y) \Leftrightarrow \forall x(x<x) \to (x<y) \Leftrightarrow 1$，
因为蕴含式的前件为假。   ◄

定理 2.3.1   封闭的谓词公式在任何解释下都变成命题。   ◄

证明   略。

不是闭式的谓词公式在某些解释下也可能变成命题，如例 2.3.1 中的公式 5）不是闭式，但在解释 I 下是真命题。

2.3.2   谓词公式的分类

定义 2.3.2   设 A 是一个谓词公式。如果 A 在任何解释下的真值恒为真，则称 A 为**永真式**（或**逻辑有效式**）；如果 A 在任何解释下的真值恒为假，则称该谓词公式为**永假式**（或**矛盾式**）；如果至少存在一个解释使 A 的真值为真，则称 A 为**可满足式**。

例 2.3.2   判定公式 $\forall y \exists x A(x, y) \leftrightarrow \exists x \forall y xA(x, y)$ 的类型。

解   设个体域为自然数集合，令 $A(x, y)$ 表示 $xy=y$。因为对任何自然数 y，均存在自然数 x，使得 $xy=y$，所以 $\forall y \exists xA(x, y)$ 在该解释下的真值为 1，而此时 $\exists x \forall yA(x, y)$ 的真值也为 1，因为存在一个自然数 x，使得对所有的自然数 y，都有 $xy=y$。因而在此解释下 $\exists x \forall yA(x, y) \leftrightarrow \forall y \exists xA(x, y)$ 的真值为 1。

再设个体域为自然数集合，$A(x, y)$ 表示 $x>y$。因为对任何自然数 y，均存在自然数 x，使得 $x>y$，所以 $\forall y \exists xA(x, y)$ 在该解释下的真值为 1，而此时 $\exists x \forall yA(x, y)$ 的真值为 0，因为不存在一个自然数 x，使得对所有的自然数 y，都有 $x>y$。因而在此解

释下 $\exists x \forall y A(x, y) \leftrightarrow \forall y \exists x A(x, y)$ 的真值为 0。

因此公式 $\forall y \exists x A(x, y) \leftrightarrow \exists x \forall y A(x, y)$ 不是永真式,是可满足式。 ◀

谓词公式没有像命题公式那样的真值表。判定一个谓词公式为永真式,当论述域是无限集时,要求在任何解释下谓词公式的真值均为 1,这是不可能的。目前,还没有可行的算法判定一个谓词公式的类型,只能对一些特殊的谓词公式进行判断。

对于一些特殊的谓词公式,如果它是永真式或矛盾式,则可以采用分析法或公式法进行证明,如果它是可满足式,则要通过举例说明,给出两种解释,一种解释使其为真,另一种解释使其为假。

定义 2.3.3 设 A_0 是含命题变元 $p_1, p_2, p_3, \cdots, p_n$ 的命题公式,$A_1, A_2, \cdots, A_n$ 是 n 个谓词公式,用 $A_i (1 \leqslant i \leqslant n)$ 代替 A_0 中的 p_i,所得公式 A 称为 A_0 的**代换实例**。

如 $F(x) \rightarrow G(y)$、$\forall x F(x) \rightarrow \exists x F(x)$ 都是 $p \rightarrow q$ 的代换实例。

定理 2.3.2 命题公式中永真式的代换实例都是永真式,矛盾式的代换实例都是矛盾式。

证明 略。 ◀

例 2.3.3 判断下列公式是永真式还是矛盾式。

1) $\exists x (A(x) \rightarrow B(x)) \leftrightarrow (\forall x A(x) \rightarrow \exists x B(x))$

2) $(\exists x A(x) \rightarrow \exists x B(x)) \rightarrow \exists x (A(x) \rightarrow B(x))$

3) $A(x, y) \wedge \neg (B(x, y) \rightarrow A(x, y))$;

解 1) $\exists x (A(x) \rightarrow B(x))$

$\Leftrightarrow \exists x (\neg A(x) \vee B(x))$

$\Leftrightarrow \exists x \neg A(x) \vee \exists x B(x)$

$\Leftrightarrow \neg \forall x A(x) \vee \exists x B(x)$

$\Leftrightarrow \forall x A(x) \rightarrow \exists x B(x)$。

因此有 $\exists x (A(x) \rightarrow B(x)) \leftrightarrow (\forall x A(x) \rightarrow \exists x B(x)) \Leftrightarrow 1$

所以 $\exists x (A(x) \rightarrow B(x)) \leftrightarrow (\forall x A(x) \rightarrow \exists x B(x))$ 为永真式。

2) $(\exists x A(x) \rightarrow \exists x B(x)) \rightarrow \exists x (A(x) \rightarrow B(x))$

$\Leftrightarrow \neg (\neg \exists x A(x) \vee \exists x B(x)) \vee \exists x (\neg A(x) \vee B(x))$

$\Leftrightarrow (\exists x A(x) \wedge \neg \exists x B(x)) \vee \exists x \neg A(x) \vee \exists x B(x)$

$\Leftrightarrow (\exists x A(x) \vee \exists x \neg A(x) \vee \exists x B(x)) \vee (\neg \exists x B(x) \vee \exists x \neg A(x) \vee \exists x B(x))$

$\Leftrightarrow (\exists x (A(x) \vee \neg A(x)) \vee \exists x B(x)) \vee 1$

$\Leftrightarrow 1$

所以 $(\exists x A(x) \rightarrow \exists x B(x)) \rightarrow \exists x (A(x) \rightarrow B(x))$ 是永真式。

3) 因为 $p \wedge \neg (q \rightarrow p) \Leftrightarrow p \wedge \neg (\neg q \vee p) \Leftrightarrow p \wedge q \wedge \neg p \Leftrightarrow F$,而 $A(x, y) \wedge \neg (B(x, y) \rightarrow A(x, y))$ 是 $p \wedge \neg (q \rightarrow p)$ 的代换实例,所以 $A(x, y) \wedge \neg (B(x, y) \rightarrow A(x, y))$ 是矛盾式。 ◀

2.4 谓词演算的关系式

定义 2.4.1 设 A 和 B 是任意两个谓词公式,如果 $A \leftrightarrow B$ 是永真式,则称谓词公式 A

和 B **等价**或**等值**，记为 $A \Leftrightarrow B$。

由定义显然可以看出，谓词公式 A 和 B 等价的充要条件是：在任意解释下，谓词公式 A 和 B 的真值都相同。

由于命题逻辑中的永真式的代换实例都是谓词逻辑中的永真式，所以命题逻辑中的等价式的代换实例是谓词逻辑中的等价式。

例如，$\neg(p \wedge q) \Leftrightarrow \neg p \vee \neg q$ 的代换实例 $\neg(\forall x P(x) \wedge \exists x Q(x)) \Leftrightarrow \neg \forall x P(x) \vee \neg \exists x Q(x)$，$p \rightarrow q \Leftrightarrow \neg p \vee q$ 的代换实例 $P(x) \rightarrow Q(x) \Leftrightarrow \neg P(x) \vee Q(x)$ 都是谓词逻辑中的等价式。

除了由命题逻辑中的等价式的代换实例得到的谓词逻辑等价式外，还有许多谓词逻辑中特有的等价式。下面给出一些常用的基本谓词公式等价式。

定理 2.4.1(量词否定转换律) 设 $A(x)$ 是任意谓词公式，则有

1) $\neg \forall x A(x) \Leftrightarrow \exists x \neg A(x)$

2) $\neg \exists x A(x) \Leftrightarrow \forall x \neg A(x)$

证明 1) $\neg \forall x A(x)$ 为真 $\Leftrightarrow \forall x A(x)$ 为假 $\Leftrightarrow \exists a$ 使 $A(a)$ 为假 $\Leftrightarrow \exists a$ 使 $\neg A(a)$ 为真 $\Leftrightarrow$ $\exists x \neg A(x)$ 为真，所以 $\neg \forall x A(x) \Leftrightarrow \exists x \neg A(x)$。

2) $\forall x \neg A(x)$ 为假 $\Leftrightarrow \exists a$ 使 $\neg A(a)$ 为假 $\Leftrightarrow \exists a$ 使 $A(a)$ 为真 $\Leftrightarrow \exists x A(x)$ 为真 $\Leftrightarrow \neg \exists x A(x)$ 为假，所以 $\neg \exists x A(x) \Leftrightarrow \forall x \neg A(x)$。 ◄

定理 2.4.2(量词辖域扩张和收缩律) 设 $A(x)$ 是包含 x 为自由变元的公式，B 是不包含 x 的公式，则有

1) $\forall x(A(x) \wedge B) \Leftrightarrow \forall x A(x) \wedge B$

2) $\forall x(A(x) \vee B) \Leftrightarrow \forall x A(x) \vee B$

3) $\exists x(A(x) \wedge B) \Leftrightarrow \exists x A(x) \wedge B$

4) $\exists x(A(x) \vee B) \Leftrightarrow \exists x A(x) \vee B$

5) $\forall x A(x) \rightarrow B \Leftrightarrow \exists x(A(x) \rightarrow B)$

6) $\exists x A(x) \rightarrow B \Leftrightarrow \forall x(A(x) \rightarrow B)$

7) $B \rightarrow \forall x A(x) \Leftrightarrow \forall x(B \rightarrow A(x))$

8) $B \rightarrow \exists x A(x) \Leftrightarrow \exists x(B \rightarrow A(x))$

证明 仅证 5)，其余证明留给读者。

$$
\begin{aligned}
5) \forall x A(x) \rightarrow B &\Leftrightarrow \neg \forall x A(x) \vee B \\
&\Leftrightarrow \exists x \neg A(x) \vee B \\
&\Leftrightarrow \exists x(\neg A(x) \vee B) \\
&\Leftrightarrow \exists x(A(x) \rightarrow B)
\end{aligned}
$$
◄

定理 2.4.3(量词分配律) 设 $A(x)$，$B(x)$ 是包含自由变元 x 的公式，则有

1) $\forall x A(x) \wedge \forall x B(x) \Leftrightarrow \forall x(A(x) \wedge B(x))$

2) $\exists x A(x) \vee \exists x B(x) \Leftrightarrow \exists x(A(x) \vee B(x))$

证明 1) 设 I 为任意解释。

如果 $\forall x A(x) \wedge \forall x B(x)$ 在 I 下为真，则 $\forall x A(x)$ 和 $\forall x B(x)$ 都为真，于是对于任

意一个个体 a 都有 $A(a) \land B(a)$ 为真,所以 $\forall x(A(x) \land B(x))$ 为真,因此 $\forall xA(x) \land \forall xB(x) \Rightarrow \forall x(A(x) \land B(x))$。

如果 $\forall x(A(x) \land B(x))$ 在 I 下为真,则对于任意一个个体 a 都有 $A(a)$ 和 $B(a)$ 为真,从而 $\forall xA(x)$ 和 $\forall xB(x)$ 都为真,于是 $\forall xA(x) \land \forall xB(x)$ 为真,因此 $\forall x(A(x) \land B(x)) \Rightarrow \forall xA(x) \land \forall xB(x)$。

故 $\forall xA(x) \land \forall xB(x) \Leftrightarrow \forall x(A(x) \land B(x))$。

2)证明与 1)类似。

这个定理说明,全称量词对合取满足分配律,存在量词对析取满足分配律。

定理 2.4.4 设 $A(x, y)$ 是包含自由变元 x、y 的二元谓词公式,则有

1) $\forall x \forall yA(x, y) \Leftrightarrow \forall y \forall xA(x, y)$

2) $\exists x \exists yA(x, y) \Leftrightarrow \exists y \exists xA(x, y)$

下面通过例子来说明定理 2.4.4 是成立的。

设 $A(x, y)$ 表示 x 回答了问题 y,x 的个体域是学生集合,y 的个体域是问题集合。则 $\forall x \forall yA(x, y)$ 表示所有学生回答了所有问题;$\forall y \forall xA(x, y)$ 表示所有的问题所有学生回答了。显然这两个句子的含义是相同的,故 $\forall x \forall yA(x, y) \Leftrightarrow \forall y \forall xA(x, y)$。

同理,$\exists x \exists yA(x, y)$ 表示一些学生回答了一些问题,$\exists y \exists xA(x, y)$ 表示一些问题有一些学生回答了。显然,这两句的含义也是相同的,故 $\exists x \exists yA(x, y) \Leftrightarrow \exists y \exists xA(x, y)$。

利用上面的等价关系式可以进行谓词公式的等价推演。在进行等价推演时,可以利用置换规则,将公式中的一个子公式用和它等价的公式代替;还可以利用换名规则或代入规则更改变元名,使得谓词公式不含既是约束出现又是自由出现的变元。

例 2.4.1 证明下面的等价式成立。

1) $\neg \exists x(A(x) \land B(x)) \Leftrightarrow \forall x(A(x) \to \neg B(x))$

2) $\exists xA(x) \to B(x) \Leftrightarrow \forall y(A(y) \to B(x))$

3) $\forall xA(x) \to \exists xB(x) \Leftrightarrow \exists x(A(x) \to B(x))$

证明 1) $\neg \exists x(A(x) \land B(x)) \Leftrightarrow \forall x \neg (A(x) \land B(x))$
$$\Leftrightarrow \forall x(\neg A(x) \lor \neg B(x))$$
$$\Leftrightarrow \forall x(A(x) \to \neg B(x))$$

2) $\exists xA(x) \to B(x) \Leftrightarrow \neg \exists xA(x) \lor B(x)$
$$\Leftrightarrow \forall x \neg A(x) \lor B(x)$$
$$\Leftrightarrow \forall y \neg A(y) \lor B(x)$$
$$\Leftrightarrow \forall y(\neg A(y) \lor B(x))$$
$$\Leftrightarrow \forall y(A(y) \to B(x))$$

3) $\forall xA(x) \to \exists xB(x) \Leftrightarrow \neg \forall xA(x) \lor \exists xB(x)$
$$\Leftrightarrow \exists x \neg A(x) \lor \exists xB(x)$$
$$\Leftrightarrow \exists x(\neg A(x) \lor B(x))$$
$$\Leftrightarrow \exists x(A(x) \to B(x))$$

在谓词逻辑中有一些蕴含式,蕴含式的定义如下。

定义 2.4.2 设 A 和 B 是任意两个谓词公式，如果 $A \rightarrow B$ 是永真式，则称谓词公式 A **蕴含** B，记为 $A \Rightarrow B$，称 $A \Rightarrow B$ 为**蕴含式**。

定理 2.4.5 设 $A(x)$、$B(x)$ 是包含自由变元 x 的公式，则有

1) $\forall x A(x) \vee \forall x B(x) \Rightarrow \forall x(A(x) \vee B(x))$

2) $\exists x(A(x) \wedge B(x)) \Rightarrow \exists x A(x) \wedge \exists x B(x)$

3) $\forall x(A(x) \rightarrow B(x)) \Rightarrow \forall x A(x) \rightarrow \forall x B(x)$

4) $\exists x(A(x) \rightarrow B(x)) \Rightarrow \forall x A(x) \rightarrow \exists x B(x)$

证明 仅证 1) 和 3)，2)、4) 留给读者证明。

1) 若 $\forall x(A(x) \vee B(x))$ 为假，则存在个体 a 使 $A(a) \vee B(a)$ 为假，于是 $A(a)$ 和 $B(a)$ 都为假，因而 $\forall x A(x)$ 和 $\forall x B(x)$ 都为假，从而 $\forall x A(x) \vee \forall x B(x)$ 为假。所以 $\forall x A(x) \vee \forall x B(x) \Rightarrow \forall x(A(x) \vee B(x))$。

3) 利用推理的 CP 规则，$\forall x(A(x) \rightarrow B(x)) \wedge \forall x A(x) \Leftrightarrow \forall x(A(x) \rightarrow B(x)) \wedge A(x)) \Leftrightarrow \forall x(\neg A(x) \vee B(x)) \wedge A(x)) \Leftrightarrow \forall x(B(x) \wedge A(x)) \Leftrightarrow \forall x B(x) \wedge \forall x A(x) \Rightarrow \forall x B(x)$，所以 $\forall x(A(x) \rightarrow B(x)) \Rightarrow \forall x A(x) \rightarrow \forall x B(x)$。 ◀

例 2.4.2 证明下面的蕴含式成立。

1) $\forall x A(x) \rightarrow \exists x B(x) \Rightarrow \exists x(A(x) \rightarrow B(x))$

2) $\exists x A(x) \rightarrow \forall x B(x) \Rightarrow \forall x(A(x) \rightarrow B(x))$

解 1) $\forall x A(x) \rightarrow \exists x B(x) \Leftrightarrow \neg \forall x A(x) \vee \exists x B(x)$

$$\Leftrightarrow \exists x \neg A(x) \vee \exists x B(x)$$
$$\Leftrightarrow \exists x(\neg A(x) \vee B(x))$$
$$\Leftrightarrow \exists x(A(x) \rightarrow B(x))$$
$$\Rightarrow \exists x(A(x) \rightarrow B(x))$$

2) $\exists x A(x) \rightarrow \forall x B(x) \Leftrightarrow \neg \exists x A(x) \vee \forall x B(x)$

$$\Leftrightarrow \forall x \neg A(x) \vee \forall x B(x)$$
$$\Leftrightarrow \forall x(\neg A(x) \vee B(x))$$
$$\Rightarrow \forall x(A(x) \rightarrow B(x))$$

多个量词同时使用时，有下面的蕴含式。 ◀

定理 2.4.6 设 $A(x, y)$ 是包含自由变元 x，y 的二元谓词公式，则有

1) $\forall x \forall y A(x, y) \Rightarrow \forall x A(x, x)$

2) $\exists x A(x, x) \Rightarrow \exists x \exists y A(x, y)$

3) $\forall x \forall y A(x, y) \Rightarrow \exists y \forall x A(x, y)$

4) $\forall y \forall x A(x, y) \Rightarrow \exists x \forall y A(x, y)$

5) $\exists y \forall x A(x, y) \Rightarrow \forall x \exists y A(x, y)$

6) $\forall x \exists y A(x, y) \Rightarrow \exists y \exists x A(x, y)$

7) $\exists x \forall y A(x, y) \Rightarrow \forall y \exists x A(x, y)$

8) $\forall y \exists x A(x, y) \Rightarrow \exists x \exists y A(x, y)$

证明 1) 设 I 为任意解释，如果 $\forall x A(x, x)$ 在解释 I 下为假，则存在一个个体 a，

使得 $A(a, a)$ 为假，于是 $\forall y A(a, y)$ 为假，因而 $\forall x \forall y A(x, y)$ 为假，所以 $\forall x \forall y A(x, y) \Rightarrow \forall x A(x, x)$。

其余留给读者证明。

2.5　前束范式

一个谓词公式可以化成与其等价的规范形式，称为前束范式。

定义 2.5.1　一个谓词公式 A，若具有形式 $Q_1 x_1 Q_2 x_2 \cdots Q_n x_n M$，其中每个 $Q_i (1 \leqslant i \leqslant n)$ 为 $\forall$ 或 $\exists$，M 为不含量词的谓词公式，则称谓词公式 A 为**前束范式**。$Q_1 x_1 Q_2 x_2 \cdots Q_n x_n$ 称为**首标**，M 称为**母式**。

例如，$\forall x \forall y (A(x, y) \rightarrow B(x, y))$、$\exists x \forall y (A(x, y, z) \wedge C(x, y))$ 等都是前束范式，而 $\forall x A(x) \rightarrow \exists x B(x)$、$\exists x A(x) \vee \exists x B(x, y)$ 等都不是前束范式。

定理 2.5.1　任一谓词公式都存在着与之等价的前束范式。

证明　设 A 为任意一个谓词公式。

1）将公式化成只含 3 个联结词 $\neg$、$\wedge$、$\vee$ 的形式；

2）利用 $\neg(\neg P) \Leftrightarrow P$、德·摩根律及量词转换律等将公式中的所有 $\neg$ 符号移到原子公式的前面。如果需要的话，将约束变元换名；

3）利用量词辖域收缩及扩张律、量词分配律等，将所有量词提到公式的最前面。
按照以上步骤，可得到谓词公式 A 的前束范式。由于每一步变换都保持着等价的关系，所以得到的前束范式与原公式是等价的。

定义 2.5.2　在前束范式 $Q_1 x_1 Q_2 x_2 \cdots Q_n x_n M$ 中，如果 M 是析取范式，则称为**前束析取范式**，如果 M 是合取范式，则称为**前束合取范式**。

例 2.5.1　求下列谓词公式的前束范式。

1）$\neg \exists x A(x) \rightarrow \forall y B(x, y)$

2）$\neg(\forall x A(x, y) \vee \exists y B(x, y))$

3）$\neg \forall x A(x) \vee \exists x B(x)$

4）$\neg \exists x A(x) \vee \forall x B(x)$

解　1）$\neg \exists x A(x) \rightarrow \forall y B(x, y)$

$\Leftrightarrow \forall x \neg A(x) \rightarrow \forall y B(x, y)$ 　　　　　　　　定理 2.4.1

$\Leftrightarrow \forall z \neg A(z) \rightarrow \forall y B(x, y)$ 　　　　　　　　换名规则

$\Leftrightarrow \exists z \forall y (\neg A(z) \rightarrow B(x, y))$ 　　　　　　　定理 2.4.2

$\Leftrightarrow \exists z \forall y (A(z) \vee B(x, y))$

2）$\neg(\forall x A(x, y) \vee \exists y B(x, y))$

$\Leftrightarrow \exists x \neg A(x, y) \wedge \forall y \neg B(x, y)$ 　　　　　　定理 2.4.1

$\Leftrightarrow \exists z \neg A(z, y) \wedge \forall w \neg B(x, w)$ 　　　　　换名规则

$\Leftrightarrow \exists z \forall w (\neg A(z, y) \wedge \neg B(x, w))$ 　　　　　定理 2.4.2

3）$\neg \forall x A(x) \vee \exists x B(x) \Leftrightarrow \exists x \neg A(x) \vee \exists x B(x)$ 　　定理 2.4.1

$\Leftrightarrow \exists x (\neg A(x) \vee B(x))$ 　　　　　　　　　定理 2.4.3

或者

$$\neg\forall xA(x)\vee\exists xB(x)\Leftrightarrow\exists x\,\neg A(x)\vee\exists xB(x)\qquad\text{定理 2.4.1}$$
$$\Leftrightarrow\exists x\,\neg A(x)\vee\exists yB(y)\qquad\text{换名规则}$$
$$\Leftrightarrow\exists x\exists y(\neg A(x)\vee B(y))\qquad\text{定理 2.4.2}$$

4) $\neg\exists xA(x)\vee\forall xB(x)\Leftrightarrow\forall x\,\neg A(x)\vee\forall xB(x)\qquad\text{定理 2.4.1}$
$$\Leftrightarrow\forall x\,\neg A(x)\vee\forall yB(y)\qquad\text{换名规则}$$
$$\Leftrightarrow\forall x\forall y(\neg A(x)\vee B(y))\qquad\text{定理 2.4.2}\qquad\blacktriangleleft$$

把一个公式化成前束范式时,结果可能不唯一。例如,在例 2.5.1 的 3)式中使用 $\exists$ 对 $\vee$ 的分配律得到只带一个量词的前束范式,还可以对第二项用换名规则将 x 换为 y,用量词辖域收缩和扩张律求得前束范式。4)式中 $\forall$ 对 $\vee$ 不满足分配律,必须通过换名使得两项的指导变元不重名。

例 2.5.2 把谓词公式 $\forall x\forall y(\exists z(P(x,z)\wedge P(y,z))\to\exists uQ(x,y,u))$ 化成前束范式。

解 $\forall x\forall y(\exists z(P(x,z)\wedge P(y,z))\to\exists uQ(x,y,u))$
$$\Leftrightarrow\forall x\forall y(\neg\exists z(P(x,z)\wedge P(y,z))\vee\exists uQ(x,y,u))\qquad\text{置换规则}$$
$$\Leftrightarrow\forall x\forall y(\forall z(\neg P(x,z)\vee\neg P(y,z))\vee\exists uQ(x,y,u))\qquad\text{置换规则、定理 2.4.1}$$
$$\Leftrightarrow\forall x\forall y\forall z\exists u\,(\neg P(x,z)\vee\neg P(y,z)\vee Q(x,y,u))\qquad\text{定理 2.4.2}\qquad\blacktriangleleft$$

2.6 谓词逻辑的推理

2.6.1 推理理论

谓词逻辑的推理形式同命题逻辑一样,若 $(A_1\wedge A_2\wedge\cdots\wedge A_n)\to B$ 是永真式,则称由前提 $A_1,A_2,\cdots,A_n$ 可推出结论 B,可表示为 $(A_1\wedge A_2\wedge\cdots\wedge A_n)\Rightarrow B$。但谓词逻辑的推理要更为复杂。在命题逻辑的推理中使用的等价关系、蕴涵关系和推理规则在谓词逻辑的推理中同样适用,另外还有谓词演算特有的关于量词的规则。

1. 全称量词消去规则(UI)

全称量词消去规则为

$$\forall xA(x)\Rightarrow A(y)$$

成立的条件为:

1) x 是 $A(x)$ 中自由出现的个体变元;

2) y 是任意的不在 $A(x)$ 中约束出现的个体变元。

由于 y 具有任意性,y 可以是个体域中的任意个体 c,因此这个规则还可表示为 $\forall xA(x)\Rightarrow A(c)$。在推理过程中,两种形式可根据需要选用。

使用时,要注意规则成立条件。例如,若 $A(x)\Leftrightarrow\exists yF(x,y)$,则 $\forall xA(x)\Leftrightarrow\forall x\exists yF(x,y)$,利用 UI 规则 $\forall xA(x)\Rightarrow A(y)$,于是 $\forall x\exists yF(x,y)\Rightarrow\exists yF(y,y)$,如假设在实数集上 $F(x,y)$:$x>y$,$\forall x\exists yF(x,y)$ 是真命题,而 $\exists yF(y,y)$ 是假命题,这个蕴含式不成立,原因是使用 UI 规则时违背了条件 2)。

2. 存在量词消去规则(EI)

存在量词消去规则为

$$\exists xA(x) \Rightarrow A(c)$$

成立的条件为：

1)c 是个体域中使 A 成立的特定的个体常元；

2)c 不曾在 $A(x)$ 中出现过；

3)$A(x)$ 中除 x 外还有其他自由出现的个体变元时，不能用此规则。

注意这里的 c 是使 A 成立的特定的个体常元，不要和公式中或推理证明过程中前面步骤的其他常元和变元名称相同。

例如在实数集上 $F(x, y)$：$x > y$，若 $A(x) \Leftrightarrow F(x, c)$，$c$ 是实数集上的一个常数，则 $\exists xA(x)$ 为真，利用 EI 规则，消去量词，用 c 取代 x，得 $F(c, c)$，这是假命题，原因是违背了条件 2)。

3. 全称量词引入规则(UG)

全称量词引入规则为

$$A(y) \Rightarrow \forall xA(x)$$

成立的条件为：

1)y 是 $A(y)$ 中自由出现的个体变元，y 取个体域中的任何值 A 都为真；

2)取代 y 的 x 不能在 $A(x)$ 中约束出现。

例如，在实数集上 $F(x, y)$：$x > y$，若 $A(y) \Leftrightarrow \exists xF(x, y)$，则对任意的 y，$A(y)$ 为真，用 UG 规则，用 x 取代 y，得 $\forall x \exists xF(x, x)$，显然这是假命题，原因是违背了条件 2)。

当能够证明个体域中的任一个体都使 $A(x)$ 为真时，才能应用此规则引入全称量词。

4. 存在量词引入规则(EG)

存在量词引入规则为

$$A(c) \Rightarrow \exists xA(x)$$

成立的条件为：

1)c 是特定的个体常元；

2)取代 c 的 x 不能在 $A(c)$ 中出现过。

例如，在实数集上 $F(x, y)$：$x > y$，若 $A(2) \Leftrightarrow \exists xF(x, 2)$，则 $A(2)$ 为真，利用 EG 规则，用 x 取代 2，得 $\exists xF(x, x)$，显然这是假命题，原因是违背了条件 2)。

注意上述 4 条规则仅对谓词公式的前束范式适用。应用上述规则和命题逻辑中的推理规则，可以证明谓词逻辑的推理问题。

2.6.2 推理问题的证明

谓词逻辑的推理问题的证明本质上和命题逻辑的推理问题的证明相同。

例 2.6.1 证明 $\forall x(P(x) \lor Q(x)) \Rightarrow \neg \forall xP(x) \to \exists xQ(x)$。

证明 利用 CP 规则，证明 $\forall x(P(x) \lor Q(x)) \land \neg \forall xP(x) \Rightarrow \exists xQ(x)$。

1)$\neg\forall xP(x)$	附加前提
2)$\exists x\neg P(x)$	1)量词否定转换律
3)$\neg P(a)$	2)EI
4)$\forall x(P(x)\vee Q(x))$	前提引入
5)$P(a)\vee Q(a)$	4)UI
6)$Q(a)$	3),5)析取三段论
7)$\exists xQ(x)$	6)EG ◂

例 2.6.1 主要利用了谓词公式的等价式、命题逻辑等价式和蕴含式的代换实例进行推演。在有些谓词逻辑推理时,可用量词消去规则先把量词去掉,变为命题逻辑的推理推出结论;若推出的结论带有量词,可利用量词引入规则把量词附加上去。

例 2.6.2 证明"所有计算机专业的学生都喜欢编程,小明是计算机专业的学生,所以小明喜欢编程"是正确的推理。

证明 设 $M(x)$ 表示 x 是计算机专业的学生,$P(x)$ 表示 x 喜欢编程,a 表示小明。

上述推理问题的前提符号化为 $\forall x(M(x)\to P(x))$、$M(a)$。结论可符号化为 $P(a)$。因此,需要证明 $P(a)$ 是 $\forall x(M(x)\to P(x))$ 和 $M(a)$ 的结论。

证明过程如下:

1)$\forall x(M(x)\to P(x))$	前提引入
2)$M(a)\to P(a)$	1)UI
3)$M(a)$	前提引入
4)$P(a)$	2),3)假言推理 ◂

例 2.6.3 证明"所有的舞蹈者都很有风度,有些学生是舞蹈者,因此有些学生很有风度"是正确的推理。

证明 设 $P(x)$ 表示 x 是个舞蹈者,$Q(x)$ 表示 x 很有风度,$S(x)$ 表示 x 是个学生。

上述推理问题的前提符号化为 $\forall x(P(x)\to Q(x))$、$\exists x(S(x)\wedge P(x))$。结论可符号化为 $\exists x(S(x)\wedge Q(x))$。

证明过程如下:

1)$\exists x(S(x)\wedge P(x))$	前提引入
2)$S(a)\wedge P(a)$	1)EI
3)$\forall x(P(x)\to Q(x))$	前提引入
4)$P(a)\to Q(a)$	3)UI
5)$P(a)$	2)化简
6)$Q(a)$	4),5)假言推理
7)$S(a)$	2)化简
8)$S(a)\wedge Q(a)$	7),6)合取
9)$\exists x(S(x)\wedge Q(x))$	8)EG ◂

例 2.6.4 说明下面推理中的错误,并指出错误的原因。

1) $\exists x P(x)$ 前提引入

2) $P(c)$ 1)EI

3) $\exists x Q(x)$ 前提引入

4) $Q(c)$ 3)EI

5) $P(c) \wedge Q(c)$ 2)，4)合取

6) $\exists x (P(x) \wedge Q(x))$ 5)EG

解 错误在 4)用 EI 规则时，用 c 取代 x，c 在前面步骤已用于特指使 P 为真的个体，在这里不一定能使 Q 为真。

正确的推理步骤是：

1) $\exists x P(x)$ 前提引入

2) $P(c)$ 1)EI

3) $\exists x Q(x)$ 前提引入

4) $Q(d)$ 3)EI

5) $P(c) \wedge Q(d)$ 2)，4)合取

6) $\exists x \exists y (P(x) \wedge Q(y))$ 5)EG

蕴含式 $\exists x P(x) \wedge \exists x Q(x) \Rightarrow \exists x (P(x) \wedge Q(x))$ 不成立。例如，假设 $P(x)$ 表示 x 是正数，$Q(x)$ 表示 x 是负数，在实数集的个体域中，$\exists x P(x)$ 和 $\exists x Q(x)$ 都是真命题，$\exists x (P(x) \wedge Q(x))$ 是假命题。 ◀

例 2.6.5 说明下面推理中的错误，并指出错误的原因。

1) $\forall x (P(x) \rightarrow Q(x))$ 前提引入

2) $P(c) \rightarrow Q(c)$ 1)UI

3) $\exists x P(x)$ 前提引入

4) $P(c)$ 3)EI

5) $Q(c)$ 2)，4)假言推理

6) $\exists x Q(x)$ 5)EG

解 推理的错误是 2)使用全称指定规则时引入了常量 c，在 4)使用存在指定规则时又引入了常量 c。正确的推理步骤是：

1) $\exists x P(x)$ 前提引入

2) $P(c)$ 3)EI

3) $\forall x (P(x) \rightarrow Q(x))$ 前提引入

4) $P(c) \rightarrow Q(c)$ 1)UI

5) $Q(c)$ 2)，4)假言推理

6) $\exists x Q(x)$ 5)EG ◀

注意，在推理过程中，应先使用 EI 规则，后使用 UI 规则。

例 2.6.6 下面的推理是否正确？为什么？

1) $\forall x \exists y F(x, y)$ 前提引入

2) $\exists y F(z, y)$ 1)UI

3)$F(z, b)$	2)EI
4)$\forall xF(x, b)$	3)UG

解 不正确。错在3)，因为$\exists yF(z, y)$中z是自由变元，不能使用 EI 规则。

例如，假设在实数集上$F(x, y)$：$x > y$，$\forall x\exists yF(x, y)$表示所有的实数都有比它小的实数，是真命题；$\forall xF(x, b)$表示所有实数都大于某个确定的实数$b$，是假命题。因此这个推理不正确，违反了 EI 规则的使用条件3)，$\exists y$的辖域$F(z, y)$有自由变元z。 ◀

例 2.6.7 用演绎法证明推理式：$\forall x(P(x) \vee Q(x))$，$\neg\exists xQ(x) \Rightarrow \exists xP(x)$。

证明 证明步骤如下：

1)$\neg\exists xQ(x)$	前提引入
2)$\forall x\neg Q(x)$	1)量词否定转换律
3)$\neg Q(y)$	2)UI
4)$\forall x(P(x) \vee Q(x))$	前提引入
5)$P(y) \vee Q(y)$	4)UI
6)$P(y)$	3)，5)析取三段论
7)$\exists xP(x)$	6)EG ◀

2.7 谓词逻辑的应用

谓词逻辑是人工智能中最重要的一种知识表示方法，可用于表述各种描述性语句，并可有效地存储到计算机中进行处理。谓词演算可用来建立自动定理证明系统、基于规则的演绎系统等。下面的例子是谓词逻辑在人工智能知识表示中的应用。

例 2.7.1 房间里有一只猴子和一个箱子，天花板上挂了一串香蕉，其位置关系如图 2.7.1 所示，猴子在a点，为了拿到香蕉，它必须把箱子从b点推到香蕉下面的c点，然后再爬到箱子上。请用谓词逻辑表示猴子摘香蕉问题。问题的初始状态是图 2.7.1 所示的状态，目标状态是箱子位于位置c、猴子站在箱子上、猴子拿到了香蕉。

图 2.7.1 猴子摘香蕉问题

1) 定义描述环境状态的谓词。

AT(x, w)：x在w处，个体域：$x \in \{\text{monkey}\}$，$w \in \{a, b, c\}$。

HOLD(x, t)：x手中拿着t，个体域：$t \in \{\text{box, banana}\}$。

EMPTY(x)：x 手中是空的。

ON(t，y)：t 在 y 处，个体域：$y \in \{b, c, \text{ceiling}\}$。

CLEAR(y)：y 上是空的。

BOX(u)：u 是箱子，个体域：$u \in \{\text{box}\}$。

BANANA(v)：v 是香蕉，个体域：$v \in \{\text{banana}\}$。

2）使用谓词、联结词和量词来表示环境状态。

问题的初始状态可表示为 S_0：AT(monkey，a) $\wedge$ EMPTY(monkey) $\wedge$ ON(box，b) $\wedge$ ON(banana，ceiling) $\wedge$ CLEAR(c) $\wedge$ BOX(box) $\wedge$ BANANA(banana)。

要达到的目标状态为 S_g：AT(monkey，c) $\wedge$ HOLD(monkey，banana) $\wedge$ ON(box，c) $\wedge$ CLEAR(ceiling) $\wedge$ CLEAR(b) $\wedge$ BOX(box) $\wedge$ BANANA(banana)。

3）从初始状态到目标状态的转化，猴子需要完成一系列操作，定义操作类谓词表示其动作。

WALK(m，n)：猴子从 m 处走到 n 处，个体域：m，$n \in \{a, b, c\}$。

CARRY(s，r)：猴子在 r 处拿到 s，个体域：$r \in \{b, \text{ceiling}\}$，$s \in \{\text{box}, \text{banana}\}$。

CLIMB(u，c)：猴子在 c 处爬上 u。

这 3 个操作也可分别用条件和动作来表示。条件直接用谓词公式表示，是为完成相应操作所必须具备的条件。当条件中的事实均为真时，则可激活操作规则，于是可执行该规则中的动作部分。动作通过前后状态的变化表示，即通过从动作前状态表中删除或增加谓词公式来描述动作后的状态。

a）WALK(m，n)：猴子从 m 处走到 n 处。

条件：AT(monkey，m)

动作：$\begin{cases} \text{删除：AT(monkey，}m\text{)} \\ \text{增加：AT(monkey，}n\text{)} \end{cases}$

b）CARRY(s，r)：猴子在 r 处拿到 s。

条件：AT(monkey，r) $\wedge$ EMPTY(monkey) $\wedge$ ON(s，r) $\wedge$ BOX(box) $\wedge$ BANANA(banana)

动作：$\begin{cases} \text{删除：EMPTY(monkey)} \wedge \text{ON(}s\text{，}r\text{)} \\ \text{增加：HOLD(monkey，}s\text{)} \wedge \text{CLEAR(}r\text{)} \end{cases}$

c）CLIMB(u，c)：猴子在 c 处爬上 u。

条件：AT(monkey，c) $\wedge$ HOLD(monkey，u) $\wedge$ CLEAR(c) $\wedge$ BOX(box) $\wedge$ BANANA(banana)

动作：$\begin{cases} \text{删除：HOLD(monkey，}u\text{)} \wedge \text{CLEAR(}c\text{)} \\ \text{增加：EMPTY(monkey)} \wedge \text{ON(}u\text{，}c\text{)} \end{cases}$

4）按照行动计划，一步步进行状态替换，直至目标状态。

AT(monkey，a) $\wedge$ EMPTY(monkey) $\wedge$ ON(box，b) $\wedge$ ON(banana，ceiling) $\wedge$ CLEAR(c) $\wedge$ BOX(box) $\wedge$ BANANA(banana)

$\Downarrow$ WALK(a，b)用 a 代换 m，用 b 代换 n

AT(monkey, b) $\wedge$ EMPTY(monkey) $\wedge$ ON(box, b) $\wedge$ ON(banana, ceiling) $\wedge$ CLEAR(c) $\wedge$ BOX(box) $\wedge$ BANANA(banana)

$\Downarrow$ CARRY(b, box)用 b 代换 s，用 box 代换 r

AT(monkey, b) $\wedge$ HOLD(monkey, box) $\wedge$ ON(banana, ceiling) $\wedge$ CLEAR(b) $\wedge$ CLEAR(c) $\wedge$ BOX(box) $\wedge$ BANANA(banana)

$\Downarrow$ WALK(b, c)用 b 代换 m，用 c 代换 n

AT(monkey, c) $\wedge$ HOLD(monkey, box) $\wedge$ ON(banana, ceiling) $\wedge$ CLEAR(b) $\wedge$ CLEAR(c) $\wedge$ BOX(box) $\wedge$ BANANA(banana)

$\Downarrow$ CLIMB(box, c)用 box 代换 u

AT(monkey, c) $\wedge$ EMPTY(monkey) $\wedge$ ON(box, c) $\wedge$ ON(banana, ceiling) $\wedge$ CLEAR(b) $\wedge$ BOX(box) $\wedge$ BANANA(banana)

$\Downarrow$ CARRY(banana, ceiling)用 banana 代换 s，用 ceiling 代换 r

AT(monkey, c) $\wedge$ HOLD(monkey, banana) $\wedge$ ON(box, c) $\wedge$ CLEAR(b) $\wedge$ CLEAR(ceiling) $\wedge$ BOX(box) $\wedge$ BANANA(banana)

（目标得解）

猴子行动的规则序列是：WALK(a, b)→CARRY(b, box)→WALK(b, c)→CLIMB(box, c)→CARRY(banana, ceiling)。

在上述过程中，当猴子执行某一个操作之前，需要检查当前状态是否满足所要求的条件，条件满足才能执行相应的操作。 ◀

通过上面的例子可以看出，谓词逻辑可以有效地描述智能行为过程，可以通过对一组命题集或复杂的知识进行形式化表示而将智能行为过程输入计算机中，建立计算机系统知识库，从而进行问题求解或机器定理证明。

习题

1. 将下列命题符号化。

(1)鸟都会飞翔。

(2)并不是所有人学习成绩都很好。

(3)不是所有人都不爱看电影。

(4)有人爱看小说。

2. 在不同个体域中确定下列表达式的真值。

(1) $\forall x \exists y(xy=0)$

(2) $\exists x \forall y(xy=0)$

(3) $\forall x \exists y(xy=1)$

(4) $\exists x \forall y(xy=1)$

(5) $\forall x \exists y(xy=x)$

(6) $\exists x \forall y(xy=x)$

(7) $\forall x \forall y \exists z(x-y=z)$

个体域分别为：

(a)实数集合 $\mathbb{R}$

(b)整数集合 $\mathbb{Z}$

(c)正整数集合 $\mathbb{Z}^+$

(d)$\mathbb{R}-\{0\}$(非零实数集合)

3. 令 $L(x, y)$ 表示" x 喜欢 y "，个体域为所有人的集合。用谓词和量词表示下面的命题。

(1)有些人被一些人喜欢。

(2)每个人都喜欢一些人。

(3)一些人不喜欢任何人。

(4)每个人都喜欢小王。

(5)有些人被所有的人喜欢。

(6)没有人人都喜欢的人。

(7)每个人都不喜欢一些人。

4. 将下列命题用谓词逻辑符号化。

(1)没有不犯错误的人。

(2) 小王从未给小李发过电子邮件，或打过电话。

(3) 只要你给我发个电子邮件，我就你的邮件地址。

(4) 在广州工作的人未必都是广州人。

(5) 对顶角都相等。

(6) 并非所有的智能工作都能由计算机来完成。

(7) 有些物品价格上涨，但不是所有物品的价格都上涨。

(8) 这个班有人给班上其他人都发过电子邮件。

(9) 不是每个大于 1 的自然数都是某个自然数的平方。

(10) 任何自然数都有唯一的后继数。

5. 假设个体域为一个大学的所有学生的集合，令 $F(x)$ 表示"x 是新生"、$M(x)$ 表示"x 是计算机专业的学生"，说明下面的每一个谓词逻辑表达式表示了下列三个命题中的哪一个。

(1)一些新生是计算机专业的学生。

(2)每一个计算机专业的学生都是新生。

(3) 没有一个计算机专业的学生是新生。

(a) $\forall x(M(x)\rightarrow\neg F(x))$

(b)$\neg\exists x(M(x)\wedge\neg F(x))$

(c) $\forall x(F(x)\rightarrow\neg M(x))$

(d) $\forall x(M(x)\rightarrow F(x))$

(e) $\exists x(F(x)\wedge M(x))$

(f)$\neg\forall x(\neg F(x)\vee\neg M(x))$

(g) $\forall x(\neg M(x) \wedge \neg F(x))$

(h) $\forall x(\neg M(x) \vee \neg F(x))$

(i)$\neg \exists x(M(x) \wedge F(x))$

(j)$\neg \forall x(F(x) \rightarrow \neg M(x))$

6. 将下列命题符号化，个体域是整数集合，指出各命题的真值。

    (1) 对所有的 x，都存在 y 使得 $x+y=0$。

    (2) 存在 x，使得对所有 y 都有 $x+y=0$。

    (3) 对所有的 x，都存在 y 使得 $xy=0$。

    (4) 存在 x，使得对所有 y 都有 $xy=0$。

    (5) 对任意 x 和 y，都有 $xy=yx$。

    (6) 对任意 x 和 y，都有 $xy=x+y$。

    (7) 存在 x 和 y，使得 $xy=x+y$。

7. 假设命题函数 $P(x, y)$ 的个体域是$\{1, 2, 3\}$，用析取和合取联结词表示下列命题。

    (1) $\exists x P(x, 2)$

    (2) $\forall y P(3, y)$

    (3) $\forall x \forall y P(x, y)$

    (4) $\exists x \exists y P(x, y)$

    (5) $\exists x \forall y P(x, y)$

    (6) $\forall y \exists x P(x, y)$

8. 给定解释 I 如下：

    (1)个体域为实数集 $\mathbb{R}$；

    (2)元素 $a=0$；

    (3)$\mathbb{R}$ 中特定的函数 $f(x, y)=x-y$；

    (4)$\mathbb{R}$ 中特定的谓词 $F(x, y):x=y$，$G(x, y)：x<y$。

    (5)在解释 I 下，求下列各式的真值。

    (a)$\forall x G(f(a, x), a)$

    (b)$\forall x \forall y(G(f(x, y), a) \rightarrow F(x, y))$

    (c)$\forall x \forall y(F(x, y) \rightarrow \neg G(x, y))$

    (d)$\forall x \forall y(F(f(x, y), a) \rightarrow G(x, y))$

9. (1) 试给出解释 I_1，使得下列表达式在 I_1 下具有不同的真值。

$$\forall x(F(x) \rightarrow G(x)) \text{与} \forall x(F(x) \wedge G(x))$$

    (2)试给出解释 I_2，使得下列表达式在 I_2 下具有不同的真值。

$$\exists x(F(x) \wedge G(x)) \text{与} \exists x(F(x) \rightarrow G(x))$$

10. 试寻找一个表达式 A，使 A 在某些解释下为真，而在另外一些解释下为假。

11. 给出解释 I，使下面两个公式在解释 I 下均为假，从而说明这两个公式都不是逻辑有效式。

    (1)$\forall x(F(x) \vee G(x)) \rightarrow (\forall x F(x) \vee \forall x G(x))$

(2)$(\exists xF(x)\wedge\exists xG(x))\rightarrow\exists x(F(x)\wedge G(x))$

12. 判断下列各式的类型。

(1)$\forall x\forall yF(x,y)\rightarrow(G(x,y)\rightarrow\forall x\forall yF(x,y))$

(2)$\forall x(F(x)\leftrightarrow F(x))\rightarrow\exists y(G(y)\wedge\neg G(y))$

(3)$\forall x\exists yF(x,y)\rightarrow\exists x\forall yF(x,y)$

(4)$\forall x\forall y(F(x,y)\leftrightarrow F(y,x))$

(5)$\neg(\neg\forall xF(x)\rightarrow\exists yG(y))\wedge\exists yG(y)$

(6)$(\exists xF(x)\rightarrow\exists xG(x))\rightarrow\exists x(F(x)\rightarrow G(x))$

13. 证明$\neg\exists x\forall yP(x,y)$和$\forall x\exists y\neg P(x,y)$有相同的真值。

14. 证明$\exists xP(x)\wedge\exists xQ(x)$和$\exists x(P(x)\wedge Q(x))$逻辑不等价。

15. 证明$\forall xP(x)\wedge\exists xQ(x)$和$\forall x\exists y(P(x)\wedge Q(y))$逻辑等价。

16. 指出下列公式中每个量词的作用域,并指出个体变元是约束变元还是自由变元。

(1)$\forall x\forall y(P(x,y)\vee Q(y,z))\wedge\exists yR(x,y)$

(2)$\exists x(x=y\wedge x^2+x<5\rightarrow x<z)\rightarrow x=5y^2$

17. 求下列公式的前束范式。

(1)$\neg\exists xP(x)\rightarrow\forall yQ(x,y)$

(2)$\forall xP(x)\rightarrow\exists xQ(x)$

(3)$\exists xP(x)\rightarrow\forall xQ(x)$

(4)$\forall x(P(x,y)\rightarrow Q(z))\vee\exists x(R(z)\rightarrow\forall yS(x,y,z))$

(5)$\neg\exists xP(x)\wedge\forall y(P(y)\vee Q(y,z))\rightarrow\exists wR(y,z,w))$

18. 将下列命题符号化,要求符号化的公式为前束范式。

(1)有的汽车比有的火车跑得快。

(2)有的火车比所有汽车跑得快。

(3)说所有火车比所有汽车都跑得快是不对的。

(4)说所有飞机比有的汽车速度慢是不对的。

19. 证明下列蕴涵关系式成立。

(1)$\forall x(P(x)\rightarrow(Q(y)\wedge R(x)))$,$\exists xP(x)\Rightarrow\exists x(P(x)\wedge R(x))$

(2)$\forall x(\neg P(x)\rightarrow Q(x))$,$\forall x\neg Q(x)\Rightarrow\exists xP(x)$

(3)$\exists xP(x)\rightarrow\forall xQ(x)\Rightarrow\forall x(P(x)\rightarrow Q(x))$

(4)$\exists xP(x)\rightarrow\forall x((P(x)\vee Q(x))\rightarrow R(x))$,$\exists xP(x)$,$\exists xQ(x)\Rightarrow\exists x\exists y(R(x)\wedge R(y))$

(5)$\forall x(P(x)\rightarrow Q(x))\Rightarrow\forall xP(x)\rightarrow\forall xQ(x)$

(6)$\forall x\forall y(\neg P(x)\vee Q(y))\Rightarrow\forall x\neg P(x)\vee\forall yQ(y)$

20. 指出下列推导中的错误,并加以改正。

证明$\forall x(P(x)\rightarrow Q(x))$,$\exists xP(x)\Rightarrow\exists xQ(x)$

证明步骤如下:

(1)$\forall xP((x)\rightarrow Q(x))$　　　　　前提引入

(2)$P(c)\rightarrow Q(c)$　　　　　(1)UI

(3)$\exists x P(x)$ 前提引入

(4)$P(c)$ (3)EI

(5)$Q(c)$ (4), (2)假言推理

(6)$\exists x Q(x)$ (5) EG

21. 构造下列推理的证明。

(1)$\forall x(P(x) \rightarrow (Q(y) \wedge R(x)))$，$\forall x P(x) \Rightarrow Q(y) \wedge \exists x(P(x) \wedge R(x))$

(2)$\exists x P(x) \rightarrow \forall y((P(y) \vee Q(y)) \rightarrow R(y)) \Rightarrow \exists x P(x) \rightarrow \exists x R(x)$

(3)$\forall x(\neg P(x) \rightarrow Q(x))$，$\forall x \neg Q(x) \Rightarrow \exists x P(x)$

(4)$\forall x(P(x) \rightarrow (Q(x) \wedge R(x)))$，$\exists x P(x) \Rightarrow \exists x(P(x) \wedge R(x))$

22. 说明下列推理是否是逻辑有效的。

(1)所有的好书定价都高，没有一本书定价高。所以没有一本书是好书。

(2)本班有人上网，所有上网的人都发过电子邮件。所以本班有人发过电子邮件。

(3)所有的舞蹈者都很有风度，有些学生很有风度。所以有些学生是舞蹈者。

23. 符号化下列命题，并推证其结论。

(1)这个班有个学生喜欢海洋生物，每个喜欢海洋生物的人都关心海洋污染。所以这个班有学生关心海洋污染。

(2)所有的自然数都是整数，某些自然数是偶数。所以某些整数是偶数。

(3)所有的自然数都是整数，任一整数不是奇数就是偶数，并非每个自然数都是偶数。所以某些自然数是奇数。

(4)每一个大学生，不是文科学生就是理工科学生；有的大学生是优秀学生；小王不是文科学生，但他是优秀学生。因而，如果小王是大学生，他就是理工科学生。

(5)任何人如果他喜欢步行，他就不喜欢乘汽车。每个人或者喜欢乘汽车或者喜欢骑自行车。有的人不喜欢骑自行车，因而有的人不喜欢步行。

第二部分

集合、关系和函数

第3章 集　　合

集合是现代数学的基础。计算机科学与技术的研究和集合论有密切的关系。集合不仅可以用来表示数及其运算，还可以用于非数值计算信息的表示和处理，如数据的增加、删除、修改、排序，以及数据间关系的描述。集合论在计算机语言、数据结构、编译原理、数据库与知识库、形式语言及人工智能等许多领域得到广泛的应用。本章介绍集合的基本概念，包括集合的定义、集合的运算、集合间的关系、有限集合的计数等。

3.1　集合及其表示

集合论包括朴素集合论和公理集合论两种体系。朴素集合论最早是由德国数学家康托尔(1845—1918)创立的，认为由一些对象聚集而成的都可以称为集合。由于这种定义会导致悖论，数学家们后来逐渐发展出公理集合论，采用多条公理形式化地定义集合，通过增加限制来避免悖论。本书仅对朴素集合论进行介绍。

通俗地说，朴素集合论认为集合是由一些对象聚集在一起构成的。例如，全体整数可以构成一个集合，全体中国人可以构成一个集合，26 个英文字母可以构成一个集合，等等。构成集合的对象可以是各种类型的事物。

定义 3.1.1　集合中的对象称为集合的**元素**或**成员**。

通常用大写的英文字母作为集合的名称，例如，字母 $\mathbb{N}$ 代表自然数集合、$\mathbb{R}$ 代表实数集合、$\mathbb{Z}$ 代表整数集合、$\mathbb{Z}^+$ 代表正整数集合、$\mathbb{Z}^-$ 代表负整数集合等。

集合的元素通常用小写的英文字母表示。若 a 是集合 A 的一个元素，可以记为 $a \in A$（读作 a 属于 A）。若 a 不是集合 A 的一个元素，则记为 $a \notin A$（读作 a 不属于 A）。例如，$2 \in \mathbb{N}$、$2 \notin \mathbb{Z}^-$。

表示集合的方法有很多，下面介绍常用的集合表示方法。

1. 列举法

列举法是列出集合的所有元素，元素之间用逗号隔开，并把它们用花括号括起来。例如，$A = \{a, b, c, d\}$、$B = \{1, 2, 3, 4\}$ 等。有时无法列出集合的所有元素，先列出部分元素，当元素的一般形式很明显时用省略号表示其余所有元素，如 $\mathbb{N} = \{1, 2, 3, \cdots\}$、$\mathbb{C} = \{2, 4, 6, \cdots, 2n, \cdots\}$、$\mathbb{Z} = \{0, \pm 1, \pm 2, \cdots\}$ 等。

2. 描述法

描述法不要求列出集合中的所有元素，只要把集合中的元素具有的性质或所满足的条件描述出来即可。可以用谓词公式描述集合中的元素具有的性质或所满足的条件，表达式为

$$B = \{x \mid P(x)\}$$

上式表示集合 B 是由具有性质 P 的元素 x 构成。例如，$B = \{x \mid x \in \mathbb{Z} \wedge 3 < x \leqslant 6\}$、$C =$

$\{x \mid x$ 是小于 10 的正整数$\}$等。

3. 归纳法

归纳法通过归纳定义集合，主要由三部分组成：

1）指出属于集合的基本元素。

2）指出由基本元素构造新元素的方法。

3）指出该集合的界限。

前两步指出一个集合至少要包含的元素，第 3 步指出一个集合至多要包含的元素。

例如，集合 A 按归纳法定义如下：

1）0 和 1 都是集合 A 的元素。

2）如果 a、b 是 A 的元素，则 ab 和 ba 也是 A 的元素。

3）有限次地使用 1）、2）后所得到的字符串都是 A 的元素。

在这个集合的定义中，1）是归纳的基础，指出了集合 A 中最基本的元素是 0 和 1。2）是归纳，给出了由 0 和 1 构造新元素的方法，如 00、01、11 等都是由 0 和 1 构造的集合 A 中的元素。3）指出了集合的界限。

集合中的元素可以具有共同性质，也可以表面上看起来不相关，如$\{2$，Tom，计算机，广州$\}$的 4 个元素分别是编号、名字、专业和城市。集合也可以作为集合的元素，如集合 $A = \{\{1,2\}, a, \mathbb{N}\}$ 包含 3 个元素，第一个元素是集合$\{1,2\}$，第二个元素是字母 a，第三个元素是自然数集合 $\mathbb{N}$，即$\{1,2\} \in A$，$a \in A$，$\mathbb{N} \in A$，但 $1 \notin A$，$2 \notin A$，1 和 2 是 A 的元素的元素。

在集合中，规定元素之间没有次序关系，一个元素重复出现多次和只出现一次是一样的。例如，$\{3,4,5\}$、$\{3,4,4,5,5\}$、$\{5,3,4\}$都是同一个集合。

定义 3.1.2　有限个元素构成的集合 A 称为**有限集**，其中包含的元素个数称为该集合的元素数，记为 $|A|$。无限个元素构成的集合称为**无限集**。

定义 3.1.3　不含任何元素的集合称为**空集**，记为 $\varnothing$。空集可以符号化表示为

$$\varnothing = \{x \mid x \neq x\}$$

空集是客观存在的，例如 $A = \{x \mid x \in \mathbb{R} \wedge x^2 + 1 = 0\}$，因为方程 $x^2 + 1 = 0$ 没有实数解，所以没有实数属于集合 A，因此 $A = \varnothing$。

根据上述定义，对于任一元素 x，有 $x \in \varnothing \Leftrightarrow 0$。

定义 3.1.4　所考虑的所有对象的集合称为**全集**，记为 E。

全集是一个相对概念。由于所研究的问题不同，所取的全集也不同。例如：在研究平面解析几何的问题时，可以把整个坐标平面取为全集；在研究整数的问题时，可以把整数集 $\mathbb{Z}$ 取为全集。

对于全集中的任一元素 x，有 $x \in E \Leftrightarrow 1$。

3.2　集合间的关系

定义 3.2.1　设 A、B 为集合，当且仅当它们恰有完全相同的元素时，称 A 与 B **相等**，记作 $A = B$。符号化表示为

$$A = B \Leftrightarrow \forall x (x \in A \leftrightarrow x \in B)$$

例如，集合 $A = \{x \mid x \in Z \land 3 < x \leqslant 6\}$，$B = \{4,5,6\}$，则 $A = B$。

定义 3.2.2　设 A、B 为两个集合，如果 B 中的每个元素都是 A 中的元素，则称 B 为 A 的子集合，简称**子集**。这时也称 **B 被 A 包含** 或 **A 包含 B**，记作 $B \subseteq A$ 或 $A \supseteq B$。符号化表示为

$$B \subseteq A \Leftrightarrow \forall x (x \in B \to x \in A)$$

如果 B 不被 A 包含，则记作 $B \not\subseteq A$。

例如，集合 $A = \{0,1,2\}$，$B = \{0,1\}$，$C = \{1,2\}$，则有 $B \subseteq A$，$C \subseteq A$，但 $C \not\subseteq B$，因为存在 2，$2 \in C$ 但 $2 \notin B$，因此 $C \not\subseteq B$。

定义 3.2.3　设 A、B 为集合，如果 $B \subseteq A$ 且 $B \neq A$（即集合 B 的每一个元素都属于 A，但集合 A 中至少有一个元素不属于 B），则称 B 是 A 的**真子集**。这时也称 B 被 A **真包含**，或 A 真包含 B，记作 $A \supset B$ 或 $B \subset A$。符号化表示为

$$B \subset A \Leftrightarrow \forall x (x \in B \to x \in A) \land \exists x (x \in A \land x \notin B)$$

例如，$\{0,1\}$ 是 $\{0,1,2\}$ 的真子集，但 $\{1,5\}$ 和 $\{0,1,2\}$ 都不是 $\{0,1,2\}$ 的真子集。

根据定义，不难得到集合满足下面的性质。

1）对任何集合 A 都有 $A \subseteq A$。

2）设 A、B 为集合，$A \subseteq B \land B \subseteq A \Leftrightarrow A = B$。

3）设 A、B、C 为集合，$A \subseteq B \land B \subseteq C \Rightarrow A \subseteq C$。

证明　1）显然成立。

2）　$A \subseteq B \land B \subseteq A$

$\Leftrightarrow \forall x (x \in A \to x \in B) \land \forall x (x \in B \to x \in A)$

$\Leftrightarrow \forall x ((x \in A \to x \in B) \land (x \in B \to x \in A))$

$\Leftrightarrow \forall x (x \in A \leftrightarrow x \in B)$

$\Leftrightarrow A = B$

3）　$A \subseteq B \land B \subseteq C$

$\Leftrightarrow \forall x (x \in A \to x \in B) \land \forall x (x \in B \to x \in C)$

$\Leftrightarrow \forall x ((x \in A \to x \in B) \land (x \in B \to x \in C))$

$\Rightarrow \forall x (x \in A \to x \in C)$

$\Leftrightarrow A \subseteq C$　◀

可以用文氏图形象地表示集合间的关系。文氏图是以英国数学家 John Venn 的名字命名的，他在 1881 年提出了这种表示方法。将所考虑的所有对象的集合 E 称为全集。在文氏图中用长方形表示全集，用圆或其他封闭的几何图形表示集合，有时用点表示集合中特定的元素。

例如，英文字母中元音字母的集合 $V = \{a,e,i,o,u\}$ 是全部 26 个英文字母集合 E 的子集，即 $V \subseteq E$，如图 3.2.1 所示。

集合 A 和 B 是全集 U 的子集且 $A \subseteq B$，用文氏图表示 $A \subseteq B$，如图 3.2.2 所示。

图 3.2.1　用文氏图表示 $V \subseteq E$

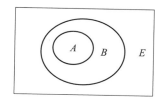
图 3.2.2　用文氏图表示 $A \subseteq B$

定理 3.2.1　空集 $\varnothing$ 是一切集合的子集。

证明　对任意集合 A，由子集的定义有

$$\varnothing \subseteq A \Leftrightarrow \forall x (x \in \varnothing \to x \in A)$$

由于 $x \in \varnothing$ 为假，所以整个蕴涵式 $x \in \varnothing \to x \in A$ 对一切 x 为真，因此 $\varnothing \subseteq A$ 为真。◀

推论　空集是唯一的。

证明　假设存在空集 $\varnothing_1$ 和 $\varnothing_2$，根据定理 3.2.1，有 $\varnothing_1 \subseteq \varnothing_2$ 和 $\varnothing_2 \subseteq \varnothing_1$，根据集合相等的定义得 $\varnothing_1 = \varnothing_2$。◀

例 3.2.1　确定下列命题是否为真。

1)$\varnothing \subseteq \varnothing$　　2)$\varnothing \in \varnothing$　　3)$\varnothing \subseteq \{\varnothing\}$　　4)$\varnothing \in \{\varnothing\}$

解　1)、3)、4)为真，2)为假。因为任何集合都是它自己的子集，所以 1)为真；空集中没有任何元素，所以 2)为假；空集是任何集合的子集，因此 3)为真；而 4)集合有一个元素 $\varnothing$，所以为真。◀

含有 n 个元素的集合简称 **n 元集**，其含有 m 个元素的子集称作它的 **m 元子集**。任给一个元集，可求出它的全部子集。

例 3.2.2　求 $A = \{a, b, c\}$ 的全部子集。

解　将 A 的子集从小到大分类。

0 元子集，即空集，只有 1 个：$\varnothing$。

1 元子集，即单元子集，有 3 个：$\{a\}$，$\{b\}$，$\{c\}$。

2 元子集，有 3 个：$\{a, b\}$，$\{a, c\}$，$\{b, c\}$。

3 元子集，有 1 个：$\{a, b, c\}$。◀

一般说来，对于有 n 个元素的集合 A，它的 $m(0 \leqslant m \leqslant n)$ 元子集有 C_n^m 个，所以不同的子集总数为

$$C_n^0 + C_n^1 + \cdots + C_n^n$$

由二项式定理不难证明上式的和是 2^n，所以，n 元集有 2^n 个子集。

定义 3.2.4　设 A 为集合，把 A 的全体子集构成的集合叫作 A 的 **幂集**，记作 $P(A)$（或 2^A），符号化表示为

$$P(A) = \{x \mid x \subseteq A\}$$

例 3.2.3　设 $A = \{a, b, c\}$，求 A 的幂集 $P(A)$。

解　$P(A) = \{\varnothing, \{a\}, \{b\}, \{c\}, \{a, b\}, \{a, c\}, \{b, c\}, \{a, b, c\}\}$。

可以看出，若 A 是 n 元集，则 $P(A)$ 有 2^n 个元素。◀

例 3.2.4　计算空集 $\varnothing$ 的幂集和集合 $\{\varnothing\}$ 的幂集。

解   因为任何集合都是它自己的子集，所以空集$\varnothing$有一个子集$\varnothing$，$\varnothing$的幂集$P(\varnothing)=\{\varnothing\}$。集合$\{\varnothing\}$的子集有$\varnothing$和$\{\varnothing\}$，因而$P(\{\varnothing\})=\{\varnothing,\{\varnothing\}\}$。◀

例 3.2.5   证明$A\subseteq B$当且仅当$P(A)\subseteq P(B)$。

证明   1)先证明必要性，对任意的x，有

$$x\in P(A)$$
$$\Leftrightarrow x\subseteq A$$
$$\Rightarrow x\subseteq B\text{（因为 }A\subseteq B\text{）}$$
$$\Leftrightarrow x\in P(B)$$

所以$P(A)\subseteq P(B)$成立。

2)再证明充分性，对任意的y，有

$$y\in A$$
$$\Leftrightarrow \{y\}\subseteq P(A)$$
$$\Rightarrow \{y\}\subseteq P(B)\text{（因为 }P(A)\subseteq P(B)\text{）}$$
$$\Leftrightarrow y\in B$$

所以$A\subseteq B$成立。◀

3.3   集合的运算

集合可以通过各种运算形成新的集合。

定义 3.3.1   设A、B为集合，由A和B的所有元素组成的集合称为A与B的**并集**，可符号化表示为

$$A\cup B=\{x\,|\,x\in A\vee x\in B\}$$

用文氏图表示集合A与B的并集，如图 3.3.1 所示。

例 3.3.1   设$A=\{1,2,3\}$、$B=\{2,4,6\}$，则$A\cup B=\{1,2,3,4,6\}$。

显然，$E\cup A=E$，$\varnothing\cup A=A$。

n个集合$A_1,A_2,\cdots,A_n$的并集为

$$\bigcup_{i=1}^{n} A_i=A_1\cup A_2\cup\cdots\cup A_n=\{x\,|\,(\exists i)(x\in A_i)\}$$

定义 3.3.2   设A、B为集合，由同时属于集合A和集合B的元素组成的集合称为集合A与集合B的**交集**，可符号化表示为

$$A\cap B=\{x\,|\,x\in A\wedge x\in B\}$$

用文氏图表示集合A与B的交集，如图 3.3.2 所示。

$A\cup B$

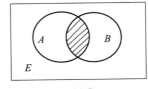

$A\cap B$

图 3.3.1   用文氏图表示集合A与B的并集   图 3.3.2   用文氏图表示集合A与B的交集

例 3.3.2 设 $A=\{1,2,3,4\}$、$B=\{2,4,6\}$，则 $A\cap B=\{2,4\}$。

显然，$E\cap A=A$，$\varnothing\cap A=\varnothing$。

n 个集合 $A_1,A_2,\cdots,A_n$ 的交集为

$$\bigcap_{i=1}^{n} A_i=A_1\cap A_2\cap\cdots\cap A_n=\{x\mid(\forall i)(x\in A_i)\}$$

当两个集合的交集是空集时，称它们是**不交**的。如图 3.3.3 所示的文氏图表示集合 B 和 C 是不交的。

$$B\cap C=\varnothing$$

图 3.3.3 用文氏图表示集合 B 与 C 不交

在例 3.3.2 中，$A\cup B=\{1,2,3,4,6\}$，$A\cup B$ 的元素个数 $|A\cup B|=5$，而 $|A|=4$，$|B|=3$，$|A\cup B|\neq|A|+|B|$，因为元素 2 和 4 既属于集合 A，又属于集合 B，在 $|A|$ 和 $|B|$ 中都计数了 2 和 4，$|A|+|B|$ 中包含了对 2 和 4 的重复计数，所以在计算 $A\cup B$ 的元素个数时要减去对 2 和 4 的重复计数，即 $|A\cup B|=|A|+|B|-|A\cap B|$。

关于有限集合元素的计数有下面的公式。

设 $A_1,A_2,\cdots,A_m$ 为有限集合，其元素个数分别为 $|A_1|,|A_2|,\cdots,|A_m|$，则

$$|A_1\cup A_2\cup\cdots\cup A_m|=\sum_{i=1}^{m}|A_i|-\sum_{1\leqslant i<j\leqslant m}|A_i\cap A_j|+\sum_{1\leqslant i<j<k\leqslant m}|A_i\cap A_j\cap A_k|-\cdots+$$
$$(-1)^{m+1}|A_1\cap A_2\cap\cdots\cap A_m|$$

证明见第 5 章。

定理 3.3.1 设 A、B 为集合，则下列交换律成立。

1）$A\cup B=B\cup A$

2）$A\cap B=B\cap A$

定理 3.3.1 显然成立，也就是集合的并运算和交运算满足交换律。

定理 3.3.2 设 A、B、C 为任意三个集合，则下列结合律成立。

1）$(A\cup B)\cup C=A\cup(B\cup C)$

2）$(A\cap B)\cap C=A\cap(B\cap C)$

证明 1）设 $\forall x\in(A\cup B)\cup C$，根据并运算的定义可知 $x\in(A\cup B)$ 或 $x\in C$，由 $x\in(A\cup B)$ 可知 $x\in A$ 或 $x\in B$。因此有 $x\in A$ 或 $x\in B$ 或 $x\in C$，即 $x\in A$ 或 $x\in B\cup C$，从而有 $x\in A\cup(B\cup C)$，所以

$$(A\cup B)\cup C\subseteq A\cup(B\cup C)$$

同理可证，$A\cup(B\cup C)\subseteq(A\cup B)\cup C$。

所以 $(A\cup B)\cup C=A\cup(B\cup C)$ 成立，即集合的并运算满足结合律。

2）可以用逻辑等价的方法证明这个等式。设

$$\forall x\in(A\cap B)\cap C$$
$$\Leftrightarrow x\in(A\cap B)\wedge x\in C$$
$$\Leftrightarrow x\in A\wedge x\in B\wedge x\in C$$

$$\Leftrightarrow x \in A \wedge x \in (B \cap C)$$
$$\Leftrightarrow x \in A \cap (B \cap C)$$

所以 $(A \cap B) \cap C = A \cap (B \cap C)$ 成立。

定理 3.3.3 设 A、B、C 为任意三个集合，则下列分配律成立。

1）$A \cup (B \cap C) = (A \cup B) \cap (A \cup C)$

2）$A \cap (B \cup C) = (A \cap B) \cup (A \cap C)$

证明 用逻辑等价的方法证明。

1）设

$$\forall x \in A \cup (B \cap C)$$
$$\Leftrightarrow x \in A \vee x \in B \cap C$$
$$\Leftrightarrow x \in A \vee (x \in B \wedge x \in C)$$
$$\Leftrightarrow (x \in A \vee x \in B) \wedge (x \in A \vee x \in C)$$
$$\Leftrightarrow x \in A \cup B \wedge x \in A \cup C$$
$$\Leftrightarrow x \in (A \cup B) \cap (A \cup C)$$

所以 $A \cup (B \cap C) = (A \cup B) \cap (A \cup C)$ 成立。

2）证明同 1）。

用逻辑等价的方法证明集合等式时，先用谓词公式描述集合元素的特征，然后用命题演算方法证明集合等式。

定理 3.3.4 设 A、B 为任意两个集合，则下列吸收律成立。

1）$A \cup (A \cap B) = A$

2）$A \cap (A \cup B) = A$

证明 集合等式的证明还可以利用一些集合恒等式来求证。

1） $A \cup (A \cap B)$
   $= (A \cap E) \cup (A \cap B)$
   $= A \cap (E \cup B)$
   $= A \cap E$
   $= A$

2） $A \cap (A \cup B)$
   $= (A \cup \varnothing) \cap (A \cup B)$
   $= A \cup (\varnothing \cap B)$
   $= A \cup \varnothing$
   $= A$

定义 3.3.3 设 A、B 为任意两个集合，由属于 A 但不属于 B 的元素构成的集合称为 A 和 B 的**差**，又称为集合 B 对于 A 的**补集**或**相对补集**，记为 $A - B$。可符号化表示为

$$A - B = \{x \mid x \in A \wedge x \notin B\}$$

用文氏图表示如图 3.3.4 所示。

例 3.3.3 设集合 $A = \{1, 2, 3, 4, 5\}$、$B = \{2, 4, 6\}$，则 $A - A = \varnothing$，$A - B = \{1, 3, 5\}$，

$B-A=\{6\}$。

定义 3.3.4　设 E 为全集，$A\subseteq E$，则称 E 和 A 的差集为 A 的**补集**或**绝对补集**，记作 $\sim A$，可符号化表示为

$$\sim A = E-A = \{x\,|\,x\in E \wedge x\notin A\}$$

用文氏图表示如图 3.3.5 所示。

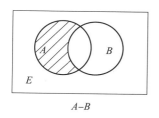

$A-B$

图 3.3.4　用文氏图表示 $A-B$

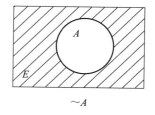

$\sim A$

图 3.3.5　用文氏图表示 $\sim A$

对补集有下述性质成立。

1）$\sim E = \varnothing$

2）$\sim\varnothing = E$

3）$\sim(\sim A) = A$

4）$A\bigcap\sim A = \varnothing$

5）$A\bigcup\sim A = E$

定理 3.3.5　设 A、B 为任意两个集合，则有

1）$\sim(A\bigcap B) = \sim A\bigcup\sim B$

2）$\sim(A\bigcup B) = \sim A\bigcap\sim B$

称该定理为**德·摩根律**。

证明　设 E 为全集，显然有 $A\bigcap E = A$，$A\bigcup E = E$ 成立。

1）　$\sim(A\bigcap B)$

$= \{x\,|\,x\in E \wedge x\notin(A\bigcap B)\}$

$= \{x\,|\,x\in E \wedge \neg(x\in(A\bigcap B))\}$

$= \{x\,|\,x\in E \wedge (\neg(x\in A)\vee\neg(x\in B))\}$

$= \{x\,|\,x\in E \wedge (x\notin A\vee x\notin B)\}$

$= \{x\,|\,(x\in E \wedge x\notin A)\vee(x\in E \wedge x\notin B)\}$

$= \sim A\bigcup\sim B$

2）证明同 1）。

这个定理的证明通过用描述法表示集合，对集合中描述集合元素特征的谓词公式进行等价变换，从而证明集合等式。

定义 3.3.5　设 A、B 为集合，由属于 A 而不属于 B 的所有元素和属于 B 而不属于 A 的所有元素组成的集合，称为集合 A 与 B 的**对称差**，记为 $A\oplus B$。可符号化表示为

$$A\oplus B = \{x\,|\,(x\in A \wedge x\notin B)\vee(x\in B \wedge x\notin A)\}$$

根据定义 3.3.5，集合 A 与 B 的对称差还可表示为

$$A \oplus B = (A-B) \bigcup (B-A)$$

用文氏图表示如图 3.3.6 所示。

例 3.3.4　设集合 $A = \{1,2,3,4,5\}$、$B = \{2,4,6\}$，则 $A \oplus B = \{1,3,5,6\}$。

对称差运算满足如下性质：

1）$A \oplus A = \varnothing$

2）$A \oplus \varnothing = A$

定理 3.3.6　设 A、B、C 为任意三个集合，则有

1）$A \oplus B = B \oplus A$

2）$(A \oplus B) \oplus C = A \oplus (B \oplus C)$

证明　留作读者练习。　　◀

表 3.3.1 列出了集合运算的重要恒等式。

图 3.3.6　用文氏图表示 $A \oplus B$

表 3.3.1　集合运算的重要恒等式

名称	等式
恒等律	$A \bigcup \varnothing = A$，$A \bigcap E = A$
支配律	$A \bigcup E = E$，$A \bigcap \varnothing = \varnothing$
幂等律	$A \bigcup A = A$，$A \bigcap A = A$
双重否定律	$\sim(\sim A) = A$
交换律	$A \bigcup B = B \bigcup A$，$A \bigcap B = B \bigcap A$
结合律	$A \bigcup (B \bigcup C) = (A \bigcup B) \bigcup C$，$A \bigcap (B \bigcap C) = (A \bigcap B) \bigcap C$
分配率	$A \bigcap (B \bigcup C) = (A \bigcap B) \bigcup (A \bigcap C)$，$A \bigcup (B \bigcap C) = (A \bigcup B) \bigcap (A \bigcup C)$
德·摩根律	$\sim(A \bigcup B) = \sim B \bigcap \sim A$，$\sim(A \bigcap B) = \sim A \bigcup \sim B$
吸收律	$A \bigcup (A \bigcap B) = A$，$A \bigcap (A \bigcup B) = A$
补律	$A \bigcap \sim A = \varnothing$，$A \bigcup \sim A = E$

比较这里的集合恒等式和第 1 章的命题等价式，不难看出，集合运算的规律和命题运算的某些规律是一致的，所以命题演算的方法是证明集合等式的基本方法。

例 3.3.5　证明 $A-(B \bigcup C) = (A-B) \bigcap (A-C)$。

证明　对任意 x，有

$$x \in A-(B \bigcup C)$$
$$\Leftrightarrow x \in A \wedge x \notin B \bigcup C$$
$$\Leftrightarrow x \in A \wedge \neg(x \in B \vee x \in C)$$
$$\Leftrightarrow x \in A \wedge \neg x \in B \wedge \neg x \in C$$
$$\Leftrightarrow x \in A \wedge x \notin B \wedge x \notin C$$
$$\Leftrightarrow (x \in A \wedge x \notin B) \wedge (x \in A \wedge x \notin C)$$
$$\Leftrightarrow x \in A-B \wedge x \in A-C$$
$$\Leftrightarrow x \in (A-B) \bigcap (A-C)$$

所以 $A-(B \bigcup C) = (A-B) \bigcap (A-C)$。　　◀

例 3.3.6　证明 $A \subseteq B$ 当且仅当 $(A \bigcup B) = B$ 或 $(A \bigcap B) = A$。

证明　首先证明当 $(A \bigcup B) = B$ 或 $(A \bigcap B) = A$ 时，$A \subseteq B$。

对任一 $x \in A$，有 $x \in A \cup B$，当 $(A \cup B) = B$ 时，则有 $x \in B$；当 $(A \cap B) = A$ 时，有 $x \in A \cap B$，从而 $x \in B$。因而 $A \subseteq B$。

其次证明若 $A \subseteq B$ 则有 $(A \cup B) = B$ 或 $(A \cap B) = A$。

对任一 $x \in A \cup B$，有 $x \in A$ 或 $x \in B$。若 $x \in A$，因为 $A \subseteq B$，则 $x \in B$，所以对任一 $x \in A \cup B$ 均有 $x \in B$。因而 $A \cup B \subseteq B$。又因为 $B \subseteq A \cup B$，所以 $(A \cup B) = B$。

对任一 $x \in A$，若 $A \subseteq B$，则有 $x \in B$，因而有 $x \in A \cap B$。所以 $A \subseteq A \cap B$。又因为 $A \cap B \subseteq A$，所以 $(A \cap B) = A$。　◀

3.4　自然数

自然数集合包含无限多元素，用空集和后继集可以把所有自然数定义为集合。

定义 3.4.1　设 A 是一集合，A 的**后继集** A^+ 为
$$A^+ = A \cup \{A\}$$

例 3.4.1　已知集合 $A = \{1, 2, 3\}$，求 A 的后继集 A^+。

解　A 的后继集 $A^+ = A \cup \{A\}$
$$= \{1,2,3\} \cup \{\{1,2,3\}\}$$
$$= \{1,2,3,\{1,2,3\}\}$$
　◀

例 3.4.2　对于空集 $\varnothing$，求：1) $\varnothing^+$；2) $(\varnothing^+)^+$；3) $((\varnothing^+)^+)^+$。

解　1) $\varnothing^+ = \varnothing \cup \{\varnothing\} = \{\varnothing\}$

2) $(\varnothing^+)^+ = \{\varnothing\}^+ = \{\varnothing\} \cup \{\{\varnothing\}\} = \{\varnothing, \{\varnothing\}\}$

3) $((\varnothing^+)^+)^+ = \{\varnothing, \{\varnothing\}\}^+ = \{\varnothing, \{\varnothing\}\} \cup \{\{\varnothing, \{\varnothing\}\}\} = \{\varnothing, \{\varnothing\}, \{\varnothing, \{\varnothing\}\}\}$　◀

显然，若集合 A 有 n 个元素，则 A 的后继集 A^+ 有 $n+1$ 个元素。

对于例 3.4.2 还可以构造越来越多的后继集，给这些集合命名如下。
$$0 = \varnothing$$
$$1 = \varnothing^+ = \{\varnothing\}$$
$$2 = (\varnothing^+)^+ = \{\varnothing, \{\varnothing\}\}$$
$$3 = ((\varnothing^+)^+)^+ = \{\varnothing, \{\varnothing\}, \{\varnothing, \{\varnothing\}\}\}$$
$$\vdots$$

因此有 $1 = 0^+, 2 = 1^+, 3 = 2^+, \cdots$，以这些集合为元素构成的集合 $\{0,1,2,3,\cdots\}$ 是自然数集合。

定义 3.4.2　用空集和后继集 n^+（紧跟在 n 后面的自然数）可以把所有自然数定义为集合，即
$$0 = \varnothing$$
$$n^+ = n \cup \{n\}, \ \forall n \in \mathbb{N}$$

由此可见，任一个自然数都是一个集合的名称。在日常生活中，用来判断一个集合中元素个数的办法是数出集合中元素的个数，实际上是在这个集合和某个自然数所表示的集合之间建立一一对应关系。

据此，我们还给出自然数集 $\mathbb{N}$ 的归纳定义。

定义 3.4.3　自然数集 $\mathbb{N}$ 可以用如下的递归方式定义：

1）$\varnothing \in \mathbb{N}$

2）如果 $n \in \mathbb{N}$，则 $n^+ = n \bigcup \{n\}$，也满足 $n \in \mathbb{N}$

3）如果 $S \subseteq \mathbb{N}$ 且 S 满足条件 1）和 2），则 $S = \mathbb{N}$

上述定义中，1）给出了自然数集的首个元素，2）给出了归纳条件，3）则规定了 $\mathbb{N}$ 的封闭性和极小性，即 $\mathbb{N}$ 是同时满足条件 1）和 2）的最小集合。

基于上述自然数集 $\mathbb{N}$ 的定义，可得到证明与自然数 n 有关的命题 $P(n)$ 的一个重要证明方法，即数学归纳法。这里仅介绍基本的数学归纳法，又称为**第一数学归纳法**。

定义 3.4.4 设 $P(n)(n \in \mathbb{N})$ 是论域在自然数集上的性质（或谓词），若能证明

1）$P(0)$ 为真

2）对任何 $n \in \mathbb{N}$，$P(n) \Rightarrow P(n^+)$

则对所有 $n \in \mathbb{N}$，$P(n)$ 为真。

这种证明方法称为第一数学归纳法。这里，1）称为归纳基，是归纳法的基础条件；2）称为归纳步，一般假定若 $n = k$ 时，$P(k)$ 成立，要证明 $P(k^+)$ 也成立。上述方法可形式化表达为

$$P(0) \land \forall n(P(n) \to P(n^+)) \Rightarrow \forall n(P(n))$$

数学归纳法在论域为自然数集的相关定理证明中起到了重要的作用。

例 3.4.3 证明空集属于除 0 以外的一切自然数。

证明 采用数学归纳法

1）$n = 0$ 时，$\varnothing \notin 0$，上述命题成立。

2）假设当 $n = k$ 时上述命题成立，即 $\varnothing \in k$，则：

• 当 $k = 0$ 时，$k^+ = \varnothing \bigcup \{k\} = \{\varnothing\}$，故 $\varnothing \in k^+$ 成立；

• 当 $k \neq 0$ 时，由于 $k^+ = k \bigcup \{k\}$ 且 $\varnothing \in k$，故 $\varnothing \in k^+$ 也成立。

综上可得 $\varnothing$ 属于除 0 以外的一切自然数。◀

3.5 集合的特征函数

定义 3.5.1 设 E 是全集，集合 A 是 E 的子集，定义集合 A 的特征函数为

$$f_A: E \to \{0,1\}, \quad f_A(x) = \begin{cases} 1, & x \in A \\ 0, & x \in E \text{ 且 } x \notin A \end{cases}$$

根据特征函数的定义，若集合 E 为包含 n 个元素的有限集，则可用一个长为 n 的 0－1 串表示集合 A。

例 3.5.1 设 $E = \{1,2,3,4,5,6,7,8,9,10\}$、集合 $A = \{1,2,3,4,5\}$、集合 $B = \{2,4,6,8,10\}$，利用特征函数表示集合 A 和 B。

解 集合 A 的元素是 1～5 的整数，6～10 的整数不属于集合 A，用特征函数表示集合 A 为 1111100000；集合 B 的元素是大于 1 且小于等于 10 的偶数，用特征函数表示集合 B 为 0101010101。◀

用长为 n 的 0－1 串表示集合便于计算集合的交集、并集、补集和差集，是计算机中表示集合的方法之一。计算集合的补集就是对表示该集合的 0－1 符号串的每一位取反，

即把 0 改为 1、1 改为 0。要计算两个集合的交集和并集,可以对表示集合的 0－1 符号串按位做布尔运算。只要两个符号串的第 i 位有一个是 1,则并集的符号串的第 i 位是 1,当两个符号串的位都是 0 时才是 0。因此,并集的符号串由两个集合的符号串按位进行或运算求得。只有两个符号串的第 i 位都是 1,交集的符号串的第 i 位才是 1,否则是 0。因此,交集的符号串由两个集合的符号串按位进行交运算求得。

例 3.5.2 设 $E=\{1,2,3,4,5,6,7,8,9,10\}$、集合 $A=\{1,2,3,4,5\}$、集合 $B=\{2,4,6,8,10\}$,计算～A、$A\cup B$、$A\cap B$、$A-B$。

解 根据例 3.5.1,集合 A 可表示为 1111100000,集合 B 可表示为 0101010101。

因此,把 1111100000 的每一位取反得 0000011111,即～$A=\{6,7,8,9,10\}$。

$A\cup B$ 的 0－1 串表示为 1111100000 $\vee$ 0101010101 = 1111110101,即 $A\cup B=\{1,2,3,4,5,6,8,10\}$。

$A\cap B$ 的 0－1 串表示为 1111100000 $\wedge$ 0101010101 = 0101000000,即 $A\cap B=\{2,4\}$。

$A-B=A\cap\sim B$,～B 的 0－1 串表示为 1010101010,$A\cap\sim B$ 的 0－1 串表示为

$$1111100000 \wedge 1010101010 = 1010100000$$

所以,$A-B=A\cap\sim B=\{1,3,5\}$。 ◀

习题

1. 列出下列集合的元素。

    (1)$\{x\,|\,x$ 是小于 5 的非负整数$\}$

    (2)$\{x\,|\,x$ 是大于 0 的偶数$\}$

    (3)$\{x\,|\,(x$ 是整数$)\wedge(2<x<10)\}$

    (4)$\{x\,|\,x\in\mathbb{N}\wedge\exists t(t\in\{2,3\}\wedge x=2t)\}$

    (5)$\{x\,|\,x\in\mathbb{R}\wedge x^2-1=0\wedge x>3\}$

2. 判断下列集合是否相等。

    (1)$\{1,2,1,3,1,2\}$,$\{2,3,1\}$

    (2)$\{\{1\}\}$,$\{1,\{1\}\}$

    (3)$\varnothing$,$\{\varnothing\}$

3. 假定 A、B 和 C 是集合,若 $A\subseteq B$ 且 $B\subseteq C$,证明 $A\subseteq C$。

4. 判定下列各题的正误。

    (1)$a\in\{\{a\}\}$

    (2)$\{a\}\subseteq\{a,b,c\}$

    (3)$\varnothing\in\{\varnothing\}$

    (4)$\varnothing\subseteq\{a,b,c\}$

    (5)$\varnothing\in\varnothing$

    (6)$\varnothing\subseteq\varnothing$

    (7)$\{\{a\},1,3,4\}\subset\{\{a\},3,4,1\}$

    (8)$\{a,b\}\subseteq\{a,b,c,\{a,b\}\}$

(9)$\{a,b\}\in\{a,b,\{a,b\}\}$

(10)$\{a,b\}\in\{a,b,\{\{a,b\}\}\}$

5. 设 $E=\{a,b,c,d,e\}$，$A=\{a,d\}$，$B=\{a,b,e\}$ 和 $C=\{b,d\}$。试求出下列集合：

(1)$A\cap\sim B$

(2)$(A\cup B)\cap\sim C$

(3)$\sim(A\cap B)$

(4)$(A\cup C)-B$

(5)$A\oplus B\oplus C$

6. 给定自然数集合 $\mathbb{N}$ 的下列子集：

$A=\{1,2,7,8\}$

$B=\{i\mid i\times i<50\}$

$C=\{i\mid i$ 可被 3 整除且 $0\leqslant i\leqslant 30\}$

$D=\{i\mid i=2k,\ k\in\mathbb{Z},\ 0<k<6\}$

试求出下列集合：

(1)$A\cup(B\cup(C\cup D))$

(2)$A\cap(B\cap(C\cap D))$

(3)$B-(A\cup C)$

(4)$(\sim A\cap B)\cup D$

(5)$A\oplus B$

7. 给定正整数集合 $\mathbb{Z}^{+}$ 的下列子集：

$A=\{n\mid n<12\}$

$B=\{n\mid n\leqslant 8\}$

$C=\{n\mid n=2k,\ k\in\mathbb{Z}^{+}\}$

$D=\{n\mid n=3k,\ k\in\mathbb{Z}^{+}\}$

$F=\{n\mid n=2k-1,\ k\in\mathbb{Z}^{+}\}$

试用集合 A、B、C、D 和 F 表达下列集合：

(1)$\{2,4,6,8\}$

(2)$\{3,6,9\}$

(3)$\{10\}$

(4)$\{n\mid n$ 是偶数，$n>10\}$

(5)$\{n\mid n$ 是正偶数且 $n\leqslant 10$，或 n 是正奇数且 $n\geqslant 9\}$

8. 设 A、B 和 C 是全集 E 的子集，下列关系是否成立？

$(A\cup B)\cap\sim(B\cup C)\subseteq A\cap\sim B$

9. 设 A、B 是全集 E 的子集，证明下列恒等式：

(1)$(A\cap B)\cup(A\cap\sim B)=A$

(2)$B\cup\sim((\sim A\cup B)\cap A)=E$

(3)$(A\cup\sim B)\cap(\sim A\cup B)=(A\cap B)\cup(\sim A\cap\sim B)$

10. 求下列集合的幂集：

(1)$\{a,b,c\}$

(2)$\{1,\{2,3\}\}$

(3)$\{\{1,\{2,3\}\}\}$

(4)$\{\varnothing,\{\varnothing\}\}$

(5)$\{\{1,2\}\{2,1,1\},\{2,1,1,2\}\}$

11. 分别用空集 $\varnothing$ 构成集合 A 和 B，使得 $A\in B$ 和 $A\subseteq B$。

12. 设 A、B 是两个集合，$A=\{1,2,3\}$，$B=\{1,2\}$，请计算 $P(A)-P(B)$。

13. 化简下列集合表达式：

(1)$((A\cup B)\cap B)-(A\cup B)$

(2)$(A\cap B)\cup(A-B)$

(3)$((A\cup B\cup C)-(B\cup C))\cup A$

(4)$(A\cap B\cap C)\cup(\sim A\cap B\cap C)\cup(A\cap B\cap\sim C)$

14. 设 A、B、C、D 是任意集合，判断下列命题的真假。如果为真，给出证明；如果为假，请举出一个反例。

(1)$A\subset B\wedge B\subseteq C\Rightarrow A\subset C$

(2)$A\neq B\wedge B\neq C\Rightarrow A\neq C$

(3)$A\subseteq B\wedge C\subseteq D\Rightarrow A\cup C\subseteq B\cup D$

(4)$A\subset B\wedge C\subset D\Rightarrow A\cup C\subset B\cup D$

(5)$A\in B\wedge B\not\subset C\Rightarrow A\notin C$

15. 设 A、B 是任意集合，证明

(1)$(A-B)\cup(B-A)=(A\cup B)-(A\cap B)$

(2)$A\cap(B\cup\sim A)=B\cap A$

16. 设 A、B、C 是任意集合，证明 $C\subseteq A\wedge C\subseteq B\Leftrightarrow C\subseteq A\cap B$。

17. 设 A、B 是任意集合，证明

(1)$P(A)\cap P(B)=P(A\cap B)$

(2)$P(A)\cup P(B)\subseteq P(A\cup B)$

(3)$P(A-B)\subseteq P(A)-P(B)\cup\{\varnothing\}$

18. 证明任何自然数都不是自己的元素。

第4章 关 系

离散数学中的关系理论广泛应用于计算机科学的很多方面，如数据结构、数据库、算法分析等，是一个非常重要的数学概念。本章介绍关系和函数的基本概念、性质、判定方法及各种运算等。

4.1 关系概述

4.1.1 有序对和有序 n 元组

定义 4.1.1 由两个元素 a 和 b 按一定的顺序排列成的二元组叫作**有序对**（或**有序偶**），记作 (a, b)，其中 a 称为**第一元素**，b 称为**第二元素**。

有序对可以表示有一定次序关系成对出现的事物，如平面直角坐标系中点的坐标就是有序对，$(1, 2)$、$(2, 1)$、$(3, 3)$、$(0, -1)$代表平面直角坐标系中不同的点。在有序对中两个元素的次序是十分重要的。

一般说来有序对具有以下特点。

1）当 $a \neq b$ 时，(a, b) 和 (b, a) 是两个不同的有序对。

2）两个有序对相等，即 $(a, b) = (c, d)$ 的充分必要条件是 $a = c$ 且 $b = d$。

注意，(a, b) 和 (b, a) 是不同的。除非 $a = b$，否则 (a, b) 和 (b, a) 是不等的。但是集合 $\{a, b\}$ 和集合 $\{b, a\}$ 是相等的，即 $\{a, b\} = \{b, a\}$，因为集合中的元素是无顺序的。

定义 4.1.2 由 n 个元素 $a_1, a_2, \cdots, a_n$ 按一定的顺序排列成的一个序列 $(a_1, a_2, \cdots, a_n)$，称为**有序 n 元组**，其中 a_1 为第一元素，a_2 为第二元素，$\cdots, a_n$ 为第 n 元素。

例如，n 维空间中点的坐标或 n 维向量都是有序 n 元组，$(1, 2, 5)$、$(-1, -2, 3)$ 等是三维空间直角坐标系中点的坐标。

当且仅当两个有序 n 元组中的每一对对应的元素都相等时，它们才相等。也就是说

$$(a_1, a_2, \cdots, a_n) = (b_1, b_2, \cdots, b_n)，当且仅当 a_i = b_i，i = 1, 2, \cdots, n$$

4.1.2 笛卡儿积

定义 4.1.3 设 A、B 为集合，取 A 中的元素作为第一元素，取 B 中的元素作为第二元素，构成有序对，所有这样的有序对组成的集合称为 A 和 B 的**笛卡儿积**（**直积**），表示为 $A \times B$。于是

$$A \times B = \{(x, y) \mid x \in A \wedge y \in B\}$$

例 4.1.1 已知 $A = \{a, b, c\}$、$B = \{1, 3\}$，求 $A \times B$，$B \times A$，$A \times \varnothing$，$\varnothing \times B$。

解 $A \times B = \{(a, 1), (a, 3), (b, 1), (b, 3), (c, 1), (c, 3)\}$

$B \times A = \{(1, a), (1, b), (1, c), (3, a), (3, b), (3, c)\}$

$A \times \varnothing = \varnothing$

$\varnothing \times B = \varnothing$

例 4.1.2 已知 $A = \{a, b, c\}$、$B = \{1, 3\}$，$C = \{x\}$，求 $(A \times B) \times C$，$A \times (B \times C)$。

解 $(A \times B) \times C = \{((a, 1), x), ((a, 3), x), ((b, 1), x), ((b, 3), x),$
$((c, 1), x), ((c, 3), x)\}$

$A \times (B \times C) = \{(a, (1, x)), (a, (3, x)), (b, (1, x)), (b, (3, x)),$
$(c, (1, x)), (c, (3, x))\}$

根据上面的两个例题，可以看出：

1）当 A、B 为非空集合且 $A \neq B$ 时，笛卡儿积运算不满足交换律，即

$$A \times B \neq B \times A$$

2）$A \times B = \varnothing$，当且仅当 $A = \varnothing$ 或 $B = \varnothing$。

3）当 A、B、C 均为非空集合时，笛卡儿积运算不满足结合律，即

$$(A \times B) \times C \neq A \times (B \times C)$$

4）当集合 A 和 B 都是有限集时，根据乘法原理，有 $|A \times B| = |A| \times |B|$。

例 4.1.3 设 A、B、C 为任意集合，证明 $A \times (B \cup C) = (A \times B) \cup (A \times C)$。

证明 对于任意有序对 (x, y)，有

$$(x, y) \in A \times (B \cup C)$$
$$\Leftrightarrow x \in A \wedge y \in (B \cup C)$$
$$\Leftrightarrow x \in A \wedge (y \in B \vee y \in C)$$
$$\Leftrightarrow (x \in A \wedge y \in B) \vee (x \in A \wedge y \in C)$$
$$\Leftrightarrow (x, y) \in (A \times B) \vee (x, y) \in (A \times C)$$
$$\Leftrightarrow (x, y) \in (A \times B) \cup (A \times C)$$

所以有 $A \times (B \cup C) = (A \times B) \cup (A \times C)$。

由此可见，集合的笛卡儿积对并运算满足分配律。同理可以证明，集合的笛卡儿积对交运算，以及交、并运算均满足分配律，即有如下定理。

定理 4.1.1 设 A、B、C 为任意集合，则

$$A \times (B \cup C) = (A \times B) \cup (A \times C)$$
$$A \times (B \cap C) = (A \times B) \cap (A \times C)$$
$$(A \cup B) \times C = (A \times C) \cup (B \times C)$$
$$(A \cap B) \times C = (A \times C) \cap (B \times C)$$

对两个以上的集合也可以定义笛卡儿积，n 个集合的笛卡儿积的定义如下。

定义 4.1.4 设 $A_1, A_2, \cdots, A_n$ 为任意 n 个集合，它们的笛卡儿积（又称 n 阶直积）为

$$A_1 \times A_2 \times \cdots \times A_n = \{(a_1, a_2, \cdots, a_n) \mid a_i \in A_i, i = 1, 2, \cdots, n\}$$

当 $A_1 = A_2 = \cdots = A_n = A$ 时，$A_1 \times A_2 \times \cdots \times A_n = A^n$。

若 $|A_1| = n_1, |A_2| = n_2, \cdots, |A_n| = n_n$，则 n 个集合的笛卡儿积中的元素个数为

$$|A_1 \times A_2 \times \cdots \times A_n| = |A_1| \times |A_2| \times \cdots \times |A_n| = n_1 \times n_2 \times \cdots \times n_n$$

例 4.1.4 证明 $A \times (B-C) = (A \times B) - (A \times C)$。

证明 对于任意有序对 (x, y)，有

$$(x, y) \in A \times (B-C)$$
$$\Leftrightarrow x \in A \wedge y \in (B-C)$$
$$\Leftrightarrow x \in A \wedge (y \in B \wedge y \notin C)$$
$$\Leftrightarrow x \in A \wedge y \in B \wedge (x \in A \wedge y \notin C)$$
$$\Leftrightarrow (x, y) \in A \times B \wedge (x, y) \notin A \times C$$
$$\Leftrightarrow (x, y) \in A \times B - A \times C$$ ◀

例 4.1.5 设 A、B、C、D 是任意集合，判断下列命题是否为真。

1) $A \subseteq C \wedge B \subseteq D \Leftrightarrow A \times B \subseteq C \times D$

2) $(A \cap B) \times (C \cap D) = (A \times C) \cap (B \times D)$

3) $(A \cup B) \times (C \cup D) = (A \times C) \cup (B \times D)$

解 1) 不一定为真。当 $A = B = \varnothing$ 或 $A \neq \varnothing$ 且 $B \neq \varnothing$ 时，命题成立。但当 A 和 B 之一为 $\varnothing$ 时，命题不成立。例如，令 $A = \varnothing$、$B = \{1\}$、$C = \{2\}$、$D = \{3\}$，则 $A \times B \subseteq C \times D$ 为真，而 $A \subseteq C \wedge B \subseteq D$ 为假。

2) 为真。证明方法类似于例 4.1.4。

3) 不一定为真。例如，令 $A = D = \varnothing$、$B = C = \{1\}$，则 $(A \cup B) \times (C \cup D) = \{1\} \times \{1\} = \{(1, 1)\}$，而 $(A \times C) \cup (B \times D) = \varnothing$，这时 $(A \cup B) \times (C \cup D) \neq (A \times C) \cup (B \times D)$。 ◀

4.1.3 关系的概念

无论在日常生活中还是在数学上，关系都是一个基本的概念，如日常生活中的父子关系、朋友关系、同学关系、上下级关系，以及数学中的相等关系、大小关系和整除关系等。

可以看出，关系描述的是集合的元素间的相关性。实际上，集合的元素间的相关性是指在一定规则下的相关性，如 3 和 2 有大小关系、10 和 5 有整除关系和大小关系等。描述两个元素间的相关性称为二元关系，描述多个元素间的相关性称为多元关系。

集合的元素间的相关性也可以用集合来表示。如有三个学生：小王、小张、小李。小王选修英语，小张选修法语，小李选修德语。三个学生的选课情况可以表示为{(小王，英语)、(小张，法语)、(小李，德语)}，其中 (x, y) 表示 x 选修 y。集合{(小王，英语)、(小张，法语)、(小李，德语)}表示了学生的集合{小王，小张，小李}和课程的集合{英语，法语，德语}的元素间的关系。因此，可以定义关系为有序对的集合，其中有序对中的第一元素和第二元素相关。下面给出关系的定义。

定义 4.1.5 如果一个集合非空且它的元素都是有序对，或集合为空，则称该集合为一个**二元关系**，记作 R。二元关系也可简称为**关系**。对于二元关系 R，如果有序对 $(a, b) \in R$，称 **a 与 b 有 R 关系**，记作 aRb；当 $(a, b) \notin R$ 时，称 **a 与 b 没有 R 关系**，记作 $a\cancel{R}b$。

例如，$R = \{(0, a), (0, b), (1, a), (2, b)\}$ 是一个二元关系，其中，$0Ra$、$1Ra$、$0Rb$、$2Rb$，而 $1\cancel{R}b$、$2\cancel{R}a$。而 $R = \{(1, 2), (1, 3), 2, 3\}$ 不是一个二元关系。

对任意两个集合 A、B，A 和 B 的笛卡儿积 $A \times B$ 的元素是有序对，因而关系还有如下的定义。

定义 4.1.6 设 A、B 为集合，$A \times B$ 的任意一个子集是集合 A 到 B 的一个二元关系。当 $A = B$ 时称为 A 上的**二元关系**。

例如，集合 $A = \{0, 1, 2\}$、$B = \{a, b\}$，则 $R_1 = \{(0, a), (1, b), (1, a), (2, b)\}$ 是从 A 到 B 的一个二元关系，$R_2 = \{(0, 1), (1, 2), (0, 2)\}$ 是 A 上的一个二元关系。空集 $\varnothing$ 是 $A \times B$ 的子集，称 $\varnothing$ 为集合 A 到集合 B 的**空关系**，表示集合 A 到 B 不存在某种关系；$A \times B$ 称为集合 A 到 B 的**全域关系**，即集合 A 的每个元素和集合 B 的每个元素之间均具有某种关系。在集合 A 上，$E_A = A \times A$ 称为 A 上的**全域关系**，$I_A = \{(x, x) \mid x \in A\}$ 称为 A 上的**恒等关系**。

对于集合 A、B，如果 $|A| = n$、$|B| = m$，则 $|A \times B| = nm$，$A \times B$ 的子集有 2^{nm} 个，所以集合 A 到集合 B 有 2^{nm} 个不同的二元关系。如果 $B = A$，则 $|A \times A| = n^2$，$A \times A$ 的子集有 2^{n^2} 个，所以 A 上有 2^{n^2} 个不同的二元关系。

例 4.1.6 设集合 $A = \{0, 1\}$、$B = \{a, b\}$，写出集合 A 到集合 B 的所有二元关系。

解 因为 $A = \{0, 1\}$、$B = \{a, b\}$，所以 $A \times B = \{(0, a), (0, b), (1, a), (1, b)\}$。$A \times B$ 的所有不同子集如下。

0 元子集：$\varnothing$。

1 元子集：$\{(0, a)\}$，$\{(0, b)\}$，$\{(1, a)\}$，$\{(1, b)\}$。

2 元子集：$\{(0, a), (0, b)\}$，$\{(0, a), (1, a)\}$，$\{(0, a), (1, b)\}$，$\{(0, b), (1, a)\}$，$\{(0, b), (1, b)\}$，$\{(1, a), (1, b)\}$。

3 元子集：$\{(0, a), (0, b), (1, a)\}$，$\{(0, a), (0, b), (1, b)\}$，$\{(0, a), (1, a), (1, b)\}$，$\{(0, b), (1, a), (1, b)\}$。

4 元子集：$\{(0, a), (0, b), (1, a), (1, b)\}$。

由定义 4.1.6 知，上面的 16 个不同的子集就是集合 A 到集合 B 的所有二元关系。 ◄

例 4.1.7 设 $A = \{a, b\}$，写出集合 A 上的全域关系 E_A 和恒等关系 I_A。

解 A 上的全域关系

$$E_A = \{(a, a), (a, b), (b, a), (b, b)\}$$

A 上的恒等关系

$$I_A = \{(a, a), (b, b)\}$$ ◄

对于任何集合 A，A 上有空关系、全域关系和恒等关系，除了这三种特殊关系以外，还有一些常用的关系，如在实数集上的大于关系、小于关系、整除关系等。

例 4.1.8 已知集合 $A = \{0, 1, 2\}$，写出集合 A 上的整除关系 D_A 和小于或等于关系 L_A。

解 集合 A 上的整除关系为

$$D_A = \{(1, 1), (1, 2), (2, 2)\}$$

集合 A 上的小于或等于关系为

$$L_A = \{(0, 0), (0, 1), (0, 2), (1, 1), (1, 2), (2, 2)\}$$ ◄

定义 4.1.7   设 A、B 是两个集合，R 是从 A 到 B 的二元关系。R 的所有有序对的第一个元素构成的集合称为 R 的**定义域**（或**前域**），记为 $\mathrm{dom}R$；R 的所有有序对的第二个元素构成的集合称为 R 的**值域**（或**后域**），记为 $\mathrm{ran}R$；R 的定义域和值域的并集称为 R 的**域**，记为 $f\mathrm{ld}R$。

二元关系 R 的定义域 $\mathrm{dom}R$ 和值域 $\mathrm{ran}R$ 又可表示为

$$\mathrm{dom}R = \{x \mid \exists y(x, y) \in R)\}$$
$$\mathrm{ran}R = \{y \mid \exists x(x, y) \in R)\}$$
$$f\mathrm{ld}R = \mathrm{dom}R \bigcup \mathrm{ran}R$$

例 4.1.9 $A = \{$甲，乙，丙，丁$\}$，$B = \{a, b, c\}$。$R = \{($甲，$a)$，（乙，$b)$，（丁，$c)\}$ 是从 A 到 B 的二元关系，写出 R 的定义域和值域。

解 R 的定义域 $\mathrm{dom}R = \{$甲，乙，丁$\}$，值域 $\mathrm{ran}R = \{a, b, c\}$。   ◄

例 4.1.10   设 $\mathbb{Z}$ 是整数集合，$\mathbb{Z}$ 上的关系 $R = \{(x, y) \mid x, y \in \mathbb{Z} \wedge (y = x^2)\}$，写出 R 的定义域和值域。

解 R 的定义域 $\mathrm{dom}R = \mathbb{Z}$，值域 $\mathrm{ran}R = \{y \mid x, y \in \mathbb{Z} \wedge (y = x^2)\}$。   ◄

可以看出，集合 A 到 B 的二元关系 R 的定义域 $\mathrm{dom}R \subseteq A$，值域 $\mathrm{ran}R \subseteq B$。

上述概念可以推广到 n 个集合的笛卡儿积的子集，即 n 元关系。

定义 4.1.8   设 $A_1, A_2, \cdots, A_n$ 是 n 个集合。$A_1 \times A_2 \times \cdots \times A_n$ 的任一子集，称为 $A_1, A_2, \cdots, A_n$ 间的一个 **n 元关系**。

在计算机领域，关系的概念随处可见，如数据结构中的线性关系和非线性关系。在关系数据库中数据按二维表的形式存放，如表 4.1.1 所示。

表 4.1.1   二维表

学号	姓名	课程	成绩
02001	张明	物理	优秀
02002	李强	数学	良好
02008	王华	英语	优秀
02010	李力	数学	良好

一个二维表可有 m 行 n 列，二维表的每一行叫**元组**，代表一个完整的数据。一个元组有 n 个分量，因此这个元组又叫 **n 元元组**。二维表的每一列表示数据的分量，这种二维表叫 **n 元关系**。表 4.1.1 表示学号、姓名、课程、成绩间的关系，这个表还可以用有序 4 元组的集合来表示：$\{$（02001，张明，物理，优秀），（02002，李强，数学，良好），（02008，王华，英语，优秀），（02010，李力，数学，良好）$\}$。

4.2   关系的表示法

4.2.1   用集合表示关系

由定义 4.1.5 可知，关系是一个集合，因此可用列出集合所有元素的列举法或描述集合元素特性的描述法表示关系。

例 4.2.1 已知关系 $R = \{(a，b，c)\,|\,a、b$ 和 c 是整数且 $0 < a < b < c < 5\}$，用列举法表示这个关系。

解 题目中用描述法表示关系，而用列举法表示该关系要列出它的所有有序三元组，即

$$R = \{(1，2，3)，(1，2，4)，(1，3，4)，(2，3，4)\}$$

例 4.2.2 用描述法写出定义在实数集 $\mathbb{R}$ 上的"$>$"关系。

解 实数集 $\mathbb{R}$ 上的"$>$"关系

$$> = \{(x，y)\,|\,x，y \in \mathbb{R} \wedge x > y\}$$

4.2.2 用关系图表示关系

由于关系的元素是有序对，可以用有向图来表示关系。

定义 4.2.1 设集合 $A = \{a_1, a_2, a_3, \cdots, a_m\}$、$B = \{b_1, b_2, b_3, \cdots, b_n\}$，$R$ 是从 A 到 B 上的一个二元关系。把集合 A 和 B 的每个元素表示成一个结点，关系 R 的每一个有序对表示成一条有向边，有向边的方向由有序对的第一元素指向第二元素。这样得到的图就是表示关系 R 的**关系图**。

例 4.2.3 设集合 $X = \{x_1，x_2，x_3，x_4\}$、$Y = \{y_1，y_2，y_3\}$，R 是从 X 到 Y 上的二元关系，$R = \{(x_1，y_2)，(x_2，y_3)，(x_3，y_3)，(x_4，y_1)\}$，画出 R 的关系图。

解 R 的关系图如图 4.2.1 所示。

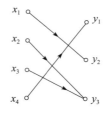

图 4.2.1 R 的关系图

用关系图表示集合 A 上的关系 R 时，把 A 中的每个元素表示成一个结点，若 $(a_i，a_j) \in R$，则用一条有向边连接结点 a_i 和 a_j。

例 4.2.4 设集合 $A = \{1，2，3，4\}$，$R = \{(1，1)，(1，4)，(2，1)，(2，3)，(2，4)，(3，1)，(4，1)，(4，2)\}$，画出 R 的关系图。

解 R 的关系图如图 4.2.2 所示。

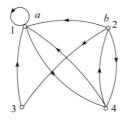

图 4.2.2 R 的关系图

在关系图中，结点 a 是有向边 $(a，b)$ 的起点，结点 b 是终点。若 aRa，则从 a 到自身有一条有向边，称为**环**。

关系图主要表达了结点之间的邻接关系，对结点的位置、有向边的长度等均无特别要求，是一种简单直观的关系表示方法。

4.2.3 用矩阵表示关系

定义 4.2.2   设集合 $A=\{a_1,a_2,a_3,\cdots,a_m\}$、$B=\{b_1,b_2,b_3,\cdots,b_n\}$，$R$ 是从 A 到 B 上的一个二元关系。关系 R 可以用一个 m 行 n 列的矩阵 $\boldsymbol{M}_R=[m_{ij}]$ 来表示，其中

$$m_{ij}=\begin{cases}1, & 若(a_i，b_j)\in R\\ 0, & 若(a_i，b_j)\notin R\end{cases}$$

又称 $\boldsymbol{M}_R$ 为关系 R 的**邻接矩阵**。

显然，关系矩阵是 $0-1$ 矩阵，称为**布尔矩阵**。集合 $A=\{a_1,a_2,a_3,\cdots,a_m\}$ 上的关系 R 的邻接矩阵是一个 m 行 m 列的矩阵。

例 4.2.5   设集合 $A=\{1，2，3\}$、$B=\{1，2\}$，R 是 A 到 B 上的大于关系，试求出 R 的关系矩阵。

解   由题意可知，关系 $R=\{(a，b)\mid a\in A \wedge b\in B \wedge a>b\}$。$R$ 的关系矩阵为

$$\boldsymbol{M}_R=\begin{bmatrix}0 & 0\\ 1 & 0\\ 1 & 1\end{bmatrix}$$

◀

注意，关系矩阵和给出集合的元素的排列顺序有关。如果元素排列顺序不同，所得到的关系矩阵也不同，但都是表示同一关系。当给定关系 R 后，可以写出 R 的关系矩阵。当给出 R 的关系矩阵时，同样可以写出关系 R。

例 4.2.6   已知集合 $A=\{a，b，c\}$ 上的关系 R 的关系矩阵

$$\boldsymbol{M}_R=\begin{bmatrix}1 & 1 & 0\\ 1 & 0 & 1\\ 1 & 1 & 0\end{bmatrix}$$

写出关系 R 的集合表达式。

解   因为 $m_{ij}=1$ 对应的 $(a_i，b_j)\in R$，所以

$$R=\{(a，a)，(a，b)，(b，a)，(b，c)，(c，a)，(c，b)\}$$

◀

用矩阵表示关系，为在计算机中表示关系和研究关系的特性提供了有效的方法。

4.3 关系的运算

二元关系是集合，因此，二元关系可以进行集合中的各种运算。两个关系运算的结果还是关系，如 R 和 S 是集合 A 到 B 的两个二元关系，则 $R\cup S$、$R\cap S$、$R-S$、$S\oplus R$、$\sim R$、$\sim S$ 等也是 A 到 B 的二元关系。计算 $\sim R$ 和 $\sim S$ 时的全集是 $A\times B$，即

$$\sim R=A\times B-R，\quad \sim S=A\times B-S$$

例 4.3.1   设整数集合 $A=\{3，6，9\}$，R 是 A 上的整除关系，S 是 A 上的小于关系，

试求 $R \cup S$、$R \cap S$、$R - S$、$S \oplus R$、$\sim R$、$\sim S$。

解　根据题意，$R = \{(3, 3), (3, 6), (3, 9), (6, 6), (9, 9)\}$，$S = \{(3, 6),$
$(3, 9), (6, 9)\}$。

$R \cup S = \{(3, 3), (3, 6), (3, 9), (6, 6), (9, 9), (6, 9)\}$；

$R \cap S = \{(3, 6), (3, 9)\}$；

$R - S = \{(3, 3), (6, 6), (9, 9)\}$；

$S \oplus R = \{(3, 3), (6, 6), (9, 9), (6, 9)\}$；

$\sim R = A \times A - R = \{(6, 3), (6, 9), (9, 3), (9, 6)\}$；

$\sim S = A \times A - S = \{(3, 3), (6, 3), (6, 6), (9, 3), (9, 6), (9, 9)\}$。

在关系中，还可以进行其他运算，如关系的逆运算、关系的复合运算等。

4.3.1　关系的逆运算

定义 4.3.1　R 是从集合 A 到 B 的关系，R 的所有有序对的元素顺序交换得到的有序对的集合是从 B 到 A 的关系，该关系称为 R 的**逆关系**，记为 R^{-1}，即

$$R^{-1} = \{(x, y) \mid yRx\}$$

例 4.3.2　设关系 $R = \{(1, a), (2, c), (3, d), (4, a), (4, b)\}$。1)计算 R^{-1}，并画出 R 和 R^{-1} 的关系图。2)写出 R 和 R^{-1} 的关系矩阵。

解　1)R 的逆关系 $R^{-1} = \{(a, 1), (c, 2), (d, 3), (a, 4), (b, 4)\}$。

R 和 R^{-1} 的关系图见图 4.3.1 和图 4.3.2。

图 4.3.1　R 的关系图

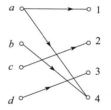

图 4.3.2　R^{-1} 的关系图

2)R 和 R^{-1} 的关系矩阵为

$$\boldsymbol{M}_R = \begin{bmatrix} 1 & 0 & 0 & 0 \\ 0 & 0 & 1 & 0 \\ 0 & 0 & 0 & 1 \\ 1 & 1 & 0 & 0 \end{bmatrix}, \qquad \boldsymbol{M}_{R^{-1}} = \begin{bmatrix} 1 & 0 & 0 & 1 \\ 0 & 0 & 0 & 1 \\ 0 & 1 & 0 & 0 \\ 0 & 0 & 1 & 0 \end{bmatrix}$$

可以看出：

1)将 R 的关系图中有向边的方向变成相反方向即得 R^{-1} 的关系图，反之亦然。

2)R 和 R^{-1} 的关系矩阵互为转置矩阵。

3)$\mathrm{dom}R^{-1} = \mathrm{ran}R$，$\mathrm{ran}R^{-1} = \mathrm{dom}R$。

4)$|R| = |R^{-1}|$。

逆关系有如下性质。

定理 4.3.1   设 R 和 S 是任意关系。则有

1)$(R^{-1})^{-1} = R$

2)$(R \cup S)^{-1} = R^{-1} \cup S^{-1}$

3)$(R \cap S)^{-1} = R^{-1} \cap S^{-1}$

4)$(\sim R)^{-1} = \sim (R^{-1})$

5)$(R - S)^{-1} = R^{-1} - S^{-1}$

6)$R \subseteq S \Leftrightarrow R^{-1} \subseteq S^{-1}$

证明   1)对任意的 $(x, y) \in (R^{-1})^{-1} \Leftrightarrow (y, x) \in R^{-1}$

$$\Leftrightarrow (x, y) \in R$$

所以，$(R^{-1})^{-1} = R$。

2)对任意的 $(x, y) \in (R \cup S)^{-1} \Leftrightarrow (y, x) \in R \cup S$

$$\Leftrightarrow (y, x) \in R \vee (y, x) \in S$$

$$\Leftrightarrow (x, y) \in R^{-1} \vee (x, y) \in S^{-1}$$

$$\Leftrightarrow (x, y) \in R^{-1} \cup S^{-1}$$

所以，$(R \cup S)^{-1} = R^{-1} \cup S^{-1}$。

3)证明同 2)。

4)对任意的 $(x, y) \in (\sim R)^{-1} \Leftrightarrow (y, x) \in \sim R$

$$\Leftrightarrow (y, x) \notin R$$

$$\Leftrightarrow (x, y) \notin R^{-1}$$

$$\Leftrightarrow (x, y) \in \sim R^{-1}$$

所以，$(\sim R)^{-1} = \sim R^{-1}$。

5)$(R - S)^{-1} = (R \cap \sim S)^{-1}$

$$= R^{-1} \cap (\sim S)^{-1}$$

$$= R^{-1} \cap \sim S^{-1}$$

$$= R^{-1} - S^{-1}$$

所以，$(R - S)^{-1} = R^{-1} - S^{-1}$。

6)任取 $(y, x) \in R^{-1}$，则 $(x, y) \in R$。若 $R \subseteq S$，根据集合包含的定义，则有 $(x, y) \in S$，那么 $(y, x) \in S^{-1}$，因而有 $R^{-1} \subseteq S^{-1}$。

任取 $(x, y) \in R$，则 $(y, x) \in R^{-1}$。若 $R^{-1} \subseteq S^{-1}$，根据集合包含的定义，则有 $(y, x) \in S^{-1}$，那么 $(x, y) \in S$，因而有 $R \subseteq S$。

所以，$R \subseteq S \Leftrightarrow R^{-1} \subseteq S^{-1}$。   ◀

4.3.2   关系的复合运算

定义 4.3.2   设 R 是集合 A 到集合 B 上的一个二元关系，S 是集合 B 到集合 C 上的一个二元关系，则 R 和 S 的复合关系 $S \circ R$ 为集合 A 到集合 C 上的一个二元关系，定义如下

$$S \circ R = \{(x, z) \mid x \in A \wedge z \in C \wedge \exists y (y \in B \wedge (x, y) \in R \wedge (y, z) \in S)\}$$

从 R 和 S 求 $S \circ R$ 的运算，称为关系的**复合运算**，又称关系的**合成运算**。

在有些书中表示的方法可能相反，将 R 和 S 的复合关系写成 $R \circ S$。

例 4.3.3　设集合 $X = \{x_1, x_2, x_3\}$、$Y = \{y_1, y_2, y_3, y_4\}$、$Z = \{z_1, z_2, z_3\}$，集合 X 到 Y 上的关系 $R = \{(x_1, y_2), (x_1, y_3), (x_2, y_1), (x_2, y_4), (x_3, y_2)\}$，集合 Y 到 Z 上的关系 $S = \{(y_1, z_2), (y_2, z_3), (y_3, z_1), (y_4, z_3)\}$，求 R 和 S 的复合关系 $S \circ R$。

解　根据复合运算的定义，当存在 $y_2 \in Y$ 时，有 $(x_1, y_2) \in R \wedge (y_2, z_3) \in S$，所以 $(x_1, z_3) \in S \circ R$。依此考查所有元素，可求得

$$S \circ R = \{(x_1, z_3), (x_1, z_1), (x_2, z_2), (x_2, z_3), (x_3, z_3)\}$$

图 4.3.3 说明了 R 和 S 的复合过程。

 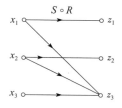

图 4.3.3　关系 R 和 S 的复合过程

求两个关系 R 和 S 的复合关系时，若 $\text{ran}R \cap \text{dom}S = \varnothing$，则复合关系 $S \circ R = \varnothing$。

例 4.3.4　集合 $X = \{0, 1, 2, 3, 4\}$ 上的关系为 $R = \{(1, 1), (1, 4), (2, 3), (3, 1), (3, 4)\}$ 和 $S = \{(1, 0), (2, 0), (3, 1), (3, 2), (4, 1)\}$，求复合关系 $S \circ R$ 和 $R \circ S$。

解　$S \circ R = \{(1, 0), (1, 1), (2, 1), (2, 2), (3, 0), (3, 1)\}$
　　　$R \circ S = \{(3, 1), (3, 4), (3, 3), (4, 1), (4, 4)\}$

显然，$S \circ R \neq R \circ S$，关系的复合运算不满足交换律。

关系的复合运算满足结合律，有如下定理。

定理 4.3.2　设 R、S、P 是任意二元关系，则

$$P \circ (S \circ R) = (P \circ S) \circ R$$

证明　对任意 $(x, w) \in P \circ (S \circ R)$

$$\Leftrightarrow \exists z((x, z) \in (S \circ R) \wedge (z, w) \in P)$$
$$\Leftrightarrow \exists z \exists y((x, y) \in R \wedge (y, z) \in S \wedge (z, w) \in P)$$
$$\Leftrightarrow \exists y((x, y) \in R \wedge (y, w) \in P \circ S)$$
$$\Leftrightarrow (x, w) \in (P \circ S) \circ R$$

所以，$P \circ (S \circ R) = (P \circ S) \circ R$。

关系的复合运算和关系的交、并运算之间满足如下定理。

定理 4.3.3　设 R、S、P 为任意二元关系，则有

1) $(S \cup P) \circ R = (S \circ R) \cup (P \circ R)$

2) $R \circ (S \cup P) = R \circ S \cup R \circ P$

3) $(S \cap P) \circ R \subseteq S \circ R \cap P \circ R$

4) $R \circ (S \cap P) \subseteq R \circ S \cap R \circ P$

证明 1)对任意$(x, y) \in (S \cup P) \circ R$
$$\Leftrightarrow \exists z((x, z) \in R \land (z, y) \in (S \cup P))$$
$$\Leftrightarrow \exists z((x, z) \in R \land ((z, y) \in S \lor (z, y) \in P))$$
$$\Leftrightarrow \exists z(((x, z) \in R \land (z, y) \in S) \lor ((x, z) \in R \land (z, y) \in P))$$
$$\Leftrightarrow \exists z((x, z) \in R \land (z, y) \in S) \lor \exists z((x, z) \in R \land (z, y) \in P)$$
$$\Leftrightarrow (x, y) \in S \circ R \lor (x, y) \in P \circ R$$
$$\Leftrightarrow (x, y) \in (S \circ R) \cup (P \circ R)$$

所以，$(S \cup P) \circ R = (S \circ R) \cup (P \circ R)$。

3)对任意$(x, y) \in (S \cap P) \circ R$
$$\Leftrightarrow \exists z((x, z) \in R \land (z, y) \in (S \cap P))$$
$$\Leftrightarrow \exists z((x, z) \in R \land ((z, y) \in S \land (z, y) \in P))$$
$$\Leftrightarrow \exists z(((x, z) \in R \land (z, y) \in S) \land ((x, z) \in R \land (z, y) \in P))$$
$$\Rightarrow \exists z(((x, z) \in R \land (z, y) \in S) \land \exists z((x, z) \in R \land (z, y) \in P))$$
$$\Leftrightarrow (x, y) \in S \circ R \land (x, y) \in P \circ R$$
$$\Leftrightarrow (x, y) \in (S \circ R) \cap (P \circ R)$$

所以，$(S \cap P) \circ R \subseteq (S \circ R) \cap (P \circ R)$。

2)和4)的证明留作读者练习。

注意，复合运算对并运算是可分配的，对交运算分配后是包含关系式。

定理 4.3.4 设R和S是任意关系，则有
$$(S \circ R)^{-1} = R^{-1} \circ S^{-1}$$

证明 留给读者练习。

定理 4.3.5 设R是A上的关系，则
$$R \circ I_A = I_A \circ R = R$$

证明 任取(x, y)，则
$$(x, y) \in R \circ I_A$$
$$\Leftrightarrow \exists t((x, t) \in I_A \land (t, y) \in R)$$
$$\Leftrightarrow \exists t(x = t \land (t, y) \in R)$$
$$\Rightarrow (x, y) \in R$$

因而，$R \circ I_A \subseteq R$。
$$(x, y) \in R$$
$$\Rightarrow x \in A \land (x, y) \in R$$
$$\Rightarrow (x, x) \in I_A \land (x, y) \in R$$
$$\Rightarrow (x, y) \in R \circ I_A$$

因而，$R \subseteq R \circ I_A$。

所以，$R \circ I_A = R$。

同理可证$I_A \circ R = R$。

当$S = R$时，集合A上的复合关系$S \circ R$可写作R^2，即R的2次幂。关系R的幂运

算定义如下。

定义 4.3.3 设 R 为 A 上的关系，n 为非负整数，则 R 的 n 次幂定义如下

1）$R^0 = \{(x, x) \mid x \in A\} = I_A$

2）$R^n = R^{n-1} \circ R$，$n \geqslant 1$

这个定义说明 $R^2 = R \circ R$、$R^3 = R^2 \circ R = (R \circ R) \circ R$ 等。

定理 4.3.6 R 为 A 上的关系，m、n 为非负整数，有

1）$R^m \circ R^n = R^{m+n}$

2）$(R^m)^n = R^{mn}$

证明 对任意的非负整数 m，对 n 用数学归纳法可以证明。

1）若 $n = 0$，则有

$$R^m \circ R^n = R^m \circ R^0 = R^m \circ I_A = R^m = R^{m+0}$$

假设 $R^m \circ R^n = R^{m+n}$，则有

$$R^m \circ R^{n+1} = R^m \circ (R^n \circ R) = (R^m \circ R^n) \circ R = R^{m+n} \circ R = R^{m+n+1}$$

2）若 $n = 0$，则有

$$(R^m)^0 = I_A = R^{m \times 0}$$

假设 $(R^m)^n = R^{mn}$，则有

$$(R^m)^{n+1} = (R^m)^n \circ R^m = R^{mn} \circ R^m = R^{mn+m} = R^{m(n+1)} \qquad \blacktriangleleft$$

例 4.3.5 设 $A = \{1, 2, 3, 4\}$、$R = \{(1, 1), (2, 1), (3, 2), (4, 3)\}$，求 R^n，$n = 2, 3, \cdots$。

解 $R^2 = R \circ R = \{(1, 1), (2, 1), (3, 1), (4, 2)\}$

$R^3 = R^2 \circ R = \{(1, 1), (2, 1), (3, 1), (4, 1)\}$

$R^4 = R^3 \circ R = R^3$

$R^n = R^3$，$n = 5, 6, \cdots$

实际上，对于有限集 A 和 A 上的关系 R，R 的不同的幂只有有限个。　　$\blacktriangleleft$

定理 4.3.7 R 为 A 上的关系，$|A| = n$，则存在自然数 s、t，使得

1）$R^s = R^t$，$0 \leqslant s < t \leqslant 2^{n^2}$（$T = t - s$ 为周期）；

2）对任何 $k \in \mathbb{N}$ 有 $R^{s+k} = R^{t+k}$。

证明 1）由于 $|A| = n$，故 $|A \times A| = n^2$，$A \times A$ 的子集有 2^{n^2} 个，即 A 上有 2^{n^2} 个二元关系。R 为 A 上的关系，对任何自然数 k，R^k 都是 $A \times A$ 的子集，当列出 R 的各次幂 $R^0, R^1, R^2, \cdots, R^{2^{n^2}}$ 时，共有 $2^{n^2} + 1$ 个，根据鸽巢原理（见 5.4 节），其中至少有两个是相同的，即有 s、t（$0 \leqslant s < t \leqslant 2^{n^2}$），使得 $R^s = R^t$。

2）若 $R^s = R^t$，则 $R^{s+k} = R^s \circ R^k = R^t \circ R^k = R^{t+k}$。　　$\blacktriangleleft$

关系可以用矩阵表示，两个关系的复合运算也可以用矩阵来运算。

设集合 $X = \{x_1, x_2, \cdots, x_m\}$、$Y = \{y_1, y_2, \cdots, y_n\}$、$Z = \{z_1, z_2, \cdots, z_p\}$，$R$ 是集合 X 到 Y 上的关系，S 是集合 Y 到 Z 上的关系。

R 的关系矩阵 $\boldsymbol{M}_R = [r_{ij}]$ 是 $m \times n$ 阶矩阵，表示为

$$M_R = \begin{bmatrix} r_{11} & r_{12} & \cdots & r_{1n} \\ r_{21} & r_{22} & \cdots & r_{2n} \\ \vdots & \vdots & & \vdots \\ r_{m1} & r_{m2} & \cdots & r_{mn} \end{bmatrix}$$

S 的关系矩阵 $M_S = [s_{ij}]$ 是 $n \times p$ 阶矩阵，表示为

$$M_S = \begin{bmatrix} s_{11} & s_{12} & \cdots & s_{1p} \\ s_{21} & s_{22} & \cdots & s_{2p} \\ \vdots & \vdots & & \vdots \\ s_{n1} & s_{n2} & \cdots & s_{np} \end{bmatrix}$$

设复合关系 $S \circ R$ 的关系矩阵为 $M_{S \circ R} = [t_{ij}]$，则 $M_{S \circ R}$ 可以由 R 和 S 的关系矩阵相乘来求得。这里的矩阵相乘为**布尔乘**，与普通矩阵乘法不同；其中的相加是**逻辑加**。$M_{S \circ R}$ 是一个 m 行 p 列的矩阵，即

$$M_{S \circ R} = M_R \times M_S = \begin{bmatrix} t_{11} & t_{12} & \cdots & t_{1p} \\ t_{21} & t_{22} & \cdots & t_{2p} \\ \vdots & \vdots & & \vdots \\ t_{m1} & t_{m2} & \cdots & t_{mp} \end{bmatrix}$$

其中 $t_{ij} = \bigvee\limits_{k=1}^{n} (r_{ik} \wedge s_{kj})$。

例如，若 $(x_i, z_j) \in S \circ R$，则存在 y_k，使得 $(x_i, y_k) \in R$ 且 $(y_k, z_j) \in S$，即存在 k，使 $r_{ik} = 1$ 且 $s_{kj} = 1$，则 $t_{ij} = \bigvee\limits_{k=1}^{n} (r_{ik} \wedge s_{kj}) = 1$，因而在关系矩阵 $M_{S \circ R}$ 中为 $t_{ij} = 1$。

例 4.3.6 设 $R = \{(1, 2), (3, 4), (2, 2)\}$ 和 $S = \{(4, 2), (2, 5), (3, 1), (1, 3)\}$ 是集合 $A = \{1, 2, 3, 4, 5\}$ 上的关系，求 $S \circ R$ 的关系矩阵。

解 R 和 S 的关系矩阵为

$$M_R = \begin{bmatrix} 0 & 1 & 0 & 0 & 0 \\ 0 & 1 & 0 & 0 & 0 \\ 0 & 0 & 0 & 1 & 0 \\ 0 & 0 & 0 & 0 & 0 \\ 0 & 0 & 0 & 0 & 0 \end{bmatrix}, \quad M_S = \begin{bmatrix} 0 & 0 & 1 & 0 & 0 \\ 0 & 0 & 0 & 0 & 1 \\ 1 & 0 & 0 & 0 & 0 \\ 0 & 1 & 0 & 0 & 0 \\ 0 & 0 & 0 & 0 & 0 \end{bmatrix}$$

$S \circ R$ 的关系矩阵为

$$M_{S \circ R} = M_R \times M_S = \begin{bmatrix} 0 & 1 & 0 & 0 & 0 \\ 0 & 1 & 0 & 0 & 0 \\ 0 & 0 & 0 & 1 & 0 \\ 0 & 0 & 0 & 0 & 0 \\ 0 & 0 & 0 & 0 & 0 \end{bmatrix} \times \begin{bmatrix} 0 & 0 & 1 & 0 & 0 \\ 0 & 0 & 0 & 0 & 1 \\ 1 & 0 & 0 & 0 & 0 \\ 0 & 1 & 0 & 0 & 0 \\ 0 & 0 & 0 & 0 & 0 \end{bmatrix} = \begin{bmatrix} 0 & 0 & 0 & 0 & 1 \\ 0 & 0 & 0 & 0 & 1 \\ 0 & 1 & 0 & 0 & 0 \\ 0 & 0 & 0 & 0 & 0 \\ 0 & 0 & 0 & 0 & 0 \end{bmatrix}$$

4.4 关系的性质

一个集合上可以定义很多不同的关系，其中一些关系具有某些性质。这里介绍关系的

几种主要性质。

定义 4.4.1　设 R 是集合 A 上的一个关系，如果对 A 中的每一个元素 x，均有 $(x，x)\in R$，则称 R 是**自反关系**，即

$$R \text{ 是自反的} \Leftrightarrow \forall x(x\in A\rightarrow(x，x)\in R)$$

例如，整数集合上的整除关系、相等关系等都是自反的关系，而整数集合上的大于关系、小于关系等都不是自反的关系。

例 4.4.1　集合 $A=\{1，2，3，4\}$ 上的关系 $R=\{(1，1)，(1，2)，(1，4)，(2，1)，(2，2)，(3，3)，(4，1)，(4，4)\}$，$R$ 是否为自反关系? 写出 R 的关系矩阵并画出 R 的关系图。

解　因为 A 中的每个元素都和自身有关系 R，所以 R 是自反的关系。

关系 R 的关系矩阵为

$$\boldsymbol{M}_R = \begin{bmatrix} 1 & 1 & 0 & 1 \\ 1 & 1 & 0 & 0 \\ 0 & 0 & 1 & 0 \\ 1 & 0 & 0 & 1 \end{bmatrix}$$

R 的关系图如图 4.4.1 所示。

定义 4.4.2　设 R 是集合 A 上的一个关系，如果对 A 中的每一个元素 x，均有 $(x，x)\notin R$，则称 R 是**反自反关系**，即

$$R \text{ 是反自反的} \Leftrightarrow \forall x(x\in A\rightarrow(x，x)\notin R)$$

例如，整数集合上的大于关系、小于关系等都是反自反的关系，而整数集合上的整除关系、大于等于关系等都不是反自反的关系。

例 4.4.2　集合 $A=\{1，2，3，4\}$ 上的关系 $R=\{(1，2)，(1，4)，(2，1)，(2，3)，(3，2)，(4，1)，(4，2)\}$ 和 $S=\{(1，2)，(1，3)，(2，2)，(3，1)，(4，3)\}$，$R$ 和 S 是否为反自反关系，是否为自反关系? 写出 R 和 S 的关系矩阵并画出 R 和 S 的关系图。

解　因为在 R 中没有形如 $(x，x)$ 的有序偶，所以 R 是反自反的关系，不是自反关系。而因为有 $(2，2)\in S$，所以 S 不是反自反关系，也不是自反关系。

关系 R 和 S 的关系矩阵为

$$\boldsymbol{M}_R = \begin{bmatrix} 0 & 1 & 0 & 1 \\ 1 & 0 & 1 & 0 \\ 0 & 1 & 0 & 0 \\ 1 & 1 & 0 & 0 \end{bmatrix}, \quad \boldsymbol{M}_S = \begin{bmatrix} 0 & 1 & 1 & 0 \\ 0 & 1 & 0 & 0 \\ 1 & 0 & 0 & 0 \\ 0 & 0 & 1 & 0 \end{bmatrix}$$

R 和 S 的关系图如图 4.4.2 所示。

图 4.4.1　R 的关系图

a）R 的关系图

b）S 的关系图

图 4.4.2　R 和 S 的关系图

根据上面的例题可以看出，对于非空集合上的关系 R：

1）如果关系 R 是自反的，则关系 R 一定不是反自反的，反之亦然。

2）如果关系 R 不是自反的，则关系 R 不一定就是反自反的，反之亦然，即存在既不是自反也不是反自反的关系。

3）关系 R 是自反的，当且仅当 R 的关系图中每个结点都有环；关系 R 是反自反的，当且仅当 R 的关系图中每个结点都没有环。

4）关系 R 是自反的，当且仅当 R 的关系矩阵中主对角线上都为 1；关系 R 是反自反的，当且仅当 R 的关系矩阵中主对角线上都为 0。

定义 4.4.3 设 R 是 A 上的一个关系，对 A 中的元素 x 和 y，如有 $(x，y) \in R$，必有 $(y，x) \in R$，则称 R 是**对称关系**，即

$$R \text{ 是对称的} \Leftrightarrow \forall x \forall y (x \in A \wedge y \in A \wedge (x，y) \in R \rightarrow (y，x) \in R)$$

例如，整数集合上的等于关系、任意集合上的全域关系、同学关系、朋友关系等都是对称的，而整数集合上的整除关系、大于关系等都不是对称的。

例 4.4.3 集合 $A = \{1，2，3，4\}$ 上的关系 $R = \{(1，2)，(1，4)，(2，1)，(2，2)，(2，3)，(3，2)，(4，1)\}$，判断 R 是否为对称关系。写出 R 的关系矩阵并画出 R 的关系图。

解 因为在 R 中有 $(x，y) \in R$，则有 $(y，x) \in R$。如 $(1，2)$、$(1，4)$、$(2，2)$、$(2，3) \in R$，则有 $(2，1)$、$(4，1)$、$(2，2)$、$(3，2) \in R$，所以 R 是对称的关系。

R 的关系矩阵为

$$\boldsymbol{M}_R = \begin{bmatrix} 0 & 1 & 0 & 1 \\ 1 & 1 & 1 & 0 \\ 0 & 1 & 0 & 0 \\ 1 & 0 & 0 & 0 \end{bmatrix}$$

R 的对称关系图如图 4.4.3 所示。 ◄

定义 4.4.4 设 R 是 A 上的一个关系，对 A 中的元素 x 和 y，若 $(x，y) \in R$ 和 $(y，x) \in R$，则必有 $x = y$，称 R 是**反对称关系**，即

$$R \text{ 是反对称的} \Leftrightarrow \forall x \forall y (x \in A \wedge y \in A \wedge (x，y) \in R \wedge (y，x) \in R \rightarrow x = y)$$

若关系 R 是反对称的，当 $x \neq y$ 时，$(x，y) \in R$，则 $(y，x) \notin R$。

实数集合上的大于等于关系、大于关系，以及集合的幂集上的包含关系等都是反对称的。

例 4.4.4 集合 $A = \{1，2，3，4\}$ 上的关系 $R = \{(1，2)，(1，4)，(2，2)，(2，3)，(3，1)，(4，3)\}$，判断 R 是否为反对称关系。写出 R 的关系矩阵并画出 R 的关系图。

解 因为在 R 中，当 $x \neq y$ 时，有 $(x，y) \in R$，就没有 $(y，x) \in R$。如 $(1，2)$、$(1，4)$、$(2，3)$、$(3，1)$、$(4，3) \in R$，则有 $(2，1)$、$(4，1)$、$(3，2)$、$(1，3)$、$(3，4) \notin R$，所以 R 是反对称的关系。

R 的关系矩阵为

$$\boldsymbol{M}_R = \begin{bmatrix} 0 & 1 & 0 & 1 \\ 0 & 1 & 1 & 0 \\ 1 & 0 & 0 & 0 \\ 0 & 0 & 1 & 0 \end{bmatrix}$$

R 的反对称关系图如图 4.4.4 所示。

图 4.4.3 R 的对称关系图

图 4.4.4 R 的反对称关系图 ◀

例 4.4.5 集合 $A=\{1,2,3,4\}$ 上的关系 $S=\{(1,2),(1,4),(2,1),(2,2),(3,1),(4,3)\}$，$S$ 是否为反对称关系，是否为对称关系？

解 因为在 S 中有 $(1,2)\in S$，也有 $(2,1)\in S$，所以 S 不是反对称关系，又因为 $(1,4)\in S$ 而 $(4,1)\notin S$，所以 S 也不是对称关系。 ◀

可以看出：

1)关系的对称性和反对称性的概念不是对立的，一个关系可以不具有对称性的同时也不具有反对称性，而且存在既是对称也是反对称的关系。

2)关系 R 是对称的，当且仅当在其关系图上，若两点之间有边，则必定是成对出现的方向相反的两条边；关系 R 是反对称关系，当且仅当在其关系图上，若两点之间有边，一定只有一条边。

3)对称关系 R 的关系矩阵是对称矩阵，即 $m_{ij}=m_{ji}$，$i,j=1,2,\cdots,n$；反对称关系 R 的关系矩阵中，不在主对角线上的关于主对角线对称的元素不能同时为 1，即若 $m_{ij}=1$，$i,j=1,2,\cdots,n$，$i\neq j$，则 $m_{ji}=0$。

定义 4.4.5 设 R 是 A 上的一个关系，x、y、z 是 A 中的元素，若 $(x,y)\in R$、$(y,z)\in R$，则必有 $(x,z)\in R$，称 R 是**传递关系**，即

R 是传递的 $\Leftrightarrow \forall x \forall y \forall z(x\in A \land y\in A \land z\in A \land (x,y)\in R \land (y,z)\in R \to (x,z)\in R)$

例如，实数集上的大于关系、小于关系等是传递关系，而同学关系、朋友关系等不一定是传递关系。

传递关系目前广泛应用于 GPS 导航系统、P2P 网络、无线传感器网络等领域。

例 4.4.6 判断集合 $A=\{1,2,3,4\}$ 上的关系 $R=\{(2,1),(3,1),(3,2),(4,1),(4,2),(4,3)\}$ 是否是传递关系，写出 R 的关系矩阵并画出 R 的关系图。

解 根据传递性的定义，如有 $(a,b)\in R$、$(b,c)\in R$，必有 $(a,c)\in R$。因此，需要逐对检查形如 (a,b)、(b,c) 的有序偶以判定 R 是否是传递的。R 中的有序偶有 $(3,2)$ 和 $(2,1)$、$(4,2)$ 和 $(2,1)$、$(4,3)$ 和 $(3,1)$、$(4,3)$ 和 $(3,2)$，而 $(3,1)$、$(4,1)$、$(4,2)$ 属于 R，所以 R 是传递的。

R 的关系矩阵为

$$M_R = \begin{bmatrix} 0 & 0 & 0 & 0 \\ 1 & 0 & 0 & 0 \\ 1 & 1 & 0 & 0 \\ 1 & 1 & 1 & 0 \end{bmatrix}$$

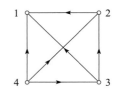

图 4.4.5　R 的传递关系图

R 的传递关系图如图 4.4.5 所示。

可以看出：

1）关系 R 是传递关系，当且仅当在关系图中，若存在从结点 a 到结点 b 的有向边和从结点 b 到结点 c 的有向边，则一定有从结点 a 到结点 c 的有向边。

2）关系 R 是传递关系，当且仅当在关系矩阵中，若 $m_{ij}=1$ 且 $m_{jk}=1$，则 $m_{ik}=1$，i，j，$k=1,2,\cdots,n$。

根据关系的性质的定义，不难判断一个关系具有的性质。

例 4.4.7　若集合 A 非空且非单元集，判断下列关系具有哪些性质。

1）A 上的全域关系；

2）A 上的恒等关系；

3）A 上的空关系。

解　1）A 上的全域关系是自反的、对称的和传递的；

2）A 上的恒等关系是自反的、对称的、反对称的和传递的；

3）A 上的空关系是反自反的、对称的、反对称的和传递的。◀

需要注意的是，空集上的空关系具有自反性，单元集上的全域关系具有反对称性。

例 4.4.8　设集合 $A=\{1,2\}$、$B=\{1,2,3\}$，R 是集合 A 和 B 上的关系，$R=\{(1,1)$，$(2,2)$，$(1,2)\}$，说明 R 在集合 A 和 B 上具有的性质。

解　当 R 是集合 A 上的关系时，R 是自反的、反对称的和传递的。用关系图表示 R 时，两个结点都有环，所以 R 是自反的；两个结点间只有一条边，因而 R 是反对称的；R 是传递的，因为不存在 x、y、z，使得 x 到 y 有边、y 到 z 有边，而 x 到 z 没有边，其中 $x,y,z \in \{1,2\}$。

当 R 是集合 B 上的关系时，R 是反对称的和传递的，原因同上。但是在集合 B 中，存在一个元素 3，$(3,3) \notin R$，所以 R 不是自反的。◀

用集合表示关系时，可以用下面的定理判断或证明关系的性质。

定理 4.4.1　设 R 是集合 A 上的关系，则

1）R 是自反的当且仅当 $I_A \subseteq R$；

2）R 是反自反的当且仅当 $R \cap I_A = \varnothing$；

3）R 是对称的当且仅当 $R = R^{-1}$；

4）R 是反对称的当且仅当 $R \cap R^{-1} \subseteq I_A$；

5）R 是传递的当且仅当 $R \circ R \subseteq R$。

证明　1）必要性：对任意的 $(x,x) \in I_A$，因为 R 是自反的，所以 $(x,x) \in R$，即 $I_A \subseteq R$。

充分性：对任意 $x \in A$，有 $(x,x) \in I_A$。因为 $I_A \subseteq R$，所以 $(x,x) \in R$。根据自反性的定义可知，R 是自反的。

2）必要性：用反证法。假设 $R \cap I_A \neq \varnothing$，则存在

$$(x,y) \in R \cap I_A \Rightarrow (x,y) \in R \wedge (x,y) \in I_A \Rightarrow (x,y) \in R \wedge (x=y) \Rightarrow (x,x) \in R$$

这与 R 是反自反的矛盾。

充分性：任取 $x \in A$，则有

$$x \in A \Rightarrow (x,x) \in I_A \Rightarrow (x,x) \notin R (由于 R \cap I_A = \varnothing)$$

所以，R 是反自反的。

3）必要性：对任意 $(x,y) \in R$，因为 R 是对称的，有 $(y,x) \in R$，即 $(x,y) \in R^{-1}$，因而 $R \subseteq R^{-1}$；对任意 $(x,y) \in R^{-1}$，有 $(y,x) \in R$，因为 R 是对称的，则 $(x,y) \in R$，因而 $R^{-1} \subseteq R$。于是有 $R = R^{-1}$。

充分性：任取 $x,y \in A$，若 $(x,y) \in R$，因为 $R = R^{-1}$，则 $(x,y) \in R^{-1}$，即 $(y,x) \in R$，因此 R 是对称的。

4）必要性：对任意 $(x,y) \in R \cap R^{-1}$，有

$$(x,y) \in R \cap R^{-1} \Rightarrow (x,y) \in R \wedge (x,y) \in R^{-1} \Rightarrow (x,y) \in R \wedge (y,x) \in R$$
$$\Rightarrow (x,y) \in R \wedge x=y (由于 R 是反对称的)$$
$$\Rightarrow (x,y) \in I_A$$

所以，$R \cap R^{-1} \subseteq I_A$。

充分性：对任意 (x,y)，有

$$(x,y) \in R \wedge (y,x) \in R \Rightarrow (x,y) \in R \wedge (x,y) \in R^{-1} \Rightarrow (x,y) \in R \cap R^{-1}$$
$$\Rightarrow (x,y) \in I_A (由于 R \cap R^{-1} \subseteq I_A)$$
$$\Rightarrow x=y$$

从而证明了 R 是反对称的。

5）必要性：对任意 $(x,z) \in R \circ R$，根据关系复合运算的定义，存在 $y \in A$，使得 $(x,y) \in R$ 并且 $(y,z) \in R$。由于 R 是传递的，有 $(x,z) \in R$。因此 $R \circ R \subseteq R$。

充分性：对任意 x、y、$z \in A$，若 $(x,y) \in R$ 并且 $(y,z) \in R$，则 $(x,z) \in R \circ R$。因为 $R \circ R \subseteq R$，所以 $(x,z) \in R$，因而 R 是传递的。◀

关系可以进行各种运算。具有某些性质的关系通过各种运算后产生的新关系可能保持原有的性质，也可能不保持原有的性质。

定理 4.4.2 设 R、S 是集合 A 上的二元关系，则

1）若 R、S 是自反的，则 R^{-1}、S^{-1}、$R \cup S$、$R \cap S$、$R \circ S$ 也是自反的；

2）若 R、S 是反自反的，则 R^{-1}、S^{-1}、$R \cup S$、$R \cap S$、$R-S$ 也是反自反的；

3）若 R、S 是对称的，则 R^{-1}、S^{-1}、$R \cup S$、$R \cap S$、$R-S$ 也是对称的；

4）若 R、S 是反对称的，则 R^{-1}、S^{-1}、$R \cap S$、$R-S$ 也是反对称的；

5）若 R、S 是传递的，则 R^{-1}、S^{-1}、$R \cap S$ 也是传递的。

证明略。请读者自证。

例 4.4.9 设 A 是集合，R_1 和 R_2 是 A 上的关系，若 R_1 和 R_2 是自反、对称和传递

的，那么，$R_1 \cup R_2$ 也是自反、对称和传递的吗？

解   由于 R_1 和 R_2 是 A 上的自反关系，则有

$$I_A \subseteq R_1 \text{ 和 } I_A \subseteq R_2$$

从而有 $I_A \subseteq R_1 \cup R_2$。根据定理 4.4.1 可知，$R_1 \cup R_2$ 是自反的。

由 R_1 和 R_2 的对称性，有

$$R_1 = R_1^{-1} \text{ 和 } R_2 = R_2^{-1}$$

根据定理 4.3.1，有

$$(R_1 \cup R_2)^{-1} = R_1^{-1} \cup R_2^{-1} = R_1 \cup R_2$$

从而证明 $R_1 \cup R_2$ 是 A 上的对称关系。

当 R_1 和 R_2 是传递关系时，$R_1 \cup R_2$ 不一定是传递的。例如，假设 $R_1 = \{(1, 2)\}$，$R_2 = \{(2, 3)\}$ 是集合 $A = \{1, 2, 3\}$ 上的关系，R_1 和 R_2 是传递关系，但 $R_1 \cup R_2 = \{(1, 2), (2, 3)\}$ 不是传递的。   ◀

4.5 关系的闭包

设 R 是非空集合 A 上的关系，R 可能不具有某种性质，如自反性、对称性或传递性。有时需要 R 具有某种性质，因此，可以通过关系的闭包运算，在 R 中添加最少的有序对来构成新关系 R'，使 R' 具有所需的性质。

关系的闭包运算定义如下。

定义 4.5.1 设 R 是非空集合 A 上的二元关系，如果 A 上的关系 R' 满足：

1）R' 是自反的（对称的或传递的）；

2）$R' \supseteq R$；

3）对 A 上的任何包含 R 的自反（对称或传递）关系 R''，都有 $R'' \supseteq R'$。

则称 R' 是 R 的**自反**（**对称**或**传递**）**闭包**。

一般将 R 的自反闭包记作 $r(R)$，对称闭包记作 $s(R)$，传递闭包记作 $t(R)$。

例 4.5.1 集合 $A = \{1, 2, 3\}$ 上的关系 $R = \{(1, 1), (1, 2), (2, 1), (3, 2)\}$，求 R 的自反闭包、对称闭包和传递闭包。

解 R 不是自反的，也不是对称和传递的。当把 $(2, 2)$、$(3, 3)$ 添加到 R 中时，得到的新关系包含 R，且具有自反性，并且包含在所有其他包含 R 的自反关系中，因此 R 的自反闭包为

$$r(R) = \{(1, 1), (1, 2), (2, 1), (3, 2), (2, 2), (3, 3)\}$$

当把 $(2, 3)$ 添加到 R 中时，得到 R 的对称闭包

$$s(R) = \{(1, 1), (1, 2), (2, 1), (3, 2), (2, 3)\}$$

把 $(2, 2)$ 和 $(3, 1)$ 添加到 R 中得到 R 的传递闭包

$$t(R) = \{(1, 1), (1, 2), (2, 1), (3, 2), (2, 2), (3, 1)\}$$ ◀

定理 4.5.1 设 R 是非空集合 A 上的二元关系，有

1）R 是自反的，当且仅当 $r(R) = R$；

2）R 是对称的，当且仅当 $s(R) = R$；

3)R 是传递的，当且仅当 $t(R)=R$。

证明 1)显然有 $R\subseteq r(R)$。若 R 是自反的，由于 R 包含 R，根据自反闭包的定义有 $r(R)\subseteq R$。因此 $r(R)=R$。

2)和 3)的证明留给读者。

求关系 R 的自反闭包、对称闭包和传递闭包的方法，由下面定理给出。

定理 4.5.2 设 R 为非空集合 A 上的二元关系，则有

1)$r(R)=R\cup I_A$

2)$s(R)=R\cup R^{-1}$

3)$t(R)=\bigcup_{i=1}^{\infty} R^i =R\cup R^2\cup R^3\cup\cdots$

证明 1)设 $R'=R\cup I_A$。对任意的 $x\in A$，$(x，x)\in R\cup I_A$，所以 $R'=R\cup I_A$ 是自反的，且 $R\cup I_A\supseteq R$。设 R'' 是 A 中包含 R 的任一自反关系，即 $R''\supseteq R$，且 $R''\supseteq I_A$，所以有 $R''\supseteq R'=R\cup I_A$，因此，$R\cup I_A$ 是 R 的自反闭包，即 $r(R)=R\cup I_A$。

2)对任意的 $(x，y)\in R\cup R^{-1}$，即 $(x，y)\in R$ 或 $(x，y)\in R^{-1}$，有 $(y，x)\in R^{-1}$ 或 $(y，x)\in R$，因而 $(y，x)\in R\cup R^{-1}$，所以 $R\cup R^{-1}$ 是对称的，且 $R\cup R^{-1}\supseteq R$ 显然成立。设 R'' 是 A 中包含 R 的任一对称关系，对任一 $(x，y)\in R^{-1}$，必有 $(y，x)\in R$，从而有 $(y，x)\in R''$。由于 R'' 是对称关系，因而 $(x，y)\in R''$，所以 $R''\supseteq R^{-1}$。因此有 $R''\supseteq R\cup R^{-1}$。综上所述，$R$ 的对称闭包 $s(R)=R\cup R^{-1}$。

3)先证 $\bigcup_{i=1}^{\infty} R^i \subseteq t(R)$。

对 n 进行归纳证明。根据传递闭包的定义有 $R\subseteq t(R)$。假设 $n>1$ 时，$R^n\subseteq t(R)$。设 $(x，y)\in R^{n+1}$，因为 $R^{n+1}=R\circ R^n$，故有某个 $z\in A$，使得 $(x，z)\in R^n$、$(z，y)\in R$，所以有 $(x，z)\in t(R)$、$(z，y)\in t(R)$，即 $(x，y)\in t(R)$。所以 $R^{n+1}\subseteq t(R)$，因而有 $\bigcup_{i=1}^{\infty} R^i \subseteq t(R)$。

再证 $t(R)\subseteq \bigcup_{i=1}^{\infty} R^i$。

设 $(x，y)\in \bigcup_{i=1}^{\infty} R^i$、$(y，z)\in \bigcup_{i=1}^{\infty} R^i$，则必存在整数 s 和 t，使得 $(x，y)\in R^s$、$(y，z)\in R^t$，从而有 $(x，z)\in R^t\circ R^s=R^{s+t}$，即 $(x，z)\in \bigcup_{i=1}^{\infty} R^i$。所以 $\bigcup_{i=1}^{\infty} R^i$ 是传递的。由于包含 R 的传递关系都包含 $t(R)$，所以有 $t(R)\subseteq \bigcup_{i=1}^{\infty} R^i$。

因而 $t(R)=\bigcup_{i=1}^{\infty} R^i =R\cup R^2\cup R^3\cup\cdots$。

可以直接使用这 3 个公式来计算 R 的闭包。对于有限集合 A 来说，R 的不同的幂只有有限个。可以证明

$$t(R)=\bigcup_{i=1}^{n} R^i =R\cup R^2\cup\cdots\cup R^n$$

例 4.5.2   求整数集 $\mathbb{Z}$ 上的关系 $R=\{(a,b)\,|\,a<b\}$ 的自反闭包、对称闭包和传递闭包。

解 R 的自反闭包 $r(R)=R\bigcup I_{\mathbb{Z}}=\{(a,b)\,|\,a<b\}\bigcup(a,a)\,|\,a\in\mathbb{Z}\}=\{(a,b)\,|\,a\leqslant b\}$。

   R 的对称闭包 $s(R)=R\bigcup R^{-1}=\{(a,b)\,|\,a<b\}\bigcup\{(b,a)\,|\,a<b\}=\{(a,b)\,|\,a\neq b\}$。

   R 的传递闭包 $t(R)=R=\{(a,b)\,|\,a<b\}$，因为 R 是传递的。   ◀

例 4.5.3   设集合 $A=\{a,b,c\}$，R 是 A 上的二元关系，$R=\{(a,b),(b,c),(c,a)\}$，求 $r(R)$、$s(R)$ 和 $t(R)$。

解 $r(R)=R\bigcup I_A=\{(a,b),(b,c),(c,a),(a,a),(b,b),(c,c)\}$

   $s(R)=R\bigcup R^{-1}=\{(a,b),(b,c),(c,a),(b,a),(c,b),(a,c)\}$

   $R^2=\{(a,c),(b,a),(c,b)\}$

   $R^3=\{(a,a),(b,b),(c,c)\}$

   $R^4=\{(a,b),(b,c),(c,a)\}=R$

   $t(R)=R\bigcup R^2\bigcup R^3\bigcup R^4$

   $=\{(a,b),(b,c),(c,a),(a,c),(b,a),(c,b),(a,a),(b,b),(c,c)\}$。   ◀

定理 4.5.3   设 R_1 和 R_2 为非空集合 A 上的二元关系，且 $R_1\subseteq R_2$，则有

1）$r(R_1)\subseteq r(R_2)$

2）$s(R_1)\subseteq s(R_2)$

3）$t(R_1)\subseteq t(R_2)$

证明   3）先用数学归纳法证明，对任意正整数 n，有 $R_1^n\subseteq R_2^n$，当 $n=1$ 时，结论显然成立。

   假设 $n=k$ 时，$R_1^k\subseteq R_2^k$。当 $n=k+1$ 时，有

   $(x,y)\in R_1^{k+1}\Rightarrow\exists z(xR_1^kz\wedge zR_1y)\Rightarrow\exists z(xR_2^kz\wedge zR_2y)\Rightarrow(x,y)\in R_2^{k+1}$

所以，$R_1^{k+1}\subseteq R_2^{k+1}$。

   因此对任意正整数 n，有 $R_1^n\subseteq R_2^n$。于是，有

$$t(R_1)=\bigcup_{i=1}^{n}R_1^i\subseteq\bigcup_{i=1}^{n}R_2^i=t(R_2)$$ ◀

其余部分留给读者证明。

定理 4.5.4   设 R_1 和 R_2 为非空集合 A 上的二元关系，则有

1）$r(R_1)\bigcup r(R_2)=r(R_1\bigcup R_2)$

2）$s(R_1)\bigcup s(R_2)=s(R_1\bigcup R_2)$

3）$t(R_1)\bigcup t(R_2)\subseteq t(R_1\bigcup R_2)$

定理 4.5.5   设 R 是非空集合 A 上的二元关系，有

1）若 R 是自反的，则 $s(R)$ 和 $t(R)$ 也是自反的；

2）若 R 是对称的，则 $r(R)$ 和 $t(R)$ 也是对称的；

3）若 R 是传递的，则 $r(R)$ 也是传递的。

证明   2）由于 R 是对称关系，所以 $R=R^{-1}$，而 $I_A=I_A^{-1}$，则有

$$r(R)=R\bigcup I_A=R^{-1}\bigcup I_A^{-1}=(R\bigcup I_A)^{-1}=r(R)^{-1}$$

所以，$r(R)$ 是对称的。

先用归纳法证明，对任意正整数 n，R^n 是对称的。当 $n=1$ 时，结论显然成立。假设 $n=k$ 时，R^k 是对称的。当 $n=k+1$ 时，有

$$(x,y) \in R^{k+1} \Leftrightarrow \exists z(xR^k z \wedge zRy) \Leftrightarrow \exists z(zR^k x \wedge yRz) \Leftrightarrow (y,x) \in R^{k+1}$$

所以，R^{k+1} 是对称的。因此，对任意正整数 n，R^n 是对称的。

对任意 $x,y \in A$，有

$$(x,y) \in t(R) \Rightarrow \exists m((x,y) \in R^m) \Rightarrow \exists m((y,x) \in R^m) \Rightarrow (y,x) \in t(R)$$

所以，$t(R)$ 是对称的。

1)和 3)留给读者证明。

当 R 是传递关系时，R 的对称闭包 $s(R)$ 不一定是传递的。如集合 $A=\{1,2,3\}$ 上的关系 $R=\{(1,2),(3,2)\}$ 是传递的，R 的对称闭包 $s(R)=\{(1,2),(2,1),(3,2),(2,3)\}$ 不是传递的。

令 $tsr(R)=t(s(r(R)))$，则有下面的定理。

定理 4.5.6 设 R 是非空集合 A 上的二元关系，则 $tsr(R)$ 是 R 的自反、对称、传递的闭包。

根据定理 4.5.5，由于传递关系的对称闭包可能会丢失传递性，因此在计算 R 的自反、对称、传递闭包 $tsr(R)$ 时，必须在进行对称闭包运算之后，才可以进行传递闭包运算。

可以通过关系矩阵运算求一个关系的闭包。

设关系 R、$r(R)$、$s(R)$、$t(R)$ 的关系矩阵分别为 $\boldsymbol{M}_R$、$\boldsymbol{M}_{r(R)}$、$\boldsymbol{M}_{s(R)}$、$\boldsymbol{M}_{t(R)}$，则

$$\boldsymbol{M}_{r(R)} = \boldsymbol{M}_R \vee \boldsymbol{E}$$

$$\boldsymbol{M}_{s(R)} = \boldsymbol{M}_R \vee \boldsymbol{M}_R^t$$

$$\boldsymbol{M}_{t(R)} = \boldsymbol{M}_R \vee \boldsymbol{M}_{R^2} \vee \boldsymbol{M}_{R^3} \vee \cdots$$

其中，$\boldsymbol{E}$ 是和 $\boldsymbol{M}$ 同阶的单位矩阵，$\boldsymbol{M}_R^t$ 是 $\boldsymbol{M}_R$ 的转置矩阵。

例 4.5.4 已知集合 $A=\{1,2,3\}$ 上的关系 $R=\{(1,1),(1,3),(2,2),(3,1),(3,2)\}$，利用关系矩阵求 R 的 $r(R)$、$s(R)$、$t(R)$。

解 关系 R 的关系矩阵为

$$\boldsymbol{M}_R = \begin{bmatrix} 1 & 0 & 1 \\ 0 & 1 & 0 \\ 1 & 1 & 0 \end{bmatrix}$$

$$\boldsymbol{M}_{r(R)} = \boldsymbol{M}_R \vee \boldsymbol{E} = \begin{bmatrix} 1 & 0 & 1 \\ 0 & 1 & 0 \\ 1 & 1 & 0 \end{bmatrix} \vee \begin{bmatrix} 1 & 0 & 0 \\ 0 & 1 & 0 \\ 0 & 0 & 1 \end{bmatrix} = \begin{bmatrix} 1 & 0 & 1 \\ 0 & 1 & 0 \\ 1 & 1 & 1 \end{bmatrix}$$

于是

$$r(R) = \{(1,1),(1,3),(2,2),(3,1),(3,2),(3,3)\}$$

$$\boldsymbol{M}_{s(R)} = \boldsymbol{M}_R \vee \boldsymbol{M}_R^t = \begin{bmatrix} 1 & 0 & 1 \\ 0 & 1 & 0 \\ 1 & 1 & 0 \end{bmatrix} \vee \begin{bmatrix} 1 & 0 & 1 \\ 0 & 1 & 1 \\ 1 & 0 & 0 \end{bmatrix} = \begin{bmatrix} 1 & 0 & 1 \\ 0 & 1 & 1 \\ 1 & 1 & 0 \end{bmatrix}$$

于是

$$s(R)=\{(1,1),(1,3),(2,2),(3,1),(3,2),(2,3)\}$$

由于 $\boldsymbol{M}_{t(R)}=\boldsymbol{M}_R \bigvee \boldsymbol{M}_{R^2} \bigvee \boldsymbol{M}_{R^3}$，且有

$$\boldsymbol{M}_{R^2}=\begin{bmatrix}1&1&1\\0&1&0\\1&1&1\end{bmatrix}, \quad \boldsymbol{M}_{R^3}=\begin{bmatrix}1&1&1\\0&1&0\\1&1&1\end{bmatrix}$$

所以

$$\boldsymbol{M}_{t(R)}=\begin{bmatrix}1&0&1\\0&1&0\\1&1&1\end{bmatrix}\bigvee\begin{bmatrix}1&1&1\\0&1&0\\1&1&1\end{bmatrix}\bigvee\begin{bmatrix}1&1&1\\0&1&0\\1&1&1\end{bmatrix}=\begin{bmatrix}1&1&1\\0&1&0\\1&1&1\end{bmatrix}$$

因而

$$t(R)=\{(1,1),(1,2),(1,3),(2,2),(3,1),(3,2),(3,3)\} \qquad \blacktriangleleft$$

求二元关系的传递闭包 $t(R)$ 还可以使用 Warshall 算法，Warshall 算法的计算量比上例的算法的计算量少得多。

假设 R 是 n 元集合 $\{v_1,v_2,\cdots,v_n\}$ 上的关系，设 $v_1,v_2,\cdots,v_n$ 是这 n 个元素的任意排列。如果 $a,x_1,x_2,\cdots,x_n,b$ 是一条路径，则除了第一个结点 a 和最后一个结点 b 外的所有结点 $x_1,x_2,\cdots,x_n$ 是这条路径的内点。对任意两个结点 v_i 和 v_j，在 R 的关系图上，如果存在从 v_i 到 v_j 的路径 v_iv_j，或路径的内点一定在集合 $\{v_1,v_2,\cdots,v_n\}$ 中，则在 R 的传递闭包 $t(R)$ 的矩阵中，第 (i,j) 项为 1。

Warshall 算法是构造一系列 0—1 矩阵，这些矩阵是 $\boldsymbol{M}_0,\boldsymbol{M}_1,\cdots,\boldsymbol{M}_n$，其中 $\boldsymbol{M}_0=\boldsymbol{M}_R$ 是 R 的关系矩阵，$\boldsymbol{M}_k=[m_{ij}^{[k]}]$。如果存在一条从 v_i 到 v_j 的路径使得这条路径的所有内点都在前 k 个结点的集合 $\{v_1,v_2,\cdots,v_k\}$ 中，那么 $m_{ij}^{[k]}=1$，否则 $m_{ij}^{[k]}=0$。如矩阵 $\boldsymbol{M}_1$ 中的元素 $m_{ij}^{[1]}=1$，则存在从 v_i 到 v_j 的路径，这条路径是 v_iv_j，或内点是 v_1 的路径 $v_iv_1v_j$。如矩阵 $\boldsymbol{M}_2$ 中的元素 $m_{ij}^{[2]}=1$，则存在从 v_i 到 v_j 的路径，路径的内点在集合 $\{v_1,v_2\}$ 中。当 $k=n$ 时，$\boldsymbol{M}_n$ 中的元素 $m_{ij}^{[n]}=1$，则存在从 v_i 到 v_j 的路径，或直接到达，或路径的内点在集合 $\{v_1,v_2,\cdots,v_n\}$ 中。因此，$\boldsymbol{M}_n$ 中的元素 $m_{ij}^{[n]}=1$，则存在从 v_i 到 v_j 的路径；$m_{ij}^{[n]}=0$，则不存在从 v_i 到 v_j 的路径，因而 $\boldsymbol{M}_n$ 就是 R 的传递闭包的矩阵。

可以从 $\boldsymbol{M}_{k-1}$ 计算 $\boldsymbol{M}_k$。存在一条从 v_i 到 v_j 的路径且该路径的内点都在前 k 个结点的集合 $\{v_1,v_2,\cdots,v_k\}$ 中，有两种情况：第一种情况是存在一条从 v_i 到 v_j 的内点都在前 $k-1$ 个结点的集合 $\{v_1,v_2,\cdots,v_{k-1}\}$ 中的路径；第二种情况是存在一条从 v_i 到 v_k 的路径和从 v_k 到 v_j 的路径，这两条路径的内点都在前 $k-1$ 个结点的集合 $\{v_1,v_2,\cdots,v_{k-1}\}$ 中。因此

$$m_{ij}^{[k]}=m_{ij}^{[k-1]}\bigvee(m_{ik}^{[k-1]}\bigwedge m_{kj}^{[k-1]})$$

设 R 是非空集合 A 上的二元关系，R 的关系矩阵为 $\boldsymbol{M}_R$，Warshall 算法的过程如下：

1）$\boldsymbol{M}_0=\boldsymbol{M}_R$；

2)for $k := 1$ to n do

3)　　　for $i := 1$ to n do

4)　　　　　for $j := 1$ to n do

5)　　　　　　　$m_{ij}^{[k]} = m_{ij}^{[k-1]} \bigvee (m_{ik}^{[k-1]} \bigwedge m_{kj}^{[k-1]})$

算法结束时得到的就是 R 的传递闭包的矩阵。

例 4.5.5　已知集合 $A = \{1, 2, 3, 4\}$ 上的关系 $R = \{(1, 4), (2, 1), (2, 3), (3, 1),$ $(3, 4), (4, 3)\}$，利用 Warshall 算法求 R 的 $t(R)$ 的矩阵。

解　关系 R 的关系矩阵为

$$
\boldsymbol{M}_R = \begin{bmatrix} 0 & 0 & 0 & 1 \\ 1 & 0 & 1 & 0 \\ 1 & 0 & 0 & 1 \\ 0 & 0 & 1 & 0 \end{bmatrix} = \boldsymbol{M}_0
$$

于是

$$
\boldsymbol{M}_1 = \begin{bmatrix} 0 & 0 & 0 & 1 \\ 1 & 0 & 1 & 1 \\ 1 & 0 & 0 & 1 \\ 0 & 0 & 1 & 0 \end{bmatrix}, \quad
\boldsymbol{M}_2 = \begin{bmatrix} 0 & 0 & 0 & 1 \\ 1 & 0 & 1 & 1 \\ 1 & 0 & 0 & 1 \\ 0 & 0 & 1 & 0 \end{bmatrix}, \quad
\boldsymbol{M}_3 = \begin{bmatrix} 0 & 0 & 0 & 1 \\ 1 & 0 & 1 & 1 \\ 1 & 0 & 0 & 1 \\ 1 & 0 & 1 & 1 \end{bmatrix}, \quad
\boldsymbol{M}_4 = \begin{bmatrix} 1 & 0 & 1 & 1 \\ 1 & 0 & 1 & 1 \\ 1 & 0 & 1 & 1 \\ 1 & 0 & 1 & 1 \end{bmatrix}
$$

矩阵 $\boldsymbol{M}_4$ 就是 R 的 $t(R)$ 的矩阵。　◀

通过 $\boldsymbol{M}_R$ 的布尔幂 $\boldsymbol{M}_{R^2}, \cdots, \boldsymbol{M}_{R^n}$，计算传递闭包的矩阵 $\boldsymbol{M}_{t(R)} = \boldsymbol{M}_R \bigvee \boldsymbol{M}_{R^2} \bigvee \boldsymbol{M}_{R^3}$，需要进行 $2n^3(n-1)$ 次位运算，Warshall 算法的位运算的总次数为 $2n^3$，因此 Warshall 算法的计算量较小。

传递闭包在实际场景中有很多应用。例如，在电子邮件网络中，我们可以定义关系 $R = \{(x, y) \mid x$ 能直接向 y 发送邮件$\}$，其中 x 和 y 都是网络中的个体，则传递闭包 $t(R)$ 由所有可直接或间接（即经多次转发）发送到邮件的个体对 (x, y) 所组成。又例如，在课程设计中，我们可以定义关系 $R = \{(x, y) \mid x$ 是 y 的直接先导课程$\}$，则传递闭包 $t(R)$ 可表示出课程间的所有先导和后续关系。此外，传递闭包在语法分析中也有重要应用，如下例所示。

例 4.5.6　设有一字母表 $V = \{A, B, C, D, e, d, f\}$，并给定下面六条规则

$$A \rightarrow Af, \quad B \rightarrow Dde, \quad C \rightarrow e$$
$$A \rightarrow B, \quad B \rightarrow De, \quad D \rightarrow Bf$$

R 为定义在 V 上的二元关系，从 x_i 出发用一条规则推出一串字符，使其第一个字符恰为 x_j，则 $(x_i, x_j) \in R$，说明每个字母连续运用上述规则可能推出的头字符。

解　根据题意，从字母 A 出发可得头字符 $A(A \rightarrow Af)$ 或 $B(A \rightarrow B)$，从字母 B 出发可得头字符 $D(B \rightarrow Dde$ 或 $B \rightarrow De)$，从字母 C 出发可得头字符 $e(C \rightarrow e)$，从字母 D 出发可得头字符 $B(D \rightarrow Bf)$。因此，可得关系 R 的关系矩阵为

$$
\boldsymbol{M}_R =
\begin{bmatrix}
1 & 1 & 0 & 0 & 0 & 0 & 0 \\
0 & 0 & 0 & 1 & 0 & 0 & 0 \\
0 & 0 & 0 & 0 & 1 & 0 & 0 \\
0 & 1 & 0 & 0 & 0 & 0 & 0 \\
0 & 0 & 0 & 0 & 0 & 0 & 0 \\
0 & 0 & 0 & 0 & 0 & 0 & 0 \\
0 & 0 & 0 & 0 & 0 & 0 & 0
\end{bmatrix}
$$

求连续运用上述规则可能推出的头字符，实际上是求关系 R 的传递闭包 $t(R)$。用 Warshall 算法求 $t(R)$ 的矩阵，有

$$
\boldsymbol{M}_{t(R)} =
\begin{bmatrix}
1 & 1 & 0 & 1 & 0 & 0 & 0 \\
0 & 1 & 0 & 1 & 0 & 0 & 0 \\
0 & 0 & 0 & 0 & 1 & 0 & 0 \\
0 & 1 & 0 & 1 & 0 & 0 & 0 \\
0 & 0 & 0 & 0 & 0 & 0 & 0 \\
0 & 0 & 0 & 0 & 0 & 0 & 0 \\
0 & 0 & 0 & 0 & 0 & 0 & 0
\end{bmatrix}
$$

因此，$t(R) = \{(A,A),(A,B),(A,D),(B,B),(B,D),(C,e),(D,B),(D,D)\}$。 ◀

由此说明，应用给定的六条规则，从 A 出发推导的头字符有 A、B、D 三种可能，而从 B 出发推导的头字符有 B、D 两种可能，而从 C 出发推导的头字符只有 e，从 D 出发推导的头字符有 B、D 两种可能。

4.6　等价关系和等价类

4.6.1　等价关系

等价关系是一类重要的二元关系，利用等价关系可以对一些对象进行分类。

定义 4.6.1　设 R 为非空集合 A 上的关系，若 R 是自反的、对称的和传递的，则称 R 为 A 上的**等价关系**。若 $(x,y) \in R$，称 **x 等价于 y**，记作 $x \sim y$。

例如，集合上的恒等关系和全域关系都是等价关系。

例 4.6.1　在某班同学的集合上，判断下列关系中哪些是等价关系。

$R_1 = \{(a,b) \mid a$ 和 b 选修同一门课$\}$

$R_2 = \{(a,b) \mid a$ 和 b 毕业于同一所中学$\}$

$R_3 = \{(a,b) \mid a$ 和 b 年龄相同$\}$

解　R_1 不是等价关系。因为这个关系不是传递的。

R_2 和 R_3 都是自反的、对称的和传递的，所以都是等价关系。 ◀

例 4.6.2　设 x 和 y 为整数，n 为正整数。如果 x 除以 n 的余数和 y 除以 n 的余数相等，则称 **x 与 y 模 n 同余**，用 $x \equiv y (\bmod\ n)$ 表示。若 R 是整数集 $\mathbb{Z}$ 上的模 n 同余关系，

$R=\{(x，y)\,|\,x\equiv y(\bmod\, n)\}$，证明 R 是等价关系。

证明 1)对 $\forall x\in\mathbb{Z}$，有 $x\equiv x(\bmod\, n)$，即 xRx，所以 R 是自反的。

2)假设 xRy，即 $x\equiv y(\bmod\, n)$ 成立，则有 $x-y=kn$，其中 k 是整数，从而有 $y-x=-kn$，即 $y\equiv x(\bmod\, n)$，因此 yRx，R 是对称的。

3)设 xRy、yRz，即 $x\equiv y(\bmod\, n)$、$y\equiv z(\bmod\, n)$，也就是 $x-y=kn$、$y-z=ln$，即 $x-z=(k+l)n$，于是有 $x\equiv z(\bmod\, n)$，即 xRz，所以 R 是传递的。

综上所述，关系 R 是等价关系。◀

4.6.2 等价类

定义 4.6.2 设 R 是非空集合 A 上的等价关系，x 是集合 A 中的一个元素，所有与 x 有 R 关系的元素组成的集合称为 x 的**等价类**，记作 $[x]_R$，则有

$$[x]_R=\{y\,|\,y\in A\wedge xRy\}$$

例 4.6.3 设 $A=\{1,2,\cdots,8\}$，R 是 A 上的模 3 同余关系。画出 R 的关系图，求 A 中各元素的等价类。

解 根据例 4.6.2 可知，R 是等价关系。列出关系 R 的所有元素

$R=\{(1，4)，(1，7)，(2，5)，(2，8)，(3，6)，(4，7)，(5，8)，(4，1)，(7，1)，$
$(5，2)，(8，2)，(6，3)，(7，4)，(8，5)，(1，1)，(2，2)，(3，3)，(4，4)，(5，5)，$
$(6，6)，(7，7)，(8，8)\}$

R 的关系图如图 4.6.1 所示。

 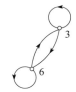

图 4.6.1 R 的关系图

A 中各元素的等价类为

$$[1]_R=[4]_R=[7]_R=\{1，4，7\}$$
$$[2]_R=[5]_R=[8]_R=\{2，5，8\}$$
$$[3]_R=[6]_R=\{3，6\}$$

◀

可以看出，集合 $A=\{1,2,\cdots,8\}$ 由等价关系 R 分成三个子集合 $\{1，4，7\}$、$\{2，5，8\}$ 和 $\{3，6\}$，它们是不相交的非空子集合，并集为集合 A。A 中任何一个元素一定在它自身的等价类中。集合 A 中的两个元素有 R 关系，则这两个元素的等价类相等，如 1 和 4 有 R 关系，所以 $[1]_R=[4]_R$。集合中的两个元素 x 和 y 没有关系 R，则这两个元素的等价类不交，如 2 和 3 没有关系 R，$[2]_R\bigcap[3]_R=\{2，5，8\}\bigcap\{3，6\}=\varnothing$。因而，可以总结出关于等价类的如下性质。

定理 4.6.1 设 R 是非空集合 A 上的等价关系，对任意的 x、$y\in A$，下面的结论成立：

1）$\forall x \in A$，$[x]_R \neq \varnothing$ 且 $[x]_R \subseteq A$；

2）$\forall x$，$y \in A$，若 $(x, y) \in R$，则 $[x]_R = [y]_R$；

3）$\forall x$，$y \in A$，若 $(x, y) \notin R$，则 $[x]_R \cap [y]_R = \varnothing$；

4）$\bigcup\limits_{x \in A} [x]_R = A$。

证明　1）因为对 $\forall x \in A$，有 xRx，所以 $x \in [x]_R$，即 $[x]_R \neq \varnothing$。由等价类的定义可知，$\forall x \in A$，有 $[x]_R \subseteq A$。

2）任取 $z \in [x]_R$，则有 $(x, z) \in R$，因为 R 是对称的，有 $(z, x) \in R$，由 R 的传递性，有 $(z, y) \in R$，因而 $(y, z) \in R$，从而 $z \in [y]_R$，即 $[x]_R \subseteq [y]_R$。

同理可证 $[y]_R \subseteq [x]_R$。因而可得 $[x]_R = [y]_R$。

3）假设 $[x]_R \cap [y]_R \neq \varnothing$，则存在 $z \in [x]_R \cap [y]_R$，从而有 $z \in [x]_R \wedge z \in [y]_R$，即 $(x, z) \in R \wedge (y, z) \in R$，根据 R 的对称性和传递性，必有 $(x, y) \in R$，与 $(x, y) \notin R$ 矛盾，所以假设不成立，原命题成立。

4）先证 $\bigcup\limits_{x \in A} [x]_R \subseteq A$。

任取 $y \in \bigcup\limits_{x \in A} [x]_R$，则 $\exists x (y \in [x]_R)$，而 $[x]_R \subseteq A$，则 $y \in A$，从而有 $\bigcup\limits_{x \in A} [x]_R \subseteq A$。

再证 $A \subseteq \bigcup\limits_{x \in A} [x]_R$。

任取 $y \in A$，则 $y \in [y]_R$，而 $[y]_R \subseteq \bigcup\limits_{x \in A} [x]_R$，则 $y \in \bigcup\limits_{x \in A} [x]_R$，从而有 $A \subseteq \bigcup\limits_{x \in A} [x]_R$。

综上所述，得 $\bigcup\limits_{x \in A} [x]_R = A$。　◀

定义 4.6.3　设 R 为非空集合 A 上的等价关系，以 R 的所有等价类为元素构成的集合，称为 A 在 R 下的**商集**，记作 A/R，即

$$A/R = \{[x]_R \mid x \in A\}$$

在上例中，集合 A 在 R 下的商集 $A/R = \{\{1, 4, 7\}, \{2, 5, 8\}, \{3, 6\}\}$。

例 4.6.4　整数集 $\mathbb{Z}$ 上的模 n 同余关系 $R = \{(a, b) \mid a \equiv b (\bmod n)\}$ 是等价关系，求 $\mathbb{Z}$ 在 R 下的商集 $\mathbb{Z}/R$。

解　整数集 $\mathbb{Z}$ 上的模 n 同余关系的等价类为

$$[0]_R = \{\cdots, -3n, -2n, -n, 0, n, 2n, 3n, \cdots\}$$
$$[1]_R = \{\cdots, -2n+1, -n+1, 1, n+1, 2n+1, 3n+1, \cdots\}$$
$$[2]_R = \{\cdots, -2n+2, -n+2, 2, n+2, 2n+2, 3n+2, \cdots\}$$
$$\vdots$$
$$[n-1]_R = \{\cdots, -2n+n-1, -n+n-1, n-1, n+n-1, 2n+n-1, \cdots\}$$
$$= \{\cdots, -n-1, -1, n-1, 2n-1, 3n-1, \cdots\}$$

所以，商集 $\mathbb{Z}/R = \{[0]_R, [1]_R, [2]_R, \cdots, [n-1]_R\}$。　◀

定义 4.6.4　设 A 是非空集合，A 的一簇子集 $A_1, A_2, \cdots, A_m$ 满足以下条件：

1）$A_i \neq \varnothing (i = 1, 2, 3 \cdots)$

2) $\bigcup_{i=1}^{m} A_i = A$

3) $A_i \bigcap A_j = \varnothing (i \neq j)$

若满足条件 1)、2)，称 $\{A_1, A_2, \cdots, A_m\}$ 是 A 的**覆盖**。

若满足条件 1)、2)、3)，称 $\{A_1, A_2, \cdots, A_m\}$ 是 A 的一个**划分**，且称 $\{A_1, A_2, \cdots, A_m\}$ 中的任一元素为 A 的一个**类**或划分的一个**块**。

例如，例 4.6.4 中整数集 $\mathbb{Z}$ 上的模 n 同余关系 $R = \{(a, b) \mid a \equiv b \pmod{n}\}$ 的各个等价类都是整数集 $\mathbb{Z}$ 的非空子集，不同的等价类之间不交，并且所有等价类的并集就是整数集 $\mathbb{Z}$。因此，以整数集 $\mathbb{Z}$ 上的模 n 同余关系 R 的所有等价类为元素的集合就是整数集 $\mathbb{Z}$ 的一个划分，也就是说，整数集在模 n 同余关系 R 下的商集就是整数集 $\mathbb{Z}$ 的一个划分。所以可以得出结论：对于非空集合 A 上的等价关系 R 的商集就是 A 的一个划分。

例 4.6.5　设 $A = \{a, b, c, d, e, f\}$，判断下列集合是否是 A 的划分。

1) $\{\{a\}, \{b, c\}, \{d, e, f\}\}$

2) $\{\{a\}, \{b, c, d\}, \{d, e, f\}\}$

3) $\{\varnothing, \{a\}, \{b, c\}, \{d, e, f\}\}$

解　1) $\{\{a\}, \{b, c\}, \{d, e, f\}\}$ 是 A 的划分；

2) $\{\{a\}, \{b, c, d\}, \{d, e, f\}\}$ 不是 A 的划分，因为其中的 $\{b, c, d\}$ 和 $\{d, e, f\}$ 有交，这是 A 的覆盖；

3) $\{\varnothing, \{a\}, \{b, c\}, \{d, e, f\}\}$ 不是 A 的划分，因为有 $\varnothing$，也不是 A 的覆盖。◄

例 4.6.6　假设 $\{A_1, A_2, \cdots, A_m\}$ 是 A 的一个划分，R 是 A 上的关系，$R = \{(x, y) \mid x$ 和 y 属于这个划分的同一子集 $A_i (i = 1, 2, \cdots, m)\}$。证明 R 是等价关系。

证明　1) 对于每一个 $x \in A$，有 $(x, x) \in R$，因此 R 是自反的。

2) 假设 $(x, y) \in R$，那么 x 和 y 属于这个划分的同一子集，则有 $(y, x) \in R$。因此，R 是对称的。

3) 如果 $(x, y) \in R$，$(y, z) \in R$，假设 x 和 y 属于这个划分的一个子集 A_i，y 和 z 属于这个划分的一个子集 A_j，即 $y \in A_i \bigcap A_j$。由于划分的不同子集是不相交的，必有 $A_i = A_j$。所以 x 和 z 属于这个划分的同一子集，即 $(x, z) \in R$。因而 R 是传递的。

综上所述，R 是等价关系。◄

A 的划分 $\{A_1, A_2, \cdots, A_m\}$ 的每一个划分块 $A_i (i = 1, 2, \cdots, m)$ 中的任两个元素都有 R 关系，因而每一个划分块都是 R 的一个等价类。

由此可见，集合 A 上的等价关系是对集合 A 中的元素做划分，使得同一划分块中的元素之间有等价关系。反之，由一个划分可以确定唯一的一个等价关系，这个等价关系的等价类就是划分的划分块。也就是说，集合 A 上的等价关系与集合 A 的划分是一一对应的。

在非空集合 A 上给定一个划分，可以找出由该划分所唯一确定的 A 上的等价关系。方法如下：把 A 的划分 $\{A_1, A_2, \cdots, A_m\}$ 的每一个划分块 A_i，求笛卡儿积 $A_i \times A_i$，然后求这些笛卡儿积的并集 $(A_1 \times A_1) \bigcup (A_2 \times A_2) \bigcup \cdots \bigcup (A_m \times A_m)$，即为所求等价关系。

例 4.6.7   设 $A=\{a, b, c, d, e\}$，A 上的划分 $\pi=\{\{a, b, c\}, \{d, e\}\}$，试求由此划分确定的等价关系 R。

解   根据划分和等价关系之间的联系可知，同一划分块中的任两个元素都有关系 R，所以

$$R=\{a, b, c\}\times\{a, b, c\}\bigcup\{d, e\}\times\{d, e\}$$
$$=\{(a, a), (a, b), (a, c), (b, a), (b, b), (b, c), (c, a),$$
$$(c, b), (c, c), (d, d), (d, e), (e, d), (e, e)\}$$

因此，R 是由划分 π 确定的等价关系。   ◀

例 4.6.8   设集合 $A=\{1, 2, 3\}$，求 A 上所有的等价关系及其对应的商集。

解   先找出对集合 A 的所有划分，如图 4.6.2 所示。

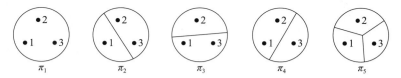

图 4.6.2   集合 A 的划分

对集合 A 共有 5 种划分：π_i，$i=1, 2, 3, 4, 5$，假设划分 π_i 对应的等价关系为 R_i，$i=1、2、3、4、5$，则

$R_1=\{(1, 1), (1, 2), (1, 3), (2, 1), (2, 2), (2, 3), (3, 1), (3, 2), (3, 3)\}$
$A/R_1=\{\{1, 2, 3\}\}$
$R_2=\{(1, 1), (2, 2), (2, 3), (3, 2), (3, 3)\}$
$A/R_2=\{\{1\}, \{2, 3\}\}$
$R_3=\{(1, 1), (2, 2), (1, 3), (3, 1), (3, 3)\}$
$A/R_3=\{\{2\}, \{1, 3\}\}$
$R_4=\{(1, 1), (2, 2), (2, 1), (1, 2), (3, 3)\}$
$A/R_4=\{\{3\}, \{1, 2\}\}$
$R_5=\{(1, 1), (2, 2), (3, 3)\}$
$A/R_5=\{\{1\}, \{2\}, \{3\}\}$ ◀

等价关系在计算机科学中有广泛应用。下面我们通过两个例子理解等价关系在编译器设计、机器学习等领域的应用。

例 4.6.9   设 n 是正整数，A 是字符串集合。假定 R_n 是 A 上的关系，xR_ny 当且仅当 $x=y$ 或 x 和 y 都至少含有 n 个字符，且 x 和 y 的前 n 个字符相同。证明 R_n 是 A 上的等价关系。

证明   对于 $\forall x\in A$，有 $x=x$，即 xR_nx，所以关系 R_n 是自反的。

对于 $\forall x, y\in A$，若 xR_ny，则 $x=y$ 或 x 和 y 都至少含有 n 个字符，且 x 和 y 的前 n 个字符相同。这意味着 yR_nx，因此关系 R_n 是对称的。

对于 $\forall x、y、z\in A$，若 $xR_ny、yR_nz$，则 $x=y$ 或 x 和 y 都至少含有 n 个字符，且 x 和 y 的前 n 个字符相同；$y=z$ 或 y 和 z 都至少含有 n 个字符，且 y 和 z 的前 n 个字符

相同。因而可以推出 $x=z$ 或 x 和 z 都至少含有 n 个字符，且 x 和 z 的前 n 个字符相同，即 xR_nz，因此关系 R_n 是传递的。因而证明关系 R_n 是 A 上的等价关系。 ◄

例如，设 $n=3$，$A=\{01, 010, 00111, 00101, 01011, 01110\}$，对于 $\forall x$、$y \in A$，若 xR_3y，则 $x=y$ 或 x 和 y 都至少含有 3 个字符，且 x 和 y 的前 3 个字符相同。那么，$01R_301$，$00111R_300101$，$010R_301011$，$01R_3010$，$01011R_301110$。

在 C 语言中，标识符是变量、函数或者其他类型的实体的名字。每个标识符是一个非空字符串，串中的每个字符串可以是大写或小写的英文字母、数字或下划线，而第一个字符必须是大写或小写的英文字母。标识符的长度是任意的，开发人员可以随意使用一定数量的字符来命名一个变量或实体。然而，对于某些版本的 C 编译器，当比较两个字符串判断它们是否表示同一个事物时，实际检查的字符个数是有限制的。例如，当两个标识符的前 31 个字符相同时，C 编译器认为这两个标识符是相同的。因此，开发人员必须注意，不要使用前 31 个字符相同的标识符表示不同的事物。实际上，C 编译器判断两个标识符是相同的，就是判断这两个标识符有 R_n 关系，$n=31$。

例 4.6.10 给定坐标空间中的 M 个点 $P\{p_1, p_2, \cdots, p_M\}$。现给出如下算法：

1）给定坐标空间中的 K 个参考点 $c_1, c_2, \cdots, c_K$，每个参考点均对应一个点集 $\{P_1, P_2, \cdots, P_K\}$，一开始设置所有点集 $P_1, P_2, \cdots, P_K$ 为空集。

2）对于每个点 p_i，计算其与所有参考点的欧几里得距离 $\text{distance}(p_i, c_l)$（$1 \leqslant i \leqslant M$，$1 \leqslant l \leqslant K$），并将点 p_i 放入距离最短的参考点所对应的点集（若距离相等，则总是放入距离最短的参考点中下标编号最小的参考点对应的点集）。

证明上述所有点处理完毕后，算法得到的 $\{P_1, P_2, \cdots, P_K\}$ 是对点集 P 的一个划分。

证明 定义如下关系 R，对任意两个点 p_i、p_j，p_iRp_j 当且仅当这两个点被分到同一个点集 P_l。

对于任意 p_i，根据步骤 2），显然它能放入的点集是唯一的，故 p_iRp_i，即 R 是自反的。

对于任意 p_i、p_j，若 p_i 和 p_j 均与 K_l 的欧几里得距离最短，分到同一个类 P_l，则显然 p_j 和 p_i 被分到同一个类，故 p_jRp_i，即 R 是对称的。

对于任意 p_i、p_j、p_k，若 p_i 和 p_j 均与 K_l 的欧几里得距离最短，分到同一个类 P_l；同时 p_j 和 p_k 均与 K_l 的欧几里得距离最短，分到同一个类 P_l。则显然 p_i 和 p_k 均与 K_l 的欧几里得距离最短，也分到同一个类 P_l，即 R 是传递的。

由于上述关系是自然、对称和传递的，因此 R 是定义于点集上的等价关系，由等价关系和划分的一一对应关系可知，上述算法得到的 $\{P_1, P_2, \cdots, P_K\}$ 是对点集 P 的一个划分。 ◄

在机器学习中，我们常常需要把一组观察到的对象聚成若干类别，使同一类别中的对象彼此相似，与其他类别中的对象相异，这种问题称为聚类。我们可以定义一种描述对象间"相似性"的关系，若该关系满足等价关系的性质，则通过该关系定义出的聚类算法就可以实现对对象集的划分。事实上，例 4.6.10 中给出的步骤是重要的聚类算法——K-Means 算法的一次迭代过程。K-Means 迭代地执行上述步骤，每次迭代均采用点集 P_l 的质心来更

新参考点 K_l 的位置，直至算法趋于收敛，从而找到对对象集的一个聚类结果。

4.7 偏序关系

偏序关系也是一种重要的关系。利用偏序关系可以给集合的元素排序，确定计算机程序的执行顺序等。

定义 4.7.1 设 R 为非空集合 A 上的二元关系，如果 R 具有自反性、反对称性和传递性，则称 R 为 A 上的**偏序关系**。集合 A 和 A 上的偏序关系 R 一起叫作**偏序集**，记作 $(A，R)$。

例如，整数集上的大于等于关系，小于等于关系，正整数集合上的整除关系，集合 A 的幂集 $P(A)$ 上的包含关系等都是偏序关系。

可以把偏序关系记为"$\leqslant$"，偏序集记为 $(A，\leqslant)$。如果 R 是集合 A 上的偏序关系，$(a，b)\in R$ 可以表示为 $a\leqslant b$。

例 4.7.1 设集合 $A=\{1，2，3，4，5，6，7，8，9\}$，R 是 A 上的整除关系，$R=\{(x，y)\mid x\in A \wedge y\in A \wedge x\mid y\}$，其中"$\mid$"为整除符号。试证明 R 是偏序关系。

证明 1)对 $\forall x\in A$，有 $x\mid x$，所以 $(x，x)\in R$，R 是自反的。

2)对 $\forall x、y\in A$，若 $(x，y)\in R$，即 $x\mid y$ 成立，如果 $x\neq y$ 则 $y\mid x$ 不成立，也就是 $(y，x)\notin R$，所以 R 是反对称的。

3)对 $\forall x、y、z\in A$，若 $(x，y)\in R$，$(y，z)\in R$，即 $x\mid y$，$y\mid z$ 成立，也就是存在整数 k 和 l，使得 $y=kx$、$z=ly$。因而有 $z=l(kx)=lkx$，即 $x\mid z$ 成立，所以 $(x，z)\in R$，R 是传递的。

综上所述，集合 A 上的整除关系是偏序关系。

例 4.7.2 证明集合 $A=\{1，2，3，4\}$ 上的"$\leqslant$"关系是偏序关系，并画出关系图。

证明 令集合 $A=\{1，2，3，4\}$ 上的"$\leqslant$"关系为 R。

1)$\forall x\in A$，有 $x\leqslant x$，所以 $(x，x)\in R$，R 是自反的。

2)$\forall x，y\in A$，若 $(x，y)\in R$，即 $x\leqslant y$ 成立，如果 $x\neq y$ 则 $y\leqslant x$ 不成立，也就是 $(y，x)\notin R$，所以 R 是反对称的。

3)$\forall x、y、z\in A$，若 $(x，y)\in R$、$(y，z)\in R$，即 $x\leqslant y$、$y\leqslant z$ 成立，所以 $x\leqslant z$，$(x，z)\in R$，R 是传递的。

所以，集合 A 上的"$\leqslant$"关系是偏序关系。关系图见图 4.7.1。

因为偏序集是自反的，在有限偏序集的关系图中，每个顶点都有环；又由于偏序集是传递的，所以有些边由于传递性而必须出现，如集合 $\{1，2，3，4\}$ 上的小于等于关系 R 中，$(1，2)\in R$，$(2，3)\in R$，由于传递性必须有 $(1，3)\in R$。考虑到一个偏序关系一定是自反的和传递的，经约定可以用简化的图表示偏序关系。

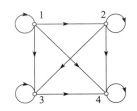

图 4.7.1 集合 $A=\{1，2，3，4\}$ 上的"$\leqslant$"关系图

下面给出有关的定义。

定义 4.7.2 设 $(A，\leqslant)$ 为偏序集，对于任意的 $x、y\in A$，如果 $x\leqslant y$ 或者 $y\leqslant x$ 成立，则称 x 与 y 是**可比**的；如果既没有 $x\leqslant y$ 成立，也没有 $y\leqslant x$ 成立，则称 x 与 y 是**不**

可比的。如果 $x \prec y$（即 $x \leqslant y \wedge x \neq y$），且不存在 $z \in A$ 使得 $x \prec z \prec y$，则称 y **覆盖** x。

例如，$(A，\leqslant)$ 为偏序集，其中 $A = \{1，2，3，4，5，6\}$，$\leqslant$ 是整除关系，那么，1 能整除所有数，1 和 1、2、3、4、5、6 都是可比的，而 2 能整除 4 和 6，2 和 4、6 是可比的，但是 2 不能整除 3 和 5，3 和 5 也不能整除 2，所以 2 和 3、5 是不可比的。对于 2 和 4 来说，有 $2 \prec 4$，并且不存在 $z \in A$ 使得 2 整除 z 并且 z 整除 4，所以 4 覆盖 2。同理，有 2 覆盖 1，3 覆盖 1 等。而对于 1 和 4，有 $1 \prec 4$，并且有 $1 \prec 2 \prec 4$，所以 4 不覆盖 1。

对于一个偏序关系，如果按照以下规则画图：

1）集合 A 中的每个元素用一个结点表示。结点的位置按它们在偏序中的次序从底向上排列，如 $x \leqslant y$，则结点 x 在结点 y 的下面。

2）若 x 和 y 是 A 中的元素，y 覆盖 x，则在 x 和 y 之间连一条线，省略连线的箭头。

这样得到的表示偏序关系的关系图称为**哈斯图**。

哈斯图省略了各个顶点的环，按由下向上的方向，两个顶点间存在通路，说明这两个顶点表示的元素有偏序关系，传递性已得到显示，因而省略了所有由传递关系能表达的边；所有边的箭头方向都是向上的，因而也可以省略。

例 4.7.3 画出集合 $A = \{1，2，3，4\}$ 上的 "$\leqslant$" 关系的哈斯图。

解 集合 $A = \{1，2，3，4\}$ 上的 "$\leqslant$" 关系的哈斯图为图 4.7.2。 ◄

例 4.7.4 已知偏序集 $(A，\leqslant)$ 的哈斯图如图 4.7.3 所示，试求集合 A 的偏序关系。

图 4.7.2 "$\leqslant$" 关系的哈斯图

图 4.7.3 偏序集 $(A，\leqslant)$ 的哈斯图

解 集合 $A = \{a，b，c，d，e，f\}$。

由图 4.7.3 可知，集合 A 的偏序关系

"$\leqslant$" $= \{(d，b)，(d，c)，(e，c)，(b，a)，(c，a)，(d，a)，(e，a)，(a，a)，(b，b)，(c，c)，(d，d)，(e，e)，(f，f)\}$ ◄

定义 4.7.3 设 $(A，\leqslant)$ 为偏序集，若对任意的 x、$y \in A$，都有 $x \leqslant y$ 或 $y \leqslant x$，即 x 和 y 都可比，则称 "$\leqslant$" 为 A 上的**全序关系**，且称 $(A，\leqslant)$ 为**全序集**。

例如，例 4.7.3 中，$\{1，2，3，4\}$ 上的小于等于关系就是全序关系。表示全序关系的哈斯图是一条直线，所以，全序集又称为**线序集**。例 4.7.4 中，集合 A 的偏序关系不是全序关系，因为存在两个元素不可比，如 e 和 b 不可比。

例 4.7.5 判断下列关系是否是全序关系。

1）设集合 $A = \{a，b，c\}$，A 上的关系 "$\leqslant$" $= \{(a，a，)，(b，b)，(c，c)，(a，b)，(b，c)，(a，c)\}$；

2）实数集 $\mathbb{R}$ 上的小于等于关系 "$\leqslant$"；

3）实数集 $\mathbb{R}$ 上的小于关系 "$<$"。

解 1)A 上的关系"$\leqslant$"是全序关系，因为 A 上的关系"$\leqslant$"是偏序关系，且任意两个元素都可比。

2)实数集 $\mathbb{R}$ 上的小于等于关系"$\leqslant$"是全序关系，因为实数集中任意两个元素都存在小于等于关系"$\leqslant$"。

3)实数集 $\mathbb{R}$ 上的小于关系"$<$"不是全序关系，因为小于关系"$<$"不是自反的，不是偏序关系。   ◄

定义 4.7.4 设$(A，\leqslant)$为偏序集，$B \subseteq A$。

1)若 $\exists y(y \in B)$，使得 $\forall x(x \in B \rightarrow y \leqslant x)$ 成立，则称 y 是 B 的**最小元**。

2)若 $\exists y(y \in B)$，使得 $\forall x(x \in B \rightarrow x \leqslant y)$ 成立，则称 y 是 B 的**最大元**。

3)若 $\exists y(y \in B)$，使得 $\neg \exists x(x \in B \wedge x < y)$ 成立，则称 y 是 B 的**极小元**。

4)若 $\exists y(y \in B)$，使得 $\neg \exists x(x \in B \wedge y < x)$ 成立，则称 y 是 B 的**极大元**。

由定义可知，如果 y 是 B 的最小元，则 y 和 B 中所有其他元素都有"$\leqslant$"关系；如果 y 是 B 的最大元，则 B 中所有其他元素和 y 都有"$\leqslant$"关系。

例 4.7.6 画出集合 $A = \{2，3，6，12，24，36\}$ 上的整除关系的哈斯图。

1)指出 A 的最大元、最小元、极大元和极小元。

2)$B = \{12，24，36\}$，指出 B 的最大元、最小元、极大元和极小元。

解 集合 $A = \{2，3，6，12，24，36\}$ 上的整除关系的哈斯图见图 4.7.4。

1)A 中没有最大元，也没有最小元；极大元是 24 和 36，极小元是 2 和 3。

2)B 中的最小元是 12，没有最大元；极大元是 24 和 36，极小元是 12。   ◄

在例 4.7.6 中，集合 A 中不存在一个元素 y，使得所有其他元素和 y 都有偏序关系，所以没有最大元，同理集合 A 也没有最小元；在集合 B 中，12 和 B 中的所有元素都有整除关系，所以 12 是最小元。例 4.7.4 中，集合 A 的子集 $B = \{a，b，c，d，e\}$ 有最大元 a，因为 B 中的所有元素和 a 都有偏序关系，没有最小元，因为不存在一个元素和所有其他元素都有关系。

在例 4.7.6 中，集合 A 中没有元素使 24、36 和它有整除关系，因而 24 和 36 是极大元；集合 A 中没有元素和 2、3 有整除关系，因而 2 和 3 是极小元。同理，在例 4.7.4 中，集合 A 有极大元 a、f，有极小元 d、e、f；集合 A 的子集 $B = \{a，b，c，d，e\}$ 有极小元 d、e，而 a 是 B 的最大元，也是 B 的极大元。

从上面两个例题可以得出如下结论(设$(A，\leqslant)$为偏序集，$B \subseteq A$，B 为有限集合)：

1)B 的最大元和最小元不一定存在，如果存在，一定唯一。

2)B 的极大元和极小元一定存在，可以不唯一。

3)B 的最大元也是极大元，B 的最小元也是极小元。

4)B 的极大元不一定是最大元，B 的极小元不一定是最小元。

当 B 是无限集时，B 的极大元和极小元不一定存在，如 B 是整数集，R 是 B 上的小于等于关系，这时 B 没有极大元，也没有极小元。

定义 4.7.5 设$(A，\leqslant)$为偏序集，$B \subseteq A$ 且 $B \neq \varnothing$。

1)若 $\exists a(a \in A)$，使得 $\forall x(x \in B \rightarrow x \leqslant a)$ 成立，则称 a 是 B 的**上界**。

2）若 $\exists a(a\in A)$，使得 $\forall x(x\in B\to a\leqslant x)$ 成立，则称 a 是 B 的**下界**。

3）若 a 是 B 的上界，且对 B 的任意上界 b 均有 $a\leqslant b$，则称 a 为 B 的**最小上界**或**上确界**。

4）若 a 是 B 的下界，且对 B 的任意下界 b 均有 $b\leqslant a$，则称 a 为 B 的**最大下界**或**下确界**。

例 4.7.7　图 4.7.5 是偏序集 (A, R) 的哈斯图，这里 $A=\{a, b, c, d, e, f, g, h\}$。试问子集 $\{a, b, c\}$、$\{f, g, h\}$、$\{e, g\}$ 有无上界、最小上界、下界、最大下界？

图 4.7.4　整除关系的哈斯图

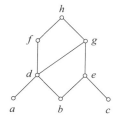

图 4.7.5　偏序集 (A, R) 的哈斯图

解　A 的子集 $\{a, b, c\}$ 的上界是 g 和 h，最小上界是 g；无下界和最大下界。

子集 $\{f, g, h\}$ 的上界是 h，最小上界也是 h；下界是 a、b、d，最大下界是 d。

子集 $\{e, g\}$ 的上界是 g、h，最小上界是 g；下界是 b、c、e，最大下界是 e。　◀

从例 4.7.6 可以得出如下结论（$(A, \leqslant)$ 为偏序集，$B\subseteq A$ 且 $B\neq\varnothing$）：

1）B 的上、下界不一定存在，如果存在，可以不唯一。

2）B 的最小上界和最大下界不一定存在，如果存在，一定唯一。

定义 4.7.6　设 $(A, \leqslant)$ 为偏序集，若 A 的每一个非空子集都存在最小元，则称 $(A, \leqslant)$ 为良序集，"$\leqslant$" 为**良序关系**。

例如，自然数集合 $\mathbb{N}=\{1,2,3,\cdots\}$ 上的小于等于关系是良序关系，即 $(\mathbb{N}, \leqslant)$ 是良序集。

例 4.7.8　判断下列关系是否是良序关系。

1）设集合 $A=\{a, b, c\}$，A 上的关系 "$\leqslant$" $=\{(a, a), (b, b), (c, c), (a, b), (b, c), (a, c)\}$；

2）实数集 $\mathbb{R}$ 上的小于等于关系 "$\leqslant$"。

解　1）由例 4.7.5 可知，$(A, \leqslant)$ 是偏序集，A 的非空子集及其最小元如下。

1 元子集：$\{a\}$、$\{b\}$、$\{c\}$，它们的最小元分别为 a、b、c。

2 元子集：$\{a, b\}$、$\{b, c\}$、$\{a, c\}$，它们的最小元分别为 a、b、a。

3 元子集：$\{a, b, c\}$，最小元为 a。

综上所述，A 的每一个非空子集都存在最小元，A 上的关系 "$\leqslant$" 是良序关系。

2）由例 4.7.5 可知，$(\mathbb{R}, <)$ 是偏序集，但存在非空子集没有最小元，如实数集上没有最小元，$(0, 1)$ 开区间没有最小元等，所以不是良序关系。

由这个例子可以得到如下结论：

1）每一个良序集，一定是全序集；每一个全序集，不一定是良序集。

2）每一个有限全序集，一定是良序集。　◀

序关系具有广泛的应用，如字典的字排序，项目中各个子任务的执行排序、多目标优化和决策等。

例 4.7.9   设 (A_1, R_1) 和 (A_2, R_2) 是两个偏序集，R 是 $A_1 \times A_2$ 上的**字典顺序**，$(x_1, y_1)R(x_2, y_2)$ 当且仅当 $x_1 R_1 x_2$，或 $x_1 = x_2$ 且 $y_1 R_2 y_2$。可以证明 R 是 $A_1 \times A_2$ 上的偏序关系。判断在 $(\mathbb{Z} \times \mathbb{Z}, \leqslant)$ 上是否有 $(3, 5) \leqslant (4, 8)$，$(3, 8) \leqslant (4, 5)$，$(4, 9) \leqslant (4, 12)$，$(5, 1) \leqslant (3, 8)$。关系"$\leqslant$"是通常的小于等于关系。

解   因为 $3 < 4$，所以有 $(3, 5) \leqslant (4, 8)$ 和 $(3, 8) \leqslant (4, 5)$；在 $(4, 9)$ 和 $(4, 12)$ 中，$4 = 4$，$9 < 12$，所以 $(4, 9) \leqslant (4, 12)$。   ◄

字典顺序可以推广到 n 个偏序集 $(A_1, \leqslant_1), (A_2, \leqslant_2), \cdots, (A_n, \leqslant_n)$ 的笛卡儿积上。"$\leqslant$"是 $A_1 A_2 A_3 \cdots A_n$ 上的偏序，如果 $a_1 <_1 b_1$，或者存在整数 $i > 0$ 使得 $a_1 = b_1, \cdots, a_i = b_i$，$a_{i+1} <_{i+1} b_{i+1}$，那么 $(a_1, a_2, \cdots, a_n) < (b_1, b_2, \cdots, b_n)$。

例如，对于通常的小于等于关系"$\leqslant$"，有 $(3, 4, 5, 6) \leqslant (4, 3, 6, 2)$，$(3, 4, 5, 6) \leqslant (3, 4, 6, 2)$。

可以将字典顺序应用到字符串比较。考虑偏序集 A 上的两个字符串：$a_1 a_2 \cdots a_m$ 和 $b_1 b_2 \cdots b_n$。假设字符串不同，令 $t = \min(m, n)$，定义字符串的字典顺序为 $a_1 a_2 \cdots a_m$ 小于 $b_1 b_2 \cdots b_n$，当且仅当 $(a_1, a_2, \cdots, a_t) < (b_1, b_2, \cdots, b_t)$ 或 $(a_1, a_2, \cdots, a_t) = (b_1, b_2, \cdots, b_t)$，且 $m < n$。

例如，在小写英文字母构成的字符串的集合上，使用字母表中的字母顺序，可以构造在这个集合上的字典顺序。如果两个字符串在第 i 位第一次出现不同的字母，字母顺序在前的字符串较小。例如，discreet < discrete，因为这两个字符串在第 7 位第一次出现不同字母，而且 e < t。如果两个字符串的所有位都相同，但有一个包含较多的字母，则包含较多字母的字符串较大。例如，good < goodness。

例 4.7.10   在日常生活中，人们常常要进行多目标优化和决策。例如，在购买物品时，我们希望买性能好、价格低的商品，性能和价格就是决策的两个目标。设 x 是决策变量，$f_1, f_2, \cdots, f_m$ 是问题的 m 个决策目标函数，规定每个目标函数均为最小化。为了解决多目标优化中解的排序问题，现定义如下的帕累托支配关系。

给定任意两个解 x_i 和 x_j，若它们满足如下条件：

1）对所有的目标函数 $f_1, f_2, \cdots, f_m$，均有 $f_u(x_i) \leqslant f_u(x_j)$ 成立，$u = 1, 2, \cdots, m$；

2）至少存在一个目标函数 f_v，有 $f_v(x_i) < f_v(x_j)$ 成立。

则称解 x_i 帕累托支配 x_j，表示 x_i 是一个比 x_j 更优的解。

图 4.7.6 给出了一个帕累托支配关系的例子。图中点 a 帕累托支配点 c 和 d，点 b 帕累托支配点 d 和 e，点 a 和点 b 之间不满足帕累托支配关系。

证明该帕累托支配关系是反自反、反对称和传递的。

证明   若 x_i 帕累托支配 x_j，记 $(x_i, x_j) \in R$。

对任意 x_i，对所有目标函数均有 $f_u(x_i) = f_u(x_i)$ 成立，故帕累托支配关系的条件 1）成立，但条件 2）不成立。所以 $(x_i, x_i) \notin R$，故 R 是反自反的。

图 4.7.6   帕累托支配
关系示意图

对任意 x_i 和 x_j，若 $(x_i, x_j) \in R$，则至少存在一个目标函数 f_v，有 $f_v(x_i) < f_v(x_j)$ 成立。显然不满足对所有的目标函数 $f_1, f_2, \cdots f_m$，有 $f_u(x_j) \leqslant f_u(x_i)$ 成立，故 $(x_j, x_i) \notin R$，故 R 是反对称的。

对任意 x_i、x_j 和 x_k，若 $(x_i, x_j) \in R$，$(x_j, x_k) \in R$，则 $f_u(x_i) \leqslant f_u(x_j)$ 和 $f_u(x_j) \leqslant f_u(x_k)$ 对所有目标函数成立，显然有 $f_u(x_i) \leqslant f_u(x_k)$ 对所有目标函数成立。同时至少存在一个目标函数 f_v，有 $f_v(x_i) < f_v(x_j)$ 成立，即 $f_v(x_i) < f_v(x_j) \leqslant f_u(x_k)$ 成立。可得 x_i 帕累托支配 x_k，即 $(x_i, x_k) \in R$，因此 R 是传递的。

反自反、反对称和传递的关系，也可被称为一个严格偏序关系。严格偏序关系和偏序关系有密切的联系，其区别仅在于 (x, x) 是否属于这个关系。例如，实数集 $\mathbb{R}$ 上的小于关系 "$<$" 不是一个偏序关系，但是一个严格偏序关系。相反地，实数集 $\mathbb{R}$ 上的小于等于关系 "$\leqslant$" 是一个偏序关系，但不是一个严格偏序关系。 ◀

习题

1. 设集合 $A = \{0, 1\}$ 和 $B = \{a, b\}$，试给出下列集合：
   (1) $A \times B$
   (2) $A \times \{2\} \times B$
   (3) $B \times A$

2. 设 $A = \{1, 2\}$，试给出集合 $A \times P(A)$。

3. 设 A、B、C 和 D 是四个任意的集合，下列各式哪些成立，哪些不成立，为什么？请举例说明。
   (1) $(A \cap B) \times (C \cap D) = (A \times C) \cap (B \times D)$
   (2) $(A \cup B) \times (C \cup D) = (A \times C) \cup (B \times D)$
   (3) $(A - B) \times (C - D) = (A \times C) - (B \times D)$
   (4) $(A \oplus B) \times (C \oplus D) = (A \times C) \oplus (B \times D)$
   (5) $(A \oplus B) \times C = (A \times C) \oplus (B \times C)$

4. 设 A、B、C 和 D 为任意集合，试证明下列关系式：
   $$(A \times B = B \times A) \Leftrightarrow (A = \Phi) \vee (B = \Phi) \vee (A = B)$$

5. 对于下列各种情况，试求出从集合 A 到 B 的关系 S 的各元素：
   (1) $A = \{0, 1, 2\}$，$B = \{0, 2, 4\}$，$S = \{\langle x, y \rangle \mid x, y \in A \cap B\}$；
   (2) $A = \{1, 2, 3, 4, 5\}$，$B = \{1, 2, 3\}$，$S = \{\langle x, y \rangle \mid x > y\}$。

6. 从 m 元集合到 n 元集合有多少个不同的二元关系？

7. 给定集合 $A = \{0, 1, 2, 3\}$，并且有 A 上的关系 $R = \{\langle 0, 1 \rangle, \langle 1, 0 \rangle, \langle 1, 2 \rangle, \langle 1, 3 \rangle, \langle 2, 1 \rangle, \langle 2, 2 \rangle, \langle 2, 3 \rangle, \langle 3, 1 \rangle, \langle 3, 2 \rangle\}$。
   (1) 画出 R 的关系图；
   (2) 写出 R 的关系矩阵。

8. 设集合 $A = \{1, 2, 3, 4, 5\}$，试求 A 上的模 2 同余关系 R 的关系矩阵和关系图。

9. 已知 $A = \{1, 2, 3, 4, 5\}$，$B = \{1, 2, 3\}$，R 是 A 到 B 的二元关系，并且 $R = \{(x, y) \mid x \in A$ 且 $y \in B$ 且 $2 \leqslant x + y \leqslant 4\}$，画出 R 的关系图，并写出关系矩阵。

10. 用 L 表示"小于或等于"关系；用 D 表示"整除"关系；xDy 意味着"x 整除 y"。L 和 D 都定义于集合 $S=\{1,2,3,6\}$。试把关系 L 和 D 表示成序偶集合，并且求出 $L\cap D$、$L\cup D$、$L-D$、$L\oplus D$。

11. 给定集合 $X=\{a,b,c,d\}$，且 X 中有二元关系
    $$R=\{\langle a,a\rangle,\langle a,b\rangle,\langle b,d\rangle\}$$
    $$S=\{\langle a,b\rangle,\langle b,c\rangle,\langle b,d\rangle,\langle c,d\rangle\}$$
    (1)求出复合关系 $R\circ S$。
    (2)表示关系 R、S 和 $R\circ S$ 的关系矩阵 $\boldsymbol{M}_R$、$\boldsymbol{M}_S$、$\boldsymbol{M}_{R\circ S}$。

12. 对以下整数集上的关系 R 和 S，确定 $R\circ S$。
    (1)$R=\{\langle x,y\rangle\mid y=x+1\}$，$S=\{\langle x,y\rangle\mid y=3x-2\}$；
    (2)$R=\{\langle x,y\rangle\mid y=x^2\}$，$S=\{\langle x,y\rangle\mid x=y^2\}$；
    (3)$R=\{\langle x,y\rangle\mid y=2^x\}$，$S=\{\langle x,y\rangle\mid y=\log_2 x\}$。

13. 设 R_1、R_2 和 R_3 是集合 X 中的二元关系。证明如果有 $R_1\subseteq R_2$，那么：
    (1)$R_1\circ R_3\subseteq R_2\circ R_3$
    (2)$R_3\circ R_1\subseteq R_3\circ R_2$

14. 设 R_1、R_2 和 R_3 是集合 X 中的二元关系。证明如果有 $R_1\subseteq R_2$，那么：
    (1)$R_1\circ R_3\subseteq R_2\circ R_3$
    (2)$R_3\circ R_1\subseteq R_3\circ R_2$

15. 给定关系 $R=\{\langle i,j\rangle\mid(i,j\in\mathbb{Z})\wedge(j-i=1)\}$。分别写出关系 R 和 R^n 的关系矩阵。

16. 设 R 是 A 上的关系，证明 $R\circ I_A=R=I_A\circ R$。

17. 整数集上的关系 $R=\{\langle x,y\rangle\mid x<y\}$ 和 $S=\{\langle x,y\rangle\mid x$ 整除 $y\}$，求 R^{-1}、S^{-1}。

18. 给定集合 $S=\{1,2,\cdots,10\}$ 和 S 中的关系 $R=\{\langle x,y\rangle\mid(x,y\in S)\wedge(x>y^2)\}$，试问关系 R 具有哪几种性质？

19. 是否存在既是对称的又是反对称的关系？若存在请举出一例。

20. 是否存在既不是对称的又不是反对称的关系？若存在请举出一例。

21. 如果关系 R 和 S 都是 A 上的自反关系，试证明或反驳下面的论断。
    (1)关系 $R\cup S$ 是自反的。
    (2)关系 $R\cap S$ 是自反的。
    (3)关系 $R\oplus S$ 是反自反的。
    (4)关系 $R-S$ 是自反的。

22. 下列关系是否是可传递的？试给出证明。
    (1)$R_1=\{\langle 1,1\rangle\}$
    (2)$R_2=\{\langle 1,2\rangle,\langle 2,2\rangle\}$
    (3)$R_3=\{\langle 1,2\rangle,\langle 2,3\rangle,\langle 1,3\rangle,\langle 2,1\rangle\}$
    (4)$R_4=\{\langle 1,2\rangle,\langle 3,4\rangle\}$

23. 给定集合 X，且 R 是 X 上的二元关系。证明 $R\circ R\subseteq R$，当且仅当关系 R 是可传递的。

24. 设 R_1 和 R_2 是集合 X 上的任意二元关系，证明或反驳下列命题。

(1)如果 R_1 和 R_2 是自反的，则 $R_1 \circ R_2$ 也是自反的。

(2)如果 R_1 和 R_2 是反自反的，则 $R_1 \circ R_2$ 也是反自反的。

(3)如果 R_1 和 R_2 是对称的，则 $R_1 \circ R_2$ 也是对称的。

(4)如果 R_1 和 R_2 是反对称的，则 $R_1 \circ R_2$ 也是反对称的。

(5)如果 R_1 和 R_2 是可传递的，则 $R_1 \circ R_2$ 也是可传递的。

25. 证明：

(1)如果关系 R 是自反的，则 R 的逆关系也是自反的。

(2)如果关系 R 是反自反的，则 R 的逆关系也是反自反的。

(3)如果关系 R 是对称的，则 R 的逆关系也是对称的。

(4)如果关系 R 是反对称的，则 R 的逆关系也是反对称的。

(5)如果关系 R 是可传递的，则 R 的逆关系也是可传递的。

26. 设集合 $A = \{a, b, c, d\}$，R_1、R_2 都是 A 上的二元关系，$R_1 = \{(a, b), (b, c), (c, a)\}$，$R_2 = \varnothing$，试求 R_1 和 R_2 的自反闭包、对称闭包和传递闭包。

27. 求正整数集合上的关系 $R = \{(a, b) | a < b\}$ 的自反闭包和对称闭包。

28. 求包含关系 $\{(1, 2), (1, 4), (3, 3), (4, 1)\}$ 的最小关系 R，使得：

(1) R 具有自反性和传递性；

(2) R 具有对称性和传递性；

(3) R 具有自反性、对称性和传递性。

29. 证明 R 是集合 A 上的二元关系，则 R 是反自反的，当且仅当 $R \cap I_A = \varnothing$。

30. 设 R 是集合 A 上的一个具有自反和传递性质的关系，T 是 A 上的关系，使得 $(a, b) \in T \Leftrightarrow (a, b) \in R$ 且 $(b, a) \in R$，证明 T 是一个等价关系。

31. 设 R 是集合 A 上的一个自反的关系，证明 R 是一个等价关系，当且仅当若 $(a, b) \in R$，$(a, c) \in R$ 则 $(b, c) \in R$。

32. 设 R_1 和 R_2 都是集合 X 上的等价关系。证明 $R_1 \cap R_2$ 也是集合 X 中的一种等价关系。再证明，$R_1 \cup R_2$ 不一定是集合 X 中的一种等价关系。

33. 给定一个集合 X，并且 R 是 X 中的一种关系。对于所有的 x_i、x_j、$x_k \in X$ 来说，如果 $x_i R x_j$ 和 $x_j R x_k$ 蕴涵 $x_k R x_i$，则称 R 是个循环关系。证明：R 是一种等价关系，当且仅当关系 R 是自反的和循环的。

34. 设 $A = \{a, b, c, d\}$，R_1、R_2 是 A 上的关系，其中 $R_1 = \{(a, a), (a, b), (b, a), (b, b), (c, c), (c, d), (d, c), (d, d)\}$，$R_2 = \{(a, b), (b, a), (a, c), (c, a), (b, c), (c, b), (a, a), (b, b), (c, c)\}$。

(1)画出 R_1 和 R_2 的关系图。

(2)判断它们是否为等价关系，若是等价关系，求 A 中各元素的等价类。

35. 设 R_1 和 R_2 都是集合 X 上的等价关系。证明划分 C_1 中的每一个等价类都包含于划分 C_2 的某一个等价类之中，当且仅当 $R_1 \subseteq R_2$。

36. 设集合 $A = \{A_1, A_2, \cdots, A_n\}$ 是集合 S 的划分，B 是一个任意集合且 $A_i \cap B \neq \varnothing$。试

证明集合 $\{A_1 \cap B, A_2 \cap B, \cdots, A_n \cap B\}$ 是集合 $S \cap B$ 的划分。

37. 把 n 个元素的集合划分成两个类，共有多少种不同的方法？

38. $A = \{1, 2, 3\} \times \{1, 2, 3, 4\}$，$A$ 中关系 R 定义为 $(x, y)R(u, v)$，当且仅当 $|x-y| = |u-v|$，证明 R 是等价关系，并确定由 R 对集合 A 的划分。

39. 已知集合 $A_1 = \{1, 2, 3\}$、$A_2 = \{4, 5\}$、$A_3 = \{6\}$ 是集合 $S = \{1, 2, 3, 4, 5, 6\}$ 的一个划分，求由该划分产生的等价关系 R。

40. 设集合 $A = \{1, 2, 3\}$。求出 A 中的等价关系 R_1 和 R_2，使得复合关系 $R_1 \circ R_2$ 也是个等价关系。

41. 试给出一种关系，它既是集合中的偏序关系，又是等价关系。

42. $\mathbb{Z}$ 是整数集，下面哪些集合是偏序集？

(1)$(\mathbb{Z}, =)$ (2)$(\mathbb{Z}, \neq)$ (3)$(\mathbb{Z}, \geqslant)$ (4)$(\mathbb{Z}, |)$

43. 确定由下面的 $0-1$ 矩阵表示的关系是否为偏序。

$$(1)\begin{bmatrix} 1 & 0 & 1 \\ 1 & 1 & 0 \\ 0 & 0 & 1 \end{bmatrix} \quad (2)\begin{bmatrix} 1 & 0 & 0 \\ 0 & 1 & 0 \\ 1 & 0 & 1 \end{bmatrix} \quad (3)\begin{bmatrix} 1 & 0 & 1 & 0 \\ 0 & 1 & 1 & 0 \\ 0 & 0 & 1 & 1 \\ 1 & 1 & 0 & 1 \end{bmatrix}$$

44. 画出集合 $A = \{3, 5, 9, 15, 24, 45\}$ 的整除关系的哈斯图，回答下列问题。

(1)求出 A 的极大元素和极小元素。

(2)A 中存在最大元素和最小元素吗？

(3)找出 $\{3, 5\}$ 的所有上界和最小上界。

(4)找出 $\{15, 45\}$ 的所有下界和最大下界。

45. 设集合 $A = \{a, b, c, d, e\}$，A 上的二元关系 $R = \{(a, b), (a, c), (a, d), (a, e), (b, e), (c, e), (d, e)\} \cup I_A$。

(1)写出 R 的关系矩阵，画出 R 的关系图；

(2)证明 R 是 A 上的偏序关系，画出其哈斯图；

(3)指出 A 的最大元、最小元、极大元、极小元、最小上界和最大下界。

46. 设 R 是非空集合 A 上的关系。证明 $tsr(R) = t(s(r(R)))$ 是包含 R 的最小的等价关系。

47. 设 R 是非空集合 A 上的关系。证明若 R 是反自反、传递的关系，则 R 也是反对称的。

第5章 函　数

5.1 函数的定义

函数是一种特殊的二元关系。

定义 5.1.1 设 f 是从集合 A 到 B 的一个二元关系，且对于任一 $x \in A$，都有唯一的 $y \in B$，使得 $(x, y) \in f$，则称 f 为从 A 到 B 的**函数**或**映射**，记作 $f: A \rightarrow B$。

例 5.1.1 设集合 $A = \{a, b, c\}$、$B = \{1, 2, 3, 4, 5\}$，如果 $f = \{(a, 1), (b, 3), (c, 5)\}$，判断 f 是否是 A 到 B 的函数。

解 对于 A 中的每一个元素，在 B 中仅有唯一的元素与之对应，所以 f 是 A 到 B 的函数。　◀

定义 5.1.2 如果 f 是从 A 到 B 的函数，则称 A 是 f 的**定义域**，B 是 f 的**陪域**。如果 $(x, y) \in f$，则可写成 $y = f(x)$，称 y 为 x 的**像**，x 为 y 的**原像**。A 中元素的所有像元素构成的集合，称为 f 的**值域**。

可以用 $\mathrm{dom} f$ 表示 f 的定义域，$\mathrm{ran} f$ 表示 f 的值域，所以有 $\mathrm{dom} f = A$，$\mathrm{ran} f \subseteq B$。

例 5.1.2 设集合 $A = \{x_1, x_2\}$、$B = \{y_1, y_2\}$，$f = \{(x_1, y_1), (x_2, y_2), (x_2, y_1)\}$，$g = \{(x_1, y_1), (x_2, y_1)\}$，判断 f 和 g 是否是 A 到 B 的函数。

解 $f = \{(x_1, y_1), (x_2, y_2), (x_2, y_1)\}$ 不是从 A 到 B 的函数，$g = \{(x_1, y_1), (x_2, y_1)\}$ 是从 A 到 B 的函数。因为在 f 中，A 中的元素 x_2 在 B 中有两个像，与函数的定义不符。　◀

例 5.1.3 设 f 和 g 是实数集 $\mathbb{R}$ 上的二元关系，$f = \{(x, x^2) \mid x \in \mathbb{R}\}$，$g = \{(x^2, x) \mid x \in \mathbb{R}\}$，$f$ 和 g 是函数吗？

解 f 是函数。因为对任一 $x \in \mathbb{R}$，必有唯一的 $x^2 \in \mathbb{R}$。

g 不是函数。因为存在元素的像不唯一。例如，对于整数 4，有 $2^2 = 4$ 和 $(-2)^2 = 4$，因而 $(4, 2) \in g$ 且 $(4, -2) \in g$，也就是说，对实数集中的数 4 在实数集中的像不唯一。　◀

从函数的定义可以看出，f 是从 A 到 B 的函数需满足下列条件的关系：

1）函数的定义域是 A，不能是 A 的任一真子集。

2）对集合 A 的任一元素，对应集合 B 中唯一的元素 y。

例如，用高级语言写的源程序，被编译程序编译为机器语言，编译程序可看作是一个函数。

定义 5.1.3 设 f、g 均为集合 A 到集合 B 的函数。若对 $\forall x \in A$，都有 $f(x) = g(x)$，则称函数 f 和 g **相等**，记作 $f = g$。

定义 5.1.4 设 A、B 为集合，所有从 A 到 B 的函数构成 B^A，读作"B 上 A"，即

$$B^A = \{f \mid f: A \to B\}$$

例 5.1.4 集合 $A = \{0, 1, 2\}$，$B = \{a, b\}$。写出所有从 A 到 B 的函数。

解 所有从 A 到 B 的函数为

$$f_1 = \{(0, a), (1, a), (2, a)\} \qquad f_2 = \{(0, a), (1, a), (2, b)\}$$

$$f_3 = \{(0, a), (1, b), (2, a)\} \qquad f_4 = \{(0, a), (1, b), (2, b)\}$$

$$f_5 = \{(0, b), (1, a), (2, a)\} \qquad f_6 = \{(0, b), (1, a), (2, b)\}$$

$$f_7 = \{(0, b), (1, b), (2, a)\} \qquad f_8 = \{(0, b), (1, b), (2, b)\}$$

因而 $B^A = \{f_1, f_2, f_3, f_4, f_5, f_6, f_7, f_8\}$。 ◀

如果 $|A| = m$，$|B| = n$，则 $|B^A| = n^m$。因为 $\forall x \in A$，$f(x)$ 有 n 种取法，$\underbrace{n \times n \times \cdots \times n}_{m\text{个}} = n^m$。

5.2 特殊函数

定义 5.2.1 给定函数 $f: A \to B$，有

1）若对于 $\forall x_1$、$x_2 \in A$，$x_1 \neq x_2$，都有 $f(x_1) \neq f(x_2)$，则称 f 是**单射函数**（或**一对一映射**）。

2）若对 $\forall y \in B$，都有 $x \in A$，使得 $f(x) = y$，则称 f 是**满射函数**（或**从 A 到 B 上的映射**）。

3）若 f 既是满射又是单射，则称 f 是**双射函数**（或**一一对应映射**）。

由定义可以看出，单射函数要求 A 中不同的元素在 B 中有不同的像，而 B 中的每一个元素在 A 中不一定有原像，即 $\mathrm{ran} f \subseteq B$。满射函数则要求 B 中的每一个元素在 A 中都有至少一个原像，即 $\mathrm{ran} f = B$。双射函数要求 A 中不同的元素在 B 中有不同的像，B 中的每一个元素在 A 中都有原像，因而 A 和 B 中的元素一一对应。

例 5.2.1 令 f 是从 $A = \{a, b, c, d\}$ 到 $B = \{1, 2, 3, 4, 5\}$ 的函数，$f(a) = 1$，$f(b) = 2$，$f(c) = 3$，$f(d) = 5$，f 是单射、满射还是双射函数？

解 f 是单射函数。因为 A 中的不同元素在 B 中有不同的像。 ◀

例 5.2.2 设 $A = B = R$，$f: A \to B$，判断下列函数的类型。

1）$f_1(x) = x^2$

2）$f_2(x) = x^3$

3）$f_3(x) = \sqrt{x}$

4）$f_3(x) = \dfrac{1}{x}$

解 1）f_1 是 A 到 B 的函数，它不是单射，因为 $\pm x$ 都对应 x^2，它也不是满射，因为 B 中负实数没有原像。

2）f_2 是 A 到 B 的双射函数，因为 $f_2(x) = x^3$ 是严格单调的，$\mathrm{ran} f_2 = R$。

3）f_3 不是 A 到 B 的函数，因为它的定义域不是整个实数集。

4）f_3 不是 A 到 B 的函数，因为它的定义域不是整个实数集，$0 \notin \mathrm{dom} f$。 ◀

例 5.2.3 图 5.2.1 定义了函数 f、g、h，指出 f、g、h 是单射、满射还是双射。

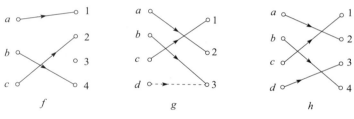

图 5.2.1 例 5.2.3 图

解 图 5.2.1 中，f 是单射函数，g 是满射函数，h 是双射函数。 ◀

在计算机科学中，有一些常用的函数，下面给出这些函数的定义。

定义 5.2.2 1) 设 f：$A \to B$，如果存在 $b \in B$ 使得对所有的 $x \in A$ 都有 $f(x) = b$，则称 f：$A \to B$ 是**常函数**。

2) 设 f：$A \to A$，如果对所有的 $x \in A$ 都有 $f(x) = x$，称 f：$A \to A$ 为 A 上的**恒等函数**。

3) 设 A 为集合，对于任意的 $A' \subseteq A$，A' 的**特征函数** $f_{A'}$：$A \to \{0, 1\}$ 定义为

$$f_{A'}(a) = \begin{cases} 1, & a \in A' \\ 0, & a \notin A' \end{cases}$$

4) 设 R 是 A 上的等价关系，令 g：$A \to A/R$，$g(a) = [a]_R$，$a \in A$，称 g 是从 A 到商集 A/R 的**自然映射**。

5) 对有理数 x，$f(x)$ 为大于或等于 x 的最小整数，称 $f(x)$ 为**上取整函数**，记为 $f(x) = \lceil x \rceil$。

6) 对有理数 x，$f(x)$ 为小于或等于 x 的最大整数，称 $f(x)$ 为**下取整函数**，记为 $f(x) = \lfloor x \rfloor$。

5.3 复合函数

函数是一种特殊的二元关系，下面讨论函数的复合关系。

定义 5.3.1 设 f 是从集合 A 到集合 B 的函数，g 是从集合 B 到集合 C 的函数，f 和 g 的复合用 $g \circ f$ 表示为

$$g \circ f = \{(x, z) \mid x \in A \land z \in C \land \exists y (y \in B \land (x, y) \in f \land (y, z) \in g)$$

$g \circ f$ 是从 A 到 C 的函数，称为 f 和 g 的**复合函数**。对任意 $x \in A$ 都有 $g \circ f(x) = g(f(x))$。

注意，如果 f 的值域不是 g 的定义域的子集，就无法定义 $g \circ f$。

例 5.3.1 令 f 和 g 为函数。f 是从 $\{a, b, c\}$ 到 $\{1, 2, 3\}$ 的函数，$f(a) = 3$，$f(b) = 2$，$f(c) = 1$。g 是从 $\{a, b, c\}$ 到它自身的函数，$g(a) = b$，$g(b) = c$，$g(c) = a$。求 $f \circ g$ 和 $g \circ f$。

解 由函数的复合定义有 $f \circ g(a) = f(g(a)) = f(b) = 2$，$f \circ g(b) = f(g(b)) = f(c) = 1$，$f \circ g(c) = f(g(c)) = f(a) = 3$。

而 $g \circ f$ 没有定义。因为 f 的值域不是 g 的定义域的一部分。 ◀

定理 5.3.1 设函数 f：$A \to B$，g：$B \to C$，则

1) $g \circ f$ 是 A 到 C 的函数。

2) 对任意的 $x \in A$，有 $g \circ f(x) = g(f(x))$。

证明 1)对任意的 $x \in A$，因为 $f: A \to B$ 是函数，则存在 $t \in B$ 使 $(x, t) \in f$。对 $t \in B$，因为 $g: B \to C$ 是函数，则存在 $y \in C$ 使 $(t, y) \in g$。根据复合关系的定义，由 $(x, t) \in f$ 和 $(t, y) \in g$ 得 $(x, y) \in g \circ f$，所以 dom $g \circ f = A$。

对任意的 $x \in A$，若存在 $y_1, y_2 \in C$，使得 $x g \circ f y_1$ 和 $x g \circ f y_2$，则

$\langle x, y_1 \rangle \in g \circ f \wedge \langle x, y_2 \rangle \in g \circ f$

$\Rightarrow \exists t_1 (\langle x, t_1 \rangle \in f \wedge \langle t_1, y_1 \rangle \in g) \wedge \exists t_2 (\langle x, t_2 \rangle \in f \wedge \langle t_2, y_2 \rangle \in g)$

$\Rightarrow \exists t_1 \exists t_2 (t_1 = t_2 \wedge \langle t_1, y_1 \rangle \in g \wedge \langle t_2, y_2 \rangle \in g)$ （因为 f 为函数）

$\Rightarrow y_1 = y_2$ （因为 g 为函数）

所以 A 中的每个元素对应 C 中唯一的元素。

综上所述，$g \circ f$ 为 A 到 C 的函数。

2)对任意的 $x \in A$，因为 $f: A \to B$ 是函数，有 $(x, f(x)) \in f$ 且 $f(x) \in B$，又由 $g: B \to C$ 是函数，得 $(f(x), g(f(x))) \in g$，于是 $(x, g(f(x))) \in g \circ f$。又因 $g \circ f$ 是 A 到 C 的函数，则可写成 $g \circ f(x) = g(f(x))$。 ◀

例 5.3.2 设 f 和 g 是从整数集到整数集的函数。$f(x) = x + 2$，$g(x) = 2x + 1$。求 $f \circ g$ 和 $g \circ f$。

解 由复合函数的定义有

$$f \circ g(x) = f(g(x)) = f(2x + 1) = (2x + 1) + 2 = 2x + 3$$
$$g \circ f(x) = g(f(x)) = g(x + 2) = 2(x + 2) + 1 = 2x + 5$$

由此可见，$f \circ g(x) \neq g \circ f(x)$。即函数的复合不满足交换律。 ◀

函数的复合满足结合律，有如下定理。

定理 5.3.2 设 $f: A \to B$，$g: B \to C$，$h: C \to D$ 均为函数，则 $h \circ (g \circ f) = (h \circ g) \circ f$。

证明 因为 $f: A \to B$，$g: B \to C$，$h: C \to D$ 均为函数，由定理 5.3.1 知，$h \circ (g \circ f)$ 和 $(h \circ g) \circ f$ 都是 A 到 D 的函数。

对任意的 $x \in A$，有 $h \circ (g \circ f)(x) = h(g \circ f(x)) = h(g(f(x))) = (h \circ g)(f(x)) = (h \circ g) \circ f(x)$，所以 $h \circ (g \circ f) = (h \circ g) \circ f$。 ◀

关于函数的单射、满射和双射的特性，经过复合运算后仍能保持，见如下定理。

定理 5.3.3 设 f 和 g 是函数，$g \circ f$ 是 f 和 g 的复合函数，于是有

1)如果 f 和 g 都是满射函数，则 $g \circ f$ 也是满射函数。

2)如果 f 和 g 都是单射函数，则 $g \circ f$ 也是单射函数。

3)如果 f 和 g 都是双射函数，则 $g \circ f$ 也是双射函数。

证明 1)若 $f: A \to B$，$g: B \to C$，f 和 g 都是满射函数，则对任一 $z \in C$，由 g 是满射函数，必存在 $y \in B$，使得 $g(y) = z$。又由于 f 是满射函数，必存在 $x \in A$，使得 $f(x) = y$。因此，$g \circ f(x) = g(f(x)) = g(y) = z$。由 z 的任意性知 $g \circ f$ 的值域为 C。所以，$g \circ f$ 是满射函数。

2)由于 f 是单射函数，所以对任意的 x_1、$x_2 \in A$ 且 $x_1 \neq x_2$，有 $f(x_1) \neq f(x_2)$。又因为 g 是单射函数，则有 $g(f(x_1)) \neq g(f(x_2))$，即 $g \circ f(x_1) \neq g \circ f(x_2)$。所以，$g \circ f$ 是

单射函数。

3）由 1）、2）可知，$g \circ f$ 既是单射又是满射，因而是双射函数。◀

定理 5.3.4　设 f 和 g 是函数，$g \circ f$ 是 f 和 g 的复合函数，于是有

1）如果 $g \circ f$ 是满射函数，则 g 必定是满射函数。

2）如果 $g \circ f$ 是单射函数，则 f 必定是单射函数。

3）如果 $g \circ f$ 是双射函数，则 g 必定是满射函数，f 是单射函数。

证明　1）若 $f：A \rightarrow B$，$g：B \rightarrow C$，$g \circ f$ 是 $A \rightarrow C$ 的满射函数，则对任一 $z \in C$，都有 $g \circ f(x) = z$，即 $(x, z) \in g \circ f$。因而必存在 y，使得 $(x, y) \in f$ 且 $(y, z) \in g$。也就是说，对任意 $z \in C$ 都有 $g(y) = z$。因此，g 是满射函数。

2）$f：A \rightarrow B$，$g：B \rightarrow C$，$g \circ f$ 是 $A \rightarrow C$ 的是单射函数，则对任意的 x_1、$x_2 \in A$ 且 $x_1 \neq x_2$，有 $g \circ f(x_1) \neq g \circ f(x_2)$，即 $g(f(x_1)) \neq g(f(x_2))$。按照函数的定义，C 中的两个不同元素必定在 B 中有不同的原像，因而 $f(x_1) \neq f(x_2)$。所以，f 是单射函数。

3）$g \circ f$ 是双射函数，所以 $g \circ f$ 既是满射函数，又是单射函数。由 1）、2）可知，g 是满射函数，f 是单射函数。◀

图 5.3.1 可以直观地说明该定理。在图 5.3.1a 中，$g \circ f$ 是满射函数，g 是满射函数，f 可以是任何函数。在图 5.3.1b 中，$g \circ f$ 是单射函数，f 是单射函数，g 可以是任何函数。

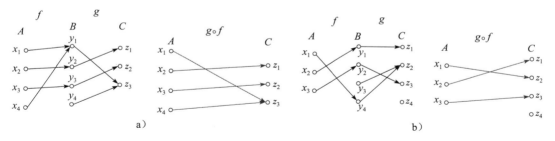

图 5.3.1　函数的复合运算

定理 5.3.5　设函数 $f：A \rightarrow B$，则 $f = f \circ I_A = I_B \circ f$。

5.4　反函数

函数是特殊的二元关系，由逆运算可以求出二元关系的逆关系。若 f 是函数，对 f 进行逆运算求得 f 的逆关系如果满足函数的定义，则称这个逆关系是 f 的反函数。

例 5.4.1　设集合 $A = \{1, 2, 3\}$，$B = \{a, b, c\}$。函数 $f：A \rightarrow B$，$f = \{(1, a)$，$(2, b)$，$(3, b)\}$，f 的逆关系为 $\sim f = \{(a, 1)$，$(b, 2)$，$(b, 3)\}$，不满足函数的定义，不是函数。函数 $g：A \rightarrow B$，$g = \{(1, a)$，$(2, b)$，$(3, c)\}$，g 的逆关系为 $\sim g = \{(a, 1)$，$(b, 2)$，$(c, 3)\}$，满足函数的定义，是函数。◀

上例中的函数 g 是双射函数。只有双射函数的逆关系才满足函数的定义，称此逆关系为反函数。

定义 5.4.1　设集合 A 和 B，函数 $f：A \rightarrow B$ 是一个双射函数，则称 f 的逆关系为 f

的**反函数**（逆映射），记作 f^{-1}，称 f 是可逆的。

例如，$\mathbb{R}$ 是实数集合，$f：\mathbb{R}\rightarrow\mathbb{R}$，$f=\{(x，x+1)|x\in\mathbb{R}\}$。这是一个双射函数，它的反函数为 $f^{-1}=\{(x+1，x)|x\in\mathbb{R}\}$。

定理 5.4.1　如果函数 f 是从 A 到 B 的双射函数，则 f^{-1} 是从 B 到 A 的**双射函数**。

限于篇幅，不给出该定理的证明。实际上，f 是双射函数，即是从 A 到 B 的双射函数，因而是从 B 到 A 的双射函数。

定理 5.4.2　若 $f：A\rightarrow B$ 是双射函数，则 $(f^{-1})^{-1}=f$。

证明　对任意 $(x，y)\in f$，因为 f 是双射函数，所以 $(y，x)\in f^{-1}$。又因为 f^{-1} 是双射函数，所以 $(x，y)\in(f^{-1})^{-1}$。因而有 $f\subseteq(f^{-1})^{-1}$。同理可证 $(f^{-1})^{-1}\subseteq f$。所以，$(f^{-1})^{-1}=f$。　◀

类似于复合关系的逆关系等于它们的逆关系的相反次序的复合，有如下定理。

定理 5.4.3　若 $f：A\rightarrow B$，$g：B\rightarrow C$ 均为双射函数，则 $(g\circ f)^{-1}=f^{-1}\circ g^{-1}$。

证明　因为 $f：A\rightarrow B$，$g：B\rightarrow C$ 均为双射函数，由定理 5.3.1、定理 5.3.3、定理 5.4.1 可知，$(g\circ f)^{-1}$ 和 $f^{-1}\circ g^{-1}$ 都是 A 到 C 的函数。

因为 $(x，y)\in f^{-1}\circ g^{-1}\Leftrightarrow\exists z((x，z)\in g^{-1}\wedge(z，y)\in f^{-1})\Leftrightarrow\exists z((z，x)\in g\wedge(y，z)\in f)\Leftrightarrow(y，x)\in g\circ f\Leftrightarrow(x，y)\in(g\circ f)^{-1}$，所以 $(g\circ f)^{-1}=f^{-1}\circ g^{-1}$。　◀

例 5.4.2　设 $\mathbb{R}$ 是实数集合，对于 $x\in\mathbb{R}$ 有双射函数 $f(x)=x+3$，$g(x)=2x+1$。试证明 $(g\circ f)^{-1}=f^{-1}\circ g^{-1}$。

解　由于 f 和 g 是双射函数，所以 $g\circ f$ 是双射函数且存在反函数。即

$$g\circ f(x)=g(f(x))=g(x+3)=2(x+3)+1=2x+7$$

因而有

$$(g\circ f)^{-1}(x)=(x-7)/2$$

而

$$f^{-1}(x)=x-3，\quad g^{-1}=(x-1)/2$$

因而有

$$(f^{-1}\circ g^{-1})(x)=f^{-1}(g^{-1}(x))=f^{-1}((x-1)/2)=((x-1)/2)-3=(x-7)/2$$

所以有 $(g\circ f)^{-1}=f^{-1}\circ g^{-1}$。　◀

5.5　集合的基数

关系和函数为研究集合中元素之间的对应关系提供了重要工具。基于此，康托尔进一步发展出了集合基数的概念，开拓了人们对集合的可数性和无穷集合的新认识。上述概念也为图灵机模型和现代计算机科学的可计算性理论提供了重要的数学基础。本节将对集合的基数和无穷集合的相关概念进行介绍。

定义 5.5.1　设 A 和 B 是两个集合，如果存在一个双射函数 $f：A\rightarrow B$，则称 A 与 B 是**等势**的，记作 $A\sim B$。

等势的两个集合的基数相等，所以集合 A 与 B 等势，又记为 $|A|=|B|$。

定义 5.5.2　设 A 和 B 是两个集合，如果存在一个单射函数 $f：A\rightarrow B$，则称 **A 的基**

数小于或等于 B 的基数，记作 $|A| \leqslant |B|$。如果 $|A| \leqslant |B|$ 且 $|A| \neq |B|$，则称 A 的基数小于 B 的基数，记作 $|A| < |B|$。

定义 5.5.3 基数为自然数的集合称为有限基数集合(有限集合)，非有限集合称为无限集合。

定义 5.5.4 所有与自然数集合等势的集合都称为可数集合或可列集合。可数集合的基数为 $\aleph_0$(读作阿列夫零)。

直观地说，集合的基数是用来度量集合规模大小的。对于有限集合来说，集合的基数等于元素的个数，和第 3 章 3.4 节所定义的相应自然数的集合表示等势。对于无限集合来说，需要构造双射函数来判断两个集合之间的基数比较关系。

例 5.5.1 验证非负偶数集 M 是可列集合。

证明 要验证非负偶数集是可列集合，也就是验证非负偶数集和自然数集是等势的。

在非负偶数集和自然数集之如下的对应关系：

$$\mathbb{N}: \quad 0 \quad 1 \quad 2 \quad 3 \quad 4 \quad \cdots \quad n \quad \cdots$$
$$\updownarrow \quad \updownarrow \quad \updownarrow \quad \updownarrow \quad \updownarrow \qquad \updownarrow$$
$$M: \quad 0 \quad 2 \quad 4 \quad 6 \quad 8 \quad \cdots \quad 2n$$

显然上述对应关系是一一对应，所以非负偶数集 M 是可列集合。 ◀

在上述例子中，非负偶数集是自然数集的真子集，即 $M \subset \mathbb{N}$，但是 $M \sim \mathbb{N}$，也就是说自然数集合的元素并不比非负偶数集合的元素多。这是无限集合才有的特性。关于有限集合和无限集合的本质区别，有如下定理：

定理 5.5.1 有限集合不与它的任何真子集等势。一个集合是无限集合，当且仅当它与它的某个真子集等势。

这里不给出上述两个定理的严格证明。直观地理解，一个有限集合含有的元素个数必然大于其真子集，故不可能构建出有限集合和其真子集之间的双射函数。另外，若一个集合和它的真子集等势，该集合必然是无限集合。

对于无限集合，我们可以进一步讨论集合的可数性。

定理 5.5.2 集合 S 可列的充分必要条件是它的全体元素可排成无穷序列形式。

证明 若 S 的所有元素可以排成一无穷序列

$$S = \{a_0, a_1, a_2, \cdots, a_n, \cdots\}$$

只要将 a_n 与其下标对应，就得到 S 与自然数集合之间的一一对应，所以 S 是可列集合。 ◀

若 S 是可数的，根据可数集的定义，S 与自然数集 $\mathbb{N}$ 等势，这样可将 S 中与自然数 n 对应的元素排在第 n 位，记为 a_n。所以，S 的元素可以排成无穷序列

$$a_0, a_1, a_2, \cdots, a_n, \cdots$$

定理 5.5.3 任意一个无限集必含有可数子集。

证明 设 A 为无限集，从 A 中取出一个元素 a_0，则 $A - \{a_0\}$ 不是空集，再从 $A - \{a_0\}$ 中取出一个元素 a_1，则 $A - \{a_0, a_1\}$ 也不是空集，再从 $A - \{a_0, a_1\}$ 中取出一个元素 $a_2 \cdots$ 如此继续下去，可以得到 A 的一个可数子集 $\{a_0, a_1, a_2, \cdots\}$。 ◀

定理 5.5.4 可数集的任意无限子集是可数集。

证明 设 A 是可数集，B 是 A 的任意一个无限子集。A 中的元素可以排成无穷序列 $a_0, a_1, a_2, \cdots, a_n, \cdots$。从 a_0 开始，依次检查，将不在 B 中的元素删去，剩下的元素为 b_0, $b_1, b_2, \cdots, b_n, \cdots$，这是一个可数集合。　◀

定理 5.5.5 可数个的可数集的并集是可数集。

证明 设 $A_0, A_1, A_2, \cdots$ 是可数个可数集合，且有

$$A_0 = \{a_{00}, a_{01}, a_{02}, a_{03}, \cdots\}$$
$$A_1 = \{a_{10}, a_{11}, a_{12}, a_{13}, \cdots\}$$
$$A_2 = \{a_{20}, a_{21}, a_{22}, a_{23}, \cdots\}$$
$$\vdots$$
$$A_i = \{a_{i0}, a_{i1}, a_{i2}, a_{i3}, \cdots\}$$
$$\vdots$$

将 $\bigcup\limits_{i=1}^{\infty} A_i$ 中的元素按下标的两位数之和 $p = i + j$ 从小到大，p 相同时按 i 从小到大的顺序排列，可得到如下序列

$$a_{00}, a_{01}, a_{10}, a_{02}, a_{11}, a_{20}, a_{03}, a_{12} a_{21}, a_{30}, a_{04}, a_{13}, a_{22}, \cdots$$

这是一个无穷序列，删除其中重复的元素，仍是一个无穷序列。所以 $\bigcup\limits_{i=1}^{\infty} A_i$ 是可列的。　◀

定理 5.5.6 任意正整数对 (m, n) 构成的集合 $\mathbb{Z}^+ \times \mathbb{Z}^+$ 是可数集。

证明 可以构造一个从 $\mathbb{Z}^+ \times \mathbb{Z}^+$ 到 $\mathbb{Z}^+$ 的双射函数，例如可以根据图 5.5.1 所示的折线编码，得到如下的从 $\mathbb{Z}^+ \times \mathbb{Z}^+$ 到 $\mathbb{Z}^+$ 的映射关系：

$$\mathbb{Z}^+ \times \mathbb{Z}^+: \quad (1,1) \quad (1,2) \quad (2,1) \quad (2,2) \quad (3,1) \quad \cdots \quad (m,n) \cdots$$
$$\updownarrow \qquad \updownarrow \qquad \updownarrow \qquad \updownarrow \qquad \updownarrow$$
$$\mathbb{Z}^+: \qquad 1 \qquad 2 \qquad 3 \qquad 4 \qquad 5 \qquad \cdots \qquad \cdots$$

为了得到具体的双射函数，给定一个正整数对 (m, n)，根据图 5.5.1，可以分两个步骤来计算。

1) 先计算位于点 (m, n) 所在斜线的左上方的所有点的数目（即两个正整数之和小于 $m + n$ 的点的数目），可得

$$1 + 2 + \cdots + (m + n - 1) = \frac{(m + n - 1)(m + n)}{2}$$

2) 再计算 (m, n) 在所在斜线的具体排序，即 m，因此可得到 $\mathbb{Z}^+ \times \mathbb{Z}^+$ 到 $\mathbb{Z}^+$ 的双射函数

$$J(m, n) = \frac{(m + n - 1)(m + n)}{2} + m$$

图 5.5.1　折线编码方法

从而可证明 $\mathbb{Z}^+ \times \mathbb{Z}^+$ 是可数集。

根据上述定理可得直线上的正整数点集和平面上的正整数点对集是等势、可数的。类

似地，由于有理数均可以表示成分数 $\dfrac{p}{q}$ 的形式（p 和 q 均为整数且 $q>0$），可证明有理数集 $\mathbb{Q}$ 也是可数集。

通过上述分析，可知整数集、正整数集、自然数集、偶数集、奇数集、有理数集、平面上的整数对集等都是可数集。下面将进一步讨论，是否有不可数的无限集合。◀

定理 5.5.7 开区间（0，1）是不可列的。

证明 在开区间（0，1）内的任一数 a 均可表示成

$$a = 0.\,a_0a_1a_2\cdots a_i\cdots \quad a_i \in \{0,\,1,\,2,\,\cdots 9\}$$

假设开区间（0，1）是可列的，则可以将（0，1）中的数写成如下形式：

$$a_0 = 0.\,a_{00}a_{01}a_{02}\cdots a_{0n}\cdots$$
$$a_1 = 0.\,a_{10}a_{11}a_{12}\cdots a_{1n}\cdots$$
$$a_2 = 0.\,a_{20}a_{21}a_{22}\cdots a_{2n}\cdots$$
$$\vdots$$
$$a_m = 0.\,a_{m0}a_{m1}a_{m2}\cdots a_{mn}\cdots$$
$$\vdots$$

但根据上述列式，可以构造一个数 $b = 0.\,b_0b_1b_2\cdots b_r\cdots$，$b$ 中的 b_j 依以下方法选择：

$$b_j = \begin{cases} 1, & a_{jj} \neq 1 \\ 2, & a_{jj} = 1 \end{cases} \quad j = 0,1,2,\cdots$$

按这种方法，得到的 b 总是和任何一个 a_n 在"对角线"a_{jj} 上的数值是不相等的，即 b 不等于任何一个 a_n，$n \in \mathbb{N}$。这和（0，1）可列成 $\{a_0, a_1, a_2, \cdots\}$ 的假设相矛盾，故开区间（0，1）是不可列的。上述证明方法是由康托尔提出的，也称为"对角线方法"。◀

定理 5.5.8 实数集 $\mathbb{R}$ 是不可列的。

证明 令函数 $f:(0,1) \rightarrow \mathbb{R}$，$f(x) = \tan(\pi x - \pi/2)$，则 f 是双射函数，所以实数集 $\mathbb{R}$ 和开区间（0，1）等势。由定理 5.5.7 可知，实数集 $\mathbb{R}$ 是不可数集。

实数集的基数或势记为 $\aleph$，称为连续基数或连续统势。

关于集合的基数之间的大小关系，有

1）设 A 是有限集，则 $|A| < \aleph_0 < \aleph$。

2）设 A 是无限集，则 $\aleph_0 \leqslant |A|$。◀

定理 5.5.9 设 M 是一个集合，$P(M)$ 是集合 M 的幂集，则 $|M| < |P(M)|$。

这个定理说明：没有最大的基数和最大的集合。如果将所有已知的集合基数从小到大排列，可得

$$0, 1, 2, \cdots n, \cdots, \aleph_0, \aleph, \cdots$$

其中，$0, 1, 2, \cdots, n, \cdots$ 是全体自然数，对应有限集合的基数；$\aleph_0, \aleph, \cdots$ 是无限集合的基数，其中对应可数集合的基数，是最小的无限集合的基数。在实数集 $\mathbb{R}$ 的基数 $\aleph$ 的基础上，还可以构造更大的集合的基数，例如实数集的幂集 $P(\mathbb{R})$ 的基数等。

如前所述，集合基数是研究计算机科学的可计算性的基础。由于计算机程序是由有限个字符构成的，所有计算机程序所构成的集合是可数的，计算机可以计算的函数构成的

集合也是可数的，而现实世界中存在着不可数的无限集合，因此必然存在计算机不可计算和处理的问题。例如，实数集 $\mathbb{R}$ 是不可数的，因此计算机也不能精确地进行实数运算。

习题

1. 下列关系中哪一些能构成函数？

    (1) $R_1 = \{\langle x, y \rangle \mid (x, y \in \mathbb{N}) \wedge (x + y < 10)\}$

    (2) $R_2 = \{\langle x, y \rangle \mid (x, y \in \mathbb{R}) \wedge (y = x^2)\}$

    (3) $R_3 = \{\langle x, y \rangle \mid (x, y \in \mathbb{R}) \wedge (y^2 = x^2)\}$

2. 设 $\mathbb{Z}$ 是整数集合，$\mathbb{Z}^+$ 是正整数集合，函数 $f: \mathbb{Z} \to \mathbb{Z}^+$ 为 $f(x) = |2x| + 1$。试求出函数 f 的值域。

3. 下列映射中哪些是满射，哪些是单射，哪些是双射？

    (1) $f: \mathbb{N} \to \mathbb{N}$, $f(n) = \begin{cases} 1, & n \text{ 是奇数} \\ 2, & n \text{ 是偶数} \end{cases}$

    (2) $f: \mathbb{N} \to \{0, 1\}$, $f(n) = \begin{cases} 1, & n \text{ 是奇数} \\ 0, & n \text{ 是偶数} \end{cases}$

    (3) $f: \mathbb{Z} \to \mathbb{N}$, $f(x) = |2x| + 1$

    (4) $f: \mathbb{R} \to \mathbb{R}$, $f(x) = 2x + 6$

    (5) $f: \mathbb{R} \to \mathbb{R}$, $f(x) = x^2 - 2x - 3$

    (6) $f: \mathbb{N} \to \mathbb{N}$, $f(x) = x^2 + 3$

4. 设 $|A| = n$, $|B| = m$。

    (1) 从 A 到 B 有多少个不同的函数？

    (2) 当 m 和 n 满足什么条件时，存在单射函数？有多少不同的单射函数？

    (3) 当 m 和 n 满足什么条件时，存在满射函数？有多少不同的满射函数？

    (4) 当 m 和 n 满足什么条件时，存在双射函数？有多少不同的双射函数？

5. 设 $f: A \to B$, $g: B \to C$, f 和 g 都是函数，证明：

    (1) 如果 $g \circ f$ 是满射且 g 是单射，则 f 是满射。

    (2) 如果 $g \circ f$ 是单射且 f 是满射，则 g 是单射。

6. 设 $\mathbb{R}$ 是实数集合，并且对于 $x \in \mathbb{R}$ 有函数 $f(x) = x + 3$、$g(x) = 2x + 1$ 和 $h(x) = x/2$。试求出复合函数 $g \circ f$、$f \circ g$、$f \circ f$、$g \circ g$、$f \circ h$、$h \circ g$、$h \circ f$、$f \circ (h \circ g)$、$(h \circ g) \circ f$。

7. 设函数 $f: \mathbb{R} \to \mathbb{R}$ 是 $f(x) = x^3 - 2$，试求出反函数 f^{-1}。

8. 设集合 $A = \{1, 2, 3, 4\}$。试定义一个函数 $f: A \to A$，使得 $f \neq I_A$，并且是单射函数，求出 $f \circ f = f^2$、$f^3 = f \circ f^2$、f^{-1} 和 $f \circ f^{-1}$。能否求出另外一个单射函数 $g: A \to A$，使得 $g \neq I_A$，但是 $g \circ g = I_A$？

9. 设 $f: A \to B$ 是从 A 到 B 的函数，并定义一个函数 $g: B \to P(A)$。对于任意 $b \in B$，有

$$g(b) = \{x \mid (x \in A) \wedge (f(x) = b)\}$$

    证明：若 f 是 A 到 B 的满射，则 g 是 B 到 $P(A)$ 的单射。

10. 给出三个不同的自然数集合 $\mathbb{N}$ 的真子集，使得它们都与 $\mathbb{N}$ 等势。

11. 证明集合的等势关系是一个等价关系。

12. 计算下列集合的基数。

(1) $A = \{x, y, z\}$；

(2) $P(A)$；

(3) $B = \{x \mid x = n^5 \land n \in \mathbb{N}\}$；

(4) $C = \{x \mid x = n^7 \land n \in \mathbb{N}\}$；

(5) $B \cap C$；

(6) $B \cup C$；

(7) 两条直角边分别长为 x 和 y（x，y 均为正整数）的直角三角形的集合；

(8) x 轴上所有点的集合。

第三部分

组 合 数 学

第6章 计 数

组合数学主要研究满足一定条件的组合模型的存在、计数，以及构造、优化等方面的问题，是离散数学的重要组成部分，也是研究现代数学和科学技术的重要工具。组合数学在计算机科学、密码学、物理学、化学、生物学等学科中均有重要应用。第6章和第7章将主要讨论组合计数问题。

6.1 基本计数规则

首先介绍组合数学中的两个基本计数规则——加法法则与乘法法则，然后说明怎样用它们来解决许多不同的计数问题。

6.1.1 加法法则

加法法则：事件 A 有 m 种产生方式，事件 B 有 n 种产生方式，当 A 与 B 产生的方式不重叠时，"事件 A 或 B"有 $m+n$ 种产生方式。

加法法则使用的条件是事件 A 与 B 产生的方式不能重叠。也就是说，每一种产生的方式不能同时属于两种事件。例如，从一个班上选择兴趣小组的成员，要求成员不能重叠，有 7 个同学参加街舞组，6 个同学参加环保组，那么参加街舞组或者环保组的学生有 $7+6=13$ 人。

加法法则可以推广到多于两个事件的情况。设 $A_1, A_2, \cdots, A_n$ 是 n 个事件，它们的产生方式分别有 $P_1, P_2, \cdots, P_n$ 种，当其中任何两个事件产生的方式都不重叠时，事件"A_1 或 A_2 或…或 A_n"有 $P_1+P_2+\cdots+P_n$ 种产生的方式。

例 6.1.1 在下面的程序代码段被执行后，k 的值是多少？

```
k := 0
for i₁ := 1 to n₁
    k := k + 1
for i₂ := 1 to n₂
    k := k + 1
        ⋮
for iₘ := 1 to nₘ
    k := k + 1
```

解 k 的初值是 0，这个代码块由 m 个不同的循环组成，循环每执行一次，k 就加 1。将每个循环看作一个事件，每个事件产生的方式分别有 $n_1, n_2, \cdots, n_m$ 种，运用加法法则，k 的值是 $n_1+n_2+\cdots+n_m$。

6.1.2 乘法法则

乘法法则：事件 A 有 m 种产生方式，事件 B 有 n 种产生方式，当 A 与 B 产生的方式彼此独立时，"事件 A 与 B"有 mn 种产生方式。

乘法法则使用的条件是事件 A 与 B 产生的方式彼此独立，即事件 A 对产生方式的选择不影响事件 B 对产生方式的选择，反之亦然。例如某两位编号由一个字母（26 个英文字母的任意一个）和一个数字组成，那么有多少个不同的编号？第一位编号可以从 26 个字母中选择，因此有 26 种选择，而后一位编号数字共有 10 种选择，因此根据乘法法则共有 $26 \times 10 = 260$ 个不同的编号。

乘法法则也可以推广到 n 个事件的情况。设 $A_1, A_2, \cdots, A_n$ 是 n 个事件，它们的产生方式分别有 $P_1, P_2, \cdots, P_n$ 种，当其中任何两个事件产生的方式都彼此独立时，事件"A_1 与 A_2 与…与 A_n"有 $P_1 P_2 \cdots P_n$ 种产生的方式。例如，有多少个不同的 7 位二进制串？每一位都可以是 0 或 1 两种选择方式，因此，运用乘法法则共有 $2 \times 2 \times 2 \times 2 \times 2 \times 2 \times 2 = 2^7 = 128$ 个不同的 7 位二进制串。

例 6.1.2 设 A 为 n 元集合，B 为 m 元集合，回答下列问题。

1）A 上的函数有多少个？其中双射函数有多少个？

2）A 到 B 的函数有多少个？其中有多少个一对一函数？

3）A 上的自反关系有多少个？

4）A 上的对称关系有多少个？

解 1）设集合 $A = \{x_1, x_2, \cdots, x_n\}$，根据函数的定义，集合 A 上的函数 $f: A \to A$，可以表示为

$$f = \{\langle x_1, y_1 \rangle, \langle x_2, y_2 \rangle, \cdots, \langle x_n, y_n \rangle\}$$

其中每个 y_i 可以取集合 A 中的任一元素，根据乘法法则，A 上有 n^n 个不同的函数。如果 f 是双射函数，首先确定 y_1。y_1 可以取集合 A 中的一个元素，共有 n 种可能的取值，当 y_1 确定后，y_2 只能在 A 中剩余的 $n-1$ 个元素中取一个，有 $n-1$ 种可能的取值，以此类推，y_3 有 $n-2$ 种可能的取值，$\cdots$，y_n 有 1 种取值。根据乘法法则，可以构成 $n(n-1)(n-2) \cdots 1 = n!$ 个双射函数。

2）A 到 B 的函数是 A 中的每一个元素和 B 中的一个元素的对应，A 中的每一个元素可以选择 B 中 m 个元素中的任何一个，共有 m 种选择，根据乘法法则，有 $m \cdot m \cdot \cdots \cdot m = m^n$ 个 A 到 B 的函数。

当 $n > m$ 时，不存在 A 到 B 的一对一函数。当 $n \leqslant m$ 时，设集合 $A = \{x_1, x_2, \cdots, x_n\}$，对于 x_1，函数有 m 种可能取值。由于是一对一，函数在 x_2 的取值有 $m-1$ 种可能，$\cdots$，函数在 x_k 的取值有 $m-k+1$ 种可能，根据乘法法则，A 到 B 的一对一函数有 $m \cdot (m-1) \cdot (m-2) \cdots \cdots (m-n+1)$ 个。

3）集合 A 是自反关系，在它的关系矩阵中，主对角线的 n 个元素为 1，其他位置的元素为 1 或 0，可以有两种选择。这种位置有 $n^2 - n$ 个，根据乘法法则，自反关系有 $2^{n^2 - n}$ 种。

4）集合 A 是对称关系，则它的关系矩阵是对称的，关于对角线对称位置元素必须相同，即 i 行 j 列的元素 r_{ij} 必须和 j 行 i 列的元素 r_{ji} 相同。因此对于对角线上的每个元素可以选择 0 或 1，有两种选择方法；非对角线位置元素的选择，当矩阵的上三角元素（或下三角元素）的值确定后，另一半关于主对角线对称位置的元素的值就完全确定了。上三角

位置有 $(n^2-n)/2$ 个，加上主对角线 n 个位置，它们的取值可以是 0 或 1 两种选择，根据乘法法则，可以构成 $2^{(n^2+n)/2}$ 个对称矩阵。　◀

IP 地址就是给每个连接在 Internet 上的主机分配的一个 32bit 地址，Internet 上的每台主机都有一个唯一的 IP 地址。IP 地址可分两部分组成，一部分为网络标识，另一部分为主机标识。IP 地址共分为 A、B、C、D、E 五类，其中 A、B、C 三类由 InterNIC 在全球范围内统一分配，D、E 类为特殊地址，它们适用的类型分别为大型网络、中型网络、小型网络、多目地址、备用。如果用二进制表示 IP 地址，A 类 IP 地址就由 1 字节的网络地址和 3 字节主机地址组成，网络地址的最高位必须是"0"，A 类 IP 地址中网络的标识长度为 8 位，主机标识的长度为 24 位；B 类 IP 地址就由 2 字节的网络地址和 2 字节主机地址组成，网络地址的最高位必须是"10"，B 类 IP 地址中网络的标识长度为 16 位，主机标识的长度为 16 位；C 类 IP 地址就由 3 字节的网络地址和 1 字节主机地址组成，网络地址的最高位必须是"110"，C 类 IP 地址中网络的标识长度为 24 位，主机标识的长度为 8 位。在 A 类地址中，全 0 和全 1 不作为网络标识，在 A、B、C 三类地址中全 0 和全 1 都不作为主机标识。

例 6.1.3　根据 IPv4 协议，在 Internet 中有多少个可统一分配的有效的 IP 地址？

解　在 Internet 中有可统一分配的有效的 IP 地址为 A、B、C 三类地址，令这三类地址总数为 N，A 类、B 类、C 类的有效 IP 地址数分别为 N_A、N_B、N_C。由加法法则，$N=N_A+N_B+N_C$。

在 A 类地址中，全 0 和全 1 不作为网络标识，故网络标识有 $2^7-2=126$ 个，对每个网络标识有 $2^{24}-2=16\,777\,214$ 个主机标识，因而，$N_A=126\times16\,777\,214=2\,113\,928\,964$。对于 B 类地址，有 $2^{14}=16\,384$ 个网络标识，对每个网络标识有 $2^{16}-2=65\,534$ 个主机标识，$N_B=1\,073\,759\,056$。对于 C 类地址，有 $2^{21}=2\,097\,152$ 个网络标识，对每个网络标识有 $2^8-2=254$ 个主机标识，$N_C=532\,676\,608$。在 A 类、B 类和 C 类地址中，全 0 和全 1 都不作为主机标识，主机标识数需要减 2。因此 $N=N_A+N_B+N_C=3\,720\,364\,628$。　◀

随着计算机的广泛使用，这些 32 位的 IP 地址已经显得不够用了，采用 128 位地址的 IPv6 将能提供更多有效的地址。

加法法则和乘法法则是处理计数问题的两种基本思想方法。一般地，面对一个复杂的计数问题时，人们往往通过分类或分步将它分解为若干个简单计数问题，在解决这些简单计数问题的基础上，将它们整合起来得到原问题的答案，这也是在日常生活中也被经常使用的思想方法。在上面的例题中，首先分类，分别计算三类地址的地址数，根据加法法则，得到全部有效 IP 地址数；对每一类的计数采用分步处理：第一步计数网络标识的数目，第二步计数主机标识的数目，然后根据乘法法则，得到每类 IP 地址的计数。通过对复杂计数问题的分解，将综合问题化解为单一问题的组合，再对单一问题各个击破，可以达到以简驭繁、化难为易的效果。

6.2　排列与组合

对于集合的排列与组合问题，可以通过加法法则与乘法法则得到相应的计数公式。

6.2.1 排列

定义 6.2.1 从 n 元集 S 中有序、不重复选取的 r 个元素称为 S 的一个 **r-排列**，S 的所有 r-排列的个数记作 $P(n,r)$。显然要求 $n \geqslant r$，当 $n < r$ 时不存在满足条件的排列。定理 6.2.1 给出了 $P(n,r)$ 的值。

定理 6.2.1 设 n、r 为自然数，具有 n 个不同元素的集合 S 的 r-排列为

$$P(n,r) = n(n-1)(n-2)\cdots(n-r+1) = \frac{n!}{(n-r)!}$$

特别地，当 $r=n$ 时，称排列为 S 的**全排列**，有 $P(n,n) = n(n-1)(n-2)\cdots 2 \cdot 1 = n!$

证明 首先选择排列中的第一个元素，有 n 种选择的方式。然后选择排列的第二个元素，它只能取自剩下的 $n-1$ 个元素，有 $n-1$ 种选法。以此类推，选择第三个元素，第四个元素，…，第 r 个元素的方式数依次为 $n-2, n-3, \cdots, n-r+1$。根据乘法法则，总的选法数为

$$n(n-1)(n-2)\cdots(n-r+1) = \frac{n!}{(n-r)!}$$

容易看出全排列数 $P(n,n) = n!$。 ◀

例 6.2.1 假定有 10 个运动员参加长跑比赛，第一、二、三名分别得到金、银、铜牌（假定没有并列名次出现）。如果比赛可能出现所有可能的结果，那么求颁奖的方式有几种？

解 颁奖方式就是 10 元集的 3-排列数。因此存在 $P(10,3) = 10 \times 9 \times 8 = 720$ 种可能的颁奖方式。 ◀

例 6.2.2 m 个男孩，n 个女孩排成一排，如果女孩不相邻，有多少种方法？

解 先排好男孩，这对应于 m 元集合的全排列问题，有 $m!$ 种方法。为使得女孩不相邻，将男孩看作格子，将女孩放入格子中间，m 个男孩构成了 $m+1$ 个格子（包含男孩的全排列之外的头尾两个位置在内），从中选出 n 个放入女孩，选法数是 $P(m+1,n)$。根据乘法法则所求的方法数是 $m!P(m+1,n)$。 ◀

例 6.2.3 有一个快递员要给 n 个学校派送快递。假定他必须从指定的某个学校开始，但对其他 $n-1$ 个学校的派送顺序可以按照任何次序进行。他派送完所有这些学校，有多少种可能的次序？

解 由于第一个学校是确定的，所以他派送完所有学校的路径数是 $n-1$ 个元素的全排列数，因此，快递员有 $(n-1)!$ 种可能的派送次序。比如当 $n=8$ 时，共有 $7! = 5040$ 种派送次序，如果要从中找出具有最短距离的路径，并计算每一条可能路径的总距离，则要计算 5040 条路径。 ◀

6.2.2 组合

定义 6.2.2 从 n 元集 S 中无序、不重复选取的 r 个元素称为 S 的一个 **r-组合**，S 的

所有 r-组合的个数记作 $C(n, r)$。

下面的定理是关于 $C(n, r)$ 的公式。

定理 6.2.2 设 n、r 为自然数，$n \geqslant r \geqslant 0$ 则

$$C(n, r) = \frac{P(n, r)}{r!} = \frac{n!}{r!(n-r)!}$$

证明 首先无序地选出 r 个元素，然后再构造这 r 个元素的全排列。无序选择 r 个元素的方法数是 $C(n, r)$，针对每种选法，能构造 $P(r, r) = r!$ 个不同的全排列，根据乘法法则，不同的 r-排列数满足 $P(n, r) = C(n, r)P(r, r) = C(n, r)r!$ 所以

$$C(n, r) = \frac{P(n, r)}{r!} = \frac{n!}{r!(n-r)!}$$

规定，当 $n < r$ 时，$C(n, r) = 0$。

推论 1 设 n、r 为正整数，$n \geqslant r \geqslant 0$，则 $C(n, r) = C(n, n-r)$。 ◀

证明

$$左边 = C(n, r) = \frac{n!}{r!(n-r)!}$$

$$右边 = C(n, n-r) = \frac{n!}{(n-r)!(n-(n-r))!} = \frac{n!}{(n-r)!r!}$$

因此左边＝右边，得证。 ◀

对于一个 n 元素集合的 r-组合数也有另一种常用的记号，即 $C(n, r)$ 可写为 $\binom{n}{r}$。

这个数也叫作**二项式系数**。使用"二项式系数"这个名字，是由于这些数作为系数出现在形如 $(a+b)^n$ 的二项式幂的展开式中。下一节我们会讨论二项式定理，它把一个二项式的幂表示成与二项式系数有关的项之和。

推论 2(帕斯卡恒等式) 设 n、r 为正整数，$n \geqslant r \geqslant 0$，则

$$C(n, r) = C(n-1, r-1) + C(n-1, r)$$

证明 利用定理 5.2.2 得

$$C(n-1, r-1) + C(n-1, r) = \frac{(n-1)!}{(r-1)!(n-r)!} + \frac{(n-1)!}{r!(n-1-r)!}$$

$$= \frac{(n-1)!}{(r-1)!(n-r-1)!}\left(\frac{1}{n-r} + \frac{1}{r}\right)$$

$$= \frac{n}{r(n-r)} \cdot \frac{(n-1)!}{(r-1)!(n-r-1)!}$$

$$= \frac{n!}{r!(n-r)!}$$

$$= C(n, r)$$ ◀

以上结论可以看作递推的公式，它可以把对应于较大的 n 或 r 的组合数 $C(n, r)$ 用对应于较小的 n' 或 r' 的组合数来表示。

帕斯卡恒等式是二项式系数以三角形表示的几何排列的基础，也称作**杨辉三角形**。利

用这个公式可以由较小的组合数逐步求出所有的较大的组合数。图 5.2.1 给出了这种求法的示意图。

例 6.2.4 有多少种方式从有 8 名选手的网球队中选出 4 名选手外出参加在另一个学校举行的网球比赛？

解 根据定理 6.2.2，8 个元素集合的一个 4-组合是

$$C(8,4) = \frac{8!}{4!(8-4)!} = 70 \quad \blacktriangleleft$$

例 6.2.5 从 1~300 中任取 3 个数，使得其和能被 3 整除，有多少种方法？

$$\binom{0}{0}$$
$$\binom{1}{0} \quad \binom{1}{1}$$
$$\binom{2}{0} \quad \binom{2}{1} \quad \binom{2}{2}$$
$$\binom{3}{0} \quad \binom{3}{1} \quad \binom{3}{2} \quad \binom{3}{3}$$
$$\binom{4}{0} \quad \binom{4}{1} \quad \binom{4}{2} \quad \binom{4}{3} \quad \binom{4}{4}$$
$$\binom{5}{0} \quad \binom{5}{1} \quad \binom{5}{2} \quad \binom{5}{3} \quad \binom{5}{4} \quad \binom{5}{5}$$

图 6.2.1 杨辉三角形

解 一个整数除以 3 的余数的可能取值有三个，分别是 0、1 和 2。当一个整数除以 3 的余数为 0 时，这个整数可以被 3 整除。当几个不能被 3 整除的整数除以 3 的余数之和为 3 的倍数时，这几个数之和可以被 3 整除。将 1~300 中除以 3 的余数相同的整数放在同一个集合，可以得到三个集合，令这三个集合为

$$A = \{1, 4, \cdots, 298\}$$
$$B = \{2, 5, \cdots, 299\}$$
$$C = \{3, 6, \cdots, 300\}$$

根据问题的要求，从 1~300 中任取 3 个数，使得其和能被 3 整除的方法可分成以下两类。

1）在 A、B、C 三个集合中的任意一个集合中任取 3 个数，它们之和都能被 3 整除。在一个集合中任取 3 个数，有 $C(100, 3)$ 种选取方法，根据加法法则，在三个集合上共有 $3 \times C(100, 3)$ 种选取方法。

2）分别在 A、B、C 三个集合中各取 1 个数，它们除以 3 的余数之和为 3，这三个数之和能被 3 整除。在 A、B、C 三个集合中各取 1 个数，根据乘法法则共有 $C(100, 1)^3$ 种取法。

根据加法法则，总选法数

$$N = 3 \times C(100, 3) + 100^3 = 1\,485\,100 \quad \blacktriangleleft$$

6.2.3 多重集的排列与组合

前面讨论了只考虑每个项至多可以使用一次的排列和组合，这一节讨论怎样求解元素可以多次使用的计数问题。

定理 6.2.3 具有 n 个元素的集合允许重复的 r-排列数是 n^r。

证明 当允许重复时，在 r-排列中对 r 个位置的每一个位置可以取 n 个元素中的任何一个，根据乘法法则，当允许重复时有 n^r 个 r-排列。 $\blacktriangleleft$

例 6.2.6 用英文字母可以构成多少个长度为 r 的字符串？

解 因为有 26 个英文字母，且每个字母可以被重复使用，由乘法法则可知，可以构

成 26^r 个长度为 r 的字符串。

这是当集合中的元素允许重复时的排列问题。下面的定理给出了当允许重复时一个 n 元集合的 r-组合数。◁

定理 6.2.4   具有 n 个元素的集合允许重复的 r-组合数是 $C(n+r-1,r)$。

证明   当允许重复时，n 个元素的集合的每个 r-组合可以用 r 个 1 和 $n-1$ 个 0 的序列来表示。这里的 0 用来分隔 r 个 1，$n-1$ 个 0 将 r 个 1 分隔成 n 段，每段对应集合的一个元素，每段中的 1 的个数表示这个元素在 r-组合中出现的次数。

例如，3 元集合的一个 4-组合用 2 个 0 和 4 个 1 的序列表示，如 101101 表示包含 1 个第一元素、2 个第二元素、1 个第三元素的组合，而 110101 表示包含 2 个第一元素、1 个第二元素、1 个第三元素的组合。

可以看出包含 r 个 1 和 $n-1$ 个 0 的每一个不同的序列对于 n 个元素的集合的一个 r-组合。可以计算的这样的序列数有 $C(n+r-1,r)$ 个。◁

例 6.2.7   从盛有苹果、梨和橙子的果盆里取 4 个水果，如果取水果的顺序无关，且只关心水果的类型而不管取的是该类型的哪一个水果，且假设每种水果至少有 4 个，问取 4 个水果有多少种取法？

解   这是 3 个元素集合的允许重复的 4-组合问题。根据定理 6.2.4，有 $C(3+4-1,4)=15$ 种取法。

下面讨论多重集的排列和组合计数。

设多重集 $S=\{n_1 \cdot a_1, n_2 \cdot a_2, \cdots, n_k \cdot a_k\}$，其中含有 k 种元素，对于 $i=1,2,\cdots,k$，n_i 表示第 i 种元素 a_i 在 S 中出现的次数，称作 a_i 的重复度，且 $n=n_1+n_2+\cdots+n_k$，称 S 的全体元素组成的排列为 S 的全排列。从 S 中有序选取的 r 个元素称为多重集 S 的一个 r-排列。下面讨论 S 的 r-排列在特殊情况下的一些结果。◁

定理 6.2.5   1) 当 $r=n$ 时，S 的全排列数为

$$N=\frac{n!}{n_1! n_2! \cdots n_k!}$$

2) 若 $r \leqslant n_i$，$i=1,2,\cdots,k$ 时，S 的 r-排列数是 k^r。

证明   1) 在 n 个位置中先选择 n_1 个位置放 a_1，有 $C(n, n_1)$ 种方法；再从剩下的 $n-n_1$ 个位置选择 n_2 个位置放 a_2，有 $C(n-n_1, n_2)$ 种方法；…；最后在 $n-n_1-n_2-\cdots-n_{k-1}$ 位置中选择 n_k 个位置放 a_k，有 $C(n-n_1-n_2-\cdots-n_{k-1}, n_k)$ 方法。根据乘法法则，

$$N=C(n,n_1)C(n-n_1,n_2)\cdots C(n-n_1-n_2-\cdots-n_{k-1},n_k)$$

$$=\frac{n!}{n_1!(n-n_1)!}\frac{(n-n_1)!}{n_2!(n-n_1-n_2)!}\cdots\frac{(n-n_1-\cdots-n_{k-1})!}{n_k!0!}$$

$$=\frac{n!}{n_1! n_2! \cdots n_k!}$$

2) r 个位置中的每个位置都有 k 种选法，由乘法法则得 S 的 r-排列数为 k^r。◁

再考虑多重集 S 的 r-组合。

定理 6.2.6   当 $r \leqslant n_i$，$i=1,2,\cdots,k$ 时，多重集 S 的 r-组合数 $N=C(k+r-1,r)$。

证明 证明类似于定理 6.2.4。

例 6.2.8 用 3 面红旗、5 面黄旗依次挂在一根旗杆上,问可以组成多少种不同的标志?

解 所求的计数相当于多重集 $S=\{3\cdot$ 红旗,$5\cdot$ 黄旗$\}$ 的全排列数 N,由定理 6.2.5 有

$$N=\frac{8!}{3!5!}=8\times7=56$$

例 6.2.9 r 个相同的球放到 n 个不同的盒子里,每个盒子球数不限,求放球的方法数。

解 设 n 个不同盒子的球数依次记为 $x_1,x_2,\cdots,x_n$,则满足下述方程

$$x_1+x_2+\cdots+x_n=r,\quad x_1,x_2,\cdots,x_n \text{ 为非负整数}$$

根据不定方程的解的个数公式,放球方法数是

$$N=C(n+r-1,\ r)$$

例 6.2.10 把 $2n$ 个人分成 n 组,每组 2 人,求不同的分法数 N。

解 先计数 n 个不同的组的分法,然后除以组的排列数,就可以得到所求的分法数。

将 $2n$ 个不同的人分到 n 个不同的组,先从 $2n$ 个人中选 2 个人分入第一组,然后从剩下的 $2n-2$ 个人中选 2 个人分入第二组,$\cdots\cdots$,最后从 $2n-(2n-2)=2$ 个人中选 2 个人分入第 n 组。根据乘法法则,分法数是

$$C(2n,2)C(2n-2,2)\cdots C(2,2)$$
$$=\frac{2n!}{(2n-2)!2!}\frac{(2n-2)!}{(2n-4)!2!}\cdots\frac{2}{0!2!}=\frac{(2n)!}{2^n}$$

所求的方法数是

$$N=\frac{(2n)!}{2^n n!}$$

从一个 n 元素集合中,不重复和允许重复地选择 r 个元素,其有序和无序的选择数的公式总结如下(如表 6.2.1 所示)。

表 6.2.1　不重复和允许重复的排列与组合

类型	是否允许重复	公式
r-排列	否	$\dfrac{n!}{(n-r)!}$
r-组合	否	$\dfrac{n!}{r!(n-r)!}$
r-排列	是	k^r
r-组合	是	$\dfrac{(k+r-1)!}{r!(k-1)!}$

排列、组合是两类特殊而重要的计数问题,而解决它们的基本思想和工具就是两个计数原理,从简化运算的角度提出排列与组合,通过具体实例的概括而得出排列、组合的概念;应用分步乘法计数原理得出排列数公式;应用分步计数原理和排列数公式推出组合数公式。对于排列与组合,有两个基本想法贯穿始终:一是根据这类问题的特点和规律寻找简便的计数方法,就像乘法作为加法的简便运算一样;二是注意应用两个计数原理思考和解决问题。

6.2.4　二项式定理

二项式定理给出了二项式幂的展开式的系数。下面先用个例子来说明为什么有这个定理。

例如，$(x+y)^3$ 的展开式可以使用组合推理而不是用三个项的乘积直接展开来得到。当展开 $(x+y)^3=(x+y)(x+y)(x+y)$ 时，把所有由第一个和的一项、第二个和的一项与第三个和的一项产生的乘积加起来，从而出现了形如 x^3、x^2y、xy^2 和 y^3 的项。为了得到形如 x^3 的项，在每个 $(x+y)$ 里必须选择一个 x，只有一种方式实现这一点。因此，x^3 项的系数是 1。为得到形如 x^2y 的项，必须从 3 个 $(x+y)$ 中选 2 个提供 x，另一个 $(x+y)$ 提供 y。因此，x^2y 的系数是 3 个个体的 2-组合数，即 $C(3, 2)=\dbinom{3}{2}=3$。

类似地，xy^2 的系数是 $C(3, 1)=\dbinom{3}{1}=3$，y^3 的系数是 1，因此得到

$$(x+y)^3=x^3+3x^2y+3xy^2+y^3$$

定理 6.2.7（二项式定理）　设 n 是正整数，对一切 x 和 y，有

$$(x+y)^n=\sum_{k=0}^{n}\binom{n}{k}x^ky^{n-k}$$

证明一　对 n 进行数学归纳。

当 $n=1$ 时，左边 $=x+y$，右边 $=\dbinom{1}{0}x^0y^1+\dbinom{1}{1}x^1y^0=x+y$，命题为真。

假设对于 n 命题为真，即 $(x+y)^n=\sum\limits_{k=0}^{n}\dbinom{n}{k}x^ky^{n-k}$，那么

$$
\begin{aligned}
(x+y)^{n+1} &=x\sum_{k=0}^{n}\binom{n}{k}x^ky^{n-k}+y\sum_{k=0}^{n}\binom{n}{k}x^ky^{n-k}\\
&=x^{n+1}+\sum_{k=0}^{n-1}\binom{n}{k}x^{k+1}y^{n-k}+\sum_{k=1}^{n}\binom{n}{k}x^ky^{n-k+1}+y^{n+1}\\
&=x^{n+1}+\sum_{k=1}^{n}\binom{n}{k-1}x^ky^{n+1-k}+\sum_{k=1}^{n}\binom{n}{k}x^ky^{n-k+1}+y^{n+1}\\
&=\binom{n+1}{0}x^0y^{n+1}+\sum_{k=1}^{n}\left[\binom{n}{k-1}+\binom{n}{k}\right]x^ky^{n+1-k}+\binom{n+1}{n+1}x^{n+1}y^0\\
&=\sum_{k=0}^{n+1}\binom{n+1}{k}x^ky^{n+1-k}
\end{aligned}
$$

根据数学归纳法，命题得证。◀

注意，在以上证明最后一步的化简中使用了帕斯卡恒等式。下面给出另一个更加简洁的证明——组合证明。

证明二　组合证明。

当乘积被展开时其中的项都是下述形式：x^ky^{n-k}，$k=0,1,2,\cdots,n$。而构成形如 x^ky^{n-k} 的项，必须从 n 个 $(x+y)$ 中选 k 个提供 x，其他的 $n-k$ 个提供 y。因此，x^ky^{n-k} 的系数是 $C(n, k)=C(n, n-k)=\dbinom{n}{k}$，定理得证。

利用二项式定理可以计算二项展开式中某些项的系数。◀

例 6.2.11 $(x+y)^4$ 的展开式是什么？

$$(x+y)^4 = \sum_{k=0}^{4} \binom{4}{k} x^k y^{4-k} = \binom{4}{0} y^4 + \binom{4}{1} xy^3 + \binom{4}{2} x^2 y^2 + \binom{4}{3} x^3 y + \binom{4}{4} x^4$$

$$= x^4 + 4x^3 y + 6x^2 y^2 + 4xy^3 + y^4$$

例 6.2.12 求在 $(2x-3y)^{25}$ 的展开式 $x^{12}y^{13}$ 的系数。

解 由二项式定理

$$(2x+(-3y))^{25} = \sum_{i=0}^{n} \binom{25}{i} (2x)^{25-i} (-3y)^i$$

令 $i=13$ 得到展开式中 $x^{12}y^{13}$ 的系数，即

$$\binom{25}{13} 2^{12} (-3)^{13} = -\frac{25!}{13!\,12!} 2^{12} 3^{13}$$

6.3 容斥原理

容斥原理是一个重要的组合计数定理，主要解决有限集合中具有某些性质或者不具有某些性质的元素的计数问题。下面我们讨论容斥原理的基本形式及其应用。

考虑下面的几个例子。

例 6.3.1 一个离散数学班包含 40 个计算机专业的学生，23 个数学专业的学生和 8 个同时修数学和计算机双专业的学生。问这个班有多少个学生？

解 设 A 是这个班里计算机专业的学生集合，B 是这个班里数学专业的学生集合。那么，$A \cap B$ 是班里修数学和计算机双专业的学生集合。因为这个班的每个学生既可以修数学，也可以修计算机，还可以同时修两个专业，因此班级的学生总人数是

$$|A \cup B| = |A| + |B| - |A \cap B| = 40 + 23 - 8 = 55$$

因此这个班有 55 个学生，图 6.3.1 表示出了几个集合的关系。

图 6.3.1 例 6.3.1 图

下面再举例说明如何求有穷集中在两个集合的并集之外的元素数。

例 6.3.2 设集合 $S=\{1, 2, 3\}$，求 S 上既不是对称，也不是反对称的关系个数。

解 先计算 S 中的关系总数，等于 $2^{3^2} = 2^9 = 512$。然后计算 S 中对称关系的个数，根据第 4 章，这个数等于 $2^{\frac{3^2+3}{2}} = 2^6 = 64$。接着，计算反对称关系的个数，等于 $2^3 \times 3^{\frac{3^2-3}{2}} =$

$2^3 \times 3^3 = 216$。最后还需要知道既对称也反对称的关系的个数，等于 $2^3 = 8$ 个。为了得到所求的结果，应该从关系总数中减去对称关系的个数和反对称关系的个数。但是同时具有对称性和反对称性的关系被减去了 2 次，因此需要在上述结果中再加上这种关系的个数，最终得到如下结果：

$$512 - (64 + 216) + 8 = 240$$

对于有限集合的元素个数的计数问题有下面的定理。 ◄

定理 6.3.1 设 A_1、A_2 为有限集合，其元素个数为 $|A_1|$、$|A_2|$，则

$$|A_1 \cup A_2| = |A_1| + |A_2| - |A_1 \cap A_2|$$

证明 1）当 A_1、A_2 不相交时，即 $A_1 \cap A_2 = \varnothing$，则

$$|A_1 \cup A_2| = |A_1| + |A_2|$$

2）当 $A_1 \cap A_2 \neq \varnothing$，则

$$|A_1| = |A_1 \cap \sim A_2| + |A_1 \cap A_2|$$

$$|A_2| = |\sim A_1 \cap A_2| + |A_1 \cap A_2|$$

因而

$$|A_1| + |A_2| = |A_1 \cap \sim A_2| + |\sim A_1 \cap A_2| + 2 \times |A_1 \cap A_2|$$

$$= |A_1 \cup A_2| + |A_1 \cap A_2|$$

所以

$$|A_1 \cup A_2| = |A_1| + |A_2| - |A_1 \cap A_2|$$

这个定理称为**容斥原理**。 ◄

对于任意三个集合 A_1、A_2 和 A_3，有

$$|A_1 \cup A_2 \cup A_3| = |A_1| + |A_2| + |A_3| - |A_1 \cap A_2| -$$
$$|A_1 \cap A_3| - |A_2 \cap A_3| + |A_1 \cap A_2 \cap A_3|$$

推广到 n 个集合的容斥原理如下。

定理 6.3.2 设 $A_1, A_2, \cdots, A_n$ 是有限集合，其元素个数分别为 $|A_1|$，$|A_2|$，$\cdots$，$|A_n|$，则

$$|A_1 \cup A_2 \cup \cdots \cup A_n| = \sum_{1 \leqslant i \leqslant n} |A_i| - \sum_{1 \leqslant i < j \leqslant n} |A_i \cap A_j| +$$
$$\sum_{1 \leqslant i < j < k \leqslant n} |A_i \cap A_j \cap A_k| - \cdots + (-1)^{n+1} |A_1 \cap A_2 \cap \cdots \cap A_n|$$

证明 可以使用数学归纳法对 n 进行归纳，也可以使用组合分析的方法，这里给出的是组合分析的方法。通过证明并集中的每个元素在等式右边恰好被计数 1 次来证明这个公式。

假设 a 恰好是 $A_1, A_2, \cdots, A_n$ 中 r 个集合的成员，其中 $1 \leqslant r \leqslant n$。这个元素 a 被 $\sum\limits_{1 \leqslant i \leqslant n} |A_i|$ 计数了 $\binom{r}{1}$ 次，被 $\sum\limits_{1 \leqslant i < j \leqslant n} |A_i \cap A_j|$ 计数了 $\binom{r}{2}$ 次，被 $\sum\limits_{1 \leqslant i < j < k \leqslant n} |A_i \cap A_j \cap A_k|$ 计数了 $\binom{r}{3}$ 次。

一般来说，它被涉及 m 个 A_i 集合的求和计数了 $\binom{r}{m}$ 次。于是，这个元素恰好被等式右边

的表达式计数了 $\binom{r}{1} - \binom{r}{2} + \binom{r}{3} - \cdots + (-1)^{r+1}\binom{r}{r}$ 次。现在来求出这个值。由组合恒等式的公式：

$$\sum_{k=0}^{r} (-1)^k \binom{r}{k} = \binom{r}{0} - \binom{r}{1} + \binom{r}{2} - \cdots + (-1)^r \binom{r}{r} = 0$$

于是

$$\binom{r}{1} - \binom{r}{2} + \binom{r}{3} - \cdots + (-1)^{r+1}\binom{r}{r} = \binom{r}{0} = 1$$

因此，并集中的每个元素在等式右边的表达式中恰好被计数 1 次。这就证明了容斥原理。◀

其实在集合 $A_1, A_2, \cdots, A_n$ 两两不相交时，可以得到

$$|A_1 \cup A_2 \cup \cdots \cup A_n| = \sum_{i=1}^{n} |A_i|$$

这实际上就是本章开头讲的加法法则，因此可以说容斥原理是加法法则的推广。

对于每个正整数 n，容斥原理对于 n 个集合并集的元素数给出了一个公式。对于 n 个集合的集合族的每一个非空子集，在这个公式中都存在一项计数了它的元素。因此在这个公式中有 $2^n - 1$ 项。

例 6.3.3　对于 4 个集合的并集中的元素数给出一个公式。

解　应用容斥原理

$$\begin{aligned}
|A_1 \cup A_2 \cup A_3 \cup A_4| = {} & |A_1| + |A_2| + |A_3| + |A_4| - \\
& |A_1 \cap A_2| - |A_1 \cap A_3| - |A_1 \cap A_4| - |A_2 \cap A_3| - |A_2 \cap A_4| - \\
& |A_3 \cap A_4| + |A_1 \cap A_2 \cap A_3| + |A_1 \cap A_2 \cap A_4| + |A_1 \cap A_3 \cap A_4| + \\
& |A_2 \cap A_3 \cap A_4| - |A_1 \cap A_2 \cap A_3 \cap A_4|
\end{aligned}$$

这个公式包含 15 个不同的项，对于 $\{A_1, A_2, A_3, A_4\}$ 的每个非空子集都有一项。◀

下面讨论容斥原理另一种表述形式，它在计数问题中是很有用的。特别是用于求解集合中不具有任何性质的元素数。

定理 6.3.3　设集合 S 是有穷集，其中的元素往往具有不同的性质，现在假设有 n 种性质 $P_1, P_2, \cdots, P_n$，它们组成一个性质集合，即

$$P = \{P_1, P_2, \cdots, P_n\}$$

令 A_i 表示 S 中具有性质 P_i 的元素所组成的子集合，其元素个数记为 $N(P_i)$。这样 $A_i \cap A_j$ 表示 S 中同时具有性质 P_i 和 P_j 的元素所组成的子集，其元素个数记为 $N(P_i, P_j)$，因此有

$$|A_1 \cap A_2 \cap \cdots \cap A_n| = N(P_1, P_2, \cdots, P_n)$$

$\overline{A_1} \cap \overline{A_2} \cap \cdots \cap \overline{A_n}$ 表示 S 中不具有任何性质（指集合 P 中的性质）的子集，其元素数为

$$N(\overline{P_1}, \overline{P_2}, \cdots, \overline{P_n}) = |\overline{A_1} \cap \overline{A_2} \cap \cdots \cap \overline{A_n}| = |S| - |A_1 \cup A_2 \cup \cdots \cup A_n|$$

由容斥原理得

$$N(\overline{P_1}, \overline{P_2}, \cdots, \overline{P_n}) = |\overline{A_1} \cap \overline{A_2} \cap \cdots \cap \overline{A_n}| = |S| - \sum_{1 \le i \le n} |A_i| + \sum_{1 \le i < j \le n} |A_i \cap A_j| - $$

$$\sum_{1 \le i < j < k \le n} |A_i \cap A_j \cap A_k| + \cdots + (-1)^n |A_1 \cap A_2 \cap \cdots \cap A_n|$$

这就是容斥原理的另一种形式,有时也称作**逐步淘汰原理**。

下面用例子来进一步说明容斥原理的应用。

例 6.3.4 求不超过 120 的素数个数。

解 因为 $11^2 = 121$,不超过 120 的合数至少含有 2、3、5 或者 7 这几个素因子之一。先求在 $1 \sim 120$ 之间不能被 2、3、5 或 7 整除的整数。由于 2、3、5、7 本身是素数,而 1 不是素数,因此需要在上述整数中加上 2、3、5、7,再去掉 1。设

$$S = \{x \,|\, x \in \mathbb{Z}, \ 1 \le x \le 120\}$$
$$A_1 = \{x \,|\, x \in S, \ x \text{ 是 2 的倍数}\}$$
$$A_2 = \{x \,|\, x \in S, \ x \text{ 是 3 的倍数}\}$$
$$A_3 = \{x \,|\, x \in S, \ x \text{ 是 5 的倍数}\}$$
$$A_4 = \{x \,|\, x \in S, \ x \text{ 是 7 的倍数}\}$$

那么 $|S| = 120, |A_1| = 60, |A_2| = 40, |A_3| = 24, |A_4| = 17, |A_1 \cap A_2| = 20, |A_1 \cap A_3| = 12, |A_1 \cap A_4| = 8, |A_2 \cap A_3| = 8, |A_2 \cap A_4| = 5, |A_3 \cap A_4| = 3, |A_1 \cap A_2 \cap A_3| = 4, |A_1 \cap A_2 \cap A_4| = 2, |A_1 \cap A_3 \cap A_4| = 1, |A_2 \cap A_3 \cap A_4| = 1, |A_1 \cap A_2 \cap A_3 \cap A_4| = 0$。
根据容斥原理

$$|\overline{A_1} \cap \overline{A_2} \cap \overline{A_3} \cap \overline{A_4}|$$
$$= 120 - (60 + 40 + 24 + 17) + (20 + 12 + 8 + 8 + 5 + 3) - (4 + 2 + 1 + 1) + 0$$
$$= 120 - 141 + 56 - 8$$
$$= 27$$

因此,不超过 120 的素数个数是 $27 + 3 = 30$。 ◀

例 6.3.5 求数字 $1, 2, 3, \cdots, 9$ 组成的无重全排列中不出现数字串 123,248,369 的排列的个数。

解 设性质 P_1、P_2、P_3 分别表示在全排列中出现数字串 123、248、369。

出现数字串 123 的全排列,相当于把 123 看作一个整体和其余六个数字组成的全排列,所以 $N(P_1) = 7!$。同样,我们有 $N(P_2) = N(P_3) = 7!$。

因为数字串 123 和 248 不可能在同一个无重复排列中出现,所以

$$N(P_1, P_2) = N(P_1, P_2, P_3) = 0$$

因为数字串 123 和 369 只能作为数字串 12369 才能在全排列中同时出现,所以 $N(P_1, P_3) = 5!$。数字串 248 和 369 可以在同一全排列中的任意位置上出现,所以 $N(P_2, P_3) = 5!$。

这样由容斥原理可得所求的全排列个数为

$$N(\overline{P_1}, \overline{P_2}, \overline{P_3}) = 9! - (7! + 7! + 7!) + (0 + 5! + 5!) - 0 = 348\,000$$ ◀

例 6.3.6 数论中欧拉(Euler)函数 $\varphi(n)$ 定义为小于 n 且与 n 互素的数的个数。例如

$\varphi(12)=4$，因为与 12 互素的数有 1、5、7、11。这里认为 $\varphi(1)=1$。若 $n=p_1^{a_1}p_2^{a_2}\cdots p_k^{a_k}$ 为 n 的素因子分解式，这里 $p_1,p_2,\cdots,p_k$ 是全不相同的素数，$a_1,a_2,\cdots,a_k$ 正整数，求 $\varphi(n)$ 的计算公式。

解　设
$$A_i=\{x\,|\,0\leqslant x\leqslant n-1\text{ 且 }p_i\text{ 整除 }x\}$$
那么
$$\varphi(n)=|\overline{A_1}\cap\overline{A_2}\cap\cdots\cap\overline{A_k}|$$

下面计算等式右边的各项。
$$|A_i|=\frac{n}{p_i}\quad i=1,2,\cdots,k$$
$$|A_i\cap A_j|=\frac{n}{p_ip_j}\quad 1\leqslant i<j\leqslant n$$
$$\vdots$$
$$|A_1\cap A_2\cap\cdots\cap A_k|=\frac{n}{p_1p_2\cdots p_k}$$

根据容斥原理
$$\varphi(n)=|\overline{A_1}\cap\overline{A_2}\cap\cdots\cap\overline{A_k}|$$
$$=n-\left(\frac{n}{p_1}+\frac{n}{p_2}+\cdots+\frac{n}{p_k}\right)+\left(\frac{n}{p_1p_2}+\frac{n}{p_1p_3}+\cdots+\frac{n}{p_{k-1}p_k}\right)-\cdots+(-1)^k\frac{n}{p_1p_2\cdots p_k}$$
$$=n\left(1-\frac{1}{p_1}\right)\left(1-\frac{1}{p_2}\right)\cdots\left(1-\frac{1}{p_k}\right)$$

例如，$\varphi(30)=30\left(1-\frac{1}{2}\right)\left(1-\frac{1}{3}\right)\left(1-\frac{1}{5}\right)=30\times\frac{1}{2}\times\frac{2}{3}\times\frac{4}{5}=8$，所以小于 30 且与 30 互素的正整数有 8 个，它们是 1、7、11、13、17、19、23、29。◀

最后给出另一种计算有限集计数的方法——结合文氏图设未知数解方程的方法。

例 6.3.7　对 24 名科技人员进行掌握外语情况的调查，统计如下：会讲英语、日语、德语、法语的人分别为 15、3、10、9。同时会讲英语、日语的有 2 人，同时会讲英语和德语，或者同时会英语和法语，或者同时会讲德语和法语的人数均为 4 人，会讲日语的人既不懂法语也不懂德语，求：1）只会讲一门外语的人数分别是多少？2）同时会讲英语、德语、法语的人有多少？

解　设 A、B、C、D 分别表示会英语、法语、德语、日语的人的集合，同时会讲英语、法语、德语三种语言的有 x 人；只会英语、法语、德语、日语四种语言中一种的分别为 y_1、y_2、y_3、y_4。画出文氏图 6.3.2。

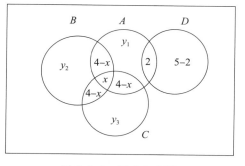

图 6.3.2　例 6.3.7 图

分别按 A、B、C、D 及总人数列出方程组：
会英、法的为 $4-x$；会英、德的为 $4-x$，会德、法的也为 $4-x$，因而

$$|A|: y_1 + 2(4-x) + x + 2 = 15$$
$$|B|: y_2 + 2(4-x) + x = 9$$
$$|C|: y_3 + 2(4-x) + x = 10$$
$$|D|: y_4 + 2 = 3$$
$$y_1 + y_2 + y_3 + 3(4-x) + x + 3 = 24$$

联立成方程组,解得 $x=1$,$y_1=6$,$y_2=2$,$y_3=3$,$y_4=1$。

所以,只会讲英语的有 6 人,只会讲法语的有 2 人,只会讲德语的有 3 人,只会讲日语中的有 1 人,同时会讲英语、德语、法语的人有 1 人。

通过以上例子可以看出,容斥原理的两种形式中,第一种比较直观,而在使用容斥原理的第二种形式时,往往先设定有穷集合 S,然后定义 S 中的若干条性质。这些性质应该与题目所要求元素具有的性质恰好相反,同时这些性质应该是彼此独立的。换句话说,在计数具有某种性质的元素时,与这些元素是否具有其他性质无关。

6.4 鸽巢原理

鸽巢原理在组合数学中占据着非常重要的地位,它常被用来证明一些关于存在性的数学问题,并且在数论和密码学中也有着广泛的应用。

定理 6.4.1(鸽巢原理) 如果有 $n+1$ 只鸽子住进 n 个鸽巢,则至少有一个鸽巢住进至少 2 只鸽子。

证明 假设每个鸽巢至多住进 1 只鸽子,则 n 个鸽巢至多住进 n 只鸽子,这与有 $n+1$ 只鸽子矛盾,所以存在一个鸽巢至少住进 2 只鸽子。

鸽巢原理又称为**抽屉原理**。

例 6.4.1 抽屉里有 10 只红色小球和 10 只蓝色小球,随机地取出小球,问必须取多少只小球才能保证至少有 2 只小球的颜色相同?

解 把颜色看作鸽巢,两种颜色看成有两个鸽巢,小球看成鸽子。因为有两个鸽巢,根据鸽巢原理,取 3 只小球能保证至少有 2 只小球的颜色相同。

例 6.4.2 在边长为 2 的正三角形中任意放 5 个点,证明至少有两个点之间的距离不大于 1。

解 如图 6.4.1 所示,在三角形三条边的中点之间连线,把整个三角形划分成四个边长为 1 的小三角形。根据鸽巢原理,5 个点中至少有两个点落入同一个小三角形里,而这两个点之间的距离一定小于等于 1。

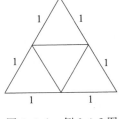

图 6.4.1 例 6.4.2 图

鸽巢原理指出,当鸽子数比鸽巢数大时,至少有 2 只鸽子住进同一个鸽巢。鸽巢原理的推广是关于鸽子数比鸽巢数的倍数大的情况。

定理 6.4.2 如果有 n 只鸽子住进 $m(n>m)$ 个鸽巢,则至少有一个鸽巢住进至少 $\lceil n/m \rceil$ 只鸽子。

证明 假设没有鸽巢住进多于 $\lceil n/m \rceil - 1$ 只鸽子,则鸽子的总数至多为

$$m\left(\left\lceil\frac{n}{m}\right\rceil-1\right)<m\left(\left(\frac{n}{m}+1\right)-1\right)=n$$

这与有 n 只鸽子矛盾。◀

例 6.4.3　一个班有 50 名学生，至少有多少个人出生在同一个月？

解　至少有 $\lceil 50/12 \rceil=5$ 个人出生在同一个月。◀

例 6.4.4　有一副标准的 52 张的扑克牌，回答下列问题：

1）必须选多少张才能保证选出的牌中至少有 3 张是同样的花色？

2）必须选多少张才能保证选出的牌中至少有 3 张是红心？

解　1）扑克牌有 4 种花色，用 4 个盒子存放 4 种花色的扑克牌，选中的同种花色的扑克牌放在一个盒子里，这里的盒子就是鸽巢，扑克牌是鸽子。根据定理 6.4.2，如果选了 n 张牌，则至少有一个盒子里有至少 $\lceil n/4 \rceil$ 张牌。如果选的牌至少有 3 张是同样的花色，则 $\lceil n/4 \rceil \geqslant 3$，即 $n=2\times 4+1=9$。所以选 9 张牌就可以了。

2）因为要保证选出的牌中至少有 3 张是红心，回答这个问题要考虑到最坏情况，就是在选到的牌是红心前，可能选了所有其他 3 种花色的牌，即选了 39 张牌后才选红心的牌，接下来选的都是红心。因此要选 42 张牌，才能有 3 张牌是红心。◀

习题

1. 设一个标识符由 3 个字符组成，第 1 个字符由 a、b、c 之一组成，第 2 个字符由 1、2 之一组成，第 3 个字符由 c、d 之一组成，问有多少产生方式？

2. 从去掉大小王的 52 张扑克牌中取出 5 张牌，若其中有 4 张点数一样，则有多少种取法？

3. 由 4 种颜色的圆形图案和 20 种不同的花排成如下的图案：两边各一个圆形图案，中间是 3 朵花。问有多少这样的图案？

4. 排列 26 个字母，使得在 a 和 b 之间正好有 7 个字母，问有多少排法？

5. 有多少个十进制 3 位数的数字恰有一个 8 和一个 9？

6. 在 5 天内安排 3 门课程的考试，

   1）若每天只允许考 1 门，有多少种方法？

   2）若不限制考试的门数，有多少种方法？

7. 8 位女士和 8 位男士围着一张圆桌就餐，要求女士和先生交替就座，问有多少种可能的安排方案？

8. 用数字 0、1、2、3、4、5 能组成多少个没有重复数字且比 34 521 大的 5 位数？

9. 从 $1,2,\cdots,300$ 之中任取 3 个数，使得它们的和能被 3 整除，问有多少种方法？

10. 假设计算机系统的每个用户有一个 4～6 个字符的登录密码，每个字符是大写字母或者十进制数字，且每个密码必须至少包含一个数字。问有多少个可能的登录密码？

11. 有 4 只篮球、3 只红球、2 只黄球排成一列，若黄球不相邻，则有多少种方法？

12. 1）求 $(x+y)^{25}$ 中 $x^{12}y^{13}$ 的系数；

    2）求 $(x+2y-4z)^6$ 中 x^3y^2z 的系数。

13. 求和 $\sum\limits_{k=0}^{n}\binom{2n-k}{n-k}$。

14. 用二项式定理求 11^4。

15. 证明：

(1) $\displaystyle\sum_{k=0}^{n} \binom{n}{k} 2^k = 3^n$

(2) $\displaystyle\sum_{k=0}^{n} (-1)^k \binom{n}{k} 3^{n-k} = 2^n$

(3) $\displaystyle\sum_{k=1}^{n+1} \frac{1}{k} \binom{n}{k-1} = \frac{2^{n+1}-1}{n+1}$

16. 证明组合恒等式：

(1) $\displaystyle\sum_{k=2}^{n-1} (n-k)^2 \binom{n-1}{n-k} = n(n-1)2^{n-3} - (n-1)^2$

(2) $\displaystyle\sum_{k=r}^{n} (-1)^k \binom{n}{k} \binom{k}{r} = 0$

17. 在 1~10 000 之间(包括 1 和 10 000 在内)不能被 4、5 和 6 整除的数有多少个？

18. 求小于 10 000 的正整数中含有数字 0 的数的个数。

19. 一个学校有 507、292、312、344 名学生分别选了音乐欣赏、食品与营养、插花艺术和艺术体操课，且有 14 名学生同时选了音乐欣赏和插花艺术课，213 名学生同时选了音乐欣赏和艺术体操课，211 名学生同时选了食品与营养和插花艺术课，43 名学生同时选了食品与营养和艺术体操课，没有学生同时选音乐欣赏和食品与营养课，也没有学生同时选插花艺术和艺术体操课。问有多少学生在音乐欣赏、食品与营养、插花艺术或艺术体操中选了课？

20. 求在 1~250 之间(包括 1 和 10 000 在内)能被 2、3 和 5 中任何一个数整除的数的个数。

21. 有 32 名学生，其中 30 人喜欢跳舞，14 人喜欢武术，每人至少喜欢跳舞和武术中的一种，则两种运动都喜欢的学生有多少，只喜欢一种的有多少？

22. 把 15 个人分到 3 个不同的房间，每个房间至少有 1 个人，问有多少种分法？

23. 一个班的 60 个学生参加物理、化学、生物课外小组活动。25 人参加物理小组，26 人参加化学小组，26 人参加生物小组。9 人既参加物理小组又参加生物小组，11 人既参加物理小组又参加化学小组，8 人既参加化学小组又参加生物小组，还有 8 人什么小组也不参加，问：有多少人三个小组均参加？

24. 设由某项调查发现学生阅读杂志的情况如下：
60% 阅读甲类杂志；50% 阅读乙类杂志；50% 阅读丙类杂志；30% 阅读甲类杂志与乙类杂志；30% 阅读乙类杂志与丙类杂志；30% 阅读甲类杂志与丙类杂志；10% 阅读甲、乙、丙类杂志。
试求：
(1)确实阅读两类杂志的百分比；
(2)不阅读任何杂志的百分比。

第7章 高级计数技术

许多计数问题用第 6 章的方法是不容易求解的。比如有些计数问题往往与求一个数列的通项有关，但在一些复杂的特定条件下，直接求出数列的通项公式较为困难。而在同样条件下，写出该数列相邻项之间的关系，再利用一定的方法和技巧，却往往能很容易地得到所要的结论。另外，如果将计数有关的离散数列同多项式或幂级数的系数一一对应起来，就可以用数学分析方法去研究这一数列。因此，本章讨论高级计数技术，介绍几种重要的高级计数方法。首先讨论递推方程的求解及其在组合计数中的应用，然后讨论生成函数的概念与性质，并使用生成函数解决一些重要的组合计数问题。

7.1 递推方程

定义 7.1.1 设序列 $a_0, a_1, \cdots, a_n, \cdots$ 简记为 $\{a_n\}$。把 a_n 用序列中在 a_n 前面的一项或多项 $a_i (i < n)$ 表示，该等式称作关于序列 $\{a_n\}$ 的**递推方程**。

利用递推方程建立数学模型，就是针对要求解的问题建立递归关系式，下面从一个古老而典型的例子开始讨论。

例 7.1.1 13 世纪的意大利数学家斐波那契（Fibonacci）提出了一个有趣的兔子繁殖问题。在一个岛上放了一对刚出生的兔子，其中一只公兔，一只母兔，经过两个月长成，长成后即可生育。假设每对兔子每个月都可以生出一对小兔，且新生的小兔也是一只公兔和一只母兔。如果兔子不会死去，也不会被运走，问在第 12 个月时岛上有多少对兔子？

解 用 f_n 表示第 n 个月初的兔子对数，n 是正整数。那么

$f_1 = 1$	最初的兔子对数，第 1 个月的兔子对数
$f_2 = 1$	第 2 个月的兔子对数
$f_3 = 1 + 1 = 2$	最初的一对加上它们的后代
$f_4 = 2 + 1 = 3$	第 3 个月的 2 对加上最初的一对的后代
$f_5 = 3 + 2 = 5$	第 4 个月的 3 对加上第 3 个月 2 对的后代
$f_6 = 5 + 3 = 8$	第 5 个月的 5 对加上第 4 个月 3 对的后代
$\vdots$	
$f_{12} = 89 + 55 = 144$	第 11 个月的 89 对加上第 10 个月 55 对的后代

在第 12 个月时岛上共有 144 对兔子。一般地，斐波那契数列满足下列递推方程：

$$\begin{cases} f_1 = 1 \\ f_2 = 1 \\ \vdots \\ f_n = f_{n-1} + f_{n-2} \end{cases}$$

数列 $f_1, f_2, \cdots, f_n, \cdots$ 称作**斐波那契数列**，其中的每一个数也称作斐波那契数。 ◀

例 7.1.2 在股票投资中，复合利息的作用是强大的。据说"股神"沃伦·巴菲特 (Warren Buffett) 以年平均 30% 的复利战胜市场，从而成为举世瞩目的价值投资大师。假设他的初始投资为 10 000 美元，年投资收益的复利是 30%，那么在 30 年后账上的总资产有多少钱？

解 令 P_n 表示 n 年后的总资产数。因为 n 年后账上的资产总额等于 $n-1$ 年账上的总资产加上第 n 年的投资收益，容易知道序列 $\{P_n\}$ 满足递推关系

$$P_n = P_{n-1} + 0.3 P_{n-1}$$

初始条件是 $P_0 = 10\,000$，可以知道

$$P_1 = P_0 + 0.3 P_0 = 1.3 P_0$$

$$P_2 = P_1 + 0.3 P_1 = 1.3 P_1 = 1.3^2 P_0$$

$$\vdots$$

$$P_n = P_{n-1} + 0.3 P_{n-1} = 1.3 P_{n-1} = 1.3^n P_0$$

代入初始条件，得

$$P_n = 1.3^n \times 10\,000$$

将 $n=30$ 代入，$P_{30} = 1.3^{30} \times 10\,000 \approx 26\,199\,956.44$ 美元。 ◀

例 7.1.3 对 n 个数的数组 A 进行排序，对下面的顺序插入排序算法，估计它在最坏情况下的时间复杂度 $W(n)$。

算法 insertsort(A, n)

1.   for $j \leftarrow 2$ to n
2.   do $x \leftarrow A[j]$
3. $i \leftarrow j-1$
4.   while $i > 0$ and $A[i] > x$
5.   do $A[i+1] \leftarrow A[i]$
6. $A[i] \leftarrow x$
7. $i = i-1$

解 对 n 个数的数组 A 进行排序，算法对 A 的第一个数不需做任何操作；对第二个数，和第一个数比较，如果大于第一个数则两数交换位置；算法将第三个数插入排好序的前两个数组成的子数组中，最多需要比较 2 次，将第 j 个数插入已排好的 $j-1$ 个数的子数组中，则最多需要比较 $j-1$ 次。因此对 n 个数的数组，最坏情况下的比较次数 $W(n)$ 满足如下递推方程

$$W(n) = W(n-1) + n-1$$

这个方程的初值 $W(1) = 0$。后面将证明这个方程的解是 $W(n) = n(n-1)/2$。 ◀

例 7.1.4 汉诺 (Hanoi) 塔。

19 世纪后期一个著名的游戏叫汉诺塔，图 7.1.1 中，有 A、B、C 三个柱子，在 A 柱上放着 n 个圆盘

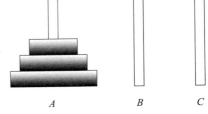

图 7.1.1 例 7.1.4 图

（图中 $n=3$），其中小圆盘放在大圆盘的上边。游戏的目标是从 A 柱将这些圆盘移到 C 柱上去。把一个圆盘从一个柱子移到另一个柱子称作一次移动，在移动和放置时允许使用 B 柱，但不允许大圆盘放到小圆盘的上面。问把所有的圆盘从 A 移到 C 总计需要多少次移动？

解　用递归方法求解，可以分三步解决这个问题。设使用上述方法移动 n 个盘子的总次数为 $T(n)$。第一步将 $n-1$ 个盘子从 A 柱移到 B 柱，移动次数为 $T(n-1)$；第二步利用 1 次移动将最下面的大盘子从 A 柱移到 C 柱；第三步还是用第一步的方法将 B 柱上的 $n-1$ 个盘子移到 C 柱，移动次数为 $T(n-1)$。因此得到递推方程

$$T(n)=2T(n-1)+1$$

这个方程的初值是 $T(1)=1$。后面将证明这个方程的解是 $T(n)=2^n-1$。　◀

据说古代在汉诺有一座塔，那里的僧侣按照这个游戏的规则从一个柱子到另外一个柱子移动 64 个金盘子，他们每秒钟移动 1 个盘子，当 64 个金盘子全部移完以后，世界末日就到了。那么这个世界将在僧侣们开始移动盘子多久以后终结？

需要移动的时间是 $2^{64}-1=18\,446\,744\,073\,709\,551\,615\text{s}$，因此，大约需 5000 亿年移完盘子。对于汉诺塔问题，盘子的个数 n 代表问题规模，$T(n)$ 代表求解规模为 n 的问题所做的基本运算次数，即代表了这种算法的效率。上述算法的 $T(n)$ 是 n 的指数函数。不难看出，指数函数的值随着自变量 n 的增加呈爆炸性增长。正如上面的计算所显示的，即使 CPU 在 1s 内可以计算 1 亿次移动，计算移动完 64 个盘子的时间也需要 5000 年。因此在处理实际问题时，设计算法通常不能选择指数时间的算法，为了对算法的效率做出估计，求解递推方程是经常使用的方法。

7.1.1　求解递推方程

以上给出的实例都需要求解递推方程。对于一类重要的递推方程可以用一种系统的方法明确求解，在这种递推方程中，序列的项由它的前项的线性组合来表示。下面分别讨论不同的求解方法。

7.1.2　常系数线性齐次递推方程的求解

常系数线性递推方程是一类常用的递推方程，可以使用公式法求解。先给出它的定义。

定义 7.1.2　设序列 $\langle G(n)\rangle$ 满足递推方程

$$\begin{cases} G(n)-a_1G(n-1)-a_2G(n-2)-\cdots-a_kG(n-k)=f(n) \\ G(0)=C_0,G(1)=C_1,G(2)=C_2,\cdots,G(k-1)=C_{k-1} \end{cases} \tag{7.1}$$

其中，$a_1,a_2,\cdots,a_k$ 为常数，$a_k\neq0$，则这个方程称为 **k 阶常系数线性递推方程**。C_0，$C_1,\cdots,C_{k-1}$ 为 k 个初值。当 $f(n)=0$ 时，即

$$G(n)=a_1G(n-1)+a_2G(n-2)+\cdots+a_kG(n-k)$$

称这个递推方程为**齐次方程**。

比如递推方程 $P_n=1.3P_{n-1}$ 是 1 阶的线性齐次递推方程，递推方程 $f_n=f_{n-1}+f_{n-2}$ 是 2 阶的线性齐次递推方程，递推方程 $a_n=a_{n-5}$ 是 5 阶的线性齐次递推方程。

而递推方程 $a_n = a_{n-1} + a_{n-2}^2$ 不是线性的，递推方程 $T(n) = 2T(n-1) + 1$ 不是齐次的，递推方程 $B_n = nB_{n-1}$ 不是常系数的。

为了说明常系数线性齐次递推方程的解的结构，需要引入特征根的概念。

定义 7.1.3　给定如下常系数线性齐次递推方程

$$G(n) - a_1 G(n-1) - a_2 G(n-2) - \cdots - a_k G(n-k) = 0 \qquad (7.2)$$

求解该方程的基本方法是找到形如 $G(n) = r^n$ 的解，其中 r 是常数，即 $r^n - a_1 r^{n-1} - a_2 r^{n-2} - \cdots - a_k r^{n-k} = 0$，等式两边同时除以 r^{n-k}，得 $r^k - a_1 r^{k-1} - a_2 r^{k-2} - \cdots - a_{k-1} r - a_k = 0$，因此将形如 $x^k - a_1 x^{k-1} - \cdots - a_k = 0$ 的方程称为该递推方程的**特征方程**，特征方程的根 r 称为递推方程的**特征根**。

定理 7.1.1　设 $g_1(n)$ 和 $g_2(n)$ 是递推方程(7.2)的两个解，c_1、c_2 为任意常数，则 $c_1 g_1(n) + c_2 g_2(n)$ 也是这个递推方程的解。

证明　将 $g_1(n)$、$g_2(n)$ 代入方程(7.2)得

$$g_1(n) = a_1 g_1(n-1) + a_2 g_1(n-2) + \cdots + a_k g_1(n-k)$$
$$g_2(n) = a_1 g_2(n-1) + a_2 g_2(n-2) + \cdots + a_k g_2(n-k)$$

从而可得

$$c_1 g_1(n) + c_2 g_2(n) = \sum_{i=1}^{k} a_i (c_1 g_1(n-i) + c_2 g_2(n-i))$$

因此，$c_1 g_1(n) + c_2 g_2(n)$ 也是这个递推方程的解。　◀

根据定理 7.1.1 不难得到以下推论。

推论　若 $r_1, r_2, \cdots, r_k$ 是递推方程(7.2)的特征根，则 $c_1 r_1^n + c_2 r_2^n + \cdots + c_k r_k^n$ 也是该递推方程的解，其中 $c_1, c_2, \cdots, c_k$ 是任意常数。

以上推论说明 $c_1 r_1^n + c_2 r_2^n + \cdots + c_k r_k^n$ 是递推方程的解。那么，除了这种形式的解以外，是否存在其他形式的解？为了解决这个问题，先定义通解。

定义 7.1.4　能够表示递推方程(7.2)的每个解 $g(n)$ 的表达式称为该递推方程的**通解**。

定理 7.1.2　设 $r_1, r_2, \cdots, r_k$ 是递推方程(7.2)不等的特征根，则 $g(n) = c_1 r_1^n + c_2 r_2^n + \cdots + c_k r_k^n$ 为该递推方程的通解，其中 $c_1, c_2, \cdots, c_k$ 是任意常数。

证明　略。　◀

有了上述定理，就可以方便地求解一些递推方程的显式解。

例 7.1.5　求下面递推方程的解：

$$a_n = a_{n-1} + 2a_{n-2}$$

其中，$a_0 = 2$，$a_1 = 7$。

解　递推方程的特征方程是 $x^2 - x - 2 = 0$，它的根是 2 和 -1。因此，递推方程的通解为

$$a_n = c_1 2^n + c_2 (-1)^n$$

c_1、c_2 是常数。将初值 $a_0 = 2$、$a_1 = 7$ 代入得

$$\begin{cases} c_1 + c_2 = 2 \\ c_1 \cdot 2 + c_2 (-1) = 7 \end{cases}$$

解得 $c_1 = 3$、$c_2 = -1$，从而得到递推方程的解为

$$a_n = 3 \cdot 2^n - (-1)^n$$

例 7.1.6　求解斐波那契数列的显式公式。

解　递推方程是 $f_n = f_{n-1} + f_{n-2}$，初值是 $f_1 = 1$、$f_2 = 1$。

特征方程是 $x^2 - x - 1 = 0$，求解得到特征根为 $\dfrac{1+\sqrt{5}}{2}$、$\dfrac{1-\sqrt{5}}{2}$。因此，递推方程的通解为

$$f_n = c_1\left(\frac{1+\sqrt{5}}{2}\right)^n + c_2\left(\frac{1-\sqrt{5}}{2}\right)^n$$

代入初值 $f_1 = 1$、$f_2 = 1$ 得

$$\begin{cases} c_1\left(\dfrac{1+\sqrt{5}}{2}\right) + c_2\left(\dfrac{1-\sqrt{5}}{2}\right) = 1 \\ c_1\left(\dfrac{1+\sqrt{5}}{2}\right)^2 + c_2\left(\dfrac{1-\sqrt{5}}{2}\right)^2 = 1 \end{cases}$$

解得 $c_1 = \dfrac{1}{\sqrt{5}}$、$c_2 = \dfrac{-1}{\sqrt{5}}$，从而得到递推方程的解为

$$f_n = \frac{1}{\sqrt{5}}\left(\frac{1+\sqrt{5}}{2}\right)^n - \frac{1}{\sqrt{5}}\left(\frac{1-\sqrt{5}}{2}\right)^n$$

递推方程(7.2)的特征根中如果存在重根，则以上定理不再适用，比如下面的例子。

例 7.1.7　解下列递推方程

$$\begin{cases} G(n) - 6G(n-1) + 9G(n-2) = 0 \\ G(0) = 1,\ G(1) = 6 \end{cases}$$

解　递推方程的特征方程是

$$x^2 - 6x + 9 = 0$$

解得两个重根 $x_1 = x_2 = 3$，从而得到递推方程的通解

$$G(n) = c_1 3^n + c_2 3^n = (c_1 + c_2)3^n = c 3^n$$

将初始条件 $G(0) = 1$、$G(1) = 6$ 代入，得

$$\begin{cases} c = 1 \\ 3c = 6 \end{cases}$$

此方程组无解。

造成无解的原因是当把对应这些特征根的项 r_i^n 进行线性组合时，那些对应于同一个重根的项就归并成一项。于是，当把这个通解代入初值时，所得到的线性方程组中方程的个数将比未知数的个数多，这样的方程组可能无解。

因此，必须改进上述方法，从而有了下面的定理。

定理 7.1.3　设 $r_1, r_2, \cdots, r_t$ 是递推方程(7.2)的不相等的特征根，且 r_i 的重数为 e_i，其中 $i = 1, 2, \cdots, t$。那么该递推方程的通解是

$$G(n) = G_1(n) + G_2(n) + \cdots + G_t(n)$$

其中

$$G_i(n) = (c_{i,1} + c_{i,2}n + \cdots + c_{i,e_i}n^{e_i-1})r_i^n, \quad i = 1, 2, \cdots, t,\ c_{i,1}, c_{i,2}, \cdots, c_{i,e_i}\ \text{为常数}$$

继续解例 7.1.7。

因为 3 是特征方程的两重根，根据定理 7.1.3，有

$$G_1(n) = (c_{1,1} + c_{1,2}n)3^n = c_{1,1}3^n + c_{1,2}n3^n$$

于是递推方程的通解是

$$G(n) = G_1(n) = c_{1,1}3^n + c_{1,2}n3^n$$

将初始条件 $G(0) = 1$、$G(1) = 6$ 代入，得

$$\begin{cases} c_{1,1} = 1 \\ 3c_{1,1} + 3c_{1,2} = 6 \end{cases}$$

解得 $c_{1,1} = 1$，$c_{1,2} = 1$，所以通解是 $G(n) = 3^n + n3^n$。◀

例 7.1.8 求解以下递推方程

$$\begin{cases} G(n) - 6G(n-1) + 12G(n-2) - 8G(n-3) = 0 \\ G(0) = -5, \ G(1) = 4, \ G(2) = 88 \end{cases}$$

解 特征方程 $x^3 - 6x^2 + 12x - 8 = 0$，即 $(x-2)^3 = 0$ 特征根是 2，其重数是 3，根据定理 7.1.3

$$G_1(n) = (c_{1,1} + c_{1,2}n + c_{1,3}n^2)2^n = c_{1,1}2^n + c_{1,2}n2^n + c_{1,3}n^2 2^n$$

通解为

$$G(n) = G_1(n) = c_{1,1}2^n + c_{1,2}n2^n + c_{1,3}n^2 2^n$$

代入初始条件，则有以下方程组

$$\begin{cases} c_{1,1} = -5 \\ 2c_{1,1} + 2c_{1,2} + 2c_{1,3} = 4 \\ 4c_{1,1} + 8c_{1,2} + 16c_{1,3} = 88 \end{cases}$$

解得 $c_{1,1} = -5$，$c_{1,2} = \dfrac{1}{2}$，$c_{1,3} = \dfrac{13}{2}$，原方程的解为

$$G(n) = (-5)2^n + \frac{1}{2}n2^n + \frac{13}{2}n^2 2^n = (-10 + n + 13n^2)2^{n-1}$$ ◀

7.1.3 常系数线性非齐次递推方程的求解

上一节讨论了求解常系数线性齐次递推方程的方法。那么如何求解形如 $G(n) = 3G(n-1) + 2n$ 这样的常系数线性非齐次递推方程呢？这就需要新的方法来解决。

首先，常系数线性非齐次递推方程的标准形是

$$G(n) - a_1 G(n-1) - \cdots - a_k G(n-k) = f(n) \tag{7.3}$$

其中，$n \geqslant k$，$a_k \neq 0$，$f(n) \neq 0$，$f(n)$ 是只依赖于 n 的函数。

将 $G(n) - a_1 G(n-1) - \cdots - a_k G(n-k) = 0$ 称作**相伴的线性齐次递推方程**，它在线性非齐次递推方程的求解中起了重要的作用。

定理 7.1.4 设 $\overline{G(n)}$ 是对应的相伴的线性齐次递推方程的通解，$G^*(n)$ 是方程(7.3)的一个特解，则

$$G(n) = \overline{G(n)} + G^*(n)$$

上式为递推方程(7.3)的通解。

证明　首先证明 $G(n)$ 是递推方程(7.3)的解。将 $G(n)$ 代入该递推方程得

$$\overline{[G(n)+G^*(n)]}-a_1\overline{[G(n-1)+G^*(n-1)]}-\cdots-a_k\overline{[G(n-k)+G^*(n-k)]}$$

$$=[\overline{G(n)}-a_1\overline{G(n-1)}-a_k\overline{G(n-k)}]+[G^*(n)-a_1G^*(n-1)-\cdots-a_kG^*(n-k)]$$

$$=0+f(n)$$

$$=f(n)$$

因此，$G(n)$ 是递推方程(7.3)的解，下面证明这个解是通解。　　◀

设 $g(n)$ 是解，为证 $G(n)$ 为通解，只需证明 $g(n)$ 可以表示为对应相伴的线性齐次递推方程的一个解与特解 $G^*(n)$ 之和。因为 $g(n)$ 与 $G^*(n)$ 都是递推方程(7.3)的解，因此

$$g(n)-a_1g(a-1)-\cdots-a_kg(n-k)=f(n)$$

$$G^*(n)-a_1G^*(n-1)-\cdots-a_kG^*(n-k)=f(n)$$

将以上两个式子相减得

$$[g(n)-G^*(n)]-a_1[g(n-1)-G^*(n-1)]-\cdots-a_1[g(n-k)-G^*(n-k)]=0$$

说明 $g(n)-G^*(n)$ 是对应相伴的线性齐次递推方程的一个解，比如 $\overline{G_1(n)}$，则 $\overline{G_1(n)}=g(n)-G^*(n)$，换句话说，$g(n)$ 是对应相伴的线性齐次递推方程的一个解与特解 $G^*(n)$ 之和，因此对所有的 n，$G(n)=\overline{G(n)}+G^*(n)$。

定理 7.1.4 说明递推方程(7.3)的通解结构是对应相伴的线性齐次递推方程的通解加上一个特解，而特解的形式依赖于 $f(n)$。求解的关键是确定常系数线性非齐次递推方程的一个特解。尽管不存在对每种函数形式 $f(n)$ 都有效的一般性方法来求这种解，但利用一些技术可以对 $f(n)$ 为某些特殊函数(多项式函数和幂函数)的形式进行求解。

1)如果 $f(n)$ 为 n 的 t 次多项式，那么特解一般也为 n 的 t 次多项式。如果递推方程的特征根是 1，就必须提高所设定特解的多项式的次数。

例 7.1.9　找出下述递推方程的通解

$$\begin{cases} a_n-3a_{n-1}=2n \\ a_1=3 \end{cases}$$

解　该方程对应相伴的线性齐次递推方程是 $a_n-3a_{n-1}=0$，它的通解是 $c3^n$，其中 c 是常数。

下面再找线性非齐次递推方程的一个特解。因为 $f(n)=2n$ 是 n 的一次多项式，因此假设特解 $a_n^*=c_1n+c_2$，其中 c_1、c_2 是常数。代入递推方程得

$$c_1n+c_2-3[c_1(n-1)+c_2]=2n$$

整理得

$$-2c_1n+3c_1-2c_2=2n$$

从而得线性方程组

$$\begin{cases} -2c_1=2 \\ 3c_1-2c_2=0 \end{cases}$$

解得 $c_1=-1$，$c_2=-\dfrac{3}{2}$，因此 $a_n^*=-n-\dfrac{3}{2}$ 是一个特解，根据定理 7.2.4，原方程的通解为

$$a_n = c3^n - n - \frac{3}{2}$$

又因为初始条件 $a_1 = 3$，代入通解得 $c = \frac{11}{6}$，因此得原方程的通解为

$$a_n = \frac{11}{6}3^n - n - \frac{3}{2} \quad \blacktriangleleft$$

当函数 $f(n)$ 为多项式时，一般也设特解为同次多项式。但是如果递推方程的特征根为 1，则上述设定方法是存在问题的。

例 7.1.10 求解例 7.1.3 的递推方程

$$\begin{cases} W(n) = W(n-1) + n - 1 \\ W(1) = 0 \end{cases}$$

解 根据上面的分析，该方程对应相伴的线性齐次递推方程是 $W(n) - W(n-1) = 0$，它的特征根是 1，通解是 $c1^n = c$，其中 c 是常数。设特解为 $W^*(n) = c_1 n + c_2$，将它代入递推方程，得

$$c_1 n + c_2 - (c_1(n-1) + c_2) = n - 1$$

化简得 $c_1 = n - 1$，左边是 n 的 0 次多项式，右边是 n 的 1 次多项式，不存在常数 c_1 使其成立。原因在于，在等式左边所设特解的最高次项和常数项都被抵消了。为了保证等式两边的多项式的次数相等，必须将特解的次数提高。不妨设特解为 $W^*(n) = c_1 n^2 + c_2 n$，代入递推方程得

$$(c_1 n^2 + c_2 n) - (c_1(n-1)^2 + c_2(n-1)) = n - 1$$

化简得

$$(2c_1 - 1)n + (c_2 - c_1) = -1$$

得线性方程组

$$\begin{cases} 2c_1 - 1 = 0 \\ c_2 - c_1 = -1 \end{cases}$$

解得 $c_1 = 1/2$，$c_2 = -1/2$。因此 $W^*(n) = \frac{n^2}{2} - \frac{n}{2}$。因此原方程的通解为

$$W(n) = c + \frac{n^2}{2} - \frac{n}{2} = c + \frac{n(n-1)}{2}$$

代入初值 $W(1) = 0$，得 $c = 0$，$W(n) = \frac{n(n-1)}{2}$。 $\blacktriangleleft$

例 7.1.11 求汉诺塔问题的递推方程 $T(n) = 2T(n-1) + 1$ 的解。

解 该相伴的线性齐次递推方程为 $T(n) - 2T(n-1) = 0$，它的通解是 $c2^n$。设特解为 $T^*(n) = c_1$，代入原方程得 $c_1 = 2c_1 + 1$，因此特解 $T^*(n) = -1$。从而得到原递推方程的通解是 $T(n) = c2^n - 1$，代入初值 $T(1) = 0$，得 $c = 1$，解为 $T(n) = 2^n - 1$。 $\blacktriangleleft$

2) $f(n)$ 为指数函数 $A\beta^n$，这里的 A 代表某个常数，根据 β 是否为特征根，分为两种情况。

情况 1 若 β 不是特征根，则特解为 $c\beta^n$，其中 c 为待定系数。

例 7.1.12   求解下列递推方程的解

$$a_n = 5a_{n-1} - 6a_{n-2} + 7^n$$

解   原方程对应相伴的线性齐次递推方程 $a_n = 5a_{n-1} - 6a_{n-2}$ 的通解为 $\overline{a_n} = c_1 3^n + c_2 2^n$，设特解为 $a_n^* = c7^n$，代入递推方程得

$$c7^n = 5c7^{n-1} - 6c7^{n-2} + 7^n$$

解得 $c = \dfrac{49}{20}$，所以特解是 $a_n^* = \dfrac{49}{20} 7^n$，因此原递推方程的通解是

$$a_n = c_1 3^n + c_2 2^n + \frac{49}{20} 7^n, \quad c_1 、 c_2 \text{ 是常数}$$

◀

情况 2   若 β 是 e 重特征根，则特解为 $cn^e \beta^n$。

例 7.1.13   求递推方程 $\begin{cases} G(n) - 5G(n-1) + 6G(n-2) = 3 \cdot 2^n \\ G(0) = 0, \ G(1) = 1 \end{cases}$ 的特解。

解   原方程对应相伴的线性齐次递推方程 $G(n) - 5G(n-1) + 6G(n-2) = 0$，特征方程是 $x^2 - 5x + 6 = 0$，解得 $x_1 = 2$、$x_2 = 3$，则通解为 $\overline{G(n)} = c_1 3^n + c_2 2^n$。因为 2 为 1 重特征根，则令特解 $G^*(n) = cn2^n$，代入原方程得

$$cn2^n - 5c(n-1)2^{n-1} + 6c(n-2)2^{n-2} = 3 \cdot 2^n$$

化简并求解，得 $c = -6$，从而得到

$$G^*(n) = -6n2^n$$

而因此原递推方程的通解是

$$G(n) = c_1 3^n + c_2 2^n - 6n2^n, \quad c_1 、 c_2 \text{ 是常数}$$

代入初值 $G(0) = 0$，$G(1) = 1$，得 $\begin{cases} c_1 + c_2 = 0 \\ 2c_1 + 3c_2 - 12 = 1 \end{cases}$

解得，$c_1 = -13$，$c_2 = 13$，所以有

$$G(n) = -13 \cdot 3^n + 13 \cdot 2^n - 6n2^n$$

◀

7.2 生成函数

生成函数是研究组合计数的一个重要工具，其基本思想是将计数有关的离散数列同多项式或幂级数的系数一一对应起来，从而可以用数学分析的方法研究这一数列，给出数列的一个显式解或渐近解。

在组合数学中讨论的生成函数是与序列相对应的形式幂级数，这和数学分析中讨论的具有收敛性的幂级数不同，这里讨论的级数不涉及收敛性问题。为了处理幂级数的需要，先引入牛顿二项式系数和牛顿二项式定理。

7.2.1 牛顿二项式系数与牛顿二项式定理

定义 7.2.1   设 r 为实数，n 为整数，引入形式符号

$$\binom{r}{n} = \begin{cases} 0, & n < 0 \\ 1, & n = 0 \\ \dfrac{r(r-1)\cdots(r-n+1)}{n!}, & n > 0 \end{cases}$$

上式称为**牛顿二项式系数**。

例如

$$\binom{-2}{4} = \frac{(-2)(-3)(-4)(-5)}{4!} = 5$$

$$\binom{\frac{1}{2}}{3} = \frac{\left(\frac{1}{2}\right) \cdot \left(\frac{1}{2}-1\right) \cdot \left(\frac{1}{2}-2\right)}{3!} = \frac{1}{16}$$

表面上看，这个符号与二项式系数的符号相同，但是在这里它只是一个形式符号，不具有任何组合意义。当 r 为自然数时，牛顿二项式系数就成为普通的二项式系数，这时才与集合的组合计数联系到一起。而当 r 为负整数时，牛顿二项式系数也可以通过转化用普通的二项式系数表示。若 $r=-m$，那么

$$\binom{r}{n} = \binom{-m}{n} = \frac{(-m)(-m-1)\cdots(-m-n+1)}{n!}$$

$$= \frac{(-1)^n m(m+1)\cdots(m+n-1)}{n!} = (-1)^n \binom{m+n-1}{n} = (-1)^n C(m+n-1, n)$$

为了用生成函数求解许多重要的计数问题，需要在指数不是正整数的情况下运用二项式定理，因此和二项式定理对应，有一个推广的二项式定理，称为牛顿二项式定理，它恰好表示了某些函数的幂级数。

定理 7.2.1 牛顿二项式定理。

设 r 为实数，则对一切实数 x，y，$|x/y|<1$，有

$$(x+y)^r = \sum_{n=0}^{\infty} \binom{r}{n} x^n y^{r-n}, \quad \text{其中} \binom{r}{n} = \frac{r(r-1)\cdots(r-n+1)}{n!}$$

这个定理的证明在市面的数学分析书中均可以找到，这里不再详述。若 m 为正整数，当 $r=m$ 时，这个定理就变成**二项式定理**。

当 $r=-m$ 时，如果令 $y=1$，根据以上分析，那么牛顿二项式定理变为

$$(1+x)^{-m} = \frac{1}{(1+x)^m} = \sum_{n=0}^{\infty} (-1)^n \binom{m+n-1}{n} x^n, \quad |x|<1$$

特别地，有

$$m=1, \quad \frac{1}{1+x} = \sum_{n=0}^{\infty} (-1)^n x^n$$

在上面的式子中用 $-x$ 代替 x，则有

$$(1-x)^{-m} = \frac{1}{(1-x)^m} = \sum_{n=0}^{\infty} \binom{m+n-1}{n} x^n, \quad |x|<1$$

特别地，有

$$m=1, \quad \frac{1}{1-x} = 1+x+x^2+\cdots = \sum_{n=0}^{\infty} x^n$$

$$m=2, \quad \frac{1}{(1-x)^2} = \sum_{n=0}^{\infty} (n+1)x^n$$

7.2.2 生成函数的定义及其性质

定义 7.2.2 设序列 $\{a_n\}$，构造形式幂级数

$$f(x) = a_0 + a_1 x + a_2 x^2 + \cdots + a_n x^n + \cdots = \sum_{k=0}^{\infty} a_k x^k$$

称 $f(x)$ 为序列 $\{a_n\}$ 的**生成函数**。

由定义 7.2.2 给出的生成函数有时称为 $\{a_n\}$ 的普通生成函数，以和这个序列的其他类型的生成函数相区别，序列 $\{a_n\}$ 称为 $f(x)$ 的生成序列。

例如序列 $\{a_n\}$，当 $a_k=2$、$a_k=k+1$ 和 $a_k=2^k$ 时的生成函数分别为 $\sum_{k=0}^{\infty} 2x^k$、$\sum_{k=0}^{\infty}(k+1)x^k$ 和 $\sum_{k=0}^{\infty} 2^k x^k$。

通过设置 $a_{n+1}=0$、$a_{n+2}=0$，以此类推，把一个有限序列 $a_0, a_1, \cdots, a_n$ 扩充成一个无限序列，就可以定义一个实数的有限序列的生成函数。这个无限序列 $\{a_n\}$ 的生成函数 $f(x)$ 是一个 n 次多项式，因为当 $j>n$ 时没有形如 $a_j x^j$ 的项出现，即

$$f(x) = a_0 + a_1 x + \cdots + a_n x^n$$

例 7.2.1 设 m 是正整数，令 $a_k = C(m, k)$，$k=0,1,2,\cdots,m$。那么序列 $\{a_k\}$ 的生成函数是什么？

解 这个序列的生成函数是

$$f(x) = C(m,0) + C(m,1) + C(m,1)x + C(m,2)x^2 + \cdots + C(m,m)x^m$$

由二项式定理可得 $f(x) = (1+x)^m$。 ◀

用生成函数求解计数问题时，通常将其考虑成形式幂级数，即忽略这些级数的收敛问题。但在微积分中，幂级数的收敛有时是很重要的。读者要了解级数的收敛性问题可以参阅相关内容的教材。

下面给出生成函数的性质，设 $\{a_n\}$、$\{b_n\}$、$\{c_n\}$ 是已知序列，它们的生成函数分别为 $A(x)$、$B(x)$、$C(x)$。

1）若 $b_n = \alpha a_n$，α 为常数，则 $B(x) = \alpha A(x)$。

2）若 $c_n = a_n + b_n$，则 $C(x) = A(x) + B(x)$。

3）若 $c_n = \sum_{i=0}^{n} a_i b_{n-i}$，则 $C(x) = A(x) \cdot B(x)$。

4）若 $b_n = \begin{cases} 0, & n<l \\ a_{n-1}, & n \geq l \end{cases}$，则 $B(x) = x^l A(x)$。

5）若 $b_n = a_{n-l}$，则 $B(x) = \dfrac{A(x) - \sum_{n=0}^{l-1} a_n x^n}{x^l}$。

6）若 $b_n = \sum_{i=0}^{n} a_i$，则 $B(x) = \dfrac{A(x)}{1-x}$。

7）若 $b_n = \sum_{i=n}^{\infty} a_i$，且 $A(1) = \sum_{n=0}^{\infty} a_i$ 收敛，则 $B(x) = \dfrac{A(1) - xA(x)}{1-x}$。

8）若 $b_n = \alpha^n a_n$，α 为常数，则 $B(x) = A(\alpha x)$。

9）若 $b_n = n a_n$，则 $B(x) = x A'(x)$，其中 $A'(x)$ 为 $A(x)$ 的导数。

10）若 $b_n = \dfrac{a_n}{n+1}$，则 $B(x) = \dfrac{1}{x} \displaystyle\int_0^x A(x) \mathrm{d}x$。

生成函数与序列是一一对应的。下面讨论给定序列 $\{a_n\}$ 或关于 a_n 的递推方程时，求解生成函数 $f(x)$ 的方法。

例 7.2.2 求序列 $\{a_n\}$ 的生成函数 $a_n = 3 \cdot 2^n$。

解 $f(x) = 3 \displaystyle\sum_{n=0}^{\infty} 2^n x^n = 3 \sum_{n=0}^{\infty} (2x)^n = \dfrac{3}{1-2x}$。 ◀

如果给定序列 $\{a_n\}$ 的生成函数，如何求 a_n？可将原来的函数化成基本生成函数的表达式之和，然后利用这些基本生成函数的展开式求出 a_n。

例 7.2.3 已知 $\{a_n\}$ 的生成函数为 $f(x) = \dfrac{2 + 4x - 8x^2}{1 - 2x}$，求 a_n。

解 $f(x) = \dfrac{2 + 4x - 8x^2}{1 - 2x} = \dfrac{2}{1-2x} + 4x = 2 \displaystyle\sum_{n=0}^{\infty} (2x)^n + 4x = \sum_{n=0}^{\infty} 2^{n+1} x^n + 4x$，

因此可以得到 $a_n = \begin{cases} 2^{n+1}, & n \neq 1 \\ 2^2 + 4 = 8, & n = 1 \end{cases}$。 ◀

7.2.3 生成函数的应用

生成函数在组合问题中有着广泛的应用。可以通过找相关的生成函数的显式公式来求解递推方程和初始条件的解。

例 7.2.4 求解递推方程 $a_n = 3 a_{n-1}$，$n = 1, 2, 3, \cdots$，且初始条件 $a_0 = 2$。

解 设序列 $\{a_n\}$ 的生成函数为 $f(x)$，即 $f(x) = \displaystyle\sum_{n=0}^{\infty} a_n x^n$。首先注意到

$$x f(x) = \sum_{n=0}^{\infty} a_n x^{n+1} = \sum_{n=1}^{\infty} a_{n-1} x^n$$

因此有

$$f(x) - 3x f(x) = \sum_{n=0}^{\infty} a_n x^n - 3 \sum_{n=1}^{\infty} a_{n-1} x^n$$

$$= a_0 + \sum_{n=1}^{\infty} (a_n - 3 a_{n-1}) x^n$$

因为 $n \geqslant 1$ 时有 $a_n = 3 a_{n-1}$，且 $a_0 = 2$，所以有

$$f(x) - 3x f(x) = (1 - 3x) f(x) = 2$$

即

$$f(x) = \frac{2}{1 - 3x} = 2 \sum_{n=0}^{\infty} 3^n x^n = \sum_{n=0}^{\infty} 2 \cdot 3^n x^n$$

所以，$a_n = 2 \cdot 3^n$。 ◀

例 7.2.5 应用生成函数的方法找出递推方程 $\begin{cases} a_n = a_{n-1} + 9 a_{n-2} - 9 a_{n-3}, & n \geqslant 3 \\ a_0 = 0, \ a_1 = 1, \ a_2 = 2 \end{cases}$ 关于

a_n 的显式公式。

解　设序列 $\{a_n\}$ 的生成函数为 $f(x)$，即 $f(x)=\sum\limits_{n=0}^{\infty}a_nx^n$，则

$$-xf(x)=-\sum_{n=0}^{\infty}a_nx^{n+1}$$

$$-9x^2f(x)=-9\sum_{n=0}^{\infty}a_nx^{n+2}$$

$$9x^3f(x)=9\sum_{n=0}^{\infty}a_nx^{n+3}$$

以上四式相加得

$$(1-x-9x^2+9x^3)f(x)=a_0+(a_1-a_0)x+(a_2-a_1-9a_0)x^2+$$
$$(a_3-a_2-9a_1+9a_0)x^3+\cdots+$$
$$(a_n-a_{n-1}-9a_{n-2}+9a_{n-3})x^n+\cdots$$

而由于 $\begin{cases}a_n=a_{n-1}+9a_{n-2}-9a_{n-3}, & n\geqslant3\\ a_0=0, & a_1=1, & a_2=2\end{cases}$，所以有

$$(1-x-9x^2+9x^3)f(x)=x+x^2$$

$$f(x)=\frac{x+x^2}{1-x-9x^2+9x^3}$$

$$=\frac{x+x^2}{(x-1)(3x+1)(3x-1)}$$

$$=\frac{1}{4}\cdot\frac{1}{x-1}-\frac{1}{12}\cdot\frac{1}{3x+1}-\frac{1}{3}\cdot\frac{1}{3x-1}$$

$$=-\frac{1}{4}\cdot\frac{1}{1-x}-\frac{1}{12}\cdot\frac{1}{1+3x}+\frac{1}{3}\cdot\frac{1}{1-3x}$$

又因为

$$\frac{1}{1-x}=1+x+x^2+\cdots=\sum_{n=0}^{\infty}x^n$$

$$\frac{1}{1+3x}=1-3x+3^2x^2+\cdots=\sum_{n=0}^{\infty}(-1)^n(3x)^n$$

$$\frac{1}{1-3x}=1+3x+3^2x^2+\cdots=\sum_{n=0}^{\infty}(3x)^n$$

从而有

$$a_n=-\frac{1}{4}-\frac{1}{12}\cdot(-1)^n3^n+\frac{1}{3}\cdot3^n$$

$$=-\frac{1}{4}-\frac{1}{4}\cdot(-1)^n3^{n-1}+3^{n-1}$$

$$=\begin{cases}-\dfrac{1}{4}+\dfrac{1}{4}\cdot3^n, & n\text{ 为偶数}\\[2mm] -\dfrac{1}{4}+\dfrac{5}{4}\cdot3^{n-1}, & n\text{ 为奇数}\end{cases}$$

生成函数还可以用于求解计数问题。第 6 章介绍了多重集的 r-组合数。利用生成函数可以计算多重集的 r-组合数。设 $S=\{n_1 \cdot e_1, n_2 \cdot e_2, \cdots, n_k \cdot e_k\}$ 是多重集，S 的 r-组合数就是下面不定方程的非负整数解的个数：

$$e_1+e_2+\cdots+e_k=r, \qquad 0 \leqslant e_i \leqslant n_i, \qquad i=1,2,\cdots,k$$

具有上述限制的解的个数是函数 $f(x)$ 的展开式中的 x^r 的系数：

$$f(x)=(1+x+\cdots+x^{n_1})(1+x+\cdots+x^{n_2})\cdots(1+x+\cdots+x^{n_k})$$

这是因为，在乘积中等于 x^r 的项是通过在第一个和中取项 x^{e_1}、在第二个和中取项 x^{e_2}、在第 k 个和中取项 x^{e_k} 得到的，其中 e_i 是非负整数，且 $e_1+e_2+\cdots+e_k=r$，$0 \leqslant e_i \leqslant n_i$，$i=1,2,\cdots,k$。因此展开式中 x^r 的系数恰好是多重集 S 的 r-组合数。

现在来回顾定理 6.2.4，可以将计算具有 n 个元素的集合允许重复的 r-组合数，看作解不定方程 $e_1+e_2+\cdots+e_n=r$，e_i 为自然数，它的解的个数是 $C(n+r-1，r)$。可以利用生成函数的方法求解这个问题，从而也给出利用生成函数证明定理 6.2.4 的方法。注意，此时 n 个元素集合中，对每个元素的选择不再有 $0 \leqslant e_i \leqslant n_i$ 的限制条件。此时设生成函数为

$$\begin{aligned}
f(x)=(1+x+x^2+\cdots)^n=\frac{1}{(1-x)^n}&=\sum_{r=0}^{\infty}\frac{(-n)(-n-1)\cdots(-n-r+1)}{r!}(-x)^r \\
&=\sum_{r=0}^{\infty}\frac{(-1)^r n(n+1)\cdots(n+r-1)}{r!}(-1)^r x^r \\
&=\sum_{r=0}^{\infty}\binom{n+r-1}{r}x^r
\end{aligned}$$

其中，x^r 的系数是 $N=C(n+r-1，r)$，与定理 6.2.4 的结论一致。

例 7.2.6   口袋中有 3 只红球、4 只白球、5 只黑球，每次从中取出 10 只球，有多少种不同的取法？

解   此问题等价于求多重集 $S=\{3 \cdot 红球，4 \cdot 白球，5 \cdot 黑球\}$ 的 10-组合数 N。
设生成函数

$$\begin{aligned}
f(x)&=(1+x+x^2+x^3)(1+x+x^2+x^3+x^4)(1+x+x^2+x^3+x^4+x^5) \\
&=(1+2x+3x^2+4x^3+4x^4+3x^5+2x^6+x^7)(1+x+x^2+x^3+x^4+x^5) \\
&=(1+\cdots+3x^{10}+2x^{10}+x^{10}+\cdots)
\end{aligned}$$

其中，x^{10} 的系数 6，因此 $N=6$。   ◄

例 7.2.7   求 $e_1+e_2+e_3=17$ 的解的个数，其中 e_1、e_2、e_3 是非负整数，且满足 $2 \leqslant e_1 \leqslant 5$、$3 \leqslant e_2 \leqslant 6$、$4 \leqslant e_3 \leqslant 7$。

解   具有上述限制的解的个数是生成函数 $f(x)$ 的展开式中 x^{17} 的系数

$$f(x)=(x^2+x^3+x^4+x^5)(x^3+x^4+x^5+x^6)(x^4+x^5+x^6+x^7)$$

不难看出，在这个乘积中的 y^{17} 的系数是 3。因此，存在 3 个解。

进一步推广，对于某些不定方程，变量的系数不全是 1，而用其他正整数作为系数，即

$$p_1 e_1+p_2 e_2+\cdots+p_k e_k=r, \quad e_i \in \mathbf{N}, \quad p_1, p_2, \cdots, p_k \text{ 为正整数}$$

那么也可以使用生成函数的方法求解，对应的生成函数是

$$f(x)=(1+x^{p_1}+x^{2p_1}+\cdots)(1+x^{p_2}+x^{2p_2}+\cdots)\cdots(1+x^{p_k}+x^{2p_k}+\cdots)$$

$f(x)$ 的展开式中 x^r 的系数就是不定方程的解的个数。　　◄

例 7.2.8　有 1 克砝码 1 个、3 克砝码 3 个、7 克砝码 2 个，问用这 6 个砝码能称出哪些重量，方案有多少种？

解　设 1 克、3 克、7 克砝码分别取的个数为 e_1、e_2、e_3，根据题意列出不定方程如下
$$1e_1 + 3e_2 + 7e_3 = r, \quad 0 \leqslant e_1 \leqslant 1, \quad 0 \leqslant e_2 \leqslant 3, \quad 0 \leqslant e_3 \leqslant 2$$
对应的生成函数为
$$f(x) = (1+x)(1+x^3+x^6+x^9)(1+x^7+x^{14})$$
$$= 1+x+x^3+x^4+x^6+2x^7+x^8+x^9+2x^{10}+x^{11}+x^{13}+$$
$$2x^{14}+x^{15}+x^{16}+2x^{17}+x^{18}+x^{20}+x^{21}+x^{23}+x^{24}$$

这个函数中每一项 x 的指数对应可以称的重量，每一项前面的系数对应每个给定重量可能的称重方案数。由此可知，在重量不超过 24 克的物体中，除了重量为 2 克、5 克、12 克、19 克、22 克的物体不能称之外，其他都能称。而且重量为 7 克、10 克、14 克和 17 克的物体都有两种不同的称重方案。　　◄

7.2.4　指数型生成函数

前面两节介绍了普通生成函数的定义及其在组合计数问题中的广泛应用，本节将进一步介绍指数型生成函数，可以利用它来解决多重集的排列问题。

定义 7.2.3　设 $\{a_n\}$ 为序列，构造形式幂级数
$$f_e(x) = a_0 + a_1 \frac{x}{1!} + a_2 \frac{x^2}{2!} + \cdots + a_n \frac{x^n}{n!} + \cdots = \sum_{n=0}^{\infty} a_n \frac{x^n}{n!}$$

称 $f_e(x)$ 为 $\{a_n\}$ 的**指数型生成函数**。

和生成函数一样，指数型生成函数也是形式幂级数，$x^0, \dfrac{x}{1!}, \cdots, \dfrac{x^n}{n!}, \cdots$ 只起指示作用。

例 7.2.9　设 $\{a_n\}$ 是序列，求下列数列的指数生成函数 $f_e(x)$。

1）$a_n = P(m, n)$，m 为正整数；

2）$a_n = 1$；

3）$a_n = b^n$。

解　1）$f_e(x) = \sum_{n=0}^{\infty} P(m, n) \dfrac{x^n}{n!} = \sum_{n=0}^{\infty} \dfrac{m!}{n!(m-n)!} x^n = \sum_{n=0}^{\infty} \binom{m}{n} x^n = (1+x)^m$，可以

看出，$(1+x)^m$ 既是集合组合数序列 $\{C(m, n)\}$ 的普通生成函数，也是集合排列数序列 $\{P(m, n)\}$ 的指数生成函数。

2）$f_e(x) = \sum_{n=0}^{\infty} 1 \cdot \dfrac{x^n}{n!} = e^x$

3）$f_e(x) = \sum_{n=0}^{\infty} b^n \cdot \dfrac{x^n}{n!} = \sum_{n=0}^{\infty} \dfrac{(bx)^n}{n!} = e^{bx}$　　◄

在 7.2.2 节中介绍的生成函数的性质，其中只有 1)、2) 和 8) 三条适用于指数型生成函数，其余都不适用。

使用指数生成函数可以求解多重集的排列问题。

定理 7.2.2 设 $S = \{n_1 \cdot e_1, n_2 \cdot e_2, \cdots, n_k \cdot e_k\}$ 为多重集，则 S 的 r-排列数由指数生成函数 $f_e(x)$ 的展开式中 $\dfrac{x^r}{r!}$ 的系数给出：

$$f_e(x) = \left(1 + \frac{x}{1!} + \frac{x^2}{2!} + \cdots + \frac{x^{n_1}}{n_1!}\right)\left(1 + \frac{x}{1!} + \frac{x^2}{2!} + \cdots + \frac{x^{n_2}}{n_2!}\right)\cdots\left(1 + \frac{x}{1!} + \frac{x^2}{2!} + \cdots + \frac{x^{n_k}}{n_k!}\right)$$

证明 考查上述指数生成函数展开式中 x^r 的项，它是由 k 个因式的乘积构成的，并具有下述形式：

$$\frac{x^{m_1}}{m_1!}\frac{x^{m_2}}{m_2!}\cdots\frac{x^{m_k}}{m_k!}$$

注意，$m_1, m_2, \cdots, m_k$ 满足下述不定方程：

$$m_1 + m_2 + \cdots + m_k = r, \quad 0 \leqslant m_i \leqslant n_i, \quad i = 1, 2, \cdots, k$$

即

$$\frac{x^{m_1 + m_2 + \cdots + m_k}}{m_1!m_2!\cdots m_k!} = \frac{x^r}{r!}\frac{r!}{m_1!m_2!\cdots m_k!}$$

因此

$$a_r = \sum \frac{r!}{m_1!m_2!\cdots m_k!}$$

其中，求和是针对满足上述不定方程的一切非负整数解，一个非负整数解对应 S 的一个子多重集 $\{m_1 \cdot e_1, m_2 \cdot e_2, \cdots, m_k \cdot e_k\}$，即 S 的一个 r-组合，而该组合的全排列数是 $\dfrac{r!}{m_1!m_2!\cdots m_k!}$，因此 a_r 代表了 S 的所有 r-排列数。 ◀

例 7.2.10 由 1、2、3、4 组成的 5 位数中，要求 1 出现不超过 2 次，但不能不出现，2 出现不超过 1 次，3 出现至多 2 次，4 出现偶数次，求这样的 5 位数的个数。

解
$$f_e(x) = \left(\frac{x}{1!} + \frac{x^2}{2!}\right)(1 + x)\left(1 + x + \frac{x^2}{2!}\right)\left(1 + \frac{x^2}{2!} + \frac{x^4}{4!}\right)$$
$$= \left(x + 5\frac{x^2}{2!} + 18\frac{x^3}{3!} + 60\frac{x^4}{4!} + 185\frac{x^5}{5!} + \cdots\right)$$

展开后的 $\dfrac{x^5}{5!}$ 的系数为 185，所以这样的 5 位数有 185 个。 ◀

例 7.2.11 用 3 个 1、2 个 2、5 个 3 这 10 个数字能构成多少个偶 4 位数？

解 问题是求多重集 $S = \{3 \cdot 1, 2 \cdot 2, 5 \cdot 3\}$ 的 4-排列数，且要求排列的末尾为 2。因为根据已知条件，只能有 2 为末尾才为偶数，所以可把问题转换为求多重集 $S = \{3 \cdot 1, 1 \cdot 2, 5 \cdot 3\}$ 的 3-排列数。其指数生成函数为

$$f_e(x) = \left(1 + \frac{x}{1!} + \frac{x^2}{2!} + \frac{x^3}{3!}\right)(1 + x)\left(1 + x + \frac{x^2}{2!} + \frac{x^3}{3!} + \frac{x^4}{4!} + \frac{x^5}{5!}\right)$$

展开后的 $\dfrac{x^3}{3!}$ 的系数为 20，所以能组成 20 个四位偶数。 ◀

习题

1. 一个楼梯有 n 级台阶，某人上楼梯时，如果每一步只能跨一级或两级台阶，那么他从地面走到第 n 级台阶共有多少种走法？

2. 一个 $1 \times n$ 的棋盘。若用红、蓝两种颜色之一对每个方格着色，且不允许两个红格相邻，问有多少种涂色方案？

3. 求解下列递推方程。

   (1) $\begin{cases} G(n) = 4G(n-1) - 4G(n-2), & n \geq 2 \\ G(0) = 0, \ G(1) = 1 \end{cases}$

   (2) $\begin{cases} G(n) = G(n-1) + 9G(n-2) - 9G(n-3), & n \geq 3 \\ G(0) = 0, \ G(1) = 1, \ G(2) = 2 \end{cases}$

   (3) $\begin{cases} G(n) = (n+2)G(n-1), & n \geq 1 \\ G(0) = 2 \end{cases}$

4. 有 n 条封闭的曲线，两两相交于两点，并且任意三条都不交于一点，求这 n 条封闭曲线把平面划分成的区域个数。

5. 某银行的投资理财产品，投资期为 20 年，初始投资资金要求为 10 000 元，每年得到两份红利，一份是当年账上资金的 20%，另一份是前一年账上资金的 4.5%，在投资期内不允许取钱。设 a_n 为第 n 年末账上的资金额，求 $\{a_n\}$ 的递推关系，并计算投资期结束（即 20 年）时，账上的资金额。

6. 求解下列递推公式。

   (1) $a_n = 3a_{n-1}$，$a_0 = 4$

   (2) $a_n = 2a_{n-1} + 5a_{n-2} - 6a_{n-3}$，$a_0 = 7$，$a_1 = -4$，$a_2 = 8$

   (3) $a_n = -3a_{n-1} - 3a_{n-2} - a_{n-3}$，$a_0 = 5$，$a_1 = -9$，$a_2 = 15$

7. 求解下列递推方程。

   (1) $\begin{cases} G(n) = G(n-1) - n + 3, & n \geq 1 \\ G(0) = 2 \end{cases}$

   (2) $\begin{cases} G(n) = 2G(n-1) + 2n^2 \\ G(1) = 4 \end{cases}$

   (3) $\begin{cases} G(n) = 2G(n-1) + 3^n \\ G(1) = 5 \end{cases}$

   (4) $\begin{cases} G(n) = -5G(n-1) - 6G(n-2) + 42 \cdot 4^n \\ G(1) = 56, \ G(2) = 278 \end{cases}$

8. 设 m 是正整数，$a_n = C(m, k)$，$k = 0, 1, 2, \cdots, m$。那么序列 $a_0, a_1, \cdots, a_m$ 的生成函数是什么？

9. 使用生成函数求解下列递推方程。

   (1) $\begin{cases} G(n) = 3G(n-1) + 2 \\ G(0) = 1 \end{cases}$

   (2) $\begin{cases} G(n) = 5G(n-1) - 6G(n-2) \\ G(0) = 6, \ G(1) = 30 \end{cases}$

10. 把 15 个玩具苹果分给 6 个孩子，如果每个孩子至少得到 1 个且不超过 3 个苹果，使用生成函数确定一共有多少种分法。

11. 确定下列数列的生成函数。

   (1) $a_n = (-1)^n$

   (2) $a_n = (-1)^n \dbinom{n}{\alpha}$

   (3) $a_n = (-1)^n \dfrac{1}{n!}$

   (4) $a_n = c^n$

   (5) $a_n = (-1)^n (n+1)$

   (6) $a_n = (-1)^n 2^n$

12. 假设某人去银行将一张 100 元的人民币换为低面额的人民币组合，请用生成函数分别求出在下列条件限制下的可兑换方式数。

   (1) 用 10 元、20 元和 50 元面额的人民币。

   (2) 用 5 元、10 元、20 元和 50 元面额的人民币。

   (3) 用 5 元、10 元、20 元和 50 元面额的人民币，且每种纸币至少使用 1 张。

   (4) 5 元、10 元和 20 元面额的人民币，且每种纸币至少 1 张、最多 4 张。

13. 用红、黄、蓝、绿 4 种颜色对 $1 \times n$ 的方格进行着色，要求有偶数个黄色和绿色方格，有多少种不同的着色方案？

14. 确定下列序列的指数生成函数。

   (1) $a_n = 5^n$

   (2) $a_n = \dfrac{1}{n+1}$

15. 设 α 是一个实数，对于序列 $a_0, a_1, a_2, \cdots, a_n \cdots, a_0 = 1, a_n = \alpha(\alpha-1) \cdots (\alpha-n+1)$，确定此序列的指数生成函数。

16. 设多重集 $S = \{\infty \cdot b_1, \infty \cdot b_2, \infty \cdot b_3, \infty \cdot b_4\}$，$a_n$ 是 S 的满足以下条件的 n-组合数，且数列 $\{a_n\}$ 的生成函数为 $f(x)$，求 $f(x)$。

   (1) 每个 b_i 出现奇数次，$i = 1, 2, 3, 4$。

   (2) 每个 b_i 出现 3 的倍数次，$i = 1, 2, 3, 4$。

   (3) b_1 不出现，b_2 至多出现 1 次。

   (4) 每个 b_i 至少出现 10 次，$i = 1, 2, 3, 4$。

17. 确定由 0～9 十个数字中大于等于 4 的数字组成的数的个数 n，要求其中 4 和 6 每个出现偶数次，5 和 7 每个至少出现一次，数字 8 和 9 无限制。

第四部分

图　论

第8章 图

图论研究图中点和线的关系及特点，是研究离散结构及其特性的重要数学分支，是一类具有广泛实际问题背景的数学模型。

图论的研究起源于伟大的瑞士数学家欧拉（Euler）利用图研究哥尼斯堡七桥问题。哥尼斯堡是俄国的一个小镇，有一些河流流经小镇，把小镇分成 4 个陆地区域，河流上总共建了 7 座桥连接这 4 个陆地区域。小镇的人们关心这样的问题：能否找到一条行走路线，经过所有的桥，并且每座桥只能经过一次，最后回到出发点。小镇的人们反复尝试也没有找到这样的路线，后来欧拉发现这样的路线是不存在的。欧拉解决这个问题的基本方法是用一个抽象的图来表示这个问题，即把这些河流分割开的 4 个陆地区域中的每一个区域用一个结点来表示，把桥梁当成连接这些结点的边。如今，这种图的表示方法已成为我们表述许多实际问题的数学语言。

现实世界中，许多事物之间的关系都可抽象成点及它们之间的联系，都可以用图来描述。比如对 Internet 而言，每一个结点表示一个路由器，如果两个结点之间有边连接，就表示它们的路由器直接通过光纤连接，这样就可以得到一个 Internet 图。以人类社会关系网络而言，我们每一个人就是一个结点，两个人如果是朋友关系，那么这两个人之间就有一条边直接相连，这样的图就是社会关系网络图。在集成电路布线中，从电路网表中识别出电路中的元件或功能模块，将它们定义为图模型中的结点。从电路网表中提取所有结点之间的连接信息，包括连接的元件、连接关系、信号的流向等，将这些关系定义为图模型中的边，可以将电路网表转化为图模型。基于图模型，可以进一步进行布线、优化和可靠性分析等，以提高集成电路设计的准确性和效率。此外，交通运输、城市规划、信息传递、工作调配等都可以用图表示，用图论理论进行分析。

近几十年，图论已应用于运筹学、控制论、信息论、化学、社会学、经济学、计算机科学、工程和管理等领域。特别是在计算机科学领域，如开关理论、逻辑设计、数据结构、形式语言、操作系统及计算机网络、网络信息的搜索和挖掘、人工智能、大规模集成电路设计等，图论起着重要的作用。本章主要介绍图的基本概念、基本理论和基本算法，以及应用图论的方法去解决实际问题。

8.1 图的基本概念

图论中的图由结点和连接结点的边组成，常用结点表示事务或对象，用结点和结点之间是否有边连接表示事务或对象之间是否有某种关系。连接两个结点的边可以是无方向的，也可以是有方向的，如图 8.1.1 和图 8.1.2 所示。根据连接结点的边是否有方向，可将图分为无向图和有向图。

8.1.1 无向图和有向图

定义 8.1.1 一个无向图可以表示为 $G=(V, E)$，其中 V 是非空有限结点集，称 V 中的元素为**结点**或**顶点**，E 是边集，其中的元素是由 V 中的元素组成的无序对，称 E 中的元素为**边**。

如 v、w 是集合 V 中的两个元素，e 是关联 v、w 的边，则 e 属于集合 E，可写作 $e=(v, w)$ 或 $e=(w, v)$，这里的 (v, w) 是无序对，即 $(v, w)=(w, v)$。

定义 8.1.2 一个有向图可以表示为 $D=(V, E)$，其中 V 是非空有限结点集，称 V 中的元素为**结点**或**顶点**，E 是有向边集，E 中的元素是由 V 中的元素组成的有序对，称 E 中的元素为**有向边**。

无向图和有向图的区别是无向图中的边没有方向，有向图中的边有方向，如 $e=\langle a, b\rangle$ 是有向图的一条有向边，则有向边 e 的方向是由 a 指向 b。在有向图中，$\langle b, a\rangle \neq \langle a, b\rangle$，$\langle b, a\rangle$ 是一条由 b 指向 a 的有向边。

图 8.1.1 是无向图 $G=(V, E)$。其中结点集 $V=\{v_1, v_2, v_3, v_4\}$，边集 $E=\{(v_1, v_2)$, $(v_1, v_3), (v_1, v_3), (v_2, v_3), (v_2, v_2)\}$。$(v_1, v_2)$ 对应边 e_1，记作 $e_1=(v_1, v_2)$，v_1 和 v_2 是边 e_1 的两个端点，称边 e_1 关联于结点 v_1 和 v_2。

图 8.1.1 中边 e_2 和 e_3 都关联于结点 v_1 和 v_3，所以在边集合中 (v_1, v_3) 出现两次。也就是说，在边集中允许相同的元素重复多次出现，在一对结点间存在多条边。

图 8.1.1 无向图

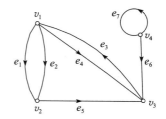

图 8.1.2 有向图

图 8.1.2 是有向图 $D=(V, E)$。其中结点集 $V=\{v_1, v_2, v_3, v_4\}$，有向边集 $E=\{\langle v_1, v_2\rangle, \langle v_1, v_2\rangle, \langle v_1, v_3\rangle, \langle v_3, v_1\rangle, \langle v_2, v_3\rangle, \langle v_3, v_4\rangle, \langle v_4, v_4\rangle\}$。

同无向图一样，在有向边集中允许相同的元素重复多次出现，如在有向边集中 $\langle v_1, v_2\rangle$ 出现两次。

定义 8.1.3 在无向图中，如果关联一对结点的边多于一条，则称这些边为**平行边**。如果有边关联于一对结点，则称这对结点是**邻接**的。一条边的两个端点如果关联于同一个结点，则称为**环**。和任何边都不关联的点称为**孤立点**。

图 8.1.1 中，边 e_2 和 e_3 是平行边，边 e_1 关联结点 v_1 和 v_2，称 v_1 和 v_2 是邻接的，边 e_5 的两个结点都是 v_2，边 e_5 是环，v_4 和任何边都不关联，是孤立点。

如果关联一对结点的方向相同的有向边多于一条，则称这些有向边为**多重有向边**或**平**

行边。如图 8.1.2 中关联于结点 v_1 和 v_2 的两条有向边是平行边，而关联于结点 v_1 和 v_3 的两条有向边方向相反，不是平行边。$\langle v_4,v_4\rangle$ 称为**环**。对于有向边 $\langle v_2,v_3\rangle$，称 v_2 为起点，v_3 为终点，v_2 和 v_3 是邻接的。

定义 8.1.4 若 $G=(V,E)$ 为有（无）向图，$|V|=n$，则称 G 为 **n 阶图**。只有结点没有边的图称为**零图**。1 阶零图称为**平凡图**。结点集为空集的图为**空图**。

定义 8.1.5 平凡图只有一个结点，没有边。在图的定义中规定结点集合 V 为非空集，但在运算中可能产生结点集为空集的运算结果，因此规定结点集为空集的图为空图，记为 $\varnothing$。

8.1.2 度的概念

定义 8.1.6 设 $G=(V,E)$ 为无向图，$v_i\in V$，称所有边和结点 v_i 关联的次数之和为结点 v_i 的**度数**，简称**度**，记作 $d(v_i)$。

在图 8.1.1 中，$d(v_1)=3$，$d(v_2)=4$，$d(v_3)=3$，$d(v_4)=0$。

定义 8.1.7 设 $D=(V,E)$ 为有向图，$v_i\in V$，以结点 v_i 为起点所关联的边数称为 v_i 的**出度**，记作 $d^+(v_i)$；以结点 v_i 为终点所关联的边数称为 v_i 的**入度**，记作 $d^-(v_i)$。结点 v_i 的总度数是该结点的入度和出度之和，即 $d(v_i)=d^+(v_i)+d^-(v_i)$。

例如，图 8.1.2 中，$d^+(v_1)=3$，$d^-(v_1)=1$，$d^+(v_2)=1$，$d^-(v_2)=2$，$d^+(v_3)=1$，$d^-(v_3)=3$，$d^+(v_4)=2$，$d^-(v_4)=1$。

在无向图 G 中，度数最大的结点称为 G 的**最大度**，度数最小的结点称为 G 的**最小度**，分别记为

$$\Delta(G)=\max\{d(v)\,|\,v\in V(G)\}$$
$$\delta(G)=\min\{d(v)\,|\,v\in V(G)\}$$

在有向图 D 中，除可类似定义最大度 $\Delta(D)$ 和最小度 $\delta(D)$ 外，还有最大出度 $\Delta^+(D)$、最小出度 $\delta^+(D)$、最大入度 $\Delta^-(D)$、最小入度 $\delta^-(D)$：

$$\Delta(D)=\max\{d(v)\,|\,v\in V(D)\}$$
$$\delta(D)=\min\{d(v)\,|\,v\in V(D)\}$$
$$\Delta^+(D)=\max\{d^+(v)\,|\,v\in V(D)\}$$
$$\delta^+(D)=\min\{d^+(v)\,|\,v\in V(D)\}$$
$$\Delta^-(D)=\max\{d^-(v)\,|\,v\in V(D)\}$$
$$\delta^-(D)=\min\{d^-(v)\,|\,v\in V(D)\}$$

可把它们分别简记为 Δ、δ、Δ^+、δ^+、Δ^-、δ^-。

在图 8.1.2 中，$\Delta=4$、$\delta=3$、$\Delta^+=3$、$\delta^+=1$、$\Delta^-=3$、$\delta^-=1$。

在无向图中每个环提供给它的结点 2 度。在有向图中，每个环提供给它的结点 1 度出度和 1 度入度。

定义 8.1.8 度数为 1 的结点为**悬挂结点**，它所对应的边称为**悬挂边**。

8.1.3 握手定理

一个图中，边的数目和结点的数目之间的关系如下。

定理 8.1.1　设图 $G=(V，E)$ 为无向图或有向图，G 有 n 个结点 $v_1，v_2，\cdots，v_n$，e 条边（无向或有向），则图 G 中所有结点的度数之和为边数的两倍，即

$$\sum_{i=1}^{n} d(v_i)=2e$$

证明　图中任何一条边均有两个端点。在计算各结点的度数之和时，每条边提供 2 度，e 条边共提供 $2e$ 度。　◀

这是**图论的基本定理**，又称为**握手定理**。它有一个重要的推论。

推论　任何图（无向的或有向的）中，度为奇数的结点的个数为偶数。

证明　设任意图 $G=(V，E)$，有 n 个结点、e 条边，V_1 和 V_2 分别是图 G 中奇数度数和偶数度数的结点集，则根据握手定理有

$$\sum_{v \in V_1} d(v)+\sum_{v \in V_2} d(v)=\sum_{v \in V} d(v)=2e$$

对于每个 $v \in V_2$，$d(v)$ 为偶数，$\sum_{v \in V_2} d(v)$ 是偶数之和，必为偶数，而 $2e$ 为偶数，所以 $\sum_{v \in V_1} d(v)$ 也为偶数。对于每个 $v \in V_1$，$d(v)$ 为奇数。只有偶数个奇数之和才能为偶数，所以度数为奇数的结点集合 V_1 中结点的个数必为偶数。　◀

例如，图 8.1.1 中，度数为奇数的结点有两个：v_1 和 v_3。

由于有向图的边有方向，每条边为它的起点提供 1 度出度，为它的终点提供 1 度入度，所以有如下定理。

定理 8.1.2　在有向图中，所有结点的入度之和与所有结点的出度之和相等，都等于图中的有向边数。

证明　在有向图中，每条有向边均有一个起点和一个终点。于是在计算图中各结点的出度之和与各结点的入度之和时，每条有向边各提供一个出度和一个入度。当然，e 条有向边共提供 e 个出度和 e 个入度。因此，所有结点的入度之和与所有结点的出度之和相等，都等于图中的有向边数 e。　◀

例如，图 8.1.2 中，$d^{+}(v_1)+d^{+}(v_2)+d^{+}(v_3)+d^{+}(v_4)=7$，$d^{-}(v_1)+d^{-}(v_2)+d^{-}(v_3)+d^{-}(v_4)=7$，$\sum d^{+}(v)=\sum d^{-}(v)=|E|=7$。

例 8.1.1　已知图 G 中有 10 个结点，每个结点的度数均为 3，问 G 中有多少条边？为什么？

解　因为所有结点的度数之和为 $3 \times 10=30$，所以 $2e=30$，$e=15$。G 中有 15 条边。

设 $V=\{v_1，v_2，\cdots，v_n\}$ 为图的结点集，称 $(d(v_1)，d(v_2)，\cdots，d(v_n))$ 为 G 的**度数序列**。一个由非负整数构成的序列 $d=(d_1，d_2，\cdots，d_n)$，如 d 恰好是一个图的所有结点度数序列，则称这个整数序列是**可图化**的。根据握手定理，此序列的各个数之和必为偶数。　◀

例 8.1.2　自然数序列 $(3，3，2，2，1)$、$(4，2，2，1，1)$ 能作为图的结点的度数序列吗？为什么？

解　在 $(3，3，2，2，1)$ 中各个数之和为奇数，由握手定理可知，$(3，3，2，2，1)$ 不能作为图的结点的度数序列。

在(4，2，2，1，1)中有两个奇数，能找到以(4，2，2，1，1)为结点度数序列的图。图8.1.3中的两个图都是以(4，2，2，1，1)为结点度数序列。

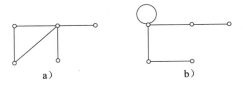

图 8.1.3   以(4，2，2，1，1)为结点度数序列的图 ◀

8.1.4   图的分类

定义 8.1.9   设图 $G=(V，E)$ 为无向图或有向图，如果 G 中不含平行边，也不含环，则称为**简单图**。

如图 8.1.4a 是一个简单无向图，图 8.1.5a 是一个简单有向图。

图 8.1.4   无向图

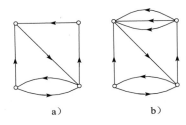

图 8.1.5   有向图

定义 8.1.10   设图 $G=(V，E)$ 为无向图或有向图，如果 G 中含有平行边，则称为**多重图**。

如图 8.1.4b 是一个无向多重图，图 8.1.5b 是一个有向多重图。注意，在有向图中，平行边的方向要相同，图 8.1.5b 中有 3 条边是平行边。

很多实际问题可以建立图模型，下面给出一些图模型。

例 8.1.3   航班路线图。某航空公司每天的航班路线为：1 个航班从 A 市到 B 市，2 个航班从 B 市到 A 市，2 个航班从 B 市到 C 市，1 个航班从 C 市到 B 市，1 个航班从 C 市到 D 市，1 个航班从 D 市到 C 市，2 个航班从 D 市到 B 市。可以用图表示航空公司的航班路线。若对城市之间的每个航班(任何方向)来说，在表示城市的结点之间有边，则航班路线图如图 8.1.6 所示，是一个无向多重图。若对每个航班来说，从表示出发城市的结点到表示终止城市的结点之间有边，则画出的航班路线图是有向多重图，见图 8.1.7。

图 8.1.6   无向多重图

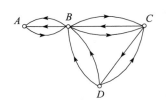

图 8.1.7   有向多重图 ◀

例 8.1.4 微博关注图。微博是一种通过关注机制分享简短实时信息的广播式的社交网络平台，每个用户用一个结点表示，如果用户 a 关注用户 b，则用一条由 a 指向 b 的有向边连接结点 a 到结点 b，这样得到的有向图是微博用户关注关系图。这个模型不需要环和多重边，是一个简单有向图。◀

例 8.1.5 合作关系图。合作关系图可以用来为学术论文的合作者或共同出演一部电影的合作演员建模。在合作图中，结点表示人或演员，如果两个人合写论文或共同出演一部电影，则用边连接两个人。当只是表示是否有合作时，可用一条无向边连接结点，这样的图不包含多重边和环，是简单无向图；当需要表示出合作的次数时，需要用多重无向边，两个人的每一次合作都用一条边表示，因此，是无向多重图。◀

定义 8.1.11 设 $G=(V, E)$ 是 n 阶无向简单图，若 G 中任何结点都与其余的 $n-1$ 个结点相邻，则称 G 为 n 阶无向**完全图**，记作 K_n。

设 $G=(V, E)$ 为 n 阶有向简单图，若对于 V 中任意的两个结点 u 和 v，既有有向边 (u, v)，又有有向边 (v, u)，则称 G 是 n 阶有向完全图。

无特别说明时，完全图均指无向完全图。在图 8.1.8 中，图 8.1.8a 为 4 阶无向完全图 K_4，图 8.1.8b 为 5 阶无向完全图 K_5，图 8.1.8c 为 3 阶有向完全图 K_3。

a)　　　　　　　　b)　　　　　　　　c)

图 8.1.8 完全图

对于 n 阶无向完全图来说，每个结点的度数为 $n-1$，所有结点的总度数为 $n(n-1)$，根据握手定理，$2e=n(n-1)$，因而，n 阶无向完全图的边数为 $n(n-1)/2$。因为有向完全图的任何一对结点之间都有方向相反的两条有向边，所以 n 阶有向完全图的边数为 $n(n-1)$。

定理 8.1.3 设 G 为任意 n 阶无向简单图，则 $\Delta(G) \leqslant n-1$。

一个由非负整数构成的序列 $d=(d_1, d_2, \cdots, d_n)$，如 d 恰好是一个简单图的所有结点的度数序列，称这个整数序列是**可简单图化**的。

定理 8.1.4 设有非负整数构成的序列 $d=(d_1, d_2, \cdots, d_n)$，且 $\sum_{i=1}^{n} d_i = 2e$ 是一个偶数，$n-1 \geqslant d_1 \geqslant d_2 \geqslant \cdots \geqslant d_n$，序列 d 是可简单图化的充要条件为序列 d' 是可简单图化的，这里 d' 是删除 d 中最大元素 d_1 并且将其后紧跟着的 d_1 个元素依次减 1 得到的序列。

例 8.1.6 判断下列各非负整数列是否是无向简单图的结点度数序列？

(1)(5, 5, 4, 4, 2, 1)

(2)(5, 4, 3, 2, 2)

(3)(3, 3, 2, 2, 1, 1)

(4)(4，4，3，2，1)

(5)$(d_1, d_2, \cdots, d_n)$，$d_1 > d_2 > \cdots > d_n \geqslant 1$ 且 $\sum\limits_{i=1}^{n} d_i$ 为偶数

解 (1)整数序列(5，5，4，4，2，1)中有 3 个奇数，根据握手定理的推论，(5，5，4，4，2，1)不是图的结点度数序列。

(2)整数序列(5，4，3，2，2)的 5 个数中，最大数是 5，根据定理 8.1.3，不是无向简单图的结点序列。

(3)整数序列是无向简单图的结点序列。图 8.1.9 的两个无向简单图都是以(3，3，2，2，1，1)为结点度数序列。

图 8.1.9 无向简单图

(4)不是无向简单图的度数序列。根据定理 8.1.4，把序列(4，4，3，2，1)的最大元素 4 删去，剩下 4 个元素都减 1，得到序列(3，2，1，0)，此序列不可简单图化，因此以(4，4，3，2，1)为结点度数序列的图不是无向简单图的度数序列。

(5)中的最大值 $d_1 > n$，根据定理 8.1.3，不是无向简单图的结点度数序列。 ◄

定义 8.1.12 设 G 为 n 阶无向简单图，若 $\forall v \in V(G)$，均有 $d(v) = k$，则称 G 为 **k-正则图**。

根据握手定理，n 阶 k-正则图的边数为 $m = \dfrac{nk}{2}$。因而，当 k 为奇数时，n 为偶数。当 $k = 0$ 时，0-正则图就是 n 阶零图。n 阶无向完全图是 $(n-1)$-正则图。

定义 8.1.13 如果图 $G = (V, E)$ 的结点集 $V = \{v_1, v_2, \cdots, v_n\}$ $(n \geqslant 3)$，边集 $E = \{(v_1, v_2), (v_2, v_3), \cdots, (v_{n-1}, v_n), (v_n, v_1)\}$，则称 G 为**环图**，记为 C_n。

图 8.1.10 是环图 C_3，C_4，C_5，C_6。环图都是 2-正则图。

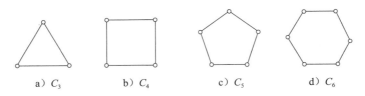

a) C_3 b) C_4 c) C_5 d) C_6

图 8.1.10 环图

定义 8.1.14 当给环图 C_{n-1} $(n \geqslant 4)$ 添加一个结点，并把这个结点和 C_{n-1} 里的每个结点逐个连接后得到的图称为**轮图**，记作 W_n。图 8.1.11 是轮图 W_4、W_5、W_6、W_7。

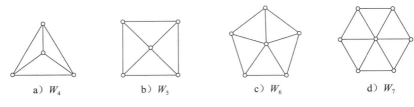

a) W_4 b) W_5 c) W_6 d) W_7

图 8.1.11 轮图

采用环形拓扑的局域网可用环图 C_n 建模，而采用环形拓扑和星形拓扑的混合形式的局域网可用轮图 W_n 建模。

定义 8.1.15 如果图 $G=(V，E)$ 有 2^n 个结点，每个结点表示一个长度为 n 的位串，任何两个相邻的结点表示的位串只有一位不同，则 G 被称为 **n 方体图**，记作 Q_n。

图 8.1.12 是 Q_1、Q_2、Q_3 图。n 方体图 Q_n 是 n-正则图。

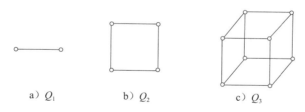

a) Q_1 b) Q_2 c) Q_3

图 8.1.12 $n=1，2，3$ 的方体图

定义 8.1.16 如果图 $G=(V，E)$ 的结点集 V 能划分为两个子集 V_1 和 V_2，使每条边有一个端点在 V_1 中，另一个端点在 V_2 中，则称该图为**二分图**（或**二部图**）。

a) b) c)

图 8.1.13 二分图

图 8.1.13 的图都是二分图。它的结点集可分成两个集合 V_1 和 V_2，每一条边都连接 V_1 的一个结点和 V_2 的一个结点。

定义 8.1.17 二分图 $G=(V，E)$ 的结点集 V 能划分为两个子集 V_1 和 V_2，若 V_1 中的每个结点和 V_2 中的每个结点均有边相连，则称 G 为**完全二分图**。若 $|V_1|=m$，$|V_2|=n$，则可记为 $K_{m,n}$。图 8.1.14 所示的是 $K_{2,3}$ 和 $K_{3,3}$。

定义 8.1.18 每个结点或每条边都带有数值的图称为**带权图**。

可以用有序三元组或有序四元组表示带权图。如 $G=(V，E，f)$，$G=(V，E，g)$ 或 $G=(V，E，f，g)$，其中 V 是结点集，E 是边集，f 是结点所带的权的集合，g 是边所带的权的集合。图 8.1.15 为一边带权图。

 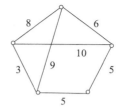

a) b)

图 8.1.14 完全二分图 $K_{2,3}$ 和 $K_{3,3}$ 图 8.1.15 带权图

8.1.5 子图与补图

定义 8.1.19 设图 $G=(V，E)$。

1）设 $e\in E$，从 G 图中删去边 e 得到的图表示为 $G-e$，称为**删除边运算**；设 $E_1\subseteq E$，

从 G 图中删去 E_1 的所有边得到的图表示为 $G-E_1$，称为**删除边集运算**。

2）设 $v \in V$，从 G 图中删去结点 v 及 v 关联的所有边得到的图表示为 $G-v$，称为**删除结点运算**；设 $V_1 \subseteq V$，从 G 图中删去 V_1 中所有结点及它们关联的所有边得到的图表示为 $G-V_1$，称为**删除结点集运算**。

3）设 $e=(u, v) \in E$，从 G 图中删去边 e，将 e 的两个端点 u、v 用一个新的结点 w 代替，将 u、v 关联的所有边都关联结点 w，称为**边 e 的收缩**，记为 $G \setminus e$。

4）设 u、$v \in V$，在 u、v 之间加一条边 (u, v)，称为**加新边**，表示为 $G \bigcup (u, v)$（或 $G+(u, v)$）。

在图 8.1.16 中，图 8.1.16a 为图 G，图 8.1.16b 为 $G-e_1$，图 8.1.16c 为 $G-\{e_1, e_2\}$，图 8.1.16d 为 $G-v_3$，图 8.1.16e 为 $G-\{v_1, v_3\}$，图 8.1.16f 为 $G \setminus e_1$。

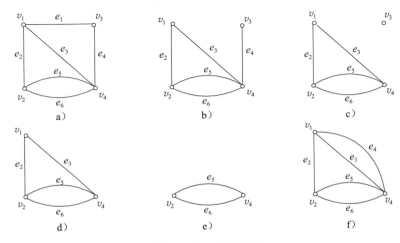

图 8.1.16　图的运算

定义 8.1.20 设 $G=(V, E)$ 和 $G_1=(V_1, E_1)$ 是两个图。

1）若 $V_1 \subseteq V$ 且 $E_1 \subseteq E$，则称 G_1 是 G 的**子图**，G 是 G_1 的**母图**，记作 $G_1 \subseteq G$。

2）若 $G_1 \subseteq G$ 且 $G_1 \neq G$（即 $V_1 \neq V$，或 $E_1 \neq E$），则称 G_1 是 G 的**真子图**。

3）若 $G_1 \subseteq G$ 且 $V_1 = V$，则称 G_1 是 G 的**生成子图**。

4）对图 $G=(V, E)$，设 $V_1 \subseteq V$ 且 $V_1 \neq \varnothing$，以 V_1 为结点集，以两端点均在 V_1 中的全体边为边集的 G 的子图，称 G_1 为 G 的由**结点集 V_1 导出的子图**，记为 $G(V_1)$。

5）对图 $G=(V, E)$，设 $E_1 \subseteq E$ 且 $E_1 \neq \varnothing$，以 E_1 为边集，以 E_1 中边关联的结点的全体为结点集的 G 的子图，称 G_1 为 G 的由**边集 E_1 导出的子图**，记为 $G(E_1)$。

$G(V-V_1)$ 是 G 的由结点集 $V-V_1$ 导出的子图，也就是在 G 图中删去结点集 V_1 中的所有结点及它们关联的边的 G 的子图，常将 $G(V-V_1)$ 记为 $G-V_1$。$G(E-E_1)$ 是 G 的由边集 $E-E_1$ 导出的子图，是在 G 图中删去边集 E_1 中的所有边及所关联的边都在 E_1 中的结点的 G 的子图。$G-E_1$ 是在 G 图中删去边集 E_1 中的所有边所得到的子图，记为 $G-E_1$，是边集合为 $E-E_1$ 的 G 的生成子图。由于在删去边集运算时，如果一个结点关联的边都被删去了，该结点仍要保留，不能一起删去，因此删去边集运算的结点集和 G 图的结点集相等。因而要注意区别 $G(E-E_1)$ 和 $G-E_1$。

例如，在图 8.1.17 中，图 8.1.17b、图 8.1.17c 均为图 8.1.17a 的子图，图 8.1.17c 是生成子图，图 8.1.17b 是它的由结点子集 $\{v_1，v_2，v_4\}$ 导出的子图，也是由边子集 $\{e_2，e_3，e_5，e_6\}$ 导出的子图，图 8.1.17c 是由边子集 $\{e_1，e_2，e_4，e_5，e_6\}$ 导出的子图。

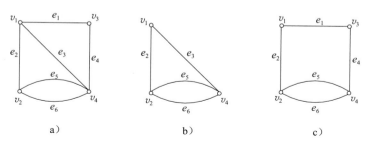

图 8.1.17 无向图 G 和 G 的子图

例 8.1.7 有向图 G 如图 8.1.18a 所示，图 8.1.18b、图 8.1.18c 都是有向图 G 的子图，图 8.1.18b 是有向图 G 的生成子图。

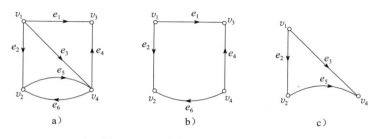

图 8.1.18 有向图 G 和 G 的子图 ◀

定义 8.1.21 设 $G=(V，E)$ 是 n 阶无向简单图或有向简单图。以 V 为结点，以所有能使 G 成为完全图需添加的边组成的集合为边集的图，称为 G 相对于完全图的**补图**，简称 G 的补图，记作 $\sim G$。

在图 8.1.19 中，图 8.1.19a 是图 8.1.19b 的补图，当然图 8.1.19b 也是图 8.1.19a 的补图，就是说，图 8.1.19a、图 8.1.19b 互为补图。同样，图 8.1.19c、图 8.1.19d 互为补图。

图 8.1.19 补图

例 8.1.8 证明在任意 6 个人的集会上，总会有 3 个人互相认识或有 3 个人互相不认识（假设认识是相互的）。

分析 把参加集会的每个人作为一个结点，相互认识的人之间连边，可得到一个无向图 G。3 个人互相认识的人为 G 中的一个 K_3 子图。对图 G 求补图 $\sim G$，则 $\sim G$ 中的边表示两个人不认识。补图 $\sim G$ 中的 K_3 子图表示有 3 个人互相不认识。因此，这个问题可以转化为证明 6 个结点的无向图 G 或其补图 $\sim G$ 中至少有一个完全子图 K_3。

证明 对于 6 个结点的无向图 G，结点 v_1 的度数在 G 中至少为 3 或在其补图 $\sim G$ 中至少为 3。假设结点 v_1 的度数在 G 中为 3，有 3 条边 (v_1, v_2)、(v_1, v_3)、(v_1, v_4) 关联结点 v_1。对于结点 v_2、v_3、v_4，若在 G 中 v_2、v_3、v_4 间无边连接，则 v_2、v_3、v_4 相互不认识，v_2、v_3、v_4 在补图 $\sim G$ 中构成一个完全子图 K_3。如果在 G 中 v_2、v_3、v_4 间至少存在一条边，如 v_2、v_3 间存在一条边，则在 3 个结点 v_1、v_2、v_3 间都有边连接，在图 G 中构成一个 K_3 子图，即 v_1、v_2、v_3 相互认识。因此，在任意 6 个人的集会上，总会有 3 个人相互认识或不认识。◀

此问题和拉姆齐数（Ramsey Number）问题有密切联系。拉姆齐数问题的简单描述是：要找到一个最小的数 n，使得 n 个人中必定有 k 个人彼此相识或 l 个人互不相识。满足条件的最小的数 n，称为拉姆齐数，记作 $R(k, l)$。此例题说明 $R(3, 3) = 6$。

8.1.6 图的同构

图论在表达事物之间的关系时，由于结点位置的不同，边的直、曲不同，同样的事物之间的关系可能画出不同形状的图来，导致表面上看起来不一样的图实际上只是结点和边的名称不同，而邻接关系是一样的。在图论中我们只关心有多少个结点和哪些结点之间有边连接，至于边的长短、曲直和结点的位置无关紧要，因此引出了图的同构的概念。同构的两个图的各个结点之间可以一一对应，对应结点之间的邻接关系和边的重数也是一一对应的，如果是有向图，对应结点之间的边的方向也相同。

定义 8.1.22 设两个图 $G = (V, E)$ 和 $G' = (V', E')$，如果从 V 到 V' 存在双射函数 f，使得对于任意的 u、$v \in V$，$(u, v) \in E$，当且仅当 $(f(u), f(v)) \in E'$；如果在 u、v 间存在平行边，则关联于结点 u、v 的平行边数与关联于结点 $f(u)$、$f(v)$ 的平行边数相同，则称 G 与 G' 是**同构**的，记作 $G \cong G'$。

例 8.1.9 如图 8.1.20 所示，存在双射函数使图 8.1.20a 和图 8.1.20b 的结点一一对应，即 $a \rightarrow v_1$，$b \rightarrow v_5$，$c \rightarrow v_3$，$d \rightarrow v_2$，$e \rightarrow v_4$；结点关联的边一一对应，即 $(a, b) \rightarrow (v_1, v_5)$，$(a, c) \rightarrow (v_1, v_3)$，$(a, d) \rightarrow (v_1, v_2)$，$(c, c) \rightarrow (v_3, v_3)$，$(c, d) \rightarrow (v_3, v_2)$，$(c, e) \rightarrow (v_3, v_4)$，$(d, e) \rightarrow (v_2, v_4)$。所以图 8.1.20a 和图 8.1.20b 是同构的。

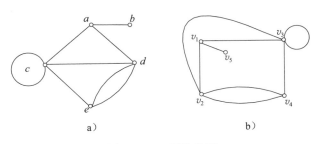

a)　　　　　　　　　　b)

图 8.1.20 同构的图 ◀

图 8.1.21 所示的图 8.1.21a 和图 8.1.21b 不是同构的。因为图中的结点一一对应后，

结点相关联的边不能一一对应，两个图之间不存在双射函数。

　　两个图同构，可以理解为可能通过对其中一个图的结点和边重新标记而使之与另一个图完全相同。从直观的图形上看，可以理解为在平面上经过平移、旋转和边线长度的伸缩等变换，使两个图重合在一起。因此，同构图在一些图的参数上必须相同，如结点数、边数等。

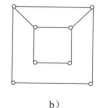

　　由此可以总结出判断两个图同构的必要条件：

　　1）结点数相同；

　　2）边数相同；

　　3）相同度数的结点数相同；

　　4）相同长度的回路数相同。

图 8.1.21　非同构的图

这些不是两个图同构的充分条件。如图 8.1.21 中的两个图满足以上条件，但两个图不同构。

　　例 8.1.10　画出 3 个以 1、1、1、2、2、3 为度数列的非同构的无向简单图。

　　解　由握手定理，所画图的总度数为 10，有 5 条边，3 个以 1、1、1、2、2、3 为度数列的非同构的无向简单图如图 8.1.22。

图 8.1.22　非同构的无向图

　　定义 8.1.23　如果一个图同构于它的补图，则称此图为**自互补图**。

　　如图 8.1.23 所示，图 8.1.23a 和图 8.1.23b 是自互补图。

　　例 8.1.11　试证明一个图为自互补图，其对应的完全图的边数必为偶数。

　　证明　设 G 为自互补图，G 有 e 条边，并设 G 对应的完全图的边数为 m，则 G 的补图的边数为 $m-e$。对于自互补图 G，有 $G \cong \sim G$，所以 $e=m-e$，$m=2e$ 是偶数。◄

图 8.1.23　自互补图

8.2　通路与回路、连通的概念

8.2.1　通路与回路

　　定义 8.2.1　给定图 $G=(V, E)$ 中，以 v_0 为起点、v_n 为终点的由结点和边交替出现的序列 $v_0 e_1 v_1 e_2 v_2 \cdots v_{n-1} e_n v_n$ 称为从结点 v_0 到 v_n 的长度为 n 的**通路**。G 是无向图时，其中的边 e_i 的端点是 v_{i-1} 和 $v_i (i=1,2,\cdots,n)$；G 是有向图时，其中的有向边 e_i 的起点是 v_{i-1}，终点是 $v_i (i=1,2,\cdots,n)$。

　　若一条通路的起点和终点是同一点，称它是一条**回路**。若通路中的所有边($e_1, e_2, \cdots, e_n$)互不相同，则称它为**简单通路**或**迹**。若回路中的所有边互不相同，则称它为**简单回路**

或**闭迹**。若通路中的所有结点$(v_0,v_1,v_2,\cdots,v_{n-1},v_n)$互不相同，所有边也互不相同，则称它为**基本通路**或**初级通路**、**路径**。若回路中的所有结点互不相同，所有边也互不相同，则称它为**基本回路**或**初级回路**、**圈**。

基本通路（回路）一定是简单通路（回路），反之不然。

一条通路或回路包含的边的数目称为通路或回路的**长度**。如果一条回路的长度为奇（偶）数，则称为**奇(偶)回路**。

如图 8.2.1 中的 $v_1 e_1 v_2 e_9 v_6 e_9 v_2 e_8 v_6 e_7 v_5$ 是从结点 v_1 到 v_5 的长度为 5 的通路，$v_2 e_4 v_4 e_5 v_5 e_6 v_2 e_1 v_1 e_{10} v_6$ 是简单通路，$v_2 e_4 v_4 e_5 v_5 e_6 v_2 e_1 v_1 e_{10} v_6 e_9 v_2$ 是简单回路，$v_3 e_3 v_4 e_5 v_5 e_6 v_2 e_1 v_1 e_{10} v_6$ 是基本通路，$v_2 e_1 v_1 e_{10} v_6 e_7 v_5 e_6 v_2$ 是基本回路或圈。

在有向图中要注意边的方向，通路上一条边的终点是这条通路下一条边的起点。如图 8.2.2 中的 $v_1 e_2 v_2 e_5 v_4 e_4 v_3$ 是从结点 v_1 到 v_3 的长度为 3 的通路，$v_1 e_2 v_2 e_5 v_4 e_6 v_2$ 是简单通路，$v_1 e_2 v_2 e_5 v_4 e_4 v_3$ 是基本通路。

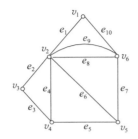
图 8.2.1　从结点 v_1 到 v_5 的通路

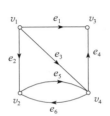
图 8.2.2　从结点 v_1 到 v_3 的通路

图的通路和回路可以用边序列表示，当无多重边时，通路和回路还可以用结点序列表示。如图 8.2.2 中的通路 $v_1 e_2 v_2 e_5 v_4 e_4 v_3$ 可以表示为边序列 $e_2 e_5 e_4$ 和节点序列 $v_1 v_2 v_4 v_3$。

定理 8.2.1　在 n 阶图 G 中，若从结点 u 到 $v(u \neq v)$ 存在通路，则从 u 到 v 存在长度小于或等于 $n-1$ 的通路。

证明　设 $u e_1 v_1 e_2 v_2 \cdots e_k v$ 为 G 中从 u 到 v 的长度为 k 的通路，通路上有 $k+1$ 个结点。若通路长度 $k \leqslant n-1$，则定理成立。若 $k > n-1$，该通路上的结点数大于 G 的结点数 n，根据鸽巢原理，必有一个结点在通路上出现两次，即存在 t, s, $0 \leqslant t \leqslant s \leqslant k$，使得 $v_s = v_t$，因此通路上存在回路。删去回路，至少要删去一条边，得通路 $u e_1 v_1 e_2 v_2 \cdots v_t e_{s+1} \cdots e_k v$ 仍是从 u 到 v 的通路，长度至少减小 1。重复上述过程，经过有限步后，一定得到从 u 到 v 的长度小于或等于 $n-1$ 的通路。　◀

推论　在 n 阶图 G 中，若从结点 u 到 $v(u \neq v)$ 存在通路，则从 u 到 v 存在长度小于或等于 $n-1$ 的基本通路。

类似地有下面的定理和推论。

定理 8.2.2　在 n 阶图 G 中，若从结点 u 到自身存在回路，则存在从结点 u 到自身的长度小于或等于 n 的回路。

推论　在 n 阶图 G 中，若从结点 u 到自身存在回路，则一定存在从结点 u 到自身的长度小于或等于 n 的基本回路。

定义 8.2.2 设 u、v 为图 G 中任意两个结点，u、v 之间长度最短的通路称为 u、v 之间的**短程线**。短程线的长度称为 u、v 之间的**距离**，记作 $d(u, v)$。当 u、v 不连通时，规定 $d(u, v) = \infty$。

如图 8.2.1 中的 $v_1 e_1 v_2 e_9 v_6 e_9 v_2 e_8 v_6 e_7 v_5$ 是从结点 v_1 到 v_5 的长度为 5 的通路。v_1 到 v_5 的短程线是 $v_1 e_1 v_2 e_6 v_5$，v_1 到 v_5 的距离 $d(v_1, v_5) = 2$。

对图 G 中的任意的结点 u，v，w，距离具有如下性质：

1) $d(u, v) > 0$。

2) $d(u, u) = 0$。

3) $d(u, v) + d(v, w) \geqslant d(u, w)$。

当 G 是无向图时，两个结点间的距离具有对称性，即 $d(u, v) = d(v, u)$。对于有向图则不然，如图 8.2.2 中，从结点 v_1 到 v_3 的距离 $d(v_1, v_3) = 1$，而 $d(v_3, v_1) = \infty$，因为从结点 v_3 到 v_1 不存在通路。

例 8.2.1 根据人和人之间的相识关系可以建立相识关系图，每个人用一个结点表示，如果两个人彼此认识，则在这两个人对应的结点之间连接一条边。有一个数学领域的猜想，名为六度分割理论或小世界理论。六度分割理论指出：你和任何一个陌生人之间所间隔的人不会超过六个，也就是说，最多通过六个中间人你就能够认识任何一个陌生人。在相识关系图中，这个间隔就是两个结点间长度最短的通路，即它们的距离。

描述好莱坞电影里的一个演员与其他演员的"合作距离"，如与演员凯文·贝肯 (Calvin. Bacon) 的"合作距离"的贝肯数 (bacon number) 和描述数学论文中一个作者与埃尔德什的"合作距离"的埃尔德什数 (Erdös number)，都是基于结点间的距离计算的。用结点表示演员，若两个演员出演过同一部电影，在这两个演员对应的结点间连接一条边，可以构造一个好莱坞演员合作关系图。一个演员 A 的贝肯数就是在好莱坞演员合作图中的连接演员 A 的结点和演员凯文·贝肯的结点间的最短通路的长度。表 8.2.1 是截至 2023 年 12 月具有不同贝肯数的演员数（数据来源于 https://oracleofbacon.org/center.php）。埃尔德什 (Paul Erdös) 是 20 世纪著名的匈牙利数学家，他最大的特点就是多产，涉及的数学领域非常广泛，一生和很多同时代的数学家在不同的领域内进行过合作，发表了大约 1500 篇论文。因为他的合作者很多，所以在数学界内，就流行起了一个埃尔德什数的说法。若每个结点表示一个科学家，两个科学家合作共同发表过论文，用一条无向边连接这两个科学家对应的结点，可以构造一个论文合作关系图。一个科学家的埃尔德什数就是这个科学家在论文合作关系图中的结点到埃尔德什对应的结点的距离，埃尔德什自己的埃尔德什数是 0，直接和埃尔德什一起写过论文的合作者的埃尔德什数是 1，埃尔德什的合作者的合作者的埃尔德什数是 2。埃尔德什数越小，说明此人和埃尔德什的学术关系越近。

表 8.2.1 具有不同贝肯数的演员数

贝肯数	演员数
0	1
1	2 195
2	228 904
3	703 856
4	264 564
5	33 936
6	5 311
7	965
8	291
9	98
10	40

8.2.2 连通的概念

定义 8.2.3 若无向图 G 是平凡图或 G 中任意两结点间都有一条通路（长度 $\geqslant 1$），则称 G 是**连通图**；否则，称 G 是**非连通图**。

如图 8.2.3a 是连通图，其中的任何两个结点间都有一条通路。图 8.2.3b 不是连通图，a、b、c、d 中的任一点和 e、f、g 中的任一点间都没有通路。连通图是"一整块"图。非连通图由两"块"或更多"块"图组成。称每一"块"图是一个连通分支。

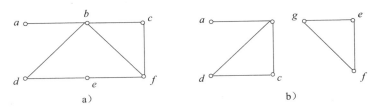

图 8.2.3　　连通图与非连通图

在一个无向图中，若从结点 v_i 到 v_j 存在通路，则称 v_i 和 v_j 有**连通关系**。一个结点 v_i 和自己有连通关系。显然，无向图中结点的连通关系具有自反性、对称性和传递性，是等价关系。

设 $G=(V,E)$ 是一个无向图。R 是结点集 V 上的连通关系。由 R 可将结点集 V 划分成 $p(p\geqslant1)$ 个等价类 $V_1,V_2,\cdots,V_p$。每个等价类中的结点都彼此连通，不同等价类中的两个结点都不连通。它们的导出子图 $G(V_1),G(V_2),\cdots,G(V_p)$ 称为 G 的**连通分支**，简称分支，其个数记作 $W(G)$。若 G 是连通的，则 $W(G)=1$。如图 8.2.3 的 (2) 有两个连通分支，所以 $W(G)=2$。

定理 8.2.3 设简单图 $G=(V,E)$ 有 n 个结点，e 条边，w 个连通分支，则 $n-w\leqslant e$。

证明 （用归纳法来证明）

1) 当 $e=0$ 时，也就是对于 n 个结点的零图，$w=n$，则 $n-w\leqslant e$ 成立。

2) 假定边数为 $e-1$ 的简单图结论成立。对于边数为 e 的简单图 G，从 G 中删去一条边，得到边数为 $e-1$ 的简单图 G'。分两种情况分析：

    a) 删去一条边的图 G' 的连通分支数没有增加，即 G' 有 n 个结点，w 个分支，$e-1$ 条边，由归纳假设有 $n-w\leqslant e-1$，所以 $n-w\leqslant e$ 成立。

    b) 删去一条边的图 G' 的连通分支数增加，即 G' 有 n 个结点，$w+1$ 个分支，$e-1$ 条边，由归纳假设有 $n-(w+1)\leqslant e-1$，所以 $n-w\leqslant e$ 成立。

当图 G 是连通图时，$w=1$，则 $n-1\leqslant e$，即连通图至少有 $n-1$ 条边。　◀

定义 8.2.4 设无向图 $G=(V,E)$，若存在结点子集 $V_1\subset V$，使 G 的由 $V-V_1$ 导出的子图 $G-V_1$ 的连通分支数与 G 的连通分支数满足 $W(G-V_1)>W(G)$，而对于任何 $V_2\subset V_1$，$W(G-V_2)=W(G)$，则称 V_1 为 G 的一个**点割集**。若点割集中只有一个结点 v，则称 v 为**割点**。

若存在边集的子集 E_1，将 E_1 中的边从 G 中全部删除后，所得子图 $G-E_1$ 的连通分

支数与 G 的连通分支数满足 $W(G-E_1) > W(G)$，而对于任何 $E_2 \subset E_1$，$W(G-E_2) = W(G)$，则称 E_1 是 G 的一个**边割集**（或**割集**），若边割集中只有一条边 e，则称 e 为**割边**或**桥**。

在图 8.2.4a 中，$\{b, c\}$ 是点割集，$\{e_4, e_2, e_3, e_7\}$ 是边割集，图 8.2.4b 中的结点 b 和结点 g 都是割点，边 (b, g) 是桥。

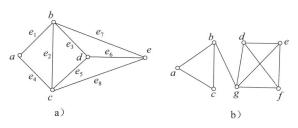

图 8.2.4　无向图

例 8.2.2　试证明 $2n$ 个城市，如果每个城市至少和另外 n 个城市可以相互直航，那么这 $2n$ 个城市中任何两个之间可互相通航（有些可能要通过另外的城市中转）。

分析　每个城市用一个结点表示。若两个城市可以直航，在这两个城市对应的结点之间连一条边。如果一个城市可以和另外 n 个城市直航，则该城市对应的结点的度数为 n。因此，这个问题可以用一个有 $2n$ 个结点，每个结点的度数 $\geq n$ 的简单图表示。因此，就是证明对于 $2n$ 个结点，每个结点的度数 $d(v) \geq n$ 的简单图是连通的。

证明　设有 $2n$ 个结点的图 G 不连通，则 G 中至少包含两个连通分支，而且必有一个分支的结点数 $\leq n$，即使这个分支是完全图，其每个结点的度数 $d(v) < n-1$，和 $d(v) \geq n$ 矛盾。所以图 G 只有一个连通分支，G 是连通的。　◀

定义 8.2.5　设 $G = (V, E)$ 是一个有向图，对 G 中任意两个结点 u 和 v，若从 u 到 v 存在通路，则称由 u 到 v 是**可达**的，否则称由 u 到 v 是**不可达**的。若从 u 到 v 存在通路，且从 v 到 u 存在通路，则称 u 和 v 是**相互可达**的。规定一个结点到自己总是可达的。

有向图的结点之间的可达关系具有自反性和传递性，不具有对称性。

如图 8.2.5 所示的有向图中，v_2 到 v_3 是可达的，而 v_3 到 v_2 也是可达的，因而 v_2 和 v_3 是相互可达的。v_1 到 v_2 是可达的，而 v_2 到 v_1 是不可达的，结点之间的可达关系不具有对称性。

定义 8.2.6　设 $G = (V, E)$ 是有向图。

1）如果图 G 的任意两个结点间至少从一个结点到另一个结点是可达的，则称 G 是**单向连通**的。

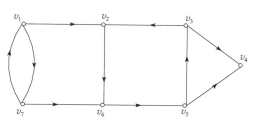

图 8.2.5　有向图

2）如果图 G 的任意两个结点间是互相可达的，则称 G 是**强连通**的。

3）如果图 G 在略去有向边的方向后得到的无向图是连通的，则称 G 是**弱连通**的。

具有三种连通性中的任何一种的有向图都称为**有向连通图**。

由上述定义可知，对有向图来说，如果它是强连通的，一定是单向连通的；如果它是单向连通的，一定是弱连通的。但这两个命题的逆均不成立。

例 8.2.3 图 8.2.6 中哪个是强连通图？哪个是弱连通图？哪个是单向连通图？

解 在图 8.2.6a 中任何两个结点都是相互可达的，所以该图为强连通图；图 8.2.6b 中任意两个结点间至少从一个结点到另一个结点是可达的，因此该图为单向连通图；图 8.2.6c 中存在一对结点是互相不可达的，所以该图是弱连通图。◀

对于有向图 $G=(V,E)$，相互可达关系是 V 上的满足自反性、对称性和传递性的二元关系，是等价关系。利用相互可达关系可将结点集 V 划分为等价类 $V_1,V_2,\cdots,V_w$，每个 V_i 的任两个结点都是互相可达的。所以每个 V_i 导出的子图 G_i 是强连通的，称为 G 的一个**强分图**。如图 8.2.7 中的结点集由互相可达关系划分为 $V_1=\{v_1,v_7\}$，$V_2=\{v_2,v_3,v_5,v_6\}$，$V_3=\{v_4\}$，所以 G 有 3 个强分图，如图 8.2.7 所示。

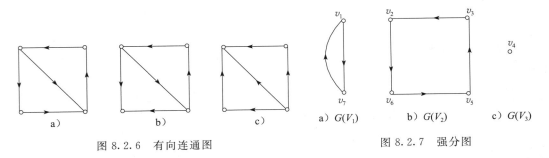

图 8.2.6 有向连通图　　　　　　图 8.2.7 强分图

注意：有向图中每个结点位于且仅位于一个强分图中，每一条边至多在一个强分图中。

下面给出强连通图的判别定理。

定理 8.2.4 有向图 G 是强连通的当且仅当 G 中存在经过每个结点的回路。

证明 （充分性）如果 G 中存在经过每个结点的回路 C，则 G 中每个结点都在回路 C 上，因而任意两个结点都是相互可达的，所以 G 是强连通图。

（必要性）设 $v_1,v_2,\cdots,v_n$ 为 G 中的结点。若 G 是连通图，则 G 中任意两个结点间相互可达，因而 v_i 到 v_{i+1} 可达，$i=1,2,\cdots,n-1$，并且 v_n 到 v_1 可达，也就是 v_i 到 v_{i+1} 间存在通路，$i=1,2,\cdots,n-1$，并且 v_n 到 v_1 间存在通路。这些通路可以连接起来形成回路 C，这个回路经过图 G 的每个结点。◀

例 8.2.4 计算机系统中可以同时执行多个程序，程序共享计算机系统中的资源，操作系统负责把资源分配给各个程序。当一个程序要求使用某种资源，它要发出请求，操作系统必须保证这一请求得到满足。对资源的请求可能发生冲突，如程序 A 控制着资源 1，请求资源 2；但程序 B 控制着资源 2，请求资源 1，这种情况称为处于死锁状态。冲突的请求必须解决，资源分配图有助于发现和纠正死锁。

资源分配图是有向图 $G=(V,E)$，其中 V 是顶点的集合，E 是边的集合。顶点集合分为两部分：1）$P=\{P_1,P_2,\cdots,P_n\}$，它由进程集合的所有活动进程组成；$R=\{r_1,r_2,\cdots,r_m\}$，它由进程集合所涉及的全部资源类型组成。边集合分为以下两种：申请边 (P_i,r_j)，表示进程 P_i 申请一个单位的 r_j 资源，但当前 P_i 在等待该资源。赋给边 (r_j,P_i)，表示有

一个单位的 r_j 资源已分配给进程 P_i。

图 8.2.8 是两个资源分配图 G_1 和 G_2。在图 G_1 中，$P = \{P_1,\ P_3\}$，$R = \{r_1,\ r_2\}$，且各类资源的个数都是 1，$E = \{(P_1,\ r_1),\ (P_3,\ r_2),\ (r_1,\ P_3),\ (r_2,\ P_1)\}$，即进程 P_1 占有一个 r_2 资源，且等待一个 r_1 资源；进程 P_3 占有一个 r_1 资源，且等待一个 r_2 资源。在图 G_2 中，$P = \{P_1,\ P_2,\ P_3,\ P_4\}$，$R = \{r_1,\ r_2\}$，且各类资源的个数都是 2，$E = \{(P_1,\ r_1),\ (P_3,\ r_2),\ (r_1,\ P_3),\ (r_2,\ P_1),\ (r_1,\ P_2),\ (r_2,\ P_4)\}$，即进程 P_1 占有一个 r_2 资源，且等待一个 r_1 资源；进程 P_2 占有一个 r_1 资源，进程 P_3 占有一个 r_1 资源，且等待一个 r_2 资源，进程 P_4 占有一个 r_2 资源。

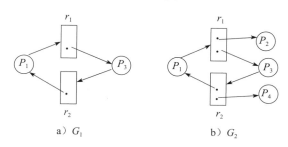

a) G_1 b) G_2

图 8.2.8 资源分配图

利用资源分配图可以发现死锁。对每种类型只有一个资源的系统（如只有一台扫描仪，一台 CD 刻录机）构造的资源分配图中，如果出现回路就说明存在死锁。在此环路中的每个进程都是死锁进程。如果没有出现回路，系统就没有发生死锁。如图 G_1 中有一个回路，所以是死锁状态。如果每类资源的实体不止一个，那么资源分配图中出现回路并不表明一定出现死锁。在这种情况下，资源分配图中存在回路是死锁存在的必要条件，但不是充分条件。图 G_2 也有一个回路 $P_1 r_1 P_3 r_2 P_1$，然而没有出现死锁。因为进程 P_2 和 P_4 能释放占有的资源 r_1 和 r_2，然后就可以将 r_1 和 r_2 分给 P_1 和 P_3，这样环路就打开了。总之，如果资源分配图中没有回路，那么系统就不会陷入死锁状态。如果存在回路，那么系统就有可能出现死锁。◀

8.3 图的表示

图的表示方法很多，如前面讨论的，可以用集合的方法描述图，或直接画出图，还可以用列出结点的邻接结点的邻接表来表示图。为了方便用计算机分析和处理图，常用矩阵表示图，用矩阵把图的问题变为数字计算问题。利用矩阵代数来计算图的通路、回路和其他特征，可以借助计算机来实现对图的研究。下面介绍常用的表示图的方法。

8.3.1 邻接表

定义 8.3.1 列出图的每一个结点和它的所有邻接结点的表称为**邻接表**。

若一个没有多重边的无向图有 n 个结点，则它的邻接表有 n 行，每一行给出一个结点和它的邻接结点的列表。类似地，若一个没有多重边的有向图有 n 个结点，则它的邻接表有 n 行，每一行给出一个结点和它的邻接结点的列表，即以这个结点为起点的有向边的终点的列表。

例 8.3.1   用邻接表表示图 8.3.1 的无向简单图(见表 8.3.1)。

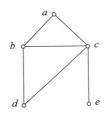

图 8.3.1   无向简单图

表 8.3.1   无向简单图的邻接表

结点	邻接结点
a	b,c
b	a,c,d
c	a,b,d,e
d	b,c
e	c

例 8.3.2   用邻接表表示图 8.3.2 的有向图(见表 8.3.2)。

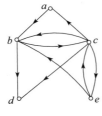

图 8.3.2   有向图

表 8.3.2   有向图的邻接表

起点	终点
a	b
b	c,d
c	a,b,d,e
d	
e	b,c

由于多重边是多条边关联相同的两个结点,用邻接表不能表示多重边的边数,邻接表不适合表示有多重边的无向图和有向图。

8.3.2   邻接矩阵

定义 8.3.2   设图 $G=(V,E)$ 是有向图,$V=\{v_1,v_2,\cdots,v_n\}$,G 的邻接矩阵为 $A(G)=(a_{ij})_{n\times n}$,其中

$$a_{ij}=\begin{cases}k, & \text{如果以 } v_i \text{ 为起点、} v_j \text{ 为终点的边有 } k \text{ 条}\\ 0, & \text{如果无以 } v_i \text{ 为起点、} v_j \text{ 为终点的边}\end{cases}$$

例 8.3.3   如图 8.3.3 所示的有向图 G,写出它的邻接矩阵。

解   邻接矩阵为

$$\begin{bmatrix} 0 & 2 & 1 & 1 & 0 \\ 0 & 1 & 0 & 0 & 0 \\ 0 & 1 & 0 & 1 & 0 \\ 0 & 0 & 1 & 0 & 0 \\ 0 & 0 & 0 & 0 & 0 \end{bmatrix}$$

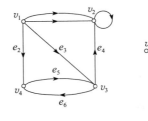

图 8.3.3   有向图 G

用邻接矩阵表示图时,要先对结点排序,然后按结点顺序标记矩阵的行和列。因此,结点的顺序不同,邻接矩阵也不同。有 n 个结点的图有 $n!$ 个不同的邻接矩阵,因为 n 个结点有 $n!$ 个不同的排列顺序。

从有向图的邻接矩阵可以看出:

1)邻接矩阵的第 i 行的所有元素之和表示这一行对应结点 v_i 的出度,即

$$\sum_{j=1}^{n} a_{ij} = d^{+}(v_i)$$

邻接矩阵的第 j 列的所有元素之和表示这一列对应结点 v_j 的入度，即

$$\sum_{i=1}^{n} a_{ij} = d^{-}(v_j)$$

于是 $\sum_{i=1}^{n} \sum_{j=1}^{n} a_{ij} = \sum_{i=1}^{n} d^{+}(v_i) = \sum_{j=1}^{n} d^{-}(v_j) = m$，即邻接矩阵的所有元素之和等于所有结点的出度之和、入度之和，等于边数。

2）设 $\boldsymbol{A}^2 = \boldsymbol{A} \cdot \boldsymbol{A} = (a_{ij}^{(2)})_{n \times n}$，$a_{ij}^{(2)} = \sum_{k=1}^{n} a_{ik} a_{kj}$。若 $a_{ik} a_{kj} \neq 0$，即 $a_{ik} \neq 0$ 且 $a_{kj} \neq 0$，则存在从 v_i 到 v_k 到 v_j 的长度为 2 的有向路，其数目等于 $a_{ik} a_{kj}$。所以 $a_{ij}^{(2)}$ 是从 v_i 到 v_j 的长度为 2 的所有有向路的数目，这里的有向路的边可能重复。

3）孤立点对应的行和列都为 0。

4）主对角线的元素不为 0 表示对应的结点有环。

定理 8.3.1 设 $\boldsymbol{A}$ 是有向图 $G = (V, E)$ 的邻接矩阵，$V = \{v_1, v_2, \cdots, v_n\}$，$\boldsymbol{A}^k = (a_{ij}^{(k)})_{n \times n}$，则 $a_{ij}^{(k)}$ 表示 G 中从 v_i 到 v_j 的长度为 k 的所有有向路的数目，其中 $a_{ii}^{(k)}$ 是从 v_i 到自身的长度为 k 的所有回路的数目。

证明 用归纳法证明，对 k 做归纳。

1）当 $k = 1$ 时，由邻接矩阵的定义知结论成立。

2）设 $k = m$ 时，结论成立。

3）当 $k = m + 1$ 时，有 $(a_{ij}^{(k)})_{n \times n} = \boldsymbol{A}^{m+1} = \boldsymbol{A}^m \cdot \boldsymbol{A}$，从而 $a_{ij}^{(m+1)} = \sum_{p=1}^{n} a_{ip}^{(m)} a_{pj}$。显然 $a_{ip}^{(m)} a_{pj}$ 等于从 v_i 出发经 v_p 到 v_j 的长度为 $m+1$ 的有向路的数目。由于 p 的任意性，$a_{ij}^{(m+1)}$ 等于 G 中从 v_i 到 v_j 的长度为 $m+1$ 的所有有向路的数目。◄

推论 设矩阵 $\boldsymbol{B}_l = \boldsymbol{A} + \boldsymbol{A}^2 + \cdots + \boldsymbol{A}^l$，则 $\boldsymbol{B}_l$ 中的元素

$$b_{ij}^{(l)} = a_{ij}^{(1)} + a_{ij}^{(2)} + \cdots + a_{ij}^{(l)} = \sum_{k=1}^{l} a_{ij}^{(k)}$$

表示图 G 中从结点 v_i 到 v_j 的长度小于等于 l 的所有通路的总数。其中 $b_{ii}^{(l)}$ 是从 v_i 到自身的长度小于等于 l 的所有回路的总数目。

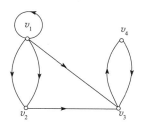

图 8.3.4 有向图

例 8.3.4 对如图 8.3.4 所示的有向图，从结点 v_1 到 v_3 的长度为 2 的有向路和长度为 3 的有向路各有几条？所有长度为 3 的有向路有几条？

解 图 8.3.4 的邻接矩阵为

$$\boldsymbol{A}(D) = \begin{bmatrix} 1 & 2 & 1 & 0 \\ 0 & 0 & 1 & 0 \\ 0 & 0 & 0 & 1 \\ 0 & 0 & 1 & 0 \end{bmatrix} \quad \boldsymbol{A}^2(D) = \begin{bmatrix} 1 & 2 & 3 & 1 \\ 0 & 0 & 0 & 1 \\ 0 & 0 & 1 & 0 \\ 0 & 0 & 0 & 1 \end{bmatrix} \quad \boldsymbol{A}^3(D) = \begin{bmatrix} 1 & 2 & 4 & 3 \\ 0 & 0 & 1 & 0 \\ 0 & 0 & 0 & 1 \\ 0 & 0 & 1 & 0 \end{bmatrix}$$

根据矩阵 $\boldsymbol{A}^2(D)$，v_1 到 v_3 的长度为 2 的有向路有 3 条；根据矩阵 $\boldsymbol{A}^3(D)$，v_1 到 v_3

的长度为 3 的有向路有 4 条，所有长度为 3 的有向路的数目是矩阵 $A^3(D)$ 的所有元素之和，因此共有 $1+2+4+3+1+1+1=13$ 条有向路。

邻接矩阵也可以用来表示无向图。

定义 8.3.3 设图 $G=(V, E)$ 是无向图，$V=\{v_1, v_2, \cdots, v_n\}$，$G$ 的邻接矩阵为 $A(G)=(a_{ij})_{n\times n}$，其中

$$a_{ij}=\begin{cases} k, & \text{如果关联于 } v_i \text{ 和 } v_j \text{ 的边有 } k \text{ 条} \\ 0, & \text{如果不存在关联于 } v_i \text{ 和 } v_j \text{ 的边} \end{cases}$$

例 8.3.5 写出如图 8.3.5 所示的无向图 G 的邻接矩阵。

解 邻接矩阵为

$$A(G)=\begin{bmatrix} 0 & 2 & 1 & 0 \\ 2 & 0 & 1 & 0 \\ 1 & 1 & 1 & 0 \\ 0 & 0 & 0 & 0 \end{bmatrix}$$

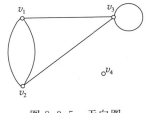

图 8.3.5 无向图

显然，无向图的邻接矩阵是关于主对角线对称的矩阵。主对角线的元素不为 0 表示对应的结点有环。当无向图是简单图时，邻接矩阵是 $0-1$ 矩阵。当结点顺序发生变化时，同一个图的邻接矩阵也随着发生变化。有 n 个结点的图可以用 $n!$ 个不同的邻接矩阵表示。

无向图的邻接矩阵的特性类似于有向图的邻接矩阵的特性，当无向图的邻接矩阵的第 i 行对应的结点 v_i 没有环时，该行的所有元素之和是结点 v_i 的度数；无向图的邻接矩阵 A 的 2 次幂 A^2 的元素 $a_{ij}^{(2)}$ 是从 v_i 到 v_j 的长度为 2 的所有通路的数目，A^k 中的元素 $a_{ij}^{(k)}$ 等于从结点 v_i 到 v_j 的长度为 k 的所有通路的数目。

根据给定的邻接矩阵可以画出这个矩阵所表示的图。

例 8.3.6 画出给定的邻接矩阵所表示的图。

$$1) \begin{bmatrix} 0 & 1 & 1 \\ 1 & 0 & 0 \\ 1 & 0 & 0 \end{bmatrix} \quad 2) \begin{bmatrix} 0 & 1 & 1 & 1 \\ 1 & 0 & 0 & 1 \\ 0 & 0 & 0 & 1 \\ 1 & 1 & 1 & 0 \end{bmatrix}$$

解 邻接矩阵 1) 所表示的图见图 8.3.6，可以是无向图 8.3.6a 或有向图 8.3.6b。邻接矩阵 2) 所表示的图见图 8.3.7。

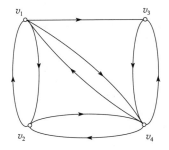

图 8.3.6 邻接矩阵 1) 表示的图　　　　图 8.3.7 邻接矩阵 2) 表示的图

注意，当给定一个邻接矩阵是关于主对角线对称的矩阵时，它可以表示一个无向图，

也可以表示一个有向图。

设图 $G=(V，E)$，$|V|=n$，A 是 G 的邻接矩阵。根据定理 8.3.1 的推论，$B_n=A^1+A^2+\cdots+A^n$，则 $b_{ij}^{(n)}$ 的值等于 G 中从结点 v_i 到 v_j 的长度小于等于 n 的所有通路的总数。根据定理 8.2.1，在 n 个结点的图 G 中，若有从结点 v_i 到 v_j 的通路，则必有一条从 v_i 到 v_j 的长度不超过 n 的通路。因而，当 $b_{ij}^{(n)} \neq 0$ 时，结点 v_i 到 v_j 间存在通路。若 $b_{ii}^{(n)} \neq 0$，结点 v_i 到自己存在回路。因此，可以通过邻接矩阵的运算判断图的连通性，可应用于判断程序的某过程是否是递归的。

例 8.3.7　判定下面的邻接矩阵 A 所表示的图 G 是否是强连通图。

$$A=\begin{bmatrix} 0 & 1 & 1 \\ 0 & 0 & 1 \\ 0 & 1 & 0 \end{bmatrix}$$

解　$A^2=\begin{bmatrix} 0 & 1 & 1 \\ 0 & 1 & 0 \\ 0 & 0 & 1 \end{bmatrix}$　$A^3=\begin{bmatrix} 0 & 1 & 1 \\ 0 & 0 & 1 \\ 0 & 1 & 0 \end{bmatrix}$

所以 $B_3=A+A^2+A^3=\begin{bmatrix} 0 & 3 & 3 \\ 0 & 1 & 2 \\ 0 & 2 & 1 \end{bmatrix}$

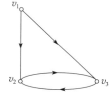

因为 B_3 中存在为 0 的元素，所以图 G 不是强连通图，见图 8.3.8。

◀　图 8.3.8　例 8.3.7 图

一般认为，当图的边数较少时，该图属于稀疏图，反之则属于稠密图。使用邻接矩阵表示法的优点在于可以很快判断两个给定结点是否存在连接边，缺点在于当要表示的图是稀疏图时，有大量的空间会被浪费。当图的邻接矩阵是稀疏矩阵时，适合用邻接表表示。邻接表表示方式的优点在于节省空间，缺点在于判断两个给定结点是否存在连接需要遍历其中某个结点的邻接表，效率较低。社交网络一般属于稀疏图结构，常使用邻接表表示，可以节省大量空间，提高空间利用率；对于一些不需要快速判断两个给定结点是否存在连接边的算法也可以用邻接表表示图。

例 8.3.8　判断图 8.3.9 的两个图是否同构。

图 8.3.9　例 8.3.8 图

解　图 8.3.9 的两个图的邻接矩阵为

$$A_1=\begin{bmatrix} 0 & 1 & 1 & 1 \\ 1 & 0 & 1 & 1 \\ 1 & 1 & 0 & 0 \\ 1 & 1 & 0 & 0 \end{bmatrix}　A_2=\begin{bmatrix} 0 & 1 & 1 & 1 \\ 1 & 0 & 1 & 0 \\ 1 & 1 & 0 & 1 \\ 1 & 0 & 1 & 0 \end{bmatrix}$$

将矩阵 A_2 的第 2 行元素和第 3 行元素交换，得到矩阵 A'_2，然后将矩阵 A'_2 的第 2 列元素和第 3 列元素交换，得到矩阵 A''_2。

$$A'_2 = \begin{bmatrix} 0 & 1 & 1 & 1 \\ 1 & 1 & 0 & 1 \\ 1 & 0 & 1 & 0 \\ 1 & 0 & 1 & 0 \end{bmatrix} \qquad A''_2 = \begin{bmatrix} 0 & 1 & 1 & 1 \\ 1 & 0 & 1 & 1 \\ 1 & 1 & 0 & 0 \\ 1 & 1 & 0 & 0 \end{bmatrix}$$

矩阵 A''_2 和矩阵 A_1 相同，所以图 8.3.9 的两个图同构。◀

两个图同构，它们的邻接矩阵相同，或对其中一个邻接矩阵的行和列同时进行交换后相同。如例 8.3.8 中，对矩阵 A_2 交换第 2 行和第 3 行，同时交换第 2 列和第 3 列后，两个图的矩阵相同。

8.3.3　可达矩阵

定义 8.3.4　设图 $G=(V,E)$ 是有向图，$V=\{v_1,v_2,\cdots,v_n\}$，G 的可达矩阵为 $P(G)=(p_{ij})_{n\times n}$，$i,j=1,2,\cdots,n$，其中

$$p_{ij} = \begin{cases} 1, & \text{若 } v_i \text{ 到 } v_j \text{ 可达} \\ 0, & \text{若 } v_i \text{ 到 } v_j \text{ 不可达} \end{cases}$$

可达矩阵可以通过 B^n 求得，$B^n=(b_{ij})_{n\times n}=A+A^2+\cdots+A^n$，其中 A 是 G 的邻接矩阵。

令

$$p_{ij} = \begin{cases} 1, & b_{ij} \neq 0 \\ 0, & b_{ij} = 0 \end{cases}, \quad i \neq j$$

$$p_{ij} = 1, \qquad i = j$$

则可得到可达矩阵 $P(G)=(p_{ij})_{n\times n}$。

例 8.3.9　写出图 8.3.8 的可达矩阵。

解　对于图 8.3.8，$B_3=A+A^2+A^3 = \begin{bmatrix} 0 & 3 & 3 \\ 0 & 1 & 2 \\ 0 & 2 & 1 \end{bmatrix}$，所以可达矩阵为

$$P = \begin{bmatrix} 1 & 1 & 1 \\ 0 & 1 & 1 \\ 0 & 1 & 1 \end{bmatrix}$$

◀

对可达矩阵 P 求转置 P^{T}，P^{T} 中的 (i,j) 的元素为 p_{ij}^{T}，定义一个矩阵 $P \wedge P^{\mathrm{T}}$，使得它的 (i,j) 的元素为 $p_{ij}p_{ij}^{\mathrm{T}}$，于是矩阵 $P \wedge P^{\mathrm{T}}$ 的第 i 行的"1"对应的结点组成一个含有结点 v_i 的强连通分支。

例如，对图 8.3.8 的可达矩阵 P 求转置矩阵 P^{T} 和矩阵 $P \wedge P^{\mathrm{T}}$，

$$P^{\mathrm{T}} = \begin{bmatrix} 1 & 0 & 0 \\ 1 & 1 & 1 \\ 1 & 1 & 1 \end{bmatrix} \qquad P \wedge P^{\mathrm{T}} = \begin{bmatrix} 1 & 0 & 0 \\ 0 & 1 & 1 \\ 0 & 1 & 1 \end{bmatrix}$$

矩阵 $\boldsymbol{P} \wedge \boldsymbol{P}^{\mathrm{T}}$ 的第 2 行的两个"1"表明结点 v_2 和 v_3 是一个强连通分支。

8.3.4 关联矩阵

定义 8.3.5 设图 $G=(V, E)$ 是无环的有向图，$V=\{v_1, v_2, \cdots, v_n\}$，$E=\{e_1, e_2, \cdots, e_m\}$，则 G 的关联矩阵 $\boldsymbol{M}(G)=(m_{ij})_{n \times m}$，其中

$$m_{ij} = \begin{cases} 1, & v_i \text{ 是 } e_j \text{ 的起点} \\ -1, & v_i \text{ 是 } e_j \text{ 的终点} \\ 0, & v_i \text{ 与 } e_j \text{ 不关联} \end{cases}$$

例 8.3.10 写出图 8.3.10 的关联矩阵。

解 图 8.3.10 的关联矩阵为

$$\boldsymbol{M}(G) = \begin{bmatrix} 1 & -1 & 1 & 0 & 0 \\ -1 & 0 & 0 & 1 & 1 \\ 0 & 1 & -1 & -1 & -1 \\ 0 & 0 & 0 & 0 & 0 \end{bmatrix}$$

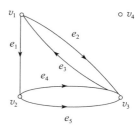

图 8.3.10

◀

从有向图的关联矩阵可以看出有向图的一些性质：

1）G 中每条边有一个起点，一个终点，所以 $\boldsymbol{M}(G)$ 中的每列中只有一个"1"和一个"-1"。

2）每行元素中"1"的个数为对应结点的出度，"-1"的个数为对应结点的入度。

3）孤立点对应的行全为 0。

4）多重边对应的列相同。

定义 8.3.6 设图 $G=(V, E)$ 是无向图，$V=\{v_1, v_2, \cdots, v_n\}$，$E=\{e_1, e_2, \cdots, e_m\}$，则 G 的关联矩阵 $\boldsymbol{M}(G)=(m_{ij})_{n \times m}$，其中 m_{ij} 是 v_i 与边 e_j 的关联次数。

例 8.3.11 写出图 8.3.11 的关联矩阵。

解 图 8.3.11 的关联矩阵如下，其中的第 5 列只有一个元素不为 0，因为边 (v_3, v_3) 是环，它关联结点 v_3 两次，这个元素值为 2。

$$\boldsymbol{M}(G) = \begin{bmatrix} 1 & 1 & 1 & 0 & 0 \\ 1 & 0 & 0 & 1 & 2 \\ 0 & 1 & 1 & 1 & 0 \\ 0 & 0 & 0 & 0 & 0 \end{bmatrix}$$

◀

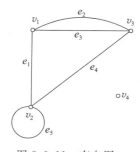

图 8.3.11 有向图

无向图的关联矩阵有如下特点：

1）G 中边关联两个不同结点时，关联矩阵 $\boldsymbol{M}(G)$ 中对应的列中有两个"1"；

2）G 中有环，关联矩阵 $\boldsymbol{M}(G)$ 中对应的列只有一项不为 0；

3）每行所有元素之和为该行对应结点的度数，即 $d(v_i)=\sum\limits_{j=1}^{m} m_{ij}$；关联矩阵 $\boldsymbol{M}(G)$ 的所有元素之和为结点总度数，即 $\sum\limits_{i=1}^{n} d(v_i) = \sum\limits_{i=1}^{n} \sum\limits_{j=1}^{m} m_{ij}$；

4）每列的元素之和为 2；

5）孤立点对应的行全为 0；

6）多重边对应的列相同；

7）同一个图当结点或边的边序不同时，其对应的 $M(G)$ 有行序、列序的差别。

给定图 G 的关联矩阵，在同构的意义下可以画出 G 的图形。　　◄

例 8.3.12 画出下面的关联矩阵 $M(G)$ 表示的图 G。

$$M(G) = \begin{bmatrix} 1 & 1 & 1 & 0 & 0 & 0 \\ 0 & 1 & 0 & 0 & 1 & 1 \\ 1 & 0 & 0 & 1 & 0 & 0 \\ 0 & 0 & 1 & 1 & 1 & 1 \end{bmatrix}$$

解 关联矩阵 $M(G)$ 表示的图 G 如图 8.3.12 所示。

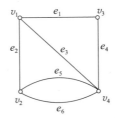

图 8.3.12 例 8.3.12 图　　◄

例 8.3.13 三枚钱币处于反、正、反面，每次只许翻动一枚钱币，问连续翻动三次后，能否出现全正面或全反面，如图 8.3.13 所示。

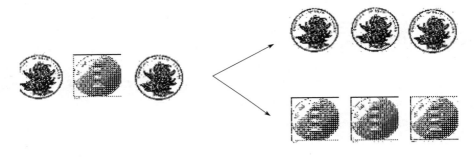

a）初始状态　　　　　　　　　　b）目标状态

图 8.3.13 钱币状态图

解 引入一个三元组 (q_0, q_1, q_2) 来描述钱币的状态，钱币正面为 0，反面为 1，全部可能的状态为：$Q_0 = (0, 0, 0)$；$Q_1 = (0, 0, 1)$；$Q_2 = (0, 1, 0)$；$Q_3 = (0, 1, 1)$；$Q_4 = (1, 0, 0)$；$Q_5 = (1, 0, 1)$；$Q_6 = (1, 1, 0)$；$Q_7 = (1, 1, 1)$。

翻动钱币一次，则钱币从一个状态跳转到另一个状态，如在状态 $Q_0 = (0, 0, 0)$ 时，翻动 q_0 一次，则钱币状态变为 $Q_4 = (1, 0, 0)$；翻动 q_1 一次，则钱币状态变为 $Q_2 = (0, 1, 0)$；翻动 q_2 一次，则钱币状态变为 $Q_1 = (0, 0, 1)$。以钱币的所有状态为结点，翻动钱币能从一个状态跳转到另一个状态，在这两个状态间连一条边，可以得到钱币状态跳转图，如图 8.3.14 所示。这个图是对称的，因为任意两个状态是可以互相跳转的，所以可以看成是无向图。三枚钱币的初始状态是 Q_5，目标状态是 Q_0 和 Q_7。是否可以翻动钱币 3

次后从 Q_5 到 Q_0 或 Q_7 的问题转化为在图 8.3.14 中是否存在从结点 Q_5 到 Q_0 或 Q_7 的长度为 3 的通路。通过对图 8.3.14 的邻接矩阵的幂运算可以解决这个问题。

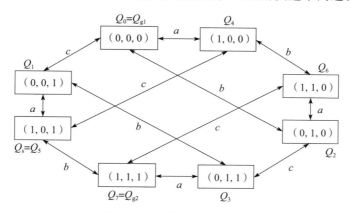

图 8.3.14 钱币状态跳转图

用邻接矩阵表示图:

$$A = \begin{bmatrix} 0 & 1 & 1 & 0 & 1 & 0 & 0 & 0 \\ 1 & 0 & 0 & 1 & 0 & 1 & 0 & 0 \\ 1 & 0 & 0 & 1 & 0 & 0 & 1 & 0 \\ 0 & 1 & 1 & 0 & 0 & 0 & 0 & 1 \\ 1 & 0 & 0 & 0 & 0 & 1 & 1 & 0 \\ 0 & 1 & 0 & 0 & 1 & 0 & 0 & 1 \\ 0 & 0 & 1 & 0 & 1 & 0 & 0 & 1 \\ 0 & 0 & 0 & 1 & 0 & 1 & 1 & 0 \end{bmatrix}$$

求 A 的 3 次幂:

$$A^2 = \begin{bmatrix} 3 & 0 & 0 & 2 & 0 & 2 & 2 & 0 \\ 0 & 3 & 2 & 0 & 2 & 0 & 0 & 2 \\ 0 & 2 & 3 & 0 & 2 & 0 & 0 & 2 \\ 2 & 0 & 0 & 3 & 0 & 2 & 2 & 0 \\ 0 & 2 & 2 & 0 & 3 & 0 & 0 & 2 \\ 2 & 0 & 0 & 2 & 0 & 3 & 2 & 0 \\ 2 & 0 & 0 & 2 & 0 & 2 & 3 & 0 \\ 0 & 2 & 2 & 0 & 2 & 0 & 0 & 3 \end{bmatrix}, \quad A^3 = \begin{bmatrix} 0 & 7 & 7 & 0 & 7 & 0 & 0 & 6 \\ 7 & 0 & 0 & 7 & 0 & 7 & 6 & 0 \\ 7 & 0 & 0 & 7 & 0 & 6 & 7 & 0 \\ 0 & 7 & 7 & 0 & 6 & 0 & 0 & 7 \\ 7 & 0 & 0 & 6 & 0 & 7 & 7 & 0 \\ 0 & 7 & 6 & 0 & 7 & 0 & 0 & 7 \\ 0 & 6 & 7 & 0 & 7 & 0 & 0 & 7 \\ 6 & 0 & 0 & 7 & 0 & 7 & 7 & 0 \end{bmatrix}$$

从矩阵 A^3 可知 $a_{61}=0$,$a_{68}=7$,即 Q_5 到 Q_0 没有长度为 3 的通路,Q_5 到 Q_7 有 7 条长度为 3 的通路。所以,连续翻动钱币 3 次,不能出现全正面,可以出现全反面,共有 7 种方法可以出现全反面。 ◀

8.4 独立集、覆盖和支配集

本节讨论结点、边和图的一些关系,都假设 $G=(V,E)$ 是没有孤立结点的简单图。

定义 8.4.1　设 $G=(V, E)$ 是无向简单图，V 的一个子集 U 中，任两个结点不相邻，则称 U 为 G 的一个**点独立集**，简称**独立集**。若图 G 的一个独立集，再加入任何结点都不是独立集，则称为**极大独立集**；结点数最多的独立集称为**最大独立集**；最大独立集的结点数称为图 G 的**独立数**，记为 $\alpha(G)$。

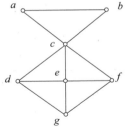

如图 8.4.1 所示，$\{a, e\}$ 和 $\{b, d, f\}$ 是独立集，也是极大独立集，$\{b, d, f\}$ 是最大独立集。可以看出，独立集是导出子图是零图（没有边）的结点集。

注意：极大独立集不是任何其他独立集的子集。若独立集 S 是 $G=(V, E)$ 的一个极大独立集，则对于任意结点 $u \in V-S$，都存在 $v \in S$，使得 u 和 v 相邻。空集 $\varnothing$ 是任意图的独立集。

图 8.4.1　无向简单图

定义 8.4.2　设 $G=(V, E)$ 是无孤立点的无向简单图，V 的一个子集 S，图中每一条边至少有一个结点在 S 中，称 S 为 G 的一个**点覆盖**。若 G 的一个点覆盖中去掉任一个结点后不再是点覆盖，则称此点覆盖为 G 的一个**极小点覆盖**。结点数最少的点覆盖，称为 G 的**最小点覆盖**。最小点覆盖 S 的元素个数称作图 G 的**点覆盖数**，记作 $\beta(G)$。

点覆盖就是用点去覆盖整个图的所有的边，图 8.4.1 中，$\{b, c, d, f, g\}$ 和 $\{a, c, e, g\}$ 是极小点覆盖，$\{a, c, e, g\}$ 是最小点覆盖，即最少的能覆盖所有边的结点。在任一简单图 $G=(V, E)$ 中，V 是点覆盖。

点独立集和点覆盖的关系有如下定理。

定理 8.4.1　设图 $G=(V, E)$ 是无孤立点的无向简单图，S 是 G 的点覆盖，当且仅当 $U=V-S$ 是 G 的点独立集。

证明　当 S 是 G 的点覆盖，假设 U 中有两个结点 u、v 相邻，则有边 (u, v) 不被 S 所覆盖，和 S 是点覆盖矛盾，所以 U 中任两个结点 u、v 不相邻，U 为点独立集。

当 U 为点独立集，假设图 G 中存在边 e 不关联 S 中的结点，则边 e 的两端点都在 U 中，即 U 中有两个相邻结点，和 U 为点独立集矛盾，所以图 G 中任一边 e 关联 S 中的结点，S 是 G 的点覆盖。

在图 8.4.1 中，$\{b, c, d, f, g\}$ 是点覆盖，$\{a, e\}$ 是点独立集。　◀

推论 1　设图 $G=(V, E)$ 中无孤立点的无向简单图，S 是 G 的极小点覆盖，当且仅当 $U=V-S$ 是 G 的极大点独立集。

证明　如果 S 是 G 的极小点覆盖，但 $U=V-S$ 不是 G 的极大点独立集，则存在另一个点独立集 U'，$U \subset U'$，由定理 8.4.1 知 $V-U'$ 是点覆盖，而且 $S=V-U \supset V-U'$，与 S 的极小性矛盾。　◀

类似地可以证明，如果 $U=V-S$ 是 G 的极大点独立集，S 是 G 的极小点覆盖。

推论 2　设图 $G=(V, E)$ 中无孤立点的无向简单图，S 是 G 的最小点覆盖，当且仅当 $U=V-S$ 是 G 的最大点独立集，因而有 $\alpha(G)+\beta(G)=|V|$。

证明　如果 S 是 G 的最小点覆盖，而 $U=V-S$ 不是 G 的最大点独立集，则存在另一个最大点独立集 U'，$U \subset U'$，由定理 8.4.1 知 $V-U'$ 是点覆盖，而且 $|V-U'|=|V|-|U'|<|V|-|U|=|S|$，与 S 的最小性矛盾。　◀

类似地可以证明，如果 $U=V-S$ 是 G 的最大点独立集，S 是 G 的最小点覆盖。因而有 $\alpha(G)+\beta(G)=|V|$。

例 8.4.1 给出下面图的点独立数和点覆盖数。

1）完全图 $K_n(n\geqslant3)$

2）完全二分图 $K_{m,n}$

3）环图 $C_n(n\geqslant3)$

解 1）完全图 $K_n(n\geqslant3)$ 的点独立数为 1，点覆盖数为 $n-1$。

2）完全二分图 $K_{m,n}$ 的点独立数为 $\max(m，n)$，点覆盖数为 $\min(m，n)$。

3）环图 $C_n(n\geqslant3)$ 的点独立数为 $\lfloor n/2 \rfloor$，点覆盖数为 $\lceil n/2 \rceil$。

定义 8.4.3 设 $G=(V，E)$ 是无向简单图，图中相邻的两个结点称为**相互支配**，若 K 是 V 的一个子集，图中所有其他结点至少有一个相邻结点在集合 K 里，称 K 为 G 的一个**支配集**。若 G 的一个支配集中去掉任一个结点后不再是支配集，则称此支配集为 G 的一个**极小支配集**。结点数最少的支配集，称为 G 的**最小支配集**。最小支配集的结点数称为图 G 的**支配数**，记作 $\gamma(G)$。

在图 8.4.1 中，$\{a，e\}$ 和 $\{b，d，f\}$ 是支配集，也是极小支配集，$\{a，e\}$ 是最小支配集。

定理 8.4.2 设 $G=(V，E)$ 是无向简单图，G 的极大独立集都是极小支配集。

证明 设 U 为极大独立集，则加入其余任一结点 v 后 $U\bigcup\{v\}$ 不是独立集，从而 v 必被 U 中某个结点支配，所以 U 是支配集。从 U 中删去任一结点 v，所得 $U-\{v\}$ 不支配 v，所以支配集 U 是极小的。

注意：极小支配集未必是极大独立集。如图 8.4.2 所示，$\{a，e，c\}$ 是极大独立集，也是极小支配集，而 $\{b，e\}$ 是极小支配集，但不是极大独立集。这个例子也说明 $\alpha(G)\geqslant\gamma(G)$。

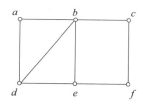

图 8.4.2 无向简单图

定义 8.4.4 设 $G=(V，E)$ 是无向简单图，E 的一个子集 M 中，任两边不邻接，称 M 为 G 的**边独立集**；若图 G 的一个边独立集，再加入任何边后都不是边独立集，则称为**极大边独立集**；边最多的边独立集为**最大边独立集**；最大边独立集的边数为**边独立数**，记作 $\alpha_1(G)$。

如在图 8.4.3 中，$\{(a，b)，(e，f)，(c，g)\}$ 和 $\{(a，d)，(b，c)，(e，f)\}$ 是最大边独立集，也是最大匹配。

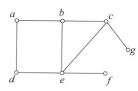

图 8.4.3 边和图的关系定义用图

定义 8.4.5 设 $G=(V，E)$ 是没有孤立结点的简单图，E 的一个子集 M，图中每个结点都至少和一个 M 中的边关联，称 M 为 G 的一个**边覆盖**。若 G 的一个边覆盖中去掉任一条边后不再是边覆盖，则称此边覆盖为 G 的一个**极小边覆盖**。边数最少的边覆盖，称为 G 的**最小边覆盖**。最小边覆盖的边数为图 G 的**边覆盖数**，记作 $\beta_1(G)$。

在图 8.4.3 中，$\{(a，d)，(b，c)，(e，f)，(c，g)\}$ 是极小边覆盖，也是最小边覆盖。

注意：有孤立结点的简单图不存在边覆盖。极小边覆盖 M 中的任何一条边的两个端点不可能都与 M 中其他边关联。一个图中的极小边覆盖可能是不唯一的。一个图中的最小边覆盖可能也是不唯一的。

例 8.4.2 给出下面图的边独立数和边覆盖数。

1)完全图 $K_n(n \geqslant 3)$

2)完全二分图 $K_{m,n}$

3)环图 $C_n(n \geqslant 3)$

解 1)完全图 $K_n(n \geqslant 3)$ 的边独立数为 $\lfloor n/2 \rfloor$，边覆盖数为 $\lceil n/2 \rceil$。

2)完全二分图 $K_{m,n}$ 的边独立数为 $\min(m, n)$，边覆盖数为 $\max(m, n)$。

3)环图 $C_n(n \geqslant 3)$ 的边独立数为 $\lfloor n/2 \rfloor$，边覆盖数为 $\lceil n/2 \rceil$。 ◀

例 8.4.3 应急增援中心的选址。在 n 个地点 $v_1, v_2, \cdots, v_n$ 设置若干个应急中心，使得每个地点都与至少一个应急中心相邻(有直达通路)。同时，为了减少造价，应急中心的数目要尽可能少。问应设多少个？如何设置？

解 以 n 个地点为结点集，两点之间有直达通路时，在这两个结点间连一条边，得图 G。要使每个地点都与至少一个应急中心相邻，设置应急中心的结点应构成图 G 的支配集。因而为了减少造价，应急中心的数目要尽可能少的问题变为求图 G 的最小支配集的问题。 ◀

习题

1. 设无向图 $G=(V, E)$，$V=\{v_1, v_2, v_3, v_4, v_5\}$，$E=\{(v_1, v_2), (v_2, v_2), (v_2, v_4), (v_4, v_5), (v_3, v_4), (v_1, v_3), (v_3, v_1)\}$。

   1)画出 G 的图形；

   2)写出 G 中各结点的度数及奇数度结点的个数。

2. 下列序列中，哪些是可构成无向简单图的结点度数序列？

   (1)(1, 1, 2, 2, 3)　(2)(1, 1, 2, 2, 2)

   (3)(0, 1, 3, 3, 3)　(4)(1, 3, 4, 4, 5)

   (5)(0, 1, 1, 2, 3, 3)

3. 设无向图 G 有 16 条边，3 个 4 度结点，4 个 3 度结点，其余结点的度数均小于 3，问 G 中至少有几个结点？

4. 一个小组有 5 个人，对于某个问题，这 5 个人存在各自的看法，那么是否存在这样的情况：在这 5 个人中，每个人恰好与另外 3 个人对该问题的看法一致？

5. n 支球队($n \geqslant 4$)进行比赛，比赛进行了 $n+1$ 场，有一个球队至少参加过 3 场比赛。证明 G 中至少有一个结点度数 $\geqslant 3$。

6. 证明简单图 $G=(V, E)$，$e=|E|$，$v=|V|$ 则有 $e \leqslant v(v-1)/2$。

7. 设图 $G=(V, E)$，$e=|E|$，$v=|V|$，$d(v)_{\min}$ 为 G 中结点的最小度数，$d(v)_{\max}$ 为 G 中结点的最大度数。证明 $d(v)_{\min} \leqslant 2e/v \leqslant d(v)_{\max}$。

8. 有 n 个抽屉，若每两个抽屉里有一种相同的物品，每种物品恰好放在两个抽屉中，问共有多少种物品？(提示：完全图的边数，每条边是一个物品。)

9. 证明无向简单图的最大度小于结点数。

10. 下列各图有多少个结点和多少条边?

(1)K_n (2)C_n (3)W_n (4)$K_{m,n}$ (5)Q_n

11. 当 n 为何值时,下列各图是正则图?

(1)K_n (2)C_n (3)W_n (4)Q_n

12. 证明 3 -正则图必有偶数个结点。

13. 试证明下图中两个图不同构。

14. 证明下面两个图是同构的。

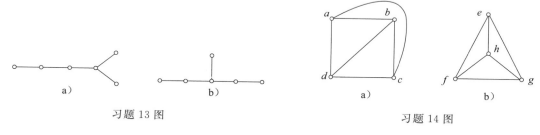

习题 13 图

习题 14 图

15. 证明下面两个图是同构的。

16. 证明简单图的同构关系是等价关系。

17. 连通图 G 有 n 个结点,e 条边,则 $e \geqslant n-1$。

18. 给定图 G,如下图所示,求出 G 中从 v_1 到 v_6 的所有基本通路。

19. 给定图 G,如下图所示,找到 G 中从 v_2 出发的所有基本回路。

习题 15 图

习题 18 图

习题 19 图

20. 设 G 为无向连通图,有 n 个结点,那么 G 中至少有几条边? 为什么? 对有向图如何?

21. 图 G 如右图所示,以下说法哪些是正确的?

1)$\{(a, a)\}$ 是割边

2)$\{(a, b), (b, f)\}$ 是边割集

3)$\{(d, e)\}$ 是割边

4)$\{d\}$ 是割点

5)$\{b, c\}$ 是点割集

6)$\{a, f\}$ 是点割集

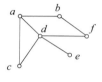

习题 21 图

22. 设 V' 和 E' 分别为无向连通图 G 的点割集和边割集,$G-E'$ 的连通分支数一定是多少? $G-V'$ 的连通分支数也是定数吗?

23. 证明一个有向图是强连通的，当且仅当 G 中有一个回路，它至少包含每个结点一次。

24. 若有简单图 G 至多有 $2n$ 个结点，每个结点度数至少为 n，则 G 是连通图。又若简单图 G 至多有 $2n$ 个结点，每个结点度数至少为 $n-1$，那么 G 是连通图吗？为什么？

25. 简单图 G 有 n 个结点、e 条边，设 $e>0.5(n-1)(n-2)$，证明 G 是连通的。

26. 设图 $G=\langle V,E\rangle$，$V=\{v_1,v_2,v_3,v_4\}$ 的邻接矩阵为

$$A(G)=\begin{bmatrix}0&1&0&1\\1&0&1&1\\1&1&0&0\\1&0&0&0\end{bmatrix}$$

则 v_1 的入度是多少？v_4 的出度是多少？从 v_1 到 v_4 长度为 2 的通路有几条？

27. 给定图 G，求：1)给出 G 的邻接矩阵；2)G 中长度为 4 的路有几条？3)从结点 c 出发长度为 3 的所有回路；4)G 中有几条回路？

28. 给定图 G，用关联矩阵表示图 G。

29. 设 A 为无向简单图 G 的邻接矩阵，A^2 的主对角线元素之和为 100，计算 G 的边数。

30. 已知有向图 $G=(V,E)$，$V=\{a,b,c,d\}$，$E=\{\langle a,b\rangle,\langle a,d\rangle,\langle c,b\rangle,\langle c,d\rangle\}$，试用矩阵法判断图 G 的连通性。

31. 求出所示图 G 的邻接矩阵、可达矩阵，找出从 v_2 到 v_3 长度为 3 的通路，并计算出 A^2、A^3 进行验证。

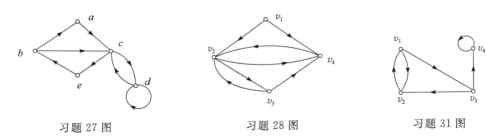

习题 27 图　　　　　　习题 28 图　　　　　　习题 31 图

32. 设图 G 中的边满足 $W(G-e)>W(G)$，称 e 为 G 的割边(桥)。证明 e 是割边，当且仅当 e 不包含在 G 的任一简单回路中。

33. 已知无向图如图所示。

　　1)找到图中的所有极大点独立集和最大点独立集，求图的独立数。

　　2)找到图中的所有极小点覆盖集和最小点覆盖集，求图的点覆盖数。

　　3)找到图中的所有极小支配集和最小支配集，求图的支配数。

34. 已知无向图如图所示，求图的点独立数、点覆盖数、边独立数、边覆盖数。

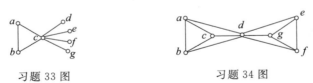

习题 33 图　　　　　习题 34 图

第9章 特　殊　图

本章讨论几种特殊的图，即欧拉图、哈密顿图、带权图、二分图和平面图，它们在理论研究和实际应用中都有重要意义。

9.1　欧拉图与哈密顿图

9.1.1　欧拉图

1736 年，瑞士数学家欧拉发表了图论的第一篇论文，解答了"哥尼斯堡七桥问题"，从此开始了图论的研究。

哥尼斯堡城位于 Pregel 河畔，河有许多支流，上面建有七座桥以连接该城的 4 个部分，七座桥的分布如图 9.1.1 所示。

当地的人们提出一个问题，能否从哥尼斯堡城的 4 个部分中的任一地点出发不重复地经过所有桥又回到出发地？欧拉用 4 个结点分别表示哥尼斯堡城的 4 个部分，如果两个部分有桥相连，则在这两个部分对应的结点间连一条边。这样得到的图是"哥尼斯堡七桥问题"的图模型，如图 9.1.2 所示。因此，哥尼斯堡七桥问题转化为判断在图 9.1.2 中是否存在包含所有边的简单回路的问题。

 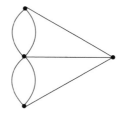

图 9.1.1　哥尼斯堡七桥　　　　　图 9.1.2　"哥尼斯堡七桥问题"的图模型

定义 9.1.1　设 $G=(V, E)$ 是无向图或有向图，若 G 中有一条包含所有边（有向边）的简单回路，称该回路为**欧拉回路**，称图 G 为**欧拉图**。若 G 中有一条包含 G 中所有边（有向边）的简单通路，称它为**欧拉通路**，称图 G 为**半欧拉图**。

每个欧拉图必然是连通图。规定：平凡图是欧拉图。

例 9.1.1　在下面的图中，哪些有欧拉回路？在没有欧拉回路的图中，哪些有欧拉通路？

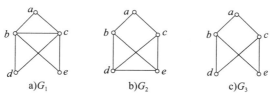

图 9.1.3　例 9.1.1 图

解 图 G_1 有欧拉回路，如 $bcdbecab$。图 G_2 和 G_3 没有欧拉回路。G_3 有欧拉通路，如 $bdcebac$。G_2 没有欧拉通路。 ◄

G_1 的欧拉回路 $bcdbecab$ 从结点 b 开始，经过边 (b, c) 到达 c，边 (b, c) 为 b 点贡献 1 度，为 c 点贡献 1 度，下一条边 (c, d) 也为 c 点贡献 1 度。也就是这条欧拉回路每经过一个结点就给它的度数贡献 2 度，因为这条回路经过关联该结点的一条边进入，要经过另一条边离开，所以这条回路经过的结点的度数是偶数。最后，这条回路回到起始结点 b，为 b 点又贡献 1 度，因此 b 点的度数也是偶数。关于欧拉图的判别，有如下定理。

定理 9.1.1 无向连通图 G 是欧拉图，当且仅当 G 的所有结点的度数都是偶数。

证明 （必要性）

设 G 是欧拉图，则 G 有欧拉回路。设 v 是图 G 的任一结点，欧拉回路经过一条边到结点 v 后，又经过另一条边离开到下一个结点，因此每次经过结点就给它的度数贡献 2 度，欧拉图的所有结点的度数都是偶数。

（充分性）

假设 G 中所有结点的度数都是偶数。从 G 中的任一结点 v_1 开始，经过任一和 v_1 关联的边 e_1 到另一结点 v_2，再经过另一和 v_2 关联的边 e_2 到另一结点 v_3，依此类推，可以得到一条包含 G 的边的简单回路 C_1：$v_1 e_1 v_2 e_2 v_3 \cdots e_m v_1$。

当用完图 G 的所有边时，这个简单回路就是欧拉回路。

若图 G 中还有边不在简单回路 C_1 上，则删除回路 C_1 得到图 G 的子图 $G_1 = G - C_1$。因为 G 中所有结点的度数都是偶数，回路 C_1 的所有结点数是偶数，所以子图 G_1 的所有结点的度数都是偶数。

因为 G 是连通的，所以 G_1 和删去的回路 C_1 至少有一个公共结点。设这个公共结点是 v_p。图 G_1 的每一个结点都是偶数，在 G_1 中也可以找到一个从 v_p 开始的简单回路 C_2。可将 C_1 和 C_2 合并成一个简单回路。

重复前面的过程，直到用完图 G 中的所有边，可以得出一条包含 G 的所有边的简单回路，就是图 G 的欧拉回路。 ◄

图 9.1.2 中有 4 个结点是奇度数，所以它没有欧拉回路。因此，"哥尼斯堡城七桥问题"无解。

定理 9.1.2 连通无向图 G 为半欧拉图，当且仅当 G 中只有两个奇度数的结点。

证明 在连通无向图 G 的两个奇数度的结点之间加一条边 e 得到图 G'，则图 G' 的所有结点的度数都是偶数，有欧拉回路。在 G' 的欧拉回路中删去这条边 e，则可得到一条包含 G 中所有边的欧拉通路。因此图 G 是半欧拉图。 ◄

例 9.1.2 在图 9.1.4 中，哪些是欧拉图？哪些是半欧拉图？

解 图 9.1.4a 和图 9.1.4d 是欧拉图，因为它们的所有结点的度数都是偶数。因为图 9.1.4b 有 4 个结点的度数为奇数，所以不是欧拉图，也不是半欧拉图。图 9.1.4c 有两个结点的度数为奇数，所以是半欧拉图。 ◄

对于有向图，可类似地定义欧拉图和半欧拉图。

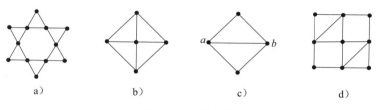

图 9.1.4　无向图

定义 9.1.2　如果连通有向图 G 中有一条包含 G 中所有有向边的有向简单回路，称它为**欧拉有向回路**，称图 G 为**欧拉有向图**。如果连通有向图 G 中有一条包含 G 中所有有向边的有向简单通路，称它为**欧拉有向通路**，称图 G 为**半欧拉有向图**。

关于欧拉有向图的判定有如下定理。

定理 9.1.3　连通有向图 G 是欧拉图，当且仅当 G 中每个结点 v 的入度等于它的出度。

定理 9.1.4　连通有向图 G 是半欧拉图，当且仅当 G 中有且仅有两个奇度数结点，其中一个结点的入度比出度大 1，另一个结点的入度比出度小 1。

这两个定理的证明与定理 9.1.1 和定理 9.1.2 的证明类似。

例 9.1.3　在图 9.1.5 中，哪些是欧拉图？哪些是半欧拉图？

图 9.1.5　例 9.1.3 图

解　图 9.1.5a 是欧拉图，一条欧拉回路是 $abcda$；图 9.1.5b 既不是欧拉图，也不是半欧拉图。图 9.1.5c 是半欧拉图。因为有两个奇数度结点 a 和 c，所以有以 a 为起点、c 为终点的欧拉通路 $abcadc$。　◀

定理 9.1.5　设连通无向图 G 有 k 个度数为奇数的结点，则 G 的边集可以划分成 $k/2$ 条简单通路，而不可能划分成 $k/2-1$ 条或更少的简单通路。

证明　由握手定理的推论知 k 必为偶数。将这 k 个结点两两配对后增添互不相邻的 $k/2$ 条边，得到一个无奇度数结点的图 G'。由定理 9.1.1，图 G' 中存在欧拉回路 C。在 C 中删去增添的 $k/2$ 条边，便得到 $k/2$ 条简单通路，它们包含了原图的所有边。

设图 G 的边集可以分为 t 条简单通路，则在图 G 中添加 t 条边可以得到欧拉图 G'。因此图 G' 中所有结点都是偶度数，而每添加一条边，最多使两个奇度数结点成为偶度数，因而有 $2t>k$，即 $t>k/2$。　◀

欧拉图的判定方法还可应用于判断图的"一笔画"问题。因为对于给定的图形，能否不停顿、不重复地一笔画出来的"一笔画"问题，也是关于一个图是否存在包含所有边的简单回路或通路的问题。

Fleury 于 1883 年提出在存在欧拉回路或欧拉通路的无向图上构造该欧拉回路或欧拉通路的方法。从图 G 的任意一个结点 v_1 开始，假设沿一条通路 $P_i(v_1e_1v_2e_2\cdots v_{i-1}e_{i-1}v_i)$ 达到结点 v_i，在图 G 中删除掉通路 v_i 上的边 $e_1,e_2,\cdots,e_{i-1}$，然后在结点 v_i 的邻接边中选一条不是桥的边 e_i 加到通路 P_i 上得到通路 P_{i+1}，除非没有其他边可选。重复上面的过程，直到无法继续时，得到的回路是欧拉回路。

用欧拉通路和欧拉回路可以解决很多实际问题。许多实际应用都要求一条通路或回路，例如，快递员需要从集散点出发送快递到辖区的每条街道，最后返回集散点。要想走一条经过所负责投递的每条街道的最短投递线路，可以用边带权图建模，在边带权的连通图中找一条至少包含每条边一次（若图不是欧拉图，可能包含有些边超过一次）的最短回路，这个问题称为**中国邮递员问题**。在分子生物学中，欧拉通路可用于 DNA 测序。在计算机科学中，欧拉图可以应用于网络多播问题，即如何将数据从源节点发送到多个目标节点，以最大化网络资源的利用率。

9.1.2　哈密顿图

19 世纪中期，爱尔兰数学家哈密顿（1805—1865）发明了环游世界的智力游戏：在图 9.1.6a 所示的正十二面体上的 20 个结点代表世界上 20 个大城市，能否从一个城市出发，沿着棱经过每个城市一次而且仅一次，最后回到出发点？

正十二面体的所有结点和棱线可以画在一个平面上，如图 9.1.6b 所示。因此，哈密顿的环游世界问题就是在图 9.1.6b 上寻找一条经过图中每个结点一次且仅一次的回路。图 9.1.6c 就是哈密顿的环游世界问题的一个解。为了纪念这位伟大的数学家，将图中的经过每个结点一次且仅一次的回路称为哈密顿回路。

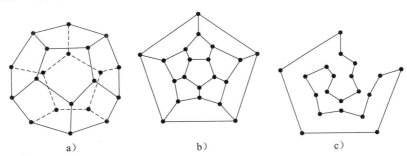

图 9.1.6　哈密顿环游世界问题

定义 9.1.3　设图 $G=(V,E)$ 是无向图或有向图。若 G 中有一条包含 G 的每个结点一次而且仅一次的回路，称该回路为**哈密顿回路**，称图 G 为**哈密顿图**。若图 G 有一条包含 G 的每个结点一次而且仅一次的通路，称该通路为**哈密顿通路**，称图 G 为**半哈密顿图**。

规定：平凡图是哈密顿图。

在图 9.1.7a 中存在哈密顿通路，不存在哈密顿回路，所以图 9.1.7a 是半哈密顿图，图 9.1.7b 中存在哈密顿回路，图 9.1.7b 为哈密顿图，图 9.1.7c 没有哈密顿通路，也没有哈密顿回路。

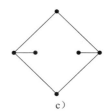

a)　　　　　　　　　　b)　　　　　　　　　　c)

图 9.1.7 简单图

寻找哈密顿回路的问题，看起来和寻找欧拉回路的问题类似。但是，哈密顿回路经过图中每个结点，而欧拉回路经过图中每条边。与欧拉回路的判定不同，关于哈密顿回路的判定至今还没有找到判定的充分必要条件，只找到一些充分条件和必要条件。

下面的定理是关于哈密顿图存在的必要条件。

定理 9.1.6 设无向图 $G=(V, E)$ 是哈密顿图，则对于结点集 V 的每一个真子集 S 均有 $W(G-S) \leqslant |S|$，其中，$W(G-S)$ 是 $G-S$ 的导出子图的连通分支数。

证明 设 C 为 G 中的一条哈密顿回路。对于 V 的任何一个非空子集 S，在 C 中删去 S 中任一结点 v_1，则 $C-v_1$ 是连通的非回路。

若再删去任一结点 v_2，分两种情况讨论：

1）如 v_2 和 v_1 邻接，则 $C-v_1-v_2$ 是连通的；

2）如 v_2 和 v_1 不邻接，则 $C-v_1-v_2$ 是不连通的，$W(C-v_1-v_2)=2$。

所以，删去两个结点时有 $W(C-v_1-v_2) \leqslant 2$。以此类推，显然有 $W(C-S) \leqslant |S|$。

又因为 C 是 G 的生成子图，所以 $C-S$ 是 $G-S$ 的生成子图，因而 $W(G-S) \leqslant W(C-S)$。因此有 $W(G-S) \leqslant |S|$。　　　　◀

注意，定理 9.1.5 给出的条件是哈密顿图存在的必要条件，不是充分条件。有些图满足这个条件，但不是哈密顿图。例如，图 9.1.8 所示的彼德森图。

在彼德森图中对于结点集 V 的每一个真子集 S 均有 $W(G-S) \leqslant |S|$，但彼德森图不是哈密顿图。

例 9.1.4 说明图 9.1.9 所示的无向图 G 不是哈密顿图。

图 9.1.8 彼德森图　　　　　图 9.1.9 无向图

解 在图 9.1.9 中删去结点集 $S=\{v_2, v_4, v_6, v_8\}$，$W(G-S)=5$，不满足 $W(G-S) \leqslant |S|$。所以 G 不是哈密顿图。　　　　◀

下面讨论哈密顿图存在的充分条件。

定理 9.1.7 如果 G 是有 n 个结点的简单无向图，对于每一对不邻接结点 u 和 v，满

足 $d(u)+d(v)\geqslant n-1$，那么 G 中存在哈密顿通路，图 G 是半哈密顿图。

证明 首先用反证法证明图 G 是连通的。

假设图 G 不连通，它至少有两个连通分支 $G_1=(V_1，E_1)$ 和 $G_2=(V_2，E_2)$。取任意结点 $v_1\in V_1$、$v_2\in V_2$，因为 G 是简单无向图，所以 $d(v_1)\leqslant |V_1|-1$，$d(v_2)\leqslant |V_2|-1$，因而 $d(v_1)+d(v_2)\leqslant |V_1|+|V_2|-2=n-2$，与已知条件矛盾，所以图 G 是连通的。

然后证明 G 中存在哈密顿通路。

设 $L(v_1v_2\cdots v_k)$ 是 G 的最长的基本通路，显然 $k\leqslant n$。因为 L 是 G 的最长的基本通路，所以 v_1 和 v_k 的邻接点都在 L 上。

1）若 $k=n$，则 L 为 G 中经过所有结点的通路，即为哈密顿通路。

2）若 $k<n$，说明 G 中存在不在 L 上的结点。此时可以证明存在仅经过 P 上的所有结点的基本回路，证明如下。

第一种情况：若在 L 上 v_1 和 v_k 相邻，则 $v_1v_2\cdots v_kv_1$ 是经过 L 上所有结点的基本回路。

第二种情况：若在 L 上 v_1 和 v_k 不相邻，设 v_1 与 L 上的结点 $v_{j1=v_2}，v_{j2}，\cdots，v_{jm}$ 之一相邻（$m\geqslant 2$，否则 $d(v_1)+d(v_k)\leqslant 1+k-2<n-1$，与题设矛盾），这时 v_k 必与 $v_{j2}\cdots v_{jm}$ 的邻接结点 $v_{j2-1}\cdots v_{jm-1}$ 之一相邻（否则 $d(v_1)+d(v_k)\leqslant j+k-2-(j-1)<n-1$，与题设矛盾）。设 v_k 与 v_{jr-1}（$2\leqslant r\leqslant m$）相邻，如图 9.1.10 所示。在 L 中添加边 $(v_1，v_{jr})$、$(v_k，v_{jr-1})$，删除边 $(v_{jr}，v_{jr-1})$ 得基本回路 $C=v_1v_2\cdots v_{jr-1}v_kv_{k-1}\cdots v_{jr}v_1$，经过 L 上的所有结点。

3）证明存在比 L 更长的通路。

因为 $k<n-1$，G 中必有不在 L 上的结点 v_{k+1}。由于 G 是连通的，假设 v_{k+1} 与 L 上的一个结点 v_t 邻接，在 L 上删除边 $(v_{t-1}，v_t)$，添加边 $(v_t，v_{k+1})$，于是可得到一条长度为 $k+1$ 的基本回路 $v_{t-1}\cdots v_1v_{jr}\cdots v_kv_{jr-1}\cdots v_tv_{k+1}$。如图 9.1.11 所示。

图 9.1.10 长度为 k 的基本回路

图 9.1.11 长度为 $k+1$ 的基本回路

重复 1）～3），由于 G 中的结点数目有限，一定能在有限步内得到一条哈密顿通路。◄

推论 1 如果图 G 是有 n 个结点的简单无向图，对于每一对不邻接结点 u 和 v，满足 $d(u)+d(v)\geqslant n$，那么 G 中存在哈密顿回路，图 G 是哈密顿图。

推论 2 如果 G 是有 n 个结点的简单无向图，G 中每个结点的度数都至少为 $n/2$，那么图 G 是哈密顿图。

例如，$n\geqslant 3$ 的 k_n 图都是哈密顿图，因为每一对结点满足 $d(u)+d(v)=2n-2>n$。定理 9.1.6 及其推论是哈密顿图的充分条件，不是必要条件。如 C_n 图都是哈密顿图，当 $n\geqslant 5$ 时的 C_n 图 $d(v)+d(u)=4$，不满足 $d(u)+d(v)\geqslant n$。

例 9.1.5 有 7 个人，A 会讲英语，B 会讲英语和汉语，C 会讲英语、意大利语和俄语，D 会讲日语和汉语，E 会讲德语和意大利语，F 会讲法语、日语和俄语，G 会讲法语和德语。问能否将他们沿圆桌安排就座成一圈，使得每个人都能与两旁的人交谈？

解 每个人对应图中一个结点，两个人会讲同一种语言，他们对应的结点间连接一条边，建立无向图 G，如图 9.1.12 所示。

在图 G 中每个人都能和他的邻接结点的人交谈，因此问题转化为在图 G 中求一条哈密顿回路。图 G 的一条哈密顿回路是 ABDFGECA，按这条哈密顿回路安排就座成一圈，每个人都能与两旁的人交谈。 ◀

图 9.1.12 无向图 G

这是一个用哈密顿回路解决的实际问题。哈密顿图有广泛的应用，涉及旅行商问题(TSP)、生物信息学、社交网络分析、图像处理等多个领域。旅行商问题是指一个商人到一些城市旅行并返回原城市，他可以以什么顺序访问这些城市，使得旅行总行程最短。哈密顿图可以用于表示城市之间的连接关系，这个问题可归结为求完全图的哈密顿回路，使得这个回路的边的总权值最小，这个回路就是旅行总行程最短的路线。在数字系统中，可以用哈密顿图来表示基因组序列中的各种关系，从而进行基因组序列分析、基因预测等任务。哈密顿图表示用户之间的关注关系、好友关系等，可以用于社交网络分析，可以挖掘出用户的社交行为和兴趣爱好等信息。

例 9.1.6 在一组数的编码中，若任意两个相邻的代码只有一位二进制数不同，则称这种编码为**格雷码**。表 9.1.1 是 2 位格雷码，表示数 0～3，表 9.1.2 是 3 位格雷码，表示数 0～7。

表 9.1.1 2 位格雷码

数	0	1	2	3
格雷码	00	01	11	10

表 9.1.2 3 位格雷码

数	0	1	2	3	4	5	6	7
格雷码	000	001	011	010	110	111	101	100

◀

由于用格雷码表示的最大数与最小数之间也仅有一位数不同，即"首尾相连"，因此这种编码又称**循环码**。在数字系统中，常要求代码按一定顺序变化。例如，按自然数递增计数，若采用 8421 码，则数 0111 变到 1000 时四位均要变化，而在实际电路中，4 位的变化不可能绝对同时发生，则计数中可能会出现短暂的其他代码(如 0110、1111 等)，在特定情况下可能导致电路状态错误或输入/输出错误。使用格雷码，变化到下一状态时只有一位不同，可以避免这种错误。

要找到格雷码，可以用 n 立方体 Q_n 来建模。Q_n 图中的每一个结点对应一个长度为 n 的二进制码，相邻结点对应的二进制码只有一位不同。在 Q_n 图上找一条哈密顿回路，哈密顿回路上的结点顺序对应的二进制码序列就是格雷码。例如，Q_2、Q_3 的哈密顿回路如图 9.1.13a 和图 9.1.13b 所示，哈密顿回路产生的二进制码序列就是表 9.1.1 和表 9.1.2 所示的格雷码。

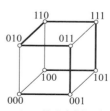

a) Q_2 的哈密顿回路　　b) Q_3 的哈密顿回路

图 9.1.13 哈密顿回路

9.2 带权图

9.2.1 旅行商问题

　　完全无向图的每个结点表示一个城市，用两个城市之间的距离作为边的权，可以得到一个边带权的完全无向图。旅行商问题是在这样的图中寻找一条旅行总距离最短，经过每个城市一次且仅一次，又回到出发城市的旅行线路的问题。这个问题等价于求带权完全图中总权值最小的哈密顿回路。

　　这个问题用图论方法描述如下：设 $G = \langle V, E, W \rangle$ 是 n 个结点的带权完全图，$V = \{v_1, v_2, \cdots, v_n\}$ 是城市的集合，E 是连接城市的道路的集合，W 是边的权值（边连接的两个城市间的距离）的集合，是从 E 到正实数集合的一个函数，求 G 中一条最短的哈密顿回路。

　　例如，图 9.2.1a 给出了一个 5 阶带权完全图 K_5，图 9.2.1b、c、d 是其中的 3 条哈密顿回路，其长度分别为 47、36 和 35，图 9.2.1d 是一条最短的哈密顿回路。

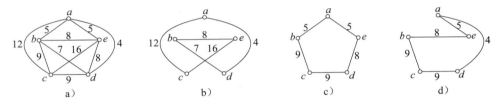

图 9.2.1　旅行商问题

　　最直接的求解旅行商问题的方法是找出所有的哈密顿回路，并且计算出每个哈密顿回路的总权值，从中挑选出权值最小的一条回路。在 n 个结点的图上，以每个结点为起点的所有哈密顿回路共有 $(n-1)!$ 条，考虑回路 $v_1 v_2 \cdots v_{n-1} v_n v_1$ 和 $v_n v_{n-1} \cdots v_2 v_1 v_n$ 的权值相同，因此需要计算 $(n-1)!/2$ 条回路的权值，从中选出权值最小的回路来求出答案。随着 n 的增大，$(n-1)!/2$ 增长极快。当结点较多时，用这种方法解决旅行商问题是不切实际的，因此常用近似算法求解。

9.2.2 最短路径问题

　　在一个无向简单连通边带权图 $G = (V, E, W)$ 中，u 和 v 是它的任意两个结点，从 u 到 v 可以有多条通路。在图 9.2.2 中，从 u 到 v 的通路有 $uabv$、$uadv$、$ucdv$、$ucdabv$ 等。

　　在边带权图中，从 u 到 v 的一条通路中包含的各条边的权值之和称为这条通路的**长度**。从 u 到 v 的所有通路中长度最短的通路称为 u 到 v 的**最短路径**。求给定两个结点之间的最短路径问题称为**最短路径问题**。

　　在图 9.2.2 中，从结点 u 到结点 v 的通路 $uabv$ 的长度为 7、$uadv$ 的长度为 5、$ucdv$ 的长度为 6，长度为 5 的通路 $uadv$ 是 u 到 v 的最短路径。

　　最短路径问题包括单源最短路径和多源最短路径等问题。已知起始点，求起始点到其他任意结点的最短路径问题是单源最短

图 9.2.2　无向简单连通
边带权图

路径问题。求任意两个结点间的最短路径问题是多源最短路径问题。下面给出荷兰数学家 Dijkstra 在 1959 年提出的一种算法，称为 **Dijkstra 算法**。

Dijkstra 算法是一种单源最短路径算法，其中各边带的权均大于等于 0。设 u 和 v 是无向简单连通边带权图 $G=(V, E, W)$ 中的两个结点，用 Dijkstra 算法求从 u 到 v 的最短路径的基本思想是：构造一个结点集 S，首先在图中除 u 外的所有结点中找到距离 u 最近的结点，把该结点加入结点集 S 后，在剩余的结点中再求距离 u 最近的结点，按和 u 距离由近到远的顺序依次将结点加入 S，即求得从 u 到 v 的最短路径。

Dijkstra 算法采用给结点标记的方法构造结点集 S。加入 S 中的结点标记为永久性标记，未加入 S 中的结点标记为临时性标记，放在集合 T 中。一个结点的永久性标记值是从 u 到该点的最短路径的长度。Dijkstra 算法首先将 u 标记为 0，其余结点为临时标记，值为 ∞ 然后通过逐步修改临时标记的结点的标记值，将其中的最小标记值的结点从集合 T 中移出，加入集合 S 中。当结点 v 被加入集合 S 中时，它的标记值就是从 u 到 v 的最短路径的长度，则求得从 u 到 v 的最短路径。

若图 G 的结点 $u=v_0, v_1, \cdots, v_n=v$，权为 $W(v_i, v_j)$，如果 (v_i, v_j) 不是图 G 的边，则 $W(v_i, v_j)=\infty$。引入一个 "中转点" 标记 t，如果两个结点 v_i 和 v_j 之间的路径长度大于这两个结点通过 "中转点" 连接的路径长度，那么就修改这两点间的路径为 $v_i \rightarrow t \rightarrow v_j$。

Dijkstra 算法的实现步骤为：

1）初始化标记值，起始结点 u 的标记值为 0，其余结点临时标记值为 ∞，即 $L(u)=0$，$L(v_i)=\infty$，$i=1, 2, \cdots, n$。$S=\{u\}$，其余结点在集合 T 中。

2）修改集合 T 中和结点 u 相邻的结点 v_i 的标记值，$L(v_i)=L(u)+W(u, v_i)$。

3）将集合 T 中具有最小标记值的结点移出，添加到结点集 S 中，并将该结点记为中转点 t。

4）修改集合 T 中和中转点 t 相邻的结点 v_i 的标记值，$L(v_i)=\min(L(v_i), L(t)+W(t, v_i))$。

5）重复 3）和 4）直到结点 v 被添加到集合 S 中。

可见，当结点 v 被最后加入结点集 S 中时，结点 v 的标记值就是从 u 到 v 的最短路径长度。当把所有结点都加入集合 S 中，即求出了从 u 到各个结点的最短路径。

可以证明，Dijkstra 算法可以求出任意两个结点间的最短路径。在此不给出关于这个算法的证明。

例 9.2.1 试求图 9.2.2 所示的简单无向带权图中结点 u 到 v 的最短路径。

解 图 9.2.3 是 Dijkstra 算法求结点 u 到 v 的最短路径的步骤。

1）初始化各个结点的标记，用 0 作为结点 u 的标记，其余结点临时标记为 ∞，如图 9.2.3a 所示，$S=\{u\}$、$T=\{a, b, c, d, v\}$。

2）修改集合 T 中和结点 u 相邻的结点 a 和 c 的标记值：$L(a)=2$，$L(c)=1$。这时的标记值是从结点 u 到 a 或 c 的路径长度，到达 a 或 c 的路径标记为 u，如图 9.2.3b 所示。

3）集合 T 中结点 c 的标记值 1 最小，将 c 从 T 中移出，加入集合 S，$S=\{u, c\}$，$T=\{a, b, d, v\}$，并将结点 c 圈起来，记为中转点 t。修改集合 T 中和 c 相邻的结点 d

的标记值为 4，这个标记值是从结点 u 经过 c 到 d 的路径长度，到达 d 的路径记为（u，c），其他结点和 c 不相邻，标记值不变，如图 9.2.3c 所示。

4）集合 T 中结点 a 的标记值 2 最小，将 a 从 T 中移出，加入集合 S，$S=\{u，c，a\}$，$T=\{b，d，v\}$，并将结点 a 圈起来，记为中转点 t。修改集合 T 中和 a 相邻的结点 b 和 d 的标记值，b 的标记值为 5，到达 b 的路径记为（u，a）；由于 $L(a)+W(a，d)=3$，即结点 u 经过 a 到 d 的距离 3 小于 u 经过 c 到 d 的距离 4，因此 d 的标记值修改为 3，同时，到达 d 的路径也修改为（u，a），如图 9.2.3d 所示。

5）集合 T 中结点 d 的标记值 3 最小，将 d 从 T 中移出，加入集合 S，$S=\{u，c，a，d\}$，$T=\{b，v\}$，并将结点 d 圈起来，记为中转点 t。修改集合 T 中和 d 相邻的结点 v 的标记值为 5，到达结点 v 的路径记为（u，a，d），如图 9.2.3e 所示。

6）集合 T 中结点 v 和 b 的标记值都是 5，将 v 从 T 中移出，加入集合 S，$S=\{u，c，a，d，v\}$，$T=\{b\}$，算法结束，从 u 到 v 的最短路径 $uadv$，长度为 5。

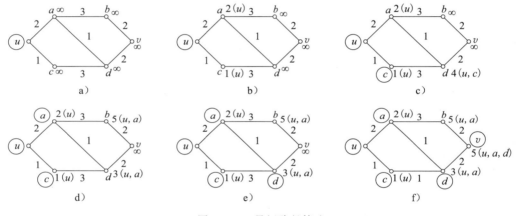

图 9.2.3　最短路径算法

9.2.3　中国邮路问题

一名邮递员带着要分发的邮件从邮局出发，经过要分发的每条街道，送完邮件后又返回邮局。如果邮递员必须走过他负责范围内的每一条街道，那么他应如何选择投递路线，才可以走尽可能少的路程？这个问题是由我国数学家管梅谷先生（山东师范大学数学系教授）在 1962 年首次提出的，因此在国际上称为**中国邮路问题**。

如果 G 是欧拉图，只要求出图 G 的一条欧拉回路即可。但是若 G 不是欧拉图，即存在奇度数的结点，需要在图中增加一些重复边，使它成为欧拉图，因而邮递员要走过他负责范围内的每一条街道就要重复走某些街道。因此问题就转化为在有奇度数结点的连通带权图中，哪些边重复得到的包含每条边至少一次的回路的总权值最小。

用图论的述语表述中国邮路问题就是在一个连通的带权图 $G(V，E，W)$ 中，寻找一条回路，使该回路包含 G 中的每条边至少一次（当图 G 不是欧拉图时可能包含一些边的次数超过一次），且该回路的总权值最小。

首先注意到，若图 G 有奇数度结点，则 G 的奇数度结点必是偶数个。把奇数度结点分为若干对，每对结点之间有相应的最短路，将这些最短路画在一起构成一个附加的边子集 E_1。令 $G_1 = G + E_1$，即把附加边子集 E_1 叠加在原图 G 上形成一个多重图 G_1，这时 G_1 中没有奇数度结点。显然 G_1 是一个欧拉图，因而可以求出 G_1 的欧拉回路。G_1 欧拉回路包含原图 G 中每条边和 E_1 中的每条边，且仅一次。要使 G_1 的欧拉回路的权值最小，添加的附加边子集 E_1 的各边的权值和 $W(E_1)$ 要最小。邮递员问题的难点在于当 G 的奇数度节点较多时，可能有很多种配对方法，应怎样选择配对，能使相应的附加边子集 E_1 的各条边的权值和 $W(E_1)$ 为最小。为此有下列定理。

定理 9.2.1 设 $G(V，E，W)$ 为一个连通的带权图，则使附加边子集 E_1 的各条边的权值和 $W(E_1)$ 最小的充分必要条件是 $G + E_1$ 中任意边至多重复一次，且 $G + E_1$ 中的任意回路中重复边的权值之和不大于该回路的各条边的权值之和的一半。

证明 （略） ◄

由定理 9.2.1 可得一个寻找邮递员问题最优解的方法，举例如下。

例 9.2.2 已知邮递员要投递的街道如图 9.2.4a 所示，试求最优邮路。

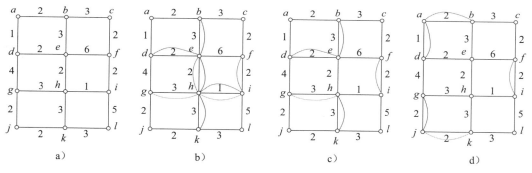

图 9.2.4 例 9.2.2 图

解 最优邮路就是一条总权值最小的包含每条边至少一次的回路。先找出奇度数结点 b、d、f、g、i、k。然后对奇度数结点进行配对，将它们任意配对，不妨把 b 与 k，d 与 f，g 与 i 配对。找到每对结点间的最短通路，b 与 k 之间的基本通路为 $behk$，d 与 f 之间的基本通路为 $dehif$，g 与 i 之间的基本通路为 ghi。给每条通路的边添加平行边，如图 9.2.4b 所示。这时的图没有奇数结点，是欧拉图，但欧拉回路的权值不是最小。下面我们根据定理 9.2.1 来进行调整。

首先，删去多于一条的重复边，即去掉 e 与 h 之间的 2 条边和 h 与 i 之间的 2 条边。这时对结点 e、h、i 的奇偶性没有影响．删去后如图 9.2.4c 所示。

在回路 $abeda$ 中，重复边的权值和为 5，大于该回路各边权值和 8 的一半。因此，把该回路的重复边删去，在没有平行边的边 ab、da 上增加平行边。同样，在回路 $ghkjg$ 中，重复边的权值和为 6，大于该回路各边权值和 10 的一半。因而，把该回路的重复边删去，在没有平行边的边 gj、jk 上增加平行边，得到图 9.2.4d。做上述调整，不影响结点的奇偶性。

进行检查发现，图9.2.4d既没有多于一条的重复边，也没有任何回路的重复边的权值之和大于该回路各边权值和的一半，因此图9.2.4d中添加的边子集就是权值最小的最优的附加边子集 E_1，图9.2.4d为欧拉图，图中的任意一条欧拉回路就是最优邮路。 ◀

在现实生活中，很多问题都可以转化为中国邮递员问题，例如道路清扫时如何使开空车的总时间最少的问题，等等。上面例题所用的求最优邮路的方法要验证每个回路，计算量较大，但这个问题已有比较有效的解决方法，有兴趣的读者可参考有关资料。

9.2.4 关键路径

定义 9.2.1 在一个表示工程的带权有向图中，用结点表示事件(如 v_0)，用有向边表示活动(如 $\langle v_0，v_2 \rangle = a_1$)，边上的权值表示活动的持续时间，称这样的有向图为**边表示的活动的网**，简称 **AOE 网**(Activity on Edge network)。在 AOE 网中，入度为 0 的结点称为**源点**，出度为 0 的结点称为**汇点**。

如图9.2.5中，结点 v_0 是源点，结点 v_3 是汇点。

在 AOE 网中，只有在进入某结点的活动都已经结束，该结点所代表的事件才发生，例如，a_1 和 a_2 活动都结束了，结点 v_2 所代表的事件才会发生。只有在某结点所代表的事件发生后，从该结点出发的各活动才开始，如只有结点 v_1 所代表的事件结束之后，活动 a_2 和 a_3 才会开始。在 AOE 网中，所有活动都完成才能到达汇点，因此完成整个工程所必须花费的时间(即最短工期)应该为源点到汇点的最长路径长度。

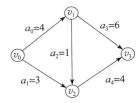

图 9.2.5   AOE 网

定义 9.2.2 在 AOE 网中，从源点到汇点的所有路径中具有最长路径长度的路径称为**关键路径**，关键路径上的活动称为**关键活动**。

假设源点是 v_0，从 v_0 到 v_i 的最长路径长度叫作**事件 v_i 的最早发生时间**，记为 ve$[i]$。如图9.2.5中，v_3 的最早发生时间为 ve$[3]=10$。在 AOE 网中，只有结点 v_j 代表的事件发生，以 v_j 为起点的活动 a_i 才能开始，即**活动 a_i 的最早开始时间**等于该活动的起点表示的事件 v_j 的最早发生时间。活动 a_i 的最早开始时间，记为 ae$[i]$ ae$[i]=$ve$[j]$。如图9.2.5中，活动 a_4 的最早开始时间是它的起始结点表示的事件 v_2 的最早发生时间，即 ae$[4]=$ve$[2]=5$。如果活动 a_4 从5开始，持续时间是4，a_4 的结束时间是9，但是事件 v_3 的最早发生时间是10，所以活动 a_4 的开始时间推迟1，不会影响整个工程的完成。在不推迟整个工程完成的前提下，活动 a_i 最迟必须开始的时间是该活动的终点表示的事件的最迟发生时间和该活动的持续时间的差，称为**活动 a_i 的最迟开始时间**，记为 al$[i]$。如图9.2.5中，活动 a_4 的最迟开始时间是6，即 al$[4]=6$。al$[i]-$ae$[i]>0$ 意味着完成活动 a_i 的时间有余量，活动 a_i 可以延迟 al$[i]-$ae$[i]$，不会影响整个工程的完成。在不推迟整个工程完成(即保证结束结点 v_n 在 ve$[n]$ 时刻发生)的前提下，事件 v_i 最迟必须发生的时间称为**事件 v_i 的最迟发生时间**，记为 vl$[i]$。vl$[i]$ 为 ve$[n]$ 减去结点 v_i 到结束结点 v_n 的最长路径长度。al$[i]=$ae$[i]$ 的活动称为关键活动，显然，关键路径上的活动是关键活动。

因此，要识别 AOE 网的关键活动就是找 al$[i]=$ae$[i]$ 的活动。为了求得 al$[i]$ 和

$ae[i]$，首先应求得事件的最早发生时间 $ve[i]$ 和最迟开始时间 $vl[i]$。

活动 a_i 由有向边 $\langle v_i , v_j \rangle$ 表示，持续时间记为 $weight(\langle v_i , v_j \rangle)$，则活动 a_i 的最早开始时间等于事件 v_i 的最早发生时间，即 $ae[i]=ve[i]$。

活动 a_i 的最迟开始时间等于事件 v_j 的最迟发生时间减去活动的持续时间，即 $al[i]=vl[i]-weight(\langle v_i , v_j \rangle)$。

$ve[i]$ 和 $vl[i]$ 可以用下面的递推公式分两步计算。

第一步：从源点向汇点方向递推计算 $ve[i]$。从指向事件 v_j 的有向边的活动中，取最晚完成的一个活动的完成时间作为 v_j 的最早发生时间 $ve[i]$，即

$$ve[源点]=0$$
$$ve[j]=\max(ve[i]+weight\langle v_i , v_j \rangle)$$

第二步：从汇点向源点方向递推计算 $al[i]$。由上一步可以求得汇点的最早发生时间为 $ve[汇点]$。因为汇点就是结束点，最迟发生时间和最早发生时间相同，即 $vl[汇点]=ve[汇点]$。从结点 v_i 出发的有向边表示的活动中，取最早开始的活动的开始时间作为 v_i 的最迟发生时间 $vl[i]$，即

$$vl[汇点]=ve[汇点]$$
$$vl[i]=\min(vl[j]-weight\langle v_i , v_j \rangle)$$

例 9.2.3　求图 9.2.6 的 AOE 网的关键路径。

解　从源点向汇点方向递推计算事件的最早发生时间：

$ve[1]=0$

$ve[2]=ve[1]+a_1=0+3=3$

$ve[3]=ve[1]+a_2=0+2=2$

$ve[4]=\max(ve[2]+a_3, ve[3]+a_4)=\max(3+2, 2+4)=6$

$ve[5]=ve[2]+a_5=3+3=6$

$ve[6]=\max(ve[5]+a_7, ve[4]+a_6, ve[3]+a_8)=\max(6+2, 6+1, 2+6)=8$

从汇点向源点方向递推计算事件的最迟发生时间：

$vl[6]=ve[6]=8$

$vl[5]=vl[6]-a_7=8-2=6$

$vl[4]=vl[6]-a_6=8-1=7$

$vl[3]=\min(vl[6]-a_8, vl[4]-a_4)=\min(8-6, 7-4)=2$

$vl[2]=\min(vl[5]-a_5, vl[4]-a_3)=\min(6-3, 7-2)=3$

$vl[1]=\min(vl[2]-a_1, vl[3]-a_2)=\min(3-3, 3-2)=0$

活动的最早发生时间：

$ae[1]=ve[1]=0$

$ae[2]=ve[1]=0$

$ae[3]=ve[2]=3$

$ae[4]=ve[3]=2$

$ae[5]=ve[2]=3$

图 9.2.6　例 9.2.3 图

$ae[6]=ve[4]=6$

$ae[7]=ve[5]=6$

$ae[8]=ve[3]=2$

活动的最迟发生时间：

$al[1]=vl[2]-a_1=3-3=0$

$al[2]=vl[3]-a_2=2-2=0$

$al[3]=vl[4]-a_3=7-2=5$

$al[4]=vl[4]-a_4=7-4=3$

$al[5]=vl[5]-a_5=6-3=3$

$al[6]=vl[6]-a_6=8-1=7$

$al[7]=vl[6]-a_7=8-2=6$

$al[8]=vl[6]-a_8=8-6=2$

活动的最早开始时间和最晚开始时间相等，则说明该活动属于关键路径上的活动，即关键活动。经过比较，得出关键活动有 a_1、a_2、a_5、a_7、a_8，所以关键路径为 $v_1v_2v_5v_6$ 和 $v_1v_3v_6$。通过此例也可以发现，一个 AOE 网的关键路径可能有多条。　◀

9.2.5　网络与网络流

1. 网络与网络流定义

很多问题如运输货物时的物流问题、水流问题、公路网的车流问题等，都可以用一个各条边都有权值和方向的图表示，也就是都可以转化成网络流问题。

假设某个公路网的每条公路只允许单向行驶，这样的公路网称为单行公路网。为了保证畅通，交通部门对每条公路在单位时间内通过的车辆数目要做一个限制。问单位时间内最多能有多少辆车从 s 地出发经过该公路网到达 t 地？这个问题就是网络流问题。

定义 9.2.3　设 $G=(V,E)$ 是一个无多重边和环的有向连通图，V 是结点集，E 是弧集。若图 G 满足如下条件：

1）只有一个结点的入度为 0，记为 s，称为**源点**；

2）只有一个结点的出度为 0，记为 t，称为**汇点**；

3）在弧集 E 上定义一个非负整数集合 $C=\{c_{ij}\}$，每条弧 $(v_i,v_j)\in E$ 都有一个非负的权值 c_{ij}，称为**弧的容量**；则称图 G 是一个网络或流网络，记为 $G=(V,E,C)$。

以上定义中，称源点和汇点以外的其他结点为**中间点**。有向边也称为弧。图 9.2.7 所示为一个流网络。

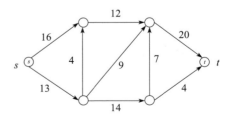

如果有多重弧，将多重弧用一条有向弧替换，将多重弧的每条弧的容量求和作为替换弧的容量，可以得到等价的网络图。环的存在与否不影响问题的分析和求解，为简洁起见，要求网络图没有环。

图 9.2.7　流网络

如果一个网络中只有一个源点和汇点，则称为**单源单汇网络**。有时网络中可能有多个源点和多个汇点，可以用以下方法转化为单源单汇网络，如图 9.2.8 所示，转化方法如下：

1）给网络 G 添加两个新的结点 s 和 t；

2）从 s 向每个源点连接一条有向边，其容量为 ∞，或者为源点的邻接边的容量和；

3）从每个汇点向 t 连接一条有向边，其容量为 ∞，或者为汇点的邻接边的容量和。

图 9.2.8　多源多汇网络转化为单源单汇网络

定义 9.2.4　在网络 $G=(V,E,C)$ 的弧集 E 上定义一个非负整数值函数 f：$(v_i,v_j)\rightarrow \{f_{ij}=f(v_i,v_j)\}$，$f$ 满足下列条件：

1）容量限制：对 $\forall e=(v_i,v_j)\in E$，有 $f_{ij}\leqslant c_{ij}$；

2）流量守恒：对于除 s 和 t 外的每个中间点 k，$\sum\limits_{i\in V}f_{ki}=\sum\limits_{j\in V}f_{jk}$，称 f 为网络 G 上的一个**可行流**，简称**流**，称 f_{ij} 为弧 (v_i,v_j) 上的**流量**。若无弧 (i,j)，则 f_{ij} 定义为 0。如果弧 $e=(v_i,v_j)$ 满足 $f_{ij}=c_{ij}$，则称 e 为**饱和弧**。若 $f_{ij}<c_{ij}$，则称 e 为**非饱和弧**。称 $f_{ij}=0$ 的弧为**零流弧**，$f_{ij}>0$ 的弧为**非零流弧**。

如图 9.2.9 所示，用 c_{ij}/f_{ij} 表示弧 (v_i,v_j) 上的容量和流量。

上面定义中的容量限制是流经每条弧的流量值应当不超过该弧的容量，流量守恒是对于除 s 和 t 外的每个中间点 k，总流入量和总流出量应当守恒，即流量不生成也不损耗。

2. 最大流和最小割

定义 9.2.5　设 f 是网络 G 的一个流，源点 s 的总流出量 $\sum\limits_{i\in V}f_{si}=V_f$，称为**流 f 的流量**或者**值**。若 G 中无可行流 f'，使 $V_{f'}>V_f$，则称 f 为**最大流**。

由于汇 t 的总流入量 $\sum\limits_{j\in V}f_{jt}=V_f$，所以对于 s 和 t，有

$$\sum_{i\in V}f_{ki}-\sum_{j\in V}f_{jk}=\begin{cases}V_f, & k=s\\ -V_f, & k=t\end{cases}$$

图 9.2.9a 的网络流 f 的流量为 25，图 9.2.9b 的网络流 f 的流量为 31，这是网络 G 的最大流，因为 G 中无大于 31 的可行流。

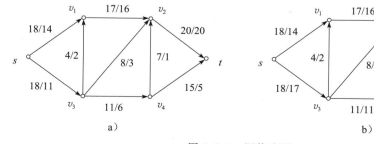

a）　　　　　　　　　　　　　b）

图 9.2.9　网络流图

注意：可行流总是存在的，因为总是存在 0 值流。

定义 9.2.6　设 $G=(V, E, C)$ 是一个单源单汇网络，$S\subseteq V$，$T=V-S$。用 (S, T) 表示起点在 S 中而终点在 T 中的所有弧的集合。若 (S, T) 是图 G 的弧割集，而且源点 $s\in S$，汇点 $t\in T$，则称弧割集 (S, T) 为网络 G 的一个 $s-t$ 割。$s-t$ 割 (S, T) 的容量是指从 S 穿出，进入 T 的各条弧的容量之和，记为 $\mathrm{Cap}(S, T)$，即 $\mathrm{Cap}(S, T)=\sum\limits_{(i\in S, j\in T)} c_{ij}$。

若从网络 G 中删去任一个 $s-t$ 割 (S, T)，则从 s 到 t 之间不存在有向路。

如图 9.2.9 中，令 $S=\{s, v_1, v_2, v_3, v_4\}$，则 $(S, T)=\{(v_2, t), (v_4, t)\}$，割容量为 $\mathrm{Cap}(S, T)=35$。若 $S=\{s, v_3\}$，则 $(S, T)=\{(s, v_1), (v_3, v_1), (v_3, v_2), (v_3, v_4)\}$，$\mathrm{Cap}(S, T)=41$。对于不同的 $s-t$ 割，它们的容量显然不同。

注意：$s-t$ 割的容量只计算起点在源点一侧，终点在汇点一侧的弧的权值和，如若 $S=\{s, v_1, v_2, v_3\}$，则 $(S, T)=\{(v_3, v_4), (v_4, v_2), (v_2, t)\}$，$\mathrm{Cap}(S, T)=31$。

定义 9.2.7　对于网络 G 的 $s-t$ 割 (S, T)，若不存在 $s-t$ 割 (S', T')，使得 $\mathrm{Cap}(S', T')<\mathrm{Cap}(S, T)$，则称 (S, T) 为**最小割**。

如图 9.2.9 中，不存在 $s-t$ 割 (S', T')，使得 $\mathrm{Cap}(S', T')<\mathrm{Cap}(S, T)=31$，$(S, T)=\{(v_3, v_4), (v_4, v_2), (v_2, t)\}$ 是最小割。

定理 9.2.2　对于给定的网络 $G=(V, E, C)$，设 f 是一个可行流，(S, T) 是任一 $s-t$ 割，则 $V_f\leqslant\mathrm{Cap}(S, T)$。

证明　根据流的流量守恒条件，对于源点 $s\in S$，有

$$\sum_{i\in V} f_{si} - \sum_{j\in V} f_{js}=V_f \tag{9.1}$$

对于 S 中不是源点的中间点 k 有

$$\sum_{i\in V} f_{ki} - \sum_{j\in V} f_{jk}=0 \tag{9.2}$$

将式 (9.1) 和式 (9.2) 相加，则对 S 中的所有结点 $k\in S$，有

$$\sum_{k\in S, i\in V} f_{ki} - \sum_{k\in S, j\in V} f_{jk}=V_f$$

因为 $V=S\cup T$，上式又可以写为

$$\sum_{k\in S, i\in V} f_{ki} - \sum_{k\in S, j\in V} f_{jk}=\left(\sum_{k\in S, i\in S} f_{ki} + \sum_{k\in S, i\in T} f_{ki}\right) - \left(\sum_{k\in S, j\in S} f_{jk} + \sum_{k\in S, j\in T} f_{jk}\right)=V_f$$

对于 S 中的所有结点，流入的总流量与流出的总流量相等，即

$$\sum_{k\in S, i\in S} f_{ki} = \sum_{k\in S, j\in S} f_{jk}$$

所以有

$$\sum_{k\in S, i\in T} f_{ki} - \sum_{k\in S, j\in T} f_{jk}=V_f \tag{9.3}$$

由于 $\sum\limits_{k\in S, j\in T} f_{jk}$ 是非负的，所以有

$$V_f\leqslant \sum_{k\in S, i\in T} f_{ki} \leqslant \sum_{k\in S, i\in T} c_{ki}=\mathrm{Cap}(S, T) \qquad \blacktriangleleft$$

上述证明中，式 (9.3) 是一个有用的结论。它指出对于任何割 (S, T)，流的值等于从

S 中的结点到 T 中的结点的所有弧上流量之和减去从 T 中的结点到 S 中的结点的所有弧上流量之和。对于网络中的任意割和任意流，流经割的流量守恒，等于 V_f。

定理 9.2.2 表明，网络 G 中任何可行流 f 的值小于等于任一割的容量，因而有最大流的值小于等于最小割的容量。

定理 9.2.3　对于给定的网络 $G=(V,E,C)$，设 f 是一个流，(S,T) 是一个 $s-t$ 割。若 $V_f=\mathrm{Cap}(S,T)$，则 f 是一个最大流且 (S,T) 是一个最小 $s-t$ 割。

证明　假设 f_1 是任意一个流，则由定理 9.2.2 有 $V_{f_1}\leqslant\mathrm{Cap}(S,T)=V_f$，所以 f 是一个最大流。

假设 (S_1,T_1) 是任意一个 $s-t$ 割，则由定理 9.2.2 有 $\mathrm{Cap}(S,T)=V_f\leqslant\mathrm{Cap}(S_1,T_1)$，所以 (S,T) 是一个最小割。　◀

根据定理 9.2.3，在任一网络中，从 s 到 t 的最大流的值等于 s 和 t 的最小割的容量。

在介绍 Ford-Fulkerson 于 1956 年提出的最大流和最小割定理前，先给出增广路的概念。

若 μ 是网络中连接源点 s 和汇点 t 的一条路，定义路的方向是从 s 到 t，则路上的弧被分为两类：一类是弧的方向与路的方向一致，称为**前向弧**，前向弧的全体记为 μ^+；另一类弧与路的方向相反，称为**后向弧**，后向弧的全体记为 μ^-。

定义 9.2.8　设 f 是一个可行流，μ 是从 s 到 t 的一条路，如果

$$\begin{cases}(v_i,v_j)\in\mu^+\Rightarrow 0\leqslant f_{ij}<c_{ij}, \text{即前向弧集中每一条弧都是非饱和弧}\\(v_i,v_j)\in\mu^-\Rightarrow 0<f_{ji}\leqslant c_{ji}, \text{即反向弧集中每一条弧都是非零流弧}\end{cases}$$

则称 μ 为一条**可增广路**。

如图 9.2.10a 所示，$sv_1v_2v_3v_4t$ 是一条可增广路，其中 (s,v_1)、(v_1,v_2)、(v_3,v_4)、(v_4,t) 是前向弧，(v_2,v_3) 是后向弧。设 δ_1 是这条增广路上所有前向弧上 $c_{ij}-f_{ij}$ 的最小值，δ_2 是所有后向弧上 f_{ji} 的最小值，$\delta=\min(\delta_1,\delta_2)$。当在所有前向弧上增加流量 δ，后向弧上减少流量 δ，不在这条增广路上的弧流量保持不变，这时网络的流量增加了 δ。

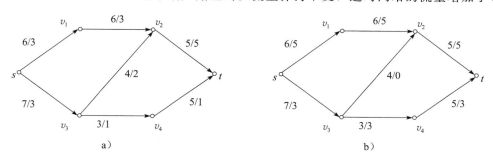

图 9.2.10　可增广路

按照以下两个步骤可以增大可增广路上的流量。

1）求可增广路上流量的可改进量 $\Delta=\min(\text{前向弧的 } c_{ij}-f_{ij},\text{后向弧的 } f_{ji})$。

2）修改可增广路径上的每条弧 (v_i,v_j) 的流量

$$f'_{ij}=\begin{cases}f_{ij}+\Delta, (v_i,v_j)\in\mu^+\\f_{ij}-\Delta, (v_i,v_j)\in\mu^-\end{cases}$$

如在图 9.2.10a 中，网络流量为 6。在 $sv_1v_2v_3v_4t$ 上，求得 $\delta=2$，增广路上前向弧的流量加 2，反相弧的流量减 2，修改后如图 9.2.10b 所示，网络流量为 8，增加 2。

μ 之所以称为可增广路，因为 μ 的前向弧均为非饱和弧，每条前向弧的流量都增加 δ，而后向弧的流量减小 δ，不属于 μ 的弧的流量不变，这样可以保证每条弧的流量不超过容量上限且保持容量平衡的前提下，使网络的流量增加 δ。

3. 最大流的标号算法

对于给定的网络，如何求解最大流？由可增广路的概念可知，对于网络中的一个流，如果存在可增广路，则一定存在更大的流。那么，一种直观的思想就是寻找可增广路，当图中不存在可增广路时，此时的流为最大流。

下面介绍求最大流的标号法（Ford-Fulkerson）。

（1）标号过程

1）给定网络 G，初始流为 f，先给源点 s 标号 $(0，\infty)$。

2）选择一个已标号的结点 v_i，对 v_i 所有未标号的相邻结点 v_j，按下列规则标号：

a）在弧 $(v_i，v_j)$ 上，当 $f_{ij}<c_{ij}$ 时，则给 v_j 标号 $(v_i，\Delta(v_j))$，这里 $\Delta(v_j)=\min(\Delta(v_i)，c_{ij}-f_{ij})$，当 $f_{ij}=c_{ij}$ 时，v_j 不标号。

b）在弧 $(v_i，v_j)$ 上，当 $f_{ji}>0$ 时，则给 v_j 标号 $(-v_i，\Delta(v_j))$，这里 $\Delta(v_j)=\min(l(v_i)，f_{ji})$，当 $f_{ij}=0$ 时，v_j 不标号。

3）重复第 2）步直到汇点 t 被标号为止，或不再有结点可以标号为止。

如果汇点 t 被标号，表明得到一条从 s 到 t 的可增广路，转入调整过程。若汇点 t 未被标号，直到标号过程进行不下去时，算法结束，此时的可行流就是最大流。

（2）调整过程

1）寻找以 t 为汇点的可增广路 μ。

若汇点 t 的第一个标号为 v_k（或 $-v_k$），则弧 $(v_k，t)$（相应地 $(t，v_k)$）是可增广路上的弧。接下来检查 v_k 的第一个标号，若为 v_i（或 $-v_i$），则弧 $(v_i，v_k)$（相应地 $(v_k，v_i)$）是可增广路上的弧，依次下去，直到 s 点为止。此时被找到的弧构成可增广路 μ。

2）修改流 f。

对于可增广路 μ 上的前向弧流量增加 $\Delta(t)$，向后弧流量减少 $\Delta(t)$，得到新的流 f'。流 f' 的值为 $V_{f'}=V_f+\Delta(t)$。

3）去掉结点上的标号，对流 f' 重新进行标号过程。

如果在汇点 t 没有标号，不再有结点可以标号，则算法结束。用 P 表示所有已标号的结点集，$\overline{P}$ 表示所有未标号的结点集，得到的 $(P，\overline{P})$ 是最小割，它的容量等于最大流的值。

例 9.2.4　用标号法求图 9.2.11 所示网络 G 的最大流。

解　标号过程如下。

a）首先给源点 s 标号 $(0，\infty)$。

b）给 s 的邻接结点 v_1 标号 $(s，4)$、v_3 标号 $(s，7)$。

c）给 v_1 的邻接结点 v_2 标号 $(v_1，1)$。

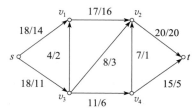

图 9.2.11　例 9.2.4 用网络图

d)给 v_2 的邻接结点 v_4 标号(-v_2，1)，弧(v_2，t)不满足标号条件，不给 t 标号。

e)给 v_4 的邻接结点 t 标号(v_4，1)。

调整过程如下。

根据结点标号，找到一条可增广路。$sv_1v_2v_4t$ 是一条可增广路，$\Delta(t)=1$，调整可增广路上的各条弧的流量，如图 9.2.12b 所示。

删去所有标号，如图 9.2.12c。重新开始标号过程如下。

a)首先给源点 s 标号(0，∞)。

b)给 s 的邻接结点 v_1 标号(s，4)、v_3 标号(s，7)。

c)弧(v_1，v_2)不满足标号条件，选择给 v_3 的邻接结点 v_2 标号(v_3，5)。

d)弧(v_4，v_2)和弧(v_2，t)不满足标号条件，不给 v_2 的邻接结点标号。

e)给 v_3 的邻接结点 v_4 标号(v_3，5)，给 v_4 的邻接结点 t 标号(v_4，5)。

调整过程如下。

根据结点标号，找到一条可增广路。sv_3v_4t 是一条可增广路，$\Delta(t)=5$，调整可增广路上的各条弧的流量，如图 9.2.12d 所示。

删去所有标号，如图 9.2.12e。重新开始标号过程如下。

重复上述步骤进行标号，如图 9.2.12f 所示，结点 t 和 v_4 没有标号，没有结点可以标号，算法结束。

因此可知，标号结点集合为 $S=\{s$，v_1，v_2，$v_3\}$，未标号结点集合为 $T=\{v_4$，$t\}$，$\{S$，$T\}$ 为最小割 $\mathrm{Cap}(S$，$T)=31$，网络 G 的最大流量为 31。

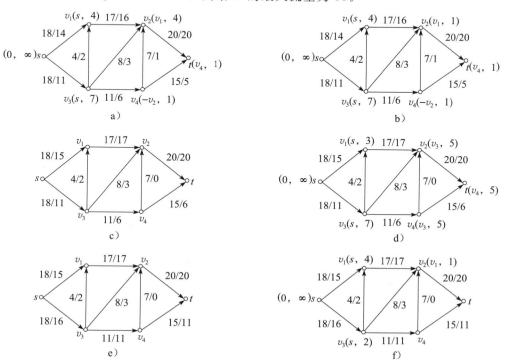

图 9.2.12 最大流最小割算法过程

9.3 匹配和二分图

9.3.1 匹配

定义 9.3.1 在图 $G=(V, E)$ 中，若 $M \subseteq E$，且 M 中任意两条边都不相邻，则称 M 为 G 的一个**匹配**。若在 M 中再加入任意其他的边 e，$M \bigcup \{e\}$ 有相邻的边，则称 M 为 G 的**极大匹配**。若 G 中不存在匹配 M_1，使得 $|M_1| > |M|$，则称 M 为 G 的**最大匹配**。最大匹配的边的数目称为 G 的**匹配数**。

比较定义 8.4.3，匹配就是边独立集，极大匹配就是极大边独立集，最大匹配是最大边独立集，匹配数是边独立数。

定义 9.3.2 若 M 是 G 的一个匹配，M 的边和结点 v 关联，则称 v 为 M **饱和点**，否则称 v 为 M **非饱和点**。若 $G=(V, E)$ 的每个结点都是 M 饱和点，则称 M 为 G 的一个**完美匹配**。

例 9.3.1 在图 9.3.1 所示的各图中，给出一个极大匹配、最大匹配和完美匹配。

  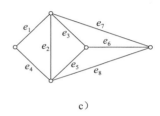

图 9.3.1 例 9.3.1 图

解 在图 9.3.1a 中，$M=\{e_1, e_7\}$ 是图的一个匹配，也是一个极大匹配，v_1、v_2、v_4、v_6 是 M 饱和点。$M_1=\{e_2, e_4, e_8\}$ 是图的最大匹配，因为没有比 M_1 更大的匹配了。图的每个结点都是 M_1 的饱和点，因而 M_1 是完美匹配。

在图 9.3.1b 中，$\{e_2, e_6\}$、$\{e_3, e_5\}$ 是图的匹配，也是极大匹配，$\{e_1, e_4, e_7\}$ 是图的一个最大匹配，也是完美匹配。

在图 9.3.1c 中，$\{e_3, e_4\}$、$\{e_1, e_5\}$、$\{e_2, e_6\}$、$\{e_4, e_7\}$ 等都是极大匹配，也是最大匹配，没有完美匹配。◄

定义 9.3.3 若 M 是 $G=(V, E)$ 的一个匹配，称 M 中的边为**匹配边**，不在 M 中的边为**非匹配边**。G 中从一个结点到另一个结点的一条由 M 匹配边和不匹配边交替出现构成的简单路，称为 M **交错路**。若 M 交错路的起点和终点都是 M 非饱和点时，称这条 M 交错路是 M **可扩充路**或**可增广的交错路**。

如在图 9.3.1a 中，匹配 $M=\{e_1, e_7\}$，$e_2 e_1 e_4 e_7 e_8$ 是一条可扩充路。

若图 G 中存在 M 可扩充路，因为这条 M 可扩充路的起点和终点都是不饱和点，所以它的不匹配边比匹配边多一条。将这条可扩充路的非匹配边变成匹配边，匹配边变成非匹配边，得到 M_1。M_1 中的边彼此不相邻且比 M 多一条边，因此得到比 M 多一条边的匹配。如在图 9.3.1a 中，将匹配 M 的可扩充路 $e_2 e_1 e_4 e_7 e_8$ 的匹配边变成非匹配边，非匹配边变成匹配边，就得到多一条边的匹配 $\{e_2, e_4, e_8\}$。若图 G 中存在 M_1 可扩充路，则有比 M_1 多一条边的匹配。当找到一个匹配，使得 G 中不存在该匹配的可扩充路时，该匹配就是 G 的一个最大匹配。因此有如下定理。

定理 9.3.1 M 是图 $G=(V, E)$ 的最大匹配的充分必要条件是 G 中不存在 M 可扩充路。

这里不给出关于该定理的证明。

在图 9.3.1a 中，$M=\{e_1, e_7\}$ 是图的一个匹配，$\{e_2, e_1, e_4, e_7, e_8\}$ 是 M 交错路，而且是 M 可扩充路。因此，存在比 M 更大的匹配 $M_1=\{e_2, e_4, e_8\}$。由于不存在 M_1 可扩充路，所以 M_1 是最大匹配。

例 9.3.2 求图 9.3.2 的最大匹配。

解 在图 9.3.2 中，$M=\{(v_2, v_6), (v_3, v_5), (v_4, v_7)\}$ 是匹配，$v_1 v_5 v_3 v_6 v_2 v_7 v_4 v_8$ 是 M 交错路，而且是 M 可扩充路。因此，M 不匹配边的集合 $M_1=\{(v_1, v_5), (v_3, v_6), (v_2, v_7), (v_4, v_8)\}$ 是比 M 多一条边的匹配。由于不存在 M_1 可扩充路，所以 M_1 是最大匹配。

图 9.3.2 例 9.3.2 图

定理 9.3.2 1) 设图 $G=(V, E)$，$|V|=n$，M 为最大匹配，对于每个非饱和点均取一条与其关联的边，组成边集 N，则 $W=M\bigcup N$ 为最小边覆盖。

2) 设图 $G=(V, E)$，W_1 为最小边覆盖，若 W_1 中存在相邻的边，则移去其中的一条，设移去的边集为 N_1，则 $M_1=W_1-N_1$ 为最大匹配。

3) 设图 $G=(V, E)$，M 为最大匹配，W 为最小边覆盖，则 $|W|+|M|=n$，n 为图 G 的结点数。

证明 1) 假设最大匹配 M，则 G 中有 $n-2|M|$ 个非饱和点，它们互不相邻。对于每个非饱和点均取一条与其关联的边，组成边集 N，故 N 有 $n-2|M|$ 条边，$W=M\bigcup N$ 显然为边覆盖，且 $|W|=|M|+|N|=|M|+n-2|M|=n-|M|$，由于 W_1 为最小边覆盖，因而有 $|W_1|\leqslant|W|$ 即 $|W_1|\leqslant n-|M|$。

2) 在由最小边覆盖 W_1 构造匹配 M_1 时，每移去相邻两条边中的一条时，产生恰好一个非饱和点。移去相邻边得到匹配 M_1 时，移去的边集为 N_1，$|N_1|=$ "M_1 的非饱和点数" $=n-2|M_1|$。

于是 $|M_1|=|W_1|-|N_1|=|W_1|-(n-2|M_1|)$，从而有 $|W_1|=n-|M_1|$ 因为 M 是最大匹配，$|M_1|\leqslant|M|$，因而有 $|W_1|\geqslant n-|M|$。

由 1) 2) 的证明可知，$|W_1|=n-|M|$，于是证得 $|W|=|W_1|$，W 为最小边覆盖，$|M_1|=|M|$，M_1 为最大匹配。

3) 因而可证得 $|W|+|M|=|W_1|+|M|=n$。

9.3.2 二分图

定义 9.3.4 如果无向图 $G=(V, E)$ 的结点集 V 能划分成两个子集 V_1 和 V_2，使得 G 中任何一条边的两个端点一个属于 V_1，另一个属于 V_2，则称 G 为**二分图(或二部图、偶**

图），V_1 和 V_2 称为**互补结点集**，二分图通常记为 $G=(V_1, V_2, E)$。若 V_1 中每一结点与 V_2 中每一个结点均有且仅有一条边相关联，则称二分图 G 为**完全二分图**。若 $|V_1|=m$，$|V_2|=n$，则记完全二分图 G 为 $K_{m,n}$。

由定义可知，二分图 $G=(V_1, V_2, E)$ 中，没有两个端点全在 V_1 或全在 V_2 中的边，二分图没有环。二分图只讨论无向图。

注意：$n(n \geqslant 2)$ 阶零图为二分图。

例如，一个单位有一些不同类型的工作空缺，有一些应聘者申请这些空缺的工作岗位。每个应聘者能胜任这些工作中的某些工作。如工作岗位集合为 $\{u_1, u_2, u_3\}$，应聘者集合为 $\{v_1, v_2, v_3, v_4, v_5\}$。每个应聘者能胜任的工作岗位可以用图 9.3.3 所示的二分图表示，其中边 $u_i v_j$ 表示工作岗位 u_i 适合应聘者 v_j。

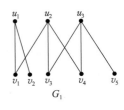

图 9.3.3 二分图

例 9.3.3 判断图 9.3.4 是否为二分图？

解 利用定义 9.3.4，只要能将结点集分为两个不交的子集 V_1 和 V_2，使得任意一条边的端点分别在 V_1 和 V_2 中，这个图就是二分图。图 9.3.4a 和图 9.3.4b 都是二分图，因为可以将结点集分为两个子集，使得任意一条边的端点分别在这两个结点子集上，如图 9.3.5a 和图 9.3.4b 所示，图 9.3.4a、图 9.3.4b 和图 9.3.5a、图 9.3.5b 同构，这两个图都是完全二分图。

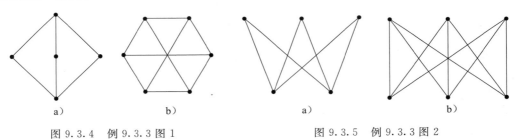

图 9.3.4 例 9.3.3 图 1   图 9.3.5 例 9.3.3 图 2

关于如何判断一个无向简单图是二分图，有如下定理。

定理 9.3.3 一个 $n(n \geqslant 2)$ 阶无向图 $G=(V, E)$ 是二分图，当且仅当 G 中无奇数长度的回路。

证明 （必要性）

设图 $G=(V, E)$ 是二分图，$V_1 \neq \varnothing$，$V_2 \neq \varnothing$，$V_1 \bigcup V_2 = V$，$V_1 \bigcap V_2 = \varnothing$。$G$ 中任一长度为 $n(n \geqslant 2)$ 的回路可表示为 $v_1 e_1 v_2 e_2 v_1 \cdots v_n e_n v_1$。设 $v_1 \in V_1$，则 $v_2 \in V_2$，$v_3 \in V_1$，$v_4 \in V_2 \cdots v_n \in V_2$。所以 n 必为偶数。

（充分性）

不妨假设图 G 是连通图，否则可对每个连通分支进行讨论，孤立点可根据需要分属于 V_1 和 V_2。u 是图 G 中的任一结点，$d(u, v)$ 表示结点 u 到结点 v 的最短路径的长度。二分图的结点集 V 的两个子集可以表示为：

$$V_1 = \{v \mid v \in V \wedge d(u, v) \text{ 为偶数}\}, \quad V_2 = V - V_1$$

如果图 G 中存在一条边 e，其两个端点 v_i 和 v_j 都在结点集 V_1 中，则从 u 到 v_i 存在一条有偶数条边的通路 L_1，从 u 到 v_j 存在一条有偶数条边的通路 L_2。通路 L_1、L_2 和边 e 构成一条回路，回路的长度为奇数。这条回路可能是一条复杂回路，可以分解为若干由 L_1、L_2 共有的边构成的回路（每条边重复一次的路径）以及由 L_1、L_2 不共有的边和边 e 构成的初级回路。由 L_1、L_2 共有的边构成的回路的长度为偶数，故在由 L_1、L_2 不共有的边和边 e 构成的初级回路中有奇数长度的回路，和已知条件矛盾。所以图 G 中不存在两个端点 v_i 和 v_j 都在结点集 V_1 中的边 e。

由对称性，可以证明也没有一条边的两端点都在结点集 V_2 中。由此可见，图 G 的每条边的端点必定满足一个在结点集 V_1 中，另一个在结点集 V_2 中，而且 V_1 和 V_2 是 G 的互补结点集，所以图 G 是二分图。◀

例 9.3.4 判断图 9.3.6 中的图是否是二分图。

   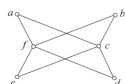

图 9.3.6 例 9.3.4 图

解 图 9.3.6 中的图均无奇回路，所以都是二分图。◀

定义 9.3.5 设 $G=(V, E)$ 是二分图，V_1 和 V_2 是 G 的互补结点集，若 G 的一个匹配 M 使得 $|M|=\min\{|V_1|, |V_2|\}$，称匹配 M 是 G 的**完备匹配**。这时，若 $|V_1| \leqslant |V_2|$，称 M 是从 V_1 到 V_2 的一个完备匹配。如果 $|V_1|=|V_2|$，称 M 是 G 的**完美匹配**。

例如，图 9.3.7a 中匹配 $M=\{e_1, e_2, e_3\}$ 为一个完备匹配，图 9.3.7b 中匹配 $M=\{e_1, e_2, e_3\}$ 为一个完美匹配，图 9.3.7c 中没有完备匹配。

  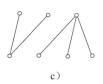

图 9.3.7 完全匹配和完美匹配

在图 9.3.3 中，每个工作岗位能否聘到合适的人选，就是在图 9.3.3 的二分图中是否存在从工作岗位集合 $\{u_1, u_2, u_3\}$ 到应聘者集合 $\{v_1, v_2, v_3, v_4, v_5\}$ 的完备匹配的问题。图中 $M=\{(u_1, v_1), (u_2, v_3), (u_3, v_4)\}$ 是一个完备匹配，所以每个工作岗位都能聘到合适的人。由于不存在完美匹配，因而不是每个人都能得到一个工作岗位。

可以用 Hall 定理判定二分图中是否存在完备匹配。

定理 9.3.4(Hall 定理) 设二分图 $G=(V, E)$，V_1 和 V_2 是 G 的互补结点集，存在从 V_1 到 V_2 的完备匹配，当且仅当对于 V_1 中的任意 k 个结点（$k=1,2,\cdots,|V_1|$）至少邻接 V_2 的 k 个结点。

定理 9.3.3 中的条件通常称为**相异性条件**。

图 9.3.7a、图 9.3.7b 满足相异性条件，都有完全备匹配，而图 9.3.7c 中 V_1 中的有两个结点只与 V_2 中的一个结点相邻，不满足相异性条件，因而图 9.3.7c 不存在完备匹配。

判断一个二分图是否满足相异性条件通常比较复杂，要计算 V_1 的所有子集的邻接结点集合，共有 $2^{|V_1|}$ 个，当 $|V_1|$ 较大时，计算量太大。下面的定理是判断二分图是否存在完备匹配的充分条件，对于二分图来说，比较容易确定这些条件。

定理 9.3.5 设 $G=(V, E)$ 是二分图，V_1 和 V_2 是 G 的互补结点集。若存在正整数 t，使得

1) V_1 中的每个结点至少关联 t 条边；

2) V_2 中的每个结点至多关联 t 条边，

则 G 中存在从 V_1 到 V_2 的完备匹配。

证明 由条件 1) 可知，V_1 中的 k 个结点至少关联 kt 条边（$1 \leqslant k \leqslant |V_1|$）。由条件 2) 可知，这些边至少关联 V_2 中的 k 个结点。因此，V_1 中的 k 个结点至少邻接 V_2 中的 k 个结点。由 Hall 定理，G 中存在完备匹配。 ◄

定理 9.3.4 的条件常称为 t **条件**，是判断二分图是否存在完备匹配的充分条件，不是必要条件。在图 9.3.7 中，a) 不满足 t 条件，但有完备匹配。判断条件 t 比较简单，只需计算 V_1 中结点的最小度数和 V_2 中结点的最大度数。在考查相异性条件之前，应首先使用这个充分条件。

例 9.3.5 要分派 5 位教师 A、B、C、D、E 去上课。

1) A 可以星期二和星期三上课，B 可以星期一和星期三上课，C 可以星期四和星期五上课，D 可以星期二和星期五上课，E 可以星期一和星期四上课。

2) A 可以星期二和星期三上课，B 可以星期一和星期三上课，C 可以星期四和星期五上课，D 可以星期二和星期三上课，E 可以星期二上课。

在以上两种情况的每一种情况下，应如何排课才可以使每天都只有一位教师上课？

解 令 $V_1 = \{A, B, C, D, E\}$，$V_2 = \{p_1, p_2, p_3, p_4, p_5\}$，$p_1$、$p_2$、$p_3$、$p_4$、$p_5$ 分别表示星期一到星期五。V_1 和 V_2 是互补的结点集，教师 A 星期二可以上课，则有边 (A, p_2)。可以用二分图表示教师可以上课的时间安排。于是问题归结为在二分图中是否存在从 V_2 到 V_1 的完备匹配的问题。

1) 可以用如图 9.3.8a 所示的二分图 G_1 表示 5 位教师可以上课的时间安排。由定理 9.3.4 知，G_1 满足 t 条件，存在从 V_2 到 V_1 的完备匹配 $M = \{(A, p_2), (B, p_3), (C, p_4), (D, p_5), (E, p_1)\}$。按照这个完备匹配排课可以使每天都只有一位教师上课。

2) 可以用如图 9.3.8b 所示的二分图 G_2 表示 5 位教师可以上课的时间安排。V_1 的 3 个结点 A、D、E 邻接 V_2 的 2 个结点 p_2 和 p_3，G_2 不满足相异性条件，也不满足 t 条件，不存在从 V_2 到 V_1 的完备匹配。因而没有可以使每天都只有一位教师上课的排课方法。

二分图的边可以带权值，称这样的二分图为**带权二分图**。带权二分图的一个匹配 M 的各条边的权值之和，称为**匹配的权值**。带权二分图可应用于视频检索中。

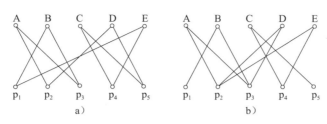

图 9.3.8 教师可以上课的时间安排 ◀

一段视频通常称作"片段"，每个片段由一串连续的"镜头"组成，每个镜头可以看作由若干"帧"构成的序列，每帧是一幅图像。视频检索从上层到下层可以分为片段检索、镜头检索和图像检索。镜头检索就是在视频库中找到与给定的镜头 X 具有最大相似度的镜头 Y，可以通过比较 X 的帧图像和 Y 的帧图像来进行。给定的镜头 X，假定它由连续的帧 $x_1,x_2,\cdots,x_n$ 构成，视频库中的镜头 Y 由帧 $y_1,y_2,\cdots,y_m$ 构成。对于帧 x_i 和 y_j，可以通过图像识别计算它们的相似度 w_{ij}，$0\leqslant w_{ij}\leqslant 1$，$i=1,2,\cdots,n$，$j=1,2,\cdots,m$。构造带权二分图 $G=\langle X, Y, E, W\rangle$，$X=\{x_1,x_2,\cdots,x_n\}$，$Y=\{y_1,y_2,\cdots,y_m\}$，$W=\{w_{ij}\mid i=1,2,\cdots,n$，$j=1,2,\cdots,m\}$。设 M 是 G 的一个匹配，M 的权值定义为 $W(M)=\sum\limits_{(i,\ j)\in M}w_{ij}$。二分图 G 中的最大权的匹配就是镜头 X 和 Y 的相似度 $D(X,Y)$，即 $D(X,Y)=\max\{W(M)\mid M$ 是图 G 的匹配$\}$。

9.3.3 网络流的应用

设 G 为二分图（见图 9.3.9），X 和 Y 为它的互补结点集，可以将 G 的匹配问题转化为网络流问题：

1）将原图的所有无向边改为弧，弧的方向由 X 中的结点指向 Y 中的结点。

2）添加一个源点 s 和一个汇点 t。添加 s 到 X 的每个结点的弧，添加 Y 中每个结点到 t 的弧。

3）将所有弧的容量都设置为 1 所得的图称为图 G 的匹配网络，如图 9.3.10 所示。

图 9.3.9 二分图 G

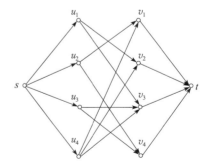

图 9.3.10 图 G 的匹配网络

关于匹配网络有如下定理：

定理 9.3.6 设 G 为二分图，X 和 Y 为它的互补结点集，N 是 G 的匹配网络。

1）G 的每个匹配都可以唯一地转化为 N 中的一个流，满足每条弧上的流量都是整数，且结点 $x\in X$ 和 $y\in Y$ 相匹配当且仅当在 N 中边 (x,y) 上的流量是 1。进而，该匹配的弧数等于它对应的这个流的流量。

2）N 的最大流的值等于 G 的匹配数。

3）N 中存在值为 $|X|$ 的流当且仅当存在使 X 中每个结点成为饱和结点的匹配。

证明留作习题。

对于图 9.3.9 所示的二分图 G，图 9.3.10 是它的匹配网络 N。N 的最大流是 4，所以二分图的最大匹配数是 4。

二分图 G 中关于匹配 M 的可扩充路从一个未饱和的结点开始，经过一条 M 中的边和不在 M 中的边交替出现的通路，以一个为未饱和的结点结束。这与 G 对应的匹配网络中，最大流问题中的可增广路的概念完全匹配。通过求网络流的最大流可以求得二分图的最大匹配，因为最大流的目的是使源点到汇点的流量最多。将边的流量设为 1，就刚好满足二分图的最大匹配的要求。

二分图最大匹配用于指派问题，可转换为最大流问题求解，利用二分图的性质及其边的容量为 1 的特点，简单的实现求二分图的最大匹配算法。

例如有 n 台计算机和 k 个任务，每台计算机处理的任务种类不同。问如果给每台计算机分配一个任务，一次最多能处理多少个任务？该问题可以转化为图论模型来分析。假设图 $G=(U，V，E)$，其中 U 为所有计算机对应结点的集合，V 为所有任务类型的集合，u 属于 U，v 属于 V，$e=(u，v)$ 表示计算机 u 能处理任务 v，E 是所有 e 的集合。则 G 中满足两两不含公共端点的边的集合的最大值，即二分图的最大匹配数，就是我们所要求的最大任务数。如果此问题转为最大流求解，只需增加一个源点 s 和汇点 t，从源点到所有计算机连一条容量为 1 的有向边，从所有任务到汇点 t 也连一条容量为 1 的有向边，再在计算机与所能处理的任务之间连一条容量为 1 的有向边。这个网络的最大流量就是给每台计算机分配任务时，一次能处理的最大任务数。

9.4 平面图

9.4.1 平面图的定义

在实际应用中，如高速公路设计、印刷电路设计，都要求线路不能交叉。一个图能否画在一个平面上，除了在端点处，所有边都不交叉，这是图的平面化问题。

定义 9.4.1 设 $G=(V，E)$ 是一个无向图，如果能把 G 画在平面上，使得除结点处外，任意两条边都不相交，则称 G 为**可平面图**，简称**平面图**。

例 9.4.1 判断图 9.4.1 中的各图是否是平面图。

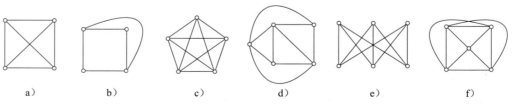

a) b) c) d) e) f)

图 9.4.1 无向图

解　图 9.4.1a、b、d 是平面图，而图 9.4.1c、e、f 不是平面图。

图 9.4.1d 中，在两个 3 度结点之间添加一条边，则成为 K_5 图，显然，两个 3 度结点之间的边是不可能在平面上不和任一边交叉地画出来的，所以图 9.4.1c 所示的 K_5 图不是平面图。图 9.4.1e 所示的 $K_{3,3}$ 图也不是平面图。图 9.4.1f 和图 9.4.1c 同构，是 K_5 图，不是平面图。

有些图有边交叉，但可以在一个平面里把它画成没有边交叉的图，则这个图是可平面的。例如，图 9.4.1a 是可平面的，调整其中一条边，可以画成图 9.4.1b，显然它是平面图。将一个平面图 G，画成除结点处外，任意两条边都不相交的和它同构的图，称这样的图为图 G 的**平面嵌入**。如图 9.4.1b 是图 9.4.1a 的平面嵌入。

图的平面性在电子电路的设计中具有重要作用。在设计电子电路的电路图时，元器件间的连线有时存在交叉，但是在制作印刷电路板时，元器件不能交叉连接。用图为电路建立模型，用节点表示电路的器件，用边表示器件间的连接。如果一个电路的图是可平面的，则这个电路可以制作在单层印刷电路板上；如果一个电路的图不是可平面的，就需要制作在多层印刷电路板上。集成电路一般是多层，每一层有不同的平面图形，是电路的一个可平面子图。

定义 9.4.2　设 G 是一个平面嵌入，G 的边将 G 所在的平面划分成若干个区域，每个区域称为 G 的一个**面**。其中，面积无限的区域称为**无限面**或**外部面**，记为 f_0，面积有限的区域称为**有限面**或**内部面**，记为 $f_1, f_2, \cdots, f_k$。包围每个面的所有边所构成的回路称为该面的**边界**。一个面的边界包含的边数称为该面的**次数**，记为 $\deg(f)$。

例如，图 9.4.2 的连通平面图中共有 4 个面 f_0、f_1、f_2 和 f_3。包围每个面的边界回路可能是环、简单回路，也可能是复杂回路。如面 f_0 是外部面，f_0 的边界回路是一个复杂回路 $v_1 v_2 v_2 v_4 v_5 v_6 v_5 v_4 v_3 v_1$，$Deg(f_0)=9$；面 f_1 的边界回路是关联结点 v_2 的环，$Deg(f_1)=1$，面 f_2 的边界回路 $v_1 v_2 v_3 v_1$ 是简单回路，$Deg(f_2)=3$；面 f_3 的边界回路 $v_2 v_3 v_4 v_2$ 是简单回路，$Deg(f_3)=3$。

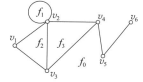

图 9.4.2　连通平面图

由于连通平面图的每条边都在两个面上，因而关于连通平面图中边数和面的次数有下述定理。

定理 9.4.1　平面图 G 的边数为 e，G 的边将 G 所在的平面划分成 l 个面，所有面的次数之和等于边数 e 的 2 倍，即 $\sum\limits_{i=0}^{l} \deg(f_i)=2e$。

证明　对图 G 的每一条边，若该边两个面的公共边界，则在计算这两个面的次数时，为两个面各提供 1。当边只在一个面的边界上出现时，它必在一个面的边界上出现 2 次，如图 9.4.2 中的边 (v_5, v_6)，因而在计算这个面的次数时提供 2。因此，所有面的次数之和等于其边数 e 的 2 倍。

定义 9.4.3　设 G 为简单平面图，若在 G 的任意两个不相邻的结点之间加一条边，所得图为非平面图，则称 G 为**极大平面图**。

K_5 和 $K_{3,3}$ 删去任意一条边都是极大平面图，另外，K_1、K_2、K_3、K_4 都是极大平面图，因为在这些图中不存在两个不相邻的结点。

定义 9.4.4　若在非平面图 G 中任意删除一条边，所得图为平面图，则称图 G 为**极小非平面图**。

K_5 和 $K_{3,3}$ 都是极小非平面图。

9.4.2　平面图的欧拉公式

定理 9.4.2　设 G 为任意的连通的平面图，G 中有 n 个结点、e 条边和 f 个面，则有公式 $n-e+f=2$ 成立。该公式称为**欧拉公式**。

证明　对边数 e 进行归纳。

1）当 $e=0$ 时，由于 G 是连通图，必有 $n=1$，G 为仅有一个孤立点的图，此时只有一个无限面，即 $f=1$，定理成立。

2）假设对少于 e 条边的所有连通平面图，欧拉公式成立。当图 G 有 e 条边时，分两种情况讨论。

a）若 G 中有一个 1 度结点 v，删去 v 以及和它关联的边得到图 G_1。G_1 仍然是连通的，且结点数 $n_1=n-1$，$e_1=e-1$，$f_1=f$。由归纳假设，得

$$n_1-e_1+f_1=2$$

于是

$$n-e+f=(n_1+1)-(e_1+1)+f_1=2$$

b）若 G 中没有 1 度结点，则每一条边都在某两个面的公共边界上，任取一条边 e，删去边 e 得到图 G_1。G_1 仍然是连通的，且结点数 $n_1=n$，$e_1=e-1$，$f_1=f-1$。由归纳假设，得

$$n_1-e_1+f_1=2$$

于是有

$$n-e+f=n_1-(e_1+1)+(f_1+1)=2$$

得证图 G 有 e 条边时欧拉公式成立。　◀

例 9.4.2　假定连通平面图 G 有 30 条边，若 G 的边把图分成 20 个区域，则这个图有多少个结点？

解　根据题意，连通平面图 G 的边数 $e=30$，面数 $f=20$，代入欧拉公式 $n-e+f=2$，得

$$n=2+e-f=2+30-20=12$$

所以，这个图有 12 个结点。

由欧拉公式可以得到下面一些推论。　◀

推论 1　设 G 是有 $n(n\geqslant 3)$ 个结点、e 条边、f 个面的简单连通平面图，边数 $e\leqslant 3n-6$。

证明　当 $n=3$ 时，3 个结点的简单连通平面图的边数 $e\leqslant 3f/2$，因此 $e\leqslant 3n-6$ 成立。

当 $n>3$ 时，G 的每个面至少由 3 条边围成，即每个面的度数 $deg(f_i)\geqslant 3$，所以所有面的总度数 $\Sigma deg(f_i)\geqslant 3f$。而 $\Sigma deg(f_i)=2e$，因而有 $2e\geqslant 3f$，即 $f\leqslant 2e/3$。代入欧拉公

式 $2=n-e+f\leqslant n-e+2e/3$ 有 $e\leqslant 3n-6$ 成立。因此 $e\leqslant 3n-6$ 成立。◀

推论 2 设 G 是有 $n(n\geqslant 3)$ 个结点，e 条边，f 个面的简单连通平面图，若每个面至少由 r 条边围成($r\geqslant 3$)，则 $e\leqslant\dfrac{r}{r-2}(n-2)$。

证明 G 的每个面至少由 $r(r\geqslant 3)$ 条边围成，即每个面的次数 $deg(f_i)\geqslant r$，所以所有面的总次数为 $\Sigma deg(f_i)\geqslant rf$。根据定理 9.4.1，有 $2e\geqslant rf$，由欧拉公式 $f=2-n+e$，代入 $2e\geqslant rf$，整理得 $e\leqslant\dfrac{r}{r-2}(n-2)$。

由欧拉公式和推论 1 及推论 2 可以验证 K_5 和 $K_{3,3}$ 都不是平面图。例如，假设 K_5 是平面图，K_5 图有 $n=5$ 个结点、$e=10$ 条边，不满足 $e\leqslant 3n-6$，和推论 1 矛盾。假设 $K_{3,3}$ 图是平面图，则每个面至少有 4 条边，$e=9$、$r=4$、$n=6$，不满足 $e\leqslant\dfrac{r}{r-2}(n-2)$，和推论 2 矛盾。◀

因而有如下推论：

推论 3 K_5 和 $K_{3,3}$ 都不是平面图。

定理 9.4.3 设 G 是有 n 个结点、e 条边的简单连通平面图，则 G 中至少存在一个结点 v，使得 $d(v)\leqslant 5$。

证明 假设 G 中每个结点 v，都有 $d(v)\geqslant 6$，则由握手定理有 $6n\leqslant\Sigma d(v)=2e$，即有 $e\geqslant 3n>3n-6$，与推论 1 矛盾。证得 G 中至少存在一个结点 v，使得 $d(v)\leqslant 5$。◀

定理 9.4.2 是连通图的欧拉公式，可以推广到非连通图。

定理 9.4.4 （欧拉公式的推广）设 G 为任意的平面图，G 有 k 个连通分支、n 个结点、e 条边和 f 个面，则有公式 $n-e+f=k+1$ 成立。

证明 设 G 有 k 个连通分支，分别为 G_i，$i=1,2,\cdots,k$，每个连通分支的结点数、边数和面数分别为 n_i、e_i、f_i，$i=1,2,\cdots,k$。每个连通分支都是平面图，满足欧拉公式

$$n_i-e_i+f_i=2$$

于是有

$$\sum_{i=1}^{k}(n_i-e_i+f_i)=2k$$

由于每个连通分支的面数都包括了外部面，而图 G 只有一个外部面，所以 G 的面数为 $f=\displaystyle\sum_{i=1}^{k}f_i-k+1$

而 $n=\displaystyle\sum_{i=1}^{k}n_i$、$e=\displaystyle\sum_{i=1}^{k}e_i$，于是有

$$n-e+f+k-1=2k$$

整理得 $n-e+f=k+1$。◀

欧拉公式及推论 1 和推论 2 是平面图的必要条件，不是充分条件。

下面讨论如何判断一个图是否为平面图。

定义 9.4.5 设 $e=(u,v)$ 是图 G 的一条边，在 G 中删去边 e，增加新的结点 w，使

u、v 均与 w 相邻，则称**在图 G 中插入 2 度结点 w**；设 w 为 G 的一个度数为 2 的结点，w 与 u、v 相邻，删去 w 及与 w 相关联的边$(w，u)$、$(w，v)$，同时增加新边$(u，v)$，则称**在图 G 中删去 2 度结点 w**。

图 9.4.3b 是在图 9.4.3a 中插入 2 度结点 w；图 9.4.3d 是在图 9.4.3c 中删去 2 度结点 w。显然，在一个给定的图的任一边插入或删除 2 度结点，都不会影响图的平面性。

图 9.4.3

定义 9.4.6　若两个图 G_1 和 G_2 同构或通过反复插入或删除 2 度结点后是同构的，则称 G_1 和 G_2 是**同胚**的。

例如，图 9.4.3a 和 b 是同胚的，图 9.4.3c 和 d 是同胚的。

由于 K_5 和 $K_{3,3}$ 图都不是平面图，因此，如果一个图含有 K_5 和 $K_{3,3}$ 图为子图，该图一定不是平面图。波兰数学家库拉托斯基于 1930 年给出判定一个图是否平面图的充分必要条件。

定理 9.4.5(库拉托斯基定理)　设 G 是无向图，则 G 是平面图的充分必要条件是图 G 不含和 K_5 或 $K_{3,3}$ 同胚的子图。

这里不给出关于该定理和推论的证明，有兴趣的同学可以参考有关图论的专著。

例 9.4.3　说明图 9.4.4a 所示的彼得森图不是平面图。

解　彼得森图中删去边$(g，h)$和$(d，e)$的子图，如图 9.4.4b，它和图 9.4.4c 同构，图 9.4.4c 和 $K_{3,3}$ 同胚。所以彼得森图不是平面图。

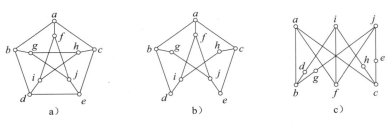

图 9.4.4　彼得森图和它的同胚子图 ◀

9.4.3　对偶图与图着色

1. 对偶图

定义 9.4.7　设 G 是平面图的一个平面嵌入，在图 G 的每个面中指定一个新结点，对两个面公共的边，指定一条新边与其相交。由这些新结点和新边组成的图称为 G 的**对偶图 G^***。

给定平面图 G 的一个平面嵌入，用如下的方法构造 G 的对偶图 G^*：

1)在 G 的每一个面 f_i 中任取一个结点 v_i^* 作为 G^* 的结点；

2)若 e_k 是 G 的两个面 f_i 和 f_j 的公共边,有一条边 $e_k^* = (v_i^*, v_j^*)$ 作为 G^* 的边,且 (v_i^*, v_j^*) 与 e_k 相交;

3)若 e_k 只是 G 的一个面 f_i 的边界时,以 f_i 中的结点 v_i^* 为结点做环 e_k^*, e_k^* 与 e_k 相交, e_k^* 是 G^* 的一个环。

从定义不难看出,平面图 G 的一个平面嵌入的对偶图 G^* 具有如下性质:

1)G^* 是平面图,而且是平面嵌入。

2)G^* 是连通的。

3)同构平面图的对偶图,不一定是同构的。

4)G 的对偶图的对偶图也不一定与 G 同构。

定理 9.4.6 设 n、e、f 分别为连通平面图 G 的结点数、边数和面数,n^*、e^*、f^* 分别为 G 的对偶图 G^* 的结点数、边数和面数,则有 $n^* = f$、$e^* = e$、$f^* = n$。

证明 首先 $n^* = f$、$e^* = e$ 是显然的。由于 G 和 G^* 都是平面图,因而都满足欧拉公式,即 $n - e + f = 2 = n^* - e^* + f^*$,因而 $f^* = 2 - n^* + e^* = 2 - f + e = n$。

如图 9.4.5 所示,G_1 和 G_2 同构,但是它们的对偶图不同构。

2. 图着色

下面讨论图着色问题。这个问题最早起源于地图的着色问题。在 19 世纪 50 年代,毕业于伦敦大学的格斯里(Francis Guthrie)发现,用四种颜色给英格兰地图的郡着色,可以使得相邻的郡所着的颜色都不同。他和他正在读大学的弟弟尝试用数学方法证明

a)G_1 及其对偶图

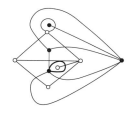
b)G_2 及其对偶图

图 9.4.5 同构平面图及其对偶图

这个结论,但是没有进展。他的弟弟请教了他的老师——著名数学家德·摩尔根。摩尔根也没有能找到解决这个问题的方法,于是写信向自己的好友——著名数学家**哈密顿**爵士请教。但直到 1865 年哈密顿逝世为止,问题也没有能够解决。1872 年,英国数学家**凯利**正式向伦敦数学学会提出了这个问题,四色猜想成了世界数学界关注的问题。100 多年来,全世界许多数学家致力于这个问题的研究,但没能给出正确的证明。直到 1976 年,美国数学家阿普尔和黑肯用计算机做了一百多亿次逻辑判断,花了 1 200 多小时才证明了四色猜想是成立的。从此,四色猜想成为四色定理。

连通无桥平面图的平面嵌入及其所有的面称为**地图**,"国家"就是其中的面。若两个面的边界至少有一条公共边,则称这两个面是**相邻**的。

定义 9.4.8 对无桥平面图 G 的平面嵌入的每个面指定一种颜色,使得相邻的面的颜色不同,称为图 G 的一种**面着色**。

地图的着色是平面图的面着色。由于平面图的每个面和其对偶图的每个结点之间存在一一对应的关系,所以对一个平面图的面着色问题可以转换为对它的对偶图的结点着色问题。因此,本节仅讨论图的边着色和平面图的结点着色问题。如果没有特别说明,术语"着色"指结点着色。

定义 9.4.9 对无环图 G 进行着色，是指给它的每个结点指定一种颜色，使得相邻结点都有不同的颜色。若能用 k 种颜色给 G 的结点着色，则称 G 是 **k-可着色**的。给图 G 的结点着色所用的最少的颜色数，称为图 G 的色数。最少用了 k 种颜色，则称 G 是 **k 色图**。

例如，为图 9.4.6a 的结点着色，需要 4 种颜色，为图 8.4.6b 的结点着色，需要 3 种颜色。

定理 9.4.7 对于任意的无环图 G，G 的色数为 k，则 $k \leqslant \Delta(G)+1$，$\Delta(G)$ 是 G 的结点最大度数。

定理 9.4.8（Brooks 定理） 对于无环图 G，G 的色数为 k，若 G 不是完全图，也不是长度为奇数的基本回路，则 $k \leqslant \Delta(G)$。

图 9.4.6 图的着色

例如，完全图 k_n 的结点最大度数是 $n-1$，色数是 n。对于圈图 C_n，当 n 为偶数时，C_n 图的色数是 2；当 n 为奇数时，C_n 图的色数是 3。图 8.4.6b 的结点最大度数是 4，色数是 3。零图的色数是 1。

这两个定理的证明略。

例 9.4.4 二分图 $K_{m,n}$ 图的色数是多少？

解 因为二分图的结点集可分为两个不交的结点集 V_1 和 V_2，在每个结点集中的结点都不相邻，都可以指定相同的颜色，所以只需 2 种颜色就可以给二分图 $K_{m,n}$ 着色。二分图 $K_{m,n}$ 图的色数是 2。 ◀

这个例题也给出一个判断二分图的方法。如果给图的结点着色只需要 2 种颜色，则可以判断这个图是二分图。

定理 9.4.9（四色定理） 对一个平面图的各个面进行着色，使得相邻的面有不同的颜色，那么所用的颜色可以不多于 4 色。

定理 9.4.10 用 5 种颜色可以给任一简单连通平面图 G 着色。

证明 对图的结点数进行归纳。

1）当 $n \leqslant 5$ 时，显然成立。

2）假设 k 个结点时成立，下面考虑 $k+1$ 阶简单连通平面图 G。

由定理 9.4.3 可知，图 G 至少存在一个结点 u，其度数 $d(u) \leqslant 5$。

显然 $G-u$ 是 k 阶简单连通平面图，由归纳假设，可用 5 种颜色进行着色。

假设已用红、黄、蓝、绿、黑 5 种颜色对 $G-u$ 着色，现在考虑对 G 中结点 u 进行着色。

1）若 $d(u) < 5$，显然可用它的邻接结点所着颜色之外的另一种颜色对 u 进行着色，即 G 可以用 5 种颜色着色。

2）若 $d(u) = 5$，显然只需要考虑与 u 邻接的结点被着以不同的 5 种颜色的情况进行讨论。

假设已用红、黄、蓝、绿、黑 5 种颜色分别对 u 相邻的结点 v_1、v_2、v_3、v_4、v_5 着色，令结点集 $V_1 = \{x \mid x \in G$，且 x 着红色或蓝色$\}$，结点集 $V_2 = \{x \mid x \in G$，且 x 着黄色

或绿色}，考虑 G 的由 V_1 导出的子图 $G(V_1)$。

a)若 v_1 和 v_3 分别属于 $G(V_1)$ 的两个不同连通分支，如图 9.4.7b 所示，那么将 v_1 所在连通分支的红蓝色对调，并不影响图 $G-u$ 的正常着色。然后将 u 着上红色，即得图 G 的正常着色。显然此时图 G 是 5-可着色的。

b)同理，若 v_2 和 v_4 分别属于 $G(V_2)$ 的两个不同连通分支，图 G 也是 5-可着色的。

c)以上两种情况至少有一个发生。假设以上两种情况都不发生，则表明 v_1 和 v_3 属于 $G(V_1)$ 的同一个连通分支，且 v_2 和 v_4 属于 $G(V_2)$ 的同一个连通分支。因而在 $G(V_1)$ 中，v_1 和 v_3 之间必有一条通路，在 $G(V_2)$ 中，v_2 和 v_4 之间必有一条通路。如图 9.4.7c 的虚线所示，这两条通路相交，和图 G 是平面嵌入矛盾，所以以上两种情况至少有一个发生。因此得证。 ◀

图 9.4.7

下面介绍对图的结点着色的算法——**韦尔奇·鲍威尔算法**。

对于一个简单图 G，

1)将图 G 的结点按度数递减次序进行排序(相同度数的结点的排序随意)；

2)用一种新颜色对序列中的第一个结点进行着色，并按排列次序对与前面已着色的结点不相邻的每一个结点着同样的颜色，直至序列末尾。

3)将已着色的结点从结点序列中删除，得到一个新的结点序列。

4)对新序列重复步骤 2)，直到得到一个空序列。

例 9.4.5 为图 9.4.8 所示的图 G 的结点着色，需要几种颜色?

解 将 G 的结点按度数递减次序排序：D、A、E、B、C、F、G。

首先，给结点 D 着红色。D 和其他结点都邻接，所以红色不能着给其他结点。接着为结点 A 着一种新颜色，如绿色，同时可以将绿色指定给结点 F，因为 F 和 A 不邻接；为 E 着黄色，B 和 E 不邻接，也可以为 B 着黄色；为 C 着蓝色，G 也可以是蓝色的。因此给图 G 的结点着色需要 4 种颜色。 ◀

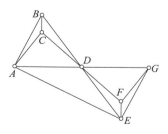

图 9.4.8 例 9.4.5 图

定义 9.4.10 对于无环图 G 的每条边指定一种颜色，使得相邻的边有不同的颜色，称为对图 G 的**边着色**。若能用 k 种颜色给 G 的边着色，则称 G 是 **k-可边着色**的。若对 G 的边着色用的最少颜色数为 k，则称 G 的**边色数**为 k。

关于边色数有下面的定理。

定理 9.4.11　1)设 G 是简单图，G 的边色数为 $\Delta(G)$ 或 $\Delta(G)+1$。

2)设 G 是二分图，G 的边色数为 $\Delta(G)$。

例 9.4.6　圈图 C_n 的边色数是多少？

解　C_n 图的结点最大度数 $\Delta(C_n)=2$。当 n 为偶数时，C_n 图是二分图，边色数是 $\Delta(C_n)=2$；当 n 为奇数时，C_n 的边色数是 3。如图 9.4.9 所示，图 C_4 的色数是 2，图 C_5 的色数是 3。　◀

可用图的着色解决许多实际问题，如一些调度和分配的问题。

例 9.4.7　某班同学期末共有 7 门课程考试，课程编号为 1 到 7。已知一部分同学要参加 1、2、6 和 7 四门课程考试，一部分同学要参加 1、2、3 和 7 四门课程考试，一部分同学要参加 1、5 和 6 三门课程考试，一部分同学要参加 3、4 和 7 三门课程考试，一部分同学要参加 3、4 和 5 三门课程考试，试问如何安排考试时间，使得没有学生在同一时间有两门考试？

解　考试时间的安排问题可以用图模型来解决。如图 9.4.10 所示，用结点表示课程，有学生要参加两门课程的考试，则在这两门课程对应的两个结点之间连一条边。在这个图中相邻的结点表示的课程不能在同一时间段考试。用不同的颜色来表示考试的每个时间段。考试的时间安排就对应于这个图的结点的着色。

对这个图的结点着色需要 4 种颜色，如 1 和 4 着红色、2 着绿色、3 和 6 着蓝色、5 和 7 着黄色。因而，需要安排 4 个时间段，如时间 A 考课程 1 和 4、时间 B 考课程 2、时间 C 考课程 3 和 6、时间 D 考课程 5 和 7。　◀

例 9.4.8　计算机程序中的 7 个变量，这 7 个变量和必须保存它们的计算步骤是：t，步骤 1 到 6；u，步骤 2；v，步骤 2 到 4；w，步骤 1、3 和 5；x，步骤 1 和 6；y，步骤 3 到 6；z，步骤 4 和 5。程序运行时需要多少个不同的变址寄存器来保存这些变量？

解　构造一个图，每个变量用一个结点表示，如果两个变量要保存在同一步，则用一条边连接这两个变量。如图 9.4.11 所示。

图 9.4.9

图 9.4.10

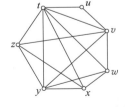

图 9.4.11　例 9.4.8 图

这个图是 4 色图，给 t 指定第一种颜色，指定 v 和 x 为第二种颜色，指定 u 和 y 为第三种颜色，w 和 z 为第四种颜色。所以需要 4 个不同的变址寄存器来保存这些变量。　◀

习题

1. 判断下面的图是否有欧拉回路，如果有，指出一条欧拉回路。如果没有，是否有欧拉通路，如果有，指出一条欧拉通路。

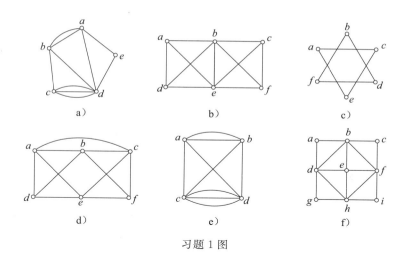

习题 1 图

2. 构造一个欧拉图，其结点数 v 和边数 e 满足下述条件：

　　a) v、e 的奇偶性一样；

　　b) v、e 的奇偶性相反。

　　如果不可能构造出这样一个欧拉图，请说明原因。

3. n 取怎样的值，可以使得完全图 K_n 有一条欧拉回路？

4. 判断下面的有向图是否有欧拉回路，如果有，指出一条欧拉回路。如果没有欧拉回路，是否有欧拉通路，如果有，指出一条欧拉通路。

习题 4 图

5. 判断第 1 题的各图是否存在哈密顿回路，若存在，指出一条哈密顿回路。如果没有哈密顿回路，是否存在哈密顿通路，若存在，指出一条哈密顿通路。

6. (蚂蚁比赛问题)甲、乙两只蚂蚁分别位于图中的结点 a 和 b 处，如下图所示。假设图中边的长度是相等的，甲、乙从它们所在的结点同时出发走过图中的所有边，最后到达结点 c。如果它们的速度相等，问哪只蚂蚁先到达目的地？

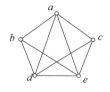

习题 6 图

7. (1)画一个图，使它有一条欧拉回路和一条哈密顿回路。

(2)画一个图，使它有一条欧拉回路，但没有哈密顿回路。

(3)画一个图，使它没有欧拉回路，但有一条哈密顿回路。

(4)画一个图，使它既没有欧拉回路，也没有哈密顿回路。

8. 若一个有向图 G 是欧拉图，它是否一定是强连通的？若有一个有向图 G 是强连通的，它是否一定是欧拉图？说明理由。

9. 下图是否是哈密顿图，若是，请给出一条从 a 出发的哈密顿回路。

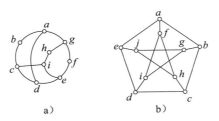

习题 9 图

10. 某次会议有 20 人参加，其中每人都至少有 10 个朋友，这 20 人围一圆桌入席，要想使每人相邻的两位都是朋友是否可能？依据是什么？

11. 完全图 $k_n(n \geqslant 1)$ 都是哈密顿图吗？

12. 设 G 为 $n(n \geqslant 3)$ 阶无向简单图，边数 $m = \dfrac{1}{2}(n-1)(n-2)+2$，证明 G 是哈密顿图。

举例说明当 $m = \dfrac{1}{2}(n-1)(n-2)+1$ 时，G 不一定是哈密顿回路。

13. 设 G 是无向连通图，证明若 G 中有桥或割点，则 G 不是哈密顿图。

14. 有 n 个人，已知他们中的任何两个人合起来认识其余的 $n-2$ 个人。证明：当 $n=3$ 或 4 时，这 n 个人可以排成一行，使得相邻的人都相互认识。

15. 求下图中结点 A 到其他所有结点的最短路径和距离。

习题 15 图

16. 求下图中，中国邮路问题的最优解。

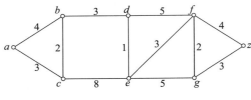

习题 16 图

17. 有一个邮递员，他每天都从邮局出发送快递。他送快递时必须经过下面地图的每条街道，其中 P 表示邮局，H 表示家，送完快递不必回邮局就可以回家。他要选择一条怎样的路径才可以尽早回家？在最佳路径上，每条边要走几遍？满足什么条件的边要走一遍以上？

习题 17 图

18. 判断下面的图中，哪些是二分图？哪些不是二分图？若是二分图，请给出互补结点集；若不是，请说明理由。

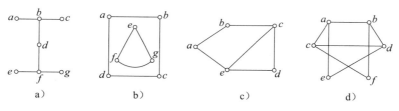

习题 18 图

19. 对哪些 n 值，下面的图是二分图？

(1) K_n (2) C_n (3) W_n (4) Q_n

20. 证明如果简单图 G 是二分图，有 n 个结点和 m 条边，则 $m \leqslant \dfrac{n^2}{4}$。

21. 一次聚会，共有 n 位女士和 n 位男士，已知每位男士认识至少两位女士，而每位女士认识至多两位男士。问能否将男士和女士分配为 n 对，使得每对中的两人互相认识？

22. 判断下面的图是否是平面图，如果是，请画出它的平面嵌入。若不是，请说明理由。

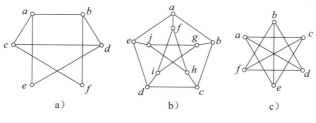

习题 22 图

23. 指出下面两个图中各有几个面，写出每个面的边界和次数。

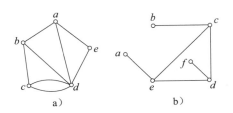

习题 23 图

24. 证明：小于 30 条边的简单连通平面图有一个结点度数小于等于 4。

25. 证明：每个面至少有 4 条边任何简单连通平面图中，$m \leqslant 2n - 4$，其中 n 为结点数，m 为边数。

26. 证明：设 G 是有 n 个结点、m 条边、$p(p \geqslant 2)$ 个连通分支的简单平面图，G 的每个面至少由 $k(k \geqslant 3)$ 条边围成，则 $m \leqslant \dfrac{k(n - p - 1)}{k - 2}$。

27. 证明：在有 6 个结点、12 条边的连通简单平面图中，每个面由 3 条边组成。

28. 试举例说明两个图同构，它们的对偶图不同构。

29. 对下列图的结点着色，最少用几种颜色？

   $(1) K_n$ $(2) C_n$ $(3) W_n$ $(4) Q_n$ $(5) K_{m,n}$

30. 给 K_5 和 $K_{3,3}$ 的边着色，最少要用几种颜色？

31. 某大学有 5 门选修课，其中课程 1 和 2、1 和 3、1 和 4、2 和 4、2 和 5、3 和 4、3 和 5 均有人同时选修，问安排这 5 门课的考试需要多少个时间段？

32. 求下面图的最大流和最小割。

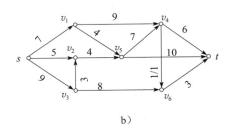

习题 32 图

第10章 树

树是图论中的重要概念之一，在计算机科学、电子通信技术、生物化学分析等许多领域有着重要的应用。本章介绍树的基本知识和应用。

10.1 树的定义和特性

定义 10.1.1 一个连通且无回路的无向图称为**无向树**。树中的边称为**树枝**。度数为 1 的结点称为**树叶**。度数大于 1 的结点称为**分支点**（**内点**）。平凡图称为**平凡树**。

定义 10.1.2 一个不连通的，但每个连通分支都是无向树的图称为**森林**。

例 10.1.1 判断图 10.1.1 中哪个图是树，哪个图是森林。

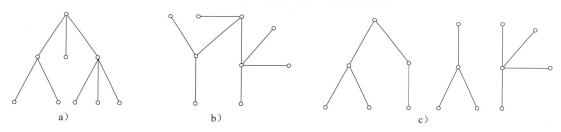

图 10.1.1 树和森林

解 图 10.1.1a、图 10.1.1b 都是连通且无回路的图，因此都是树，图 10.1.1c 是森林，因为有 3 个连通分支，每个连通分支都是树。◀

下面给出树的一些基本性质。

定理 10.1.1 对于有 n 个结点、e 条边的无向树 T，下列的命题等价。

1）T 是无回路的连通图。

2）T 是连通的，但删去任一边后便不连通。

3）T 是连通的且 $e = n - 1$。

4）T 中无回路且 $e = n - 1$。

5）在 T 的每一对结点之间有唯一的一条简单路。

6）T 中无回路，但在任意两个结点间增加一条边，可以得到一条且仅一条回路。

证明 1）⇒2）。用反证法证。对 $\forall u, v \in V$，若 T 中删去任一边 (u, v) 后仍连通，则从 u 到 v 存在一条通路 L，这条通路 L 加上 (u, v) 后形成回路，和 T 无回路矛盾。

2）⇒3）。对结点个数 n 用数学归纳法来证明 $e = n - 1$。

当结点数 $n = 1$ 时，T 是平凡图，结论显然成立。

当结点数 $n = 2$ 时，T 是连通的但删去任一边后便不连通，则 $e = 1$，结论成立。

假设结点数为 $n \leqslant k(k > 1)$ 时，结论成立。

当结点数为 $n=k+1$ 时，只有删去 T 中的一个 1 度结点及其关联的边的图 T'，才满足命题 2) 的连通性。根据归纳假设，T' 有 k 个结点，所以 $e'=n'-1$，而 $e'=e-1$，$n'=n-1$。因此，将删去的 1 度结点及其关联的边添入 T' 得到图 T，T 仍连通且 $e=n-1$。

3)⇒4)。对结点个数 n 用数学归纳法来证明 T 是无回路的。

当结点数 $n=2$ 时，$e=1$，T 中无回路，即结论成立。

假设结点数 $n=k-1$ 时无回路，$e=n-1$，结论成立。

当结点数 $n=k$ 时，因为 T 是连通的，故 T 中每一个节点的度数均大于等于 1。可以证明至少有一个结点 v_0，使得 $deg(v_0)=1$。因为若所有结点的度数均大于等于 2，则 $2e=\sum_{v\in V}\deg(v)\geqslant 2k$，从而 $e\geqslant k$，即图 T 至少有 k 条边，与 $e=n-1$ 矛盾。在 T 中删去 1 度结点 v_0 及其关联的边，得到新图 T' 仍是连通的。根据归纳假设，T' 无回路，$e'=n'-1$，将删去的 1 度结点 v_0 及其关联的边添入 T' 得到图 T，T 中仍无回路，且 $e=n-1$。

4)⇒5)。用反证法证明。假设在 T 的每一对结点之间的简单路不唯一，若结点 u、v 之间存在两条简单路，这两条简单路构成回路，和 T 中无回路矛盾，所以在 T 的每一对结点之间有唯一的一条简单路。

5)⇒6)。首先用反证法证明 T 中无回路。假设 T 中有回路，设 C 是一条包含边 (u,v) 的简单回路，在 C 中删去边 (u,v) 得到从 u 到 v 的一条简单通路，因而从 u 到 v 的简单通路不唯一，与命题 5) 矛盾。

若在 T 的任意两个不邻接的结点间加上一条边 e，则 e 和连接这两个结点的唯一一条简单路构成 $T+e$ 的唯一的一条回路。

6)⇒1)。根据命题 6)，任意两个结点间存在一条通路，所以 T 是连通的，结论成立。◄

定理 10.1.2 设 T 是有 $n(n\geqslant 2)$ 个结点的一棵树，则 T 中至少有两片树叶。

证明 由于 T 是有 $n(n\geqslant 2)$ 个结点的一棵树，对任一结点 $v_i\in T$，$d(v_i)\geqslant 1$。根据握手定理和定理 10.1.1 有

$$\sum d(v_i)=2(n-1)$$

如果 T 中至多有一个结点度数为 1，其他结点的度数均大于等于 2，于是有

$$\sum d(v_i)\geqslant 2(n-1)+1$$

导致矛盾。所以 T 中至少有两个结点度数为 1，至少有两片树叶。◄

例 10.1.2 画出所有 5 阶非同构的无向树。

解 设 T 是 5 阶无向树。由定理 10.1.1 可知，T 的边数 $e=4$。根据握手定理，T 的所有结点的度数之和为 8。由于树是简单连通图，所以 $\delta(T)\geqslant 1$，$\Delta(T)\leqslant 4$。因此，T 的度数序列有如下几种情况。

$$T_1:4,1,1,1,1;T_2:2,2,2,1,1;T_3:3,2,1,1,1$$

它们对应的无向树如图 10.1.2 所示。

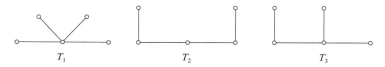

图 10.1.2 非同构无向图 ◄

例 10.1.3　一棵无向树有 1 个 3 度结点，3 个 2 度结点，其余结点都是树叶，问这棵树有多少个结点？画出所有非同构的这种树。

解　假设这棵树有 n 个结点，e 条边，根据握手定理，$2e = \sum_i d(v_i) = 3 + 2 \times 3 + (n-1-3)$。由定理 10.1.1 有 $e = n-1$，因此，$2(n-1) = 9 + (n-4)$，解得 $n = 7$。这棵树有 7 个结点。

这棵树的结点的度数序列为 3、2、2、2、1、1、1，和其中的 3 度结点相邻的结点度数有 3 种可能：

$$(1)2,2,2 \quad (2)1,2,2 \quad (3)1,1,2$$

对应 3 棵非同构的树，如图 10.1.3 所示。

图 10.1.3　非同构树

10.2　生成树

10.2.1　生成树的定义

定义 10.2.1　给定连通图 G，如果它的生成子图 T 是树，则称 T 为 G 的**生成树**。生成树 T 中的边称为**树枝**，G 中的不在 T 中的边称为**弦**，T 的所有弦的集合称为生成树 T 的**余树**。

例 10.2.1　在图 10.2.1 中，哪些是图 10.2.1a 的生成树？

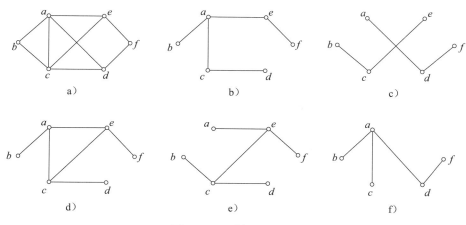

图 10.2.1　例 10.2.1 图

解　图 10.2.1b、图 10.2.1e 是图 10.2.1a 的生成子图，而且是树，所以图 10.2.1b、图 10.2.1e 是图 10.2.1a 的生成树。图 10.2.1c、图 10.2.1d 和图 10.2.1f 不是图 10.2.1a

的生成树。图 10.2.1d 有回路，不是树。图 10.2.1c 是图 10.2.1b 的余树，图 10.2.1f 是图 10.2.1e 的余树，余树不一定是树，如图 10.2.1c 所示。◀

实际上，当一个连通图不是树时，它可以有多棵生成树。关于生成树有如下定理。

定理 10.2.1 图 G 有生成树，当且仅当 G 是连通的。

证明 首先证明充分性。当图 G 是连通的，如果图 G 是一棵树，G 本身就是生成树。当连通图 G 不是一棵树时，G 中有回路。对于 G 的一个回路，删去回路上的一条边，得到 G 的生成子图 G'。若 G' 仍有回路，继续删去其中一个回路上的一条边。重复这个过程，直到得到 G 的生成子图中没有回路，从而得到 G 的一棵生成树 T。

证明必要性。若图 G 有生成树，由于树是连通的，所以 G 是连通的。◀

定理 10.2.1 的证明实际上给出了求无向连通图的生成树的一种算法，称这种算法为**破圈法**。在无向连通图 G 中有很多算法求 G 的生成树，常用的还有**避圈法**。

求生成树的避圈法步骤如下。

设图 $G=(V, E)$，$|V|=n$，$E=\{e_1,e_2,\cdots,e_m\}$，

1）任取一条边 $e\in E$，令 $T=\{e\}$；

2）任取一条边 $e\in E-T$，若 $T\bigcup\{e\}$ 无回路，则把 e 添加到 T 中；

3）若 T 中的元素有 $n-1$ 个，则算法结束，否则返回 2）。

当把 $n-1$ 条边加入 T 时，T 就是图 G 的生成树。

例 10.2.2 如图 10.2.2a 所示的无向图 G，用避圈法求生成树。

a）无向图G　　　　b）G的生成树

图 10.2.2　例 10.2.2 图

解 对如图 10.2.2a 所示的无向图 G，依次取边 (a, b)、(b, c)、(b, e) 和 (d, e)，就得到 G 的一棵生成树，如图 10.2.2b 所示。◀

例 10.2.3 对如图 10.2.2a 所示的无向图 G，用破圈法求生成树。

解 依次在图 G 中删去边 (a, d)、(d, e)、(b, c)，如图 10.2.3a、图 10.2.3b、图 10.2.3c 所示，使得图 G 没有回路，就得到 G 的一棵生成树，如图 10.2.3c。◀

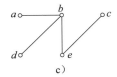

a）　　　　　　　　b）　　　　　　　　c）

图 10.2.3　例 10.2.3 图

基于避圈法原理构造生成树的算法有深度优先搜索算法和宽度优先搜索算法。在此不介绍这两种算法，有兴趣的读者可以参阅有关的书籍。

10.2.2　基本割集和基本回路

设 T 是 n 阶连通图 G 的一棵生成树，e_1 为 T 的树枝，由定理 10.1.1 可知，在 T 中删除 e_1 就不连通，将 T 分成两棵树 T_1 和 T_2。令 $Se_1 = \{e \mid e \in E(G)$ 且 e 的两个端点分别属于 T_1 和 $T_2\}$，显然 Se_1 为 G 的割集，而且 $e_1 \in Se_1$，即 G 中存在只含树枝 e_1，其余边都是弦的割集 Se_1。显然不同的树枝对应的割集也不同。

定义 10.2.2　设 T 是 n 阶连通图 G 的一棵生成树，$e_1, e_2, \cdots, e_{n-1}$ 为 T 的树枝，Se_i 是 G 的只含树枝 e_i 的割集，则称 Se_i 为 G 的对应于生成树 T 由树枝 e_i 生成的**基本割集**，$i = 1, 2, \cdots, n-1$，并称这些割集的全体为 G 对应 T 的**基本割集组**，称 $n-1$ 为 G 的**割集秩**，记作 $\eta(G)$。

如图 10.2.4 所示，图中实线边所示为图 G 的生成树 T，树枝 a、b、c、d 对应的基本割集分别为 $Sa = \{a, f, g\}$、$Sb = \{b, e, f, g\}$、$Sc = \{c, e, f, g\}$、$Sd = \{d, g\}$，$\{Sa, Sb, Sc, Sd\}$ 为 G 对应 T 的基本割集组，割集秩 $\eta(G) = 4$。

图 10.2.4

T 是 n 阶连通图 G 的一棵生成树，e'_1 为 T 的一条弦，由定理 10.1.1 可知，在 T 中加 e'_1，产生唯一的一条回路，这条回路含 T 的一条弦 e'_1，其余边都是 T 的树枝。若 n 阶连通图 G 有 m 条边，给定的生成树 T 有 $n-1$ 条边，则有 $m-n+1$ 条弦。显然，在 T 中增加不同的弦，可以得到不同的回路。

定义 10.2.3　设连通图 G 有 n 个结点，m 条边，T 是图 G 的一个生成树，$e'_1, e'_2, \cdots, e'_{m-n+1}$ 为 T 的弦，Ce'_i 是 G 的包含弦 e'_1 的回路，则称 Ce'_i 为 G 的对应于生成树 T 的**基本回路**或**基本圈**，$i = 1, 2, \cdots, m-n+1$，并称这些回路的全体为 G 对应 T 的**基本回路组**，称 $m-n+1$ 为 G 的**圈秩**，记作 $\xi(G)$。

在图 10.2.4 中，e、f、g 为生成树 T 的弦，对应的基本回路分别为 $Ce = ebc$，$Cf = fabc$，$Cg = gabcd$，$\{Ce, Cf, Cg\}$ 为基本回路组，圈秩 $\xi(G) = 3$。

设 T 是连通图 G 的一棵生成树，e' 为 T 的一条弦，则 $T \cup \{e'\}$ 恰产生一条基本回路 C，e 是 T 的任一树枝，显然，$(T \cup \{e'\}) - \{e\}$ 仍然是一个生成树。如图 10.2.4 中，a、b、e、d 是一个生成树。

定义 10.2.4　设连通图 G 的生成树 T，通过加 T 的一条弦产生一条基本回路 C，再删去 C 上 T 的任一树枝，得到另一棵生成树，这种变换称为树的**基本变换**。

定义 10.2.5　设连通图 G 的生成树 T_i 和 T_j，出现在 T_i 而不出现在 T_j 的边数称为 T_i 和 T_j 的**距离**，记为 $d(T_i, T_j)$。

容易看出，$d(T_i, T_j) \geq 0$，$d(T_i, T_j) = d(T_j, T_i)$。当 $T_i = T_j$ 时，$d(T_i, T_j) = 0$。

定理 10.2.2　设连通图 G，T_1 和 T_2 是 G 的两棵不同的生成树，则由 T_1 通过有限次树的基本变换可以得到 T_2。

证明　因为 T_1 和 T_2 是 G 的两棵不同的生成树，$d(T_i, T_j) = d(T_j, T_i) \neq 0$，所以存在边 $e_1 \in T_2$，但 $e_1 \notin T_1$，将 e_1 加到 T_1 得到一条基本回路 C，显然这条基本回路的边

不全在 T_2 中，因而 C 上存在边 $e_2 \in T_1$，但 $e_2 \notin T_2$。在 C 上删去 e_2，得到另一棵生成树 $T_1^1 = (T_1 \bigcup \{e_1\}) - \{e_2\}$，并且 $d(T_1^1, T_2) = d(T_1, T_2) - 1$。如果 $d(T_1^1, T_2) \neq 0$，重复上述步骤，经过有限步骤后，必有某个 k，使得 $d(T_1^k, T_2) = 0$，即 $T_1^k = T_2$。◀

10.2.3 最小生成树及其应用

下面讨论连通带权图中的最小生成树。

定义 10.2.6 设无向连通带权图 $G = (V, E, W)$，T 是 G 的一棵生成树，T 各边带权之和称为 T 的**权**，记作 $W(T)$。G 的所有生成树中带权最小的生成树称为**最小生成树**。

有大量的实际问题可以通过求带权图的最小生成树来解决。如计划修建一个连接若干个城市的高速公路网，已知修建直接连接两个城市 v_i 和 v_j 的公路建设费用为 w_{ij}，怎样设计这个连接所有城市的公路网，可以使得公路建设总费用最低。将每个城市看作图的一个结点，两个城市 v_i 和 v_j 的公路建设费用 w_{ij} 作为边 (v_i, v_j) 的权值，可以构造如图 10.2.4 所示的图模型。显然，这个问题是求这个带权图中的最小生成树问题。

求最小生成树的算法包括 1956 年由 Kruskal 提出的 Kruskal 算法，1957 年由 Prim 提出的 Prim 算法和 1961 年由 Sollin 提出的综合 Kruskal 算法和 Prim 算法的 Sollin 算法。

下面介绍 Kruskal 算法，这个算法基于避圈法的思想。

算法 10.2.1(Kruskal 算法) 设 $G = (V, E, W)$ 是 n 阶连通带权图。

1)在边集 E 中选一条具有最小权值的边，加入生成树 T 中，并将该边从边集 E 中删去。

2)在边集 E 中选一条具有最小权值的边，若该边和已在 T 中的边不构成回路，则将它添加到 T 中，并从边集 E 中删去；若该边和已在 T 中的边构成回路，则从边集 E 中删去。

3)若 T 中的边数为 $n-1$，算法结束，否则返回2)。

算法结束时，T 就是 G 的最小生成树。可以证明用 Kruskal 算法所得的图 T 就是连通带权图的最小生成树。（证明略）

例 10.2.4 用 Kruskal 算法求图 10.2.5 所示的带权图的最小生成树。

解 首先在图 10.2.5 中取权值最小的边 (D, C) 作为生成树的一条边，在 G 的其余的边中 (C, E) 的权值最小，且和已加入生成树的边不构成回路，将边 (C, E) 加入生成树中；重复同样的步骤，将边 (A, B) 和 (A, D) 加入生成树，算法结束，得到图 10.2.5 的最小生成树，如图 10.2.6。

图 10.2.5 公路建设模型

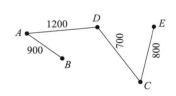

图 10.2.6 最小生成树 ◀

最小生成树算法在集成电路布线中有重要的应用，可以用于确定连接所有节点的最小延迟路径，以提高电路的性能和可靠性；可以用于确定连接所有节点的最小功耗路径，以降低电路的能耗和温度；可以用于确定连接所有节点的最小面积路径，以减小电路的尺寸和制造成本。最小生成树算法在通信网络设计、电力网架设、物流和运输优化、生物信息学和生物医学研究等许多领域都有广泛的应用。

10.3　根树

10.3.1　有向根树和有序根树

定义 10.3.1　一个有向图 G，如果略去有向边的方向所得无向图为一棵无向树，则称 G 为**有向树**。

例 10.3.1　判断图 10.3.1 中哪个是有向树。

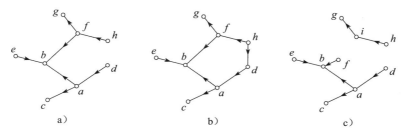

图 10.3.1　例 10.3.1 图

解　略去图 10.3.1a 的有向边的方向所得无向图为一棵无向树，因此图 10.3.1a 是一棵有向树。图 10.3.1b 和图 10.3.1c 都不是有向树，因为略去有向边的方向所得无向图不是无向树。◀

定义 10.3.2　一棵非平凡的有向树，如果有一个结点的入度为 0，其余结点的入度均为 1，则称此有向树为**有向根树**。称入度为 0 的结点为**树根**，称出度为 0 的结点为**树叶**，称出度不为 0 的结点（含根）为**分支点**。称入度为 1、出度大于 0 的结点为**内点**。在根树中，从树根到任意结点 v_i 只有唯一的一条简单路，这条路的长度称为 v_i 的**级（层）数**。级数最大的结点的级数称为树的**高度**。

例 10.3.2　如图 10.3.2 所示的根树中，指出每片树叶的级数，树的高度是多少？

图 10.3.2　根树

解　树根是结点 a，树叶 e 在第 1 级上，树叶 c、d、g、h 在第 2 级上，树的高度是 2。◀

对于无向树，指定一个结点作为根，指定每条边的方向都是离开根的方向，形成一个有向树，这个有向树是根树。通过选择任何一个结点作为根，就可以把非根树变为根树。注意选择不同的结点作为根的根树是不同的。例如，图 10.3.3b 和图 10.3.3c 是对图 a 的树 T 分别指定 a 和 b 作为根结点所形成的根树。通常在画根树时把根画在图的顶端，根树中的边的方向可以省略，因为对根的选择确定了边的方向。

一棵根树可以看成是一棵家族树，其中各结点间的关系定义如下。

图 10.3.3 无向树和根树

定义 10.3.3 在根树 T 中，

1)若结点 v_i 到结点 v_j 可达，则称 v_i 是 v_j 的**祖先**，v_j 是 v_i 的**后代**；

2)若结点 v_i 邻接到结点 v_j，则称 v_i 是 v_j 的**父亲**，v_j 是 v_i 的**儿子**；

3)若两个节点同为一个结点的儿子，则称这两个结点为**兄弟**。

定义 10.3.4 设 T 为一棵根树，v_i 为 T 中一个结点，且 v_i 不是树根，称 v_i 及其后代的导出子图为 T 的以 v_i 为根的子树，简称**根子树**。

如图 10.3.3b 所示的根树中，结点 e 和 f 是 b 的儿子；结点 a 的所有后代是 b、c、d、e、f、g、h；结点 b 的所有后代是 e、f、g、h；结点 e 和 f 的祖先是结点 b 和 a。这棵根树的以 b 为根的根子树如图 10.3.4 所示。

定义 10.3.5 在根树中，如果每个结点的出度小于或等于 m，则称这棵树为 **m 元树**。$m=2$ 时称为**二元树**或**二叉树**。如果每个分支点的出度都等于 m，则称这棵树为 **m 元正则树**。所有树叶级（层）数相同的 m 元正则树称为**完全 m 元正则树**。

在如图 10.3.5 所示的根树中，T_1 是三元树，T_2 是三元正则树，T_3 是完全二元正则树。

图 10.3.4 根子树

图 10.3.5 根树和正则树

定理 10.3.1 有 i 个分支点的 m 元正则树有 $n=mi+1$ 个结点。

证明 除根之外的每个结点都是分支点的儿子。因为每个分支点都有 m 个儿子，所以，在树中除根之外还有 mi 个结点。因此，这棵树共有 $mi+1$ 个结点。 ◄

定理 10.3.2 对于一个 m 元正则树 T，

1)若 T 有 n 个结点，则有 $i=(n-1)/m$ 个分支点和 $l=[(m-1)n+1]/m$ 片树叶；

2)若 T 有 i 个分支点，则有 $n=mi+1$ 个结点和 $l=(m-1)i+1$ 片树叶；

3)若 T 有 l 片树叶，则有 $n=(ml-1)/(m-1)$ 个结点和 $i=(l-1)/(m-1)$ 个分支点。

证明 1)若 T 有 n 个结点，利用定理 10.3.1，$n=mi+1$，则分支点 $i=(n-1)/m$，树叶数 $l=n-i$，将 i 的表达式代入 $l=n-i$，得 $l=[(m-1)n+1]/m$。

2)若 T 有 i 个分支点，利用定理 10.3.1，有 $n=mi+1$ 个结点；树叶数 $l=n-i$，将 n 的表达式代入得 $l=(m-1)i+1$；

3)若 T 有 l 片树叶，$i=n-l$，代入 $n=mi+1$，则有 $n=m(n-l)+1$，整理得 $n=(ml-1)/(m-1)$，而分支点数 $i=n-l=(ml-1)/(m-1)-l=(l-1)/(m-1)$。◄

例 10.3.3 假设有一条计算机加法指令，可计算 3 个数之和。如果要计算 33 个数 $x_1, x_2, \cdots, x_{33}$ 之和，则至少执行几次加法指令？

解 将问题表示为根树，有 33 片树叶，执行指令的结果为分支点，则问题转化为求有 33 片树叶的三元树，有多少个分支点？

由定理 10.3.2 可得：

$$i=(l-1)/(m-1)=(33-1)/(3-1)=16$$

即要执行 16 次加法指令．◄

定理 10.3.3 在高度为 h 的 m 元树里至多有 m^h 片树叶。

证明 用归纳法对高度 h 进行归纳证明。

假设高度 $h=1$。高度 $h=1$ 的 m 元树由根结点及其不超过 m 个子结点组成，每个子结点都是树叶。因此高度为 h 的 m 元树里至多有 $m^1=m$ 片树叶。

假设高度 $h=k-1$ 时结论成立，即高度为 $k-1$ 的 m 元树里至多有 m^{k-1} 片树叶。

高度 $h=k$ 时，在高度为 $k-1$ 的 m 元树中给每片树叶添加至多 m 个子结点，就是高度为 k 的 m 元树，最多需要添加 $m(m^{k-1})=m^k$ 片树叶。因此，高度 $h=k$ 时，至多有 m^k 片树叶，结论成立。◄

推论 若一个高度为 h 的 m 元树 T 有 l 片树叶，则 $h \geqslant \lceil \log_m l \rceil$。

证明 根据定理 10.3.3，在高度为 h 的 m 元树中，树叶数 $l \leqslant m^h$，取以 m 为底的对数，得 $h \geqslant \log_m l$，因为 h 是整数，所以有 $h \geqslant \lceil \log_m l \rceil$。◄

当 m 元树的所有树叶的高度都是 h 时，等号成立，即 $h=\log_m l$。

例 10.3.4 t 名选手参加象棋淘汰赛，每一场比赛的失败者退出比赛，剩下的胜利者继续比赛，直到剩下最后一名胜利者为比赛的冠军。假设比赛没有平局，问一共需要进行多少场比赛才能决出冠军？

解 在淘汰赛中，每一场比赛的失败者退出比赛，剩下的胜利者继续比赛，直到剩下最后一名胜利者就是比赛的冠军。因此可以用二元正则树来表示比赛过程。这棵树有 t 片树叶，每个分支点对应一场比赛，根结点对应冠军赛。假设分支点有 i 个，根据定理 10.3.2，有 $i=t-1$，所以共需进行 $t-1$ 场比赛才能决出冠军。◄

定义 10.3.6 如果将根树每一层上的结点都规定次序，这样的根树称为**有序根树**。在有序根树中，每一层上的结点按从左到右的次序排序。如二元有序树的一个分支点有两个子结点，则从左到右称这两个子结点为**左儿子**和**右儿子**。以这两个子结点为根所产生的根子树分别称为**左子树**和**右子树**。

在图 10.3.6a 的有序根树中，结点 a 的左儿子是结点 b，右儿子是结点 c，图 10.3.6b

和图 10.3.6c 分别为结点 a 的左子树和右子树。

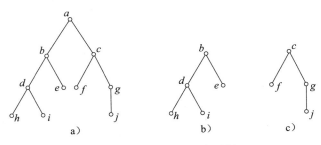

图 10.3.6　左子树和右子树

10.3.2　有序根树的遍历

有序根树常用来保存信息。系统地访问有序根树的每个结点，使得每个结点恰好访问一次，进行数据存取的过程称为**遍历算法**。有三种最常用的遍历算法：前序遍历、中序遍历和后序遍历。

算法 10.3.1　二元有序根树的前序遍历算法

1）访问根；

2）按前序遍历法访问左子树；

3）按前序遍历法访问右子树。

算法 10.3.2　二元有序根树的中序遍历算法

1）按中序遍历法访问左子树；

2）访问根；

3）按中序遍历法访问右子树。

算法 10.3.3　二元有序根树的后序遍历算法

1）按后序遍历法访问左子树；

2）按后序遍历法访问右子树；

3）访问根。

例 10.3.5　对于如图 10.3.7 所示的二元有序根树，分别写出按中序、前序和后序遍历算法的结果。

解　先将树分为根、左子树和右子树，然后再对子树进行分解，按遍历算法写出结果。

按前序遍历算法，其结果为 $abdhiecfg$；

按中序遍历算法，其结果为 $hdibeafcg$；

按后序遍历算法，其结果为 $hidebfgca$。　◀

图 10.3.7　二元有序根树

可以用二元有序树来表示复杂的表达式，如命题公式、集合的组合，以及算术表达式。在画出表达式的二元有序树时，运算符放在分支点上，数字或变量放在树叶上。运算符左边的表达式或运算量放在左子树，运算符右边的表达式或运算量放在右子树。表示一元运算及其运算对象时，用分支点表示运算符，用这个结点的子结点表示运算对象。

例 10.3.6 用二元有序根树表示表达式$((x-3)\times 2)+y/4$，用前序、中序和后序遍历算法访问该树，写出结果。

解 这个表达式是表达式$(x-3)\times 2$ 和 $y/4$ 相加，所以二元有序根树的根结点是"$+$"运算符，根结点的左子树是表达式$(x-3)\times 2$，右子树是表达式 $y/4$。左子树的根结点是运算符"$\times$"，"$\times$"的左子树是 $x-3$，右子结点是数字 2，"$\times$"的左子树的根结点是"$-$"，"$-$"的左子结点是 x，右子结点是 3。用同样方法构造表示 $y/4$ 的右子树。如图 10.3.8 所示。

对这棵树的结点用三种遍历算法访问，结果如下：

前序遍历算法的结果为$+\times -x32/y4$；

中序遍历算法的结果为$((x-3)\times 2)+y/4$；

后序遍历算法的结果为$x3-2\times y4/+$。 ◀

按前序遍历算法得到的表达式，运算符在参加运算的两个运算量的前面，称为**前缀表示**；按后序遍历算法得到的表达式，运算符在参加运算两数的后面，称为**后缀表示**；按中序遍历算法得到的表达式，运算符在参加运算两数的中间，称为**中缀表示**。需要注意的是，结点的中序遍历结果存在二义性，如图 10.3.9a 和图 10.3.9b 是表示表达式$(x-y)\times(2+y)$和表达式 $x-(y\times(2+y))$的二元树，对这两棵树用中序遍历算法得到的结果相同，都是 $x-y\times 2+y$。为了让这样的表达式无歧义，遇到运算时，按中序遍历算法得到的表达式要包含括号，括号中是子树的表达式。

图 10.3.8 二元有序根树

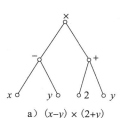

a) $(x-y)\times(2+y)$ b) $x-(y\times(2+y))$

图 10.3.9

前缀表达式和后缀表达式无须括号都可以唯一地表示一个有序根树。这种无括号记法是逻辑学家 Lukasiewicz 教授提出的，前缀表示称为**波兰记法**，后缀表示称为**逆波兰记法**。

例 10.3.7 用二元有序树表示命题公式$\neg(p\wedge q)\leftrightarrow(p\vee\neg q)$，写出它的波兰记法和逆波兰记法。

解 由底向上构造二元有序树。首先构造 $p\wedge q$，p 和$\neg q$ 的子树，然后构造$\neg(p\wedge q)$，$p\vee\neg q$ 的子树，最后用这两个子树分别作为左子树和右子树，以$\leftrightarrow$为根结点的二元有序树就是所求的表示命题公式$\neg(p\wedge q)\leftrightarrow(p\vee\neg q)$的有序树，如图 10.3.10 所示。

按前序遍历算法得到波兰记法$\leftrightarrow\neg\wedge pq\vee p\neg q$，按后序遍历算法得到逆波兰记法 $pq\wedge\neg pq\neg\vee\leftrightarrow$。 ◀

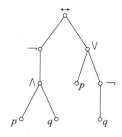

图 10.3.10 二元有序根树

10.4 根树的应用

10.4.1 前缀码

在计算机和通信技术中，符号常用编码来表示，如 26 个英文字母用数字 0 和 1 组成的序列表示。如用等长的 0—1 序列表示 26 个英文字母，序列长度应为 5。由于各个符号出现的频率不同，对所有符号都用等长的 0—1 序列表示是不科学的。根据各个符号出现的频率，用不同长度的 0—1 序列来表示它们，如出现频率高的符号用较短的 0—1 序列表示，出现频率低的符号用较长的 0—1 序列表示，可以使传输的信息的编码长度缩短。考虑接收端应能对接收到的 0—1 序列进行正确的译码，每个 0—1 序列只能对应一个符号序列，但是对于有些编码，一个 0—1 序列可以对应 n 个符号序列，使得在接收端难以正确地译码。例如，用 1 表示 A、0 表示 B、10 表示 C、100 表示 D 时，接收端接收到 1001 时，对应的字母序列有 $ABBA$、CBA 和 DA，无法辨别发送端发送的是哪一个。造成这种情况的原因是，字母 A 和 B 的编码出现在字母 C 和 D 的编码的开头部分，如发送 C 时的编码和发送 AB 的编码相同，在接收端就无法识别发送的是 C 还是 AB。因此，在编码时，一个符号对应的 0—1 序列不应当出现在其他符号的 0—1 序列的开头部分，具有这种性质的编码称为前缀码。

定义 10.4.1 设 $\beta = a_1 a_2 a_3 \cdots a_n$ 为长度为 n 的符号串，称 $a_1, a_1 a_2, \cdots, a_1 a_2 a_3 \cdots a_{n-1}$ 分别为符号串 β 的长度为 $1, 2, \cdots, n-1$ 的前缀；设 $B = \{\beta_1, \beta_2, \cdots, \beta_m\}$ 为一个字符串集合，若对任意的 $\beta_i, \beta_j \in B$，$i \neq j$，β_i、β_j 互不为前缀，则称 B 为**前缀码**；若 $\beta_i (i = 1, 2, \cdots, m)$ 中只有 0、1 两个符号，则称 B 为**二元前缀码**。

例如，$\{a, b, ca, cb, eda\}$，$\{0, 10, 110, 111\}$ 都是前缀码，$\{11, 00, 010, 011\}$ 是二元前缀码，$\{1, 01, 010, 110\}$ 不是前缀码。

定理 10.4.1 任何一个二元树的树叶可对应一个前缀码。

证明 对于给定的一棵二元树，每个分支点至少有一个子结点，至多有两个子结点。若分支点有两个子结点，在分支点和左子结点连接的边上标 0，和右子结点连接的边上标 1；若分支点只有 1 个子结点，在分支点和它的子结点连接的边上标 0 或 1 都可以。这样，每片树叶将对应一个由 0 和 1 组成的序列，该序列由树根到这片树叶的通路上各边的标记组成。由于每片树叶对应的标记序列都不是另一片树叶标记序列的前缀，因而由所有树叶的标记序列构成一个前缀码。◀

定理 10.4.2 任何一个前缀码都对应一棵二元树。

证明 设给定一个前缀码，h 表示前缀码中最长序列的长度。画出一棵高度为 h 的二元正则树，在分支点和子结点连接的两条边上分别标记 0 和 1，这样，每个结点将对应一个由 0 和 1 组成的序列，该序列由树根到这个结点的通路上各边的标记组成。因此，对长度不超过 h 的每一个二进制序列必对应这棵二元树上的一个结点。将对应于前缀码的每一个结点的所有后代结点及其关联的边都删去，最后再删去没有和任一前缀码对应的树叶，得到一棵二元树，这棵二元树的树叶就对应给定的前缀码。◀

例 10.4.1 求图 10.4.1 所示的二元树所产生的前缀码。

解 由图 10.4.1 所示的二元树产生的前缀码为{0，11，100，101}。

例 10.4.2 画出前缀码{00，10，010，111，1101}对应的二元树。

解 前缀码{00，10，010，111，1101}中最长序列的长度为 4，首先画出高度为 4 的二元正则树，标记前缀码对应的结点，如图 10.4.2a 所示。将标记的结点的后代结点及其关联的都边删去，得到一个二元树，如图 10.4.2b 所示。把未标记的树叶结点删去，得到图 10.4.2c 所示的二元树，就是前缀码{00，10，010，111，1101}对应的二元树。

图 10.4.1 二元树

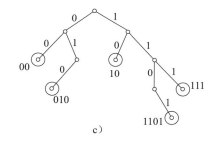

图 10.4.2 例 10.4.2 图

10.4.2 最优二元树和 Huffman 编码

当知道传输的符号出现的频率时，使传输的二进制码位数最少的前缀码称为最优前缀码。如何产生最优前缀码呢？可以先产生一个最优二元树，用这个二元树产生的前缀码，就是最优前缀码。

定义 10.4.2 设二元树 T 有 t 片树叶 $v_1, v_2, \cdots, v_t$，分别带权 $w_1, w_2, \cdots, w_t$，（w_i 为实数，$i=1,2,\cdots,t$），称 $w(T)=\sum_{i=1}^{t} w_i l(v_i)$ 为 T 的权，其中 $l(v_i)$ 为带权的树叶 v_i 的级数。在所有的有 t 片树叶、带权 $w_1, w_2, \cdots, w_t$ 的二元树中，带权最小的二元树称为**最优二元树**。

下图所示的 3 棵树，都是带权 1、3、4、5、6 的二元树。其中图 10.4.3a 的权 $w(T)=47$，图 10.4.3b 的权 $w(T)=52$，图 10.4.3c 的权 $w(T)=42$，则图 10.4.3c 是最优二元树。

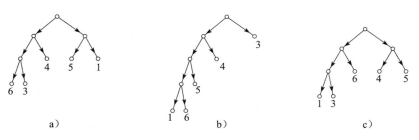

图 10.4.3 带权二元树和最优二元树

Huffman 给出了求最优二元树的算法，下面介绍这个算法。

算法 10.4.1(Huffman 算法) 给定 t 个权值 w_1，w_2，$\cdots$，w_t，构造 t 个结点分别对应 t 个权值。

1)将这 t 个结点分别作为 t 棵仅含一个结点的二元树，构成森林 F。

2)从 F 中选取两棵根结点权值最小的树作为左、右子树，构造一棵新树，将新树的根结点的权值设置为左、右子树上根结点的权值之和。

3)从 F 中删除刚才选出的两棵树，同时将构造的新树加入 F 中。

4)重复步骤 2)和 3)，直至 F 中只剩下一棵树为止。

例 10.4.3 求带权为 3、4、5、8、9 的最优二元树。

解 用 Huffman 算法求最优二元树，全部过程如图 10.4.4。

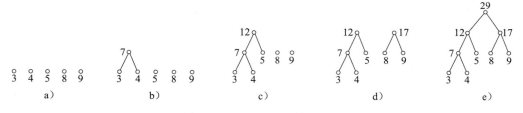

图 10.4.4 Huffman 算法过程

例 10.4.4 在通信中要传输八进制数字 0，1，2，3，4，5，6，7。这些数字出现的频率分别为 30%，20%，15%，10%，10%，6%，5%，4%。求传输它们的最优前缀码，传输按上述比例出现的数字 10 000 个，至少要用多少个二进制数字？

解 可通过构造一个有 8 片树叶，树叶权值是各数字出现的频率的最优二元树来求这个前缀码。

用 100 乘以各数字出现的频率作为二元树的权值：$w_0 = 30$，$w_1 = 20$，$w_2 = 15$，$w_3 = 10$，$w_4 = 10$，$w_5 = 6$，$w_6 = 5$，$w_7 = 4$。将这些权值按由小到大顺序排列得 4，5，6，10，10，15，20，30。用 Huffman 算法求得最优二元树，如图 10.4.5 所示。

带权为 w_i 的树叶对应的标记序列就是传输 i 的符号串。因而 0 对应的符号串为 01，1 对应的符号串为 11，2 对应的符号串为 001，3 对应的符号串为 100，4 对应的符号串为 101，5 对应的符号串为 0001，6 对应的符号串为 00001，7 对应的符号串为 00000。这些编

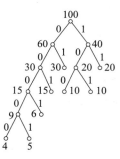

图 10.4.5 最优二元树

码就是传输它们的最优前缀码。要传输按上述比例出现的数字 10 000 个，至少要用

$$10^4 \times 0.3 \times 2 + 10^4 \times 0.2 \times 2 + 10^4 \times 0.15 \times 3 + 10^4 \times 0.1 \times 3 + 10^4 \times 0.1 \times 3 + 10^4 \times$$
$$0.06 \times 4 + 10^4 \times 0.05 \times 5 + 10^4 \times 0.04 \times 5 = 27\ 400 \text{ 个二进制数字。若用等长的编码传输这}$$
些数字，每个编码长度应为 3，传输 10 000 个数字需要 30 000 个二进制数字。◄

10.4.3 决策树

根树可以为一些需要进行一系列比较和判断来求解的问题建模，如图 10.4.6 是排序 3 个不同数的决策树，用根树表示对 3 个不同数排序的比较判断过程。在这个根树中，每个分支点都对应着一次对两个数的比较，比较的两个结果是这个分支点的子结点。从根开始，每次比较后，沿着比较的结果到达子结点，最后到达叶结点，获得一个比较排序。如在根结点比较 a 和 b，有两种比较结果：$a>b$ 和 $a<b$。因此，根结点有两个子结点。根据 a 和 b 的比较结果，沿相应的边到达一个子结点进行下一步的比较判断，如 $a>b$ 时到达子结点比较 a 和 c，有两种比较结果 $a>c$ 和 $a<c$，因此，这个结点有两个子结点。当 $a<c$ 时，得到 3 个数的排序 $c>a>b$，对应的结点是叶结点。在这个根树中，每个分支点都对应一个决策，分支点的子树对应该决策的每种可能结果，称这样的根数为**决策树**。

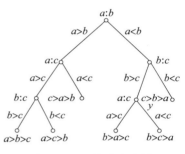

图 10.4.6　构造决策树

例 10.4.5　有 4 枚外观相同的硬币，其中 1 枚是伪币，伪币的质量和其他硬币的不等，要在这 4 枚硬币中找出伪币，需要用天平秤多少次？

解　将 4 枚硬币分成两组，任取一组 2 个硬币在天平上称重，结果可能是质量相同或质量不同。因此可用二元决策树解决这个问题。

设 4 枚硬币为 A、B、C、D，用 $A:B$ 表示将 A 和 B 放在天平上称重，"＝"表示平衡，"≠"表示不平衡。决策树是有 4 片树叶的二元树，根据定理 10.3.3 的推论，树的高度 $h = \lceil \log_2 4 \rceil = 2$，构造决策树如图 10.4.7 所示。用天平秤 2 次可以找出伪币。◄

机器学习中，表示对象属性与对象值之间的一种映射关系的决策树预测模型也是根树。如图 10.4.8 所示，在这个根树中，每个分支点都对应一个属性或特征上的测试，每个结点分支代表一个测试输出，每个叶子结点代表一个类别。

图 10.4.7　构造决策树

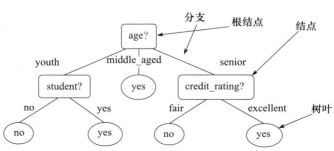

图 10.4.8　表示映射关系的决策树

习题

1. 一棵树有 2 个 4 度结点，3 个 3 度结点，其余结点都是叶子，问这棵树有多少片树叶？

2. 画出具有 6 个结点的所有非同构的无向树。

3. 下面哪一种图不是树？

    (1)无回路的连通图；

    (2)有 n 个结点，$n-1$ 条边的连通图；

    (3)每对结点间都有路的图；

    (4)连通但删去一条边则不连通的图。

4. 连通图 G 是一棵树，当且仅当满足下述条件中哪一个？

    (1)有些边不是割边；

    (2)每条边都是割边；

    (3)无边割集；

    (4)每条边都不是割边；

5. (1)在什么条件下，无向树有欧拉通路？

    (2)在什么条件下，无向树有哈密顿通路？

    (3)在什么条件下，无向树既是欧拉图又是哈密顿图？

6. 设图 G 是一棵树，它有 n_2 个 2 度分枝点，n_3 个 3 度分枝点，$\cdots$，n_k 个 k 度分枝点，求 G 中树叶数。

7. 证明一棵完全二元树，必有奇数个结点。

8. 证明任何无向树都是二分图。

9. 已知 n 阶 m 条边的无向图 G 是 $k(k\geqslant 2)$ 棵树组成的森林，证明 $m=n-k$。

10. 右图所示的无向图中有几棵非同构的生成树？画出这些生成树。

11. 证明若边 e 是 G 中的桥，则边 e 在 G 的任何一棵生成树中。

习题 10 图

12. 证明简单连通无向图 G 的任何一条边都是 G 的某一棵生成树的边。

13. 设有 5 个城市 v_1、v_2、v_3、v_4、v_5，任意两城市之间铁路造价如下（以百万元为单位）：$w(v_1, v_2)=4$，$w(v_1, v_3)=7$，$w(v_1, v_4)=16$，$w(v_1, v_5)=10$，$w(v_2, v_3)=13$，$w(v_2, v_4)=8$，$w(v_2, v_5)=17$，$w(v_3, v_4)=3$，$w(v_3, v_5)=10$，$w(v_4, v_5)=12$，试求出连接 5 个城市的造价最低的铁路网。

14. 一个有 5 个城市的网络中，在城市 i 和城市 j 之间修一条路的成本为下面矩阵中 a_{ij} 的值。矩阵中的无穷大表示在两个城市间无法修路。确定为使所有城市相互连通必需的最小成本。

$$\begin{bmatrix} 0 & 3 & 5 & 11 & 9 \\ 3 & 0 & 3 & 9 & 8 \\ 5 & 3 & 0 & \infty & 10 \\ 11 & 9 & \infty & 0 & 7 \\ 9 & 8 & 10 & 7 & 0 \end{bmatrix}$$

15. 试用 Kruskal 算法求右图所示权图中的最小生成树。

16. 设 T_1 和 T_2 是连通图 G 的两棵生成树，a 是在 T_1 中但不在 T_2 中的一条边。证明存在边 b，它在 T_2 中但不在 T_1 中，使得 $(T_1-\{a\})\bigcup\{b\}$ 和 $(T_2-\{b\})\bigcup\{a\}$ 都是 G 的生成树。

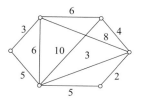

习题 15 图

17. 给定二元正则树 $G=\langle V,E\rangle$。证明 $|E|=2(t-1)$，其中 t 是树叶数。

18. 设 T 是二元正则树，T 有 t 片树叶，证明 T 的阶数 $n=2t-1$。

19. 一个有向图 G，仅有一个结点入度为 0，其余所有结点的入度均为 1，G 一定是根树吗？

20. 画出表示算式 $((a+(b\times c)\times d)-e)\div(f+g)+(h\times i)\times j$ 的根树。

21. 用中序、前序、后序三种行遍法，写出遍历下图所示二元树的结果。

22. 设 T 是如下的二元树 T，试写出对 T 先根遍历，中根遍历和后根遍历时访问所有点的顺序。写出波兰符号法表示式和逆波兰符号法表示式。

习题 21 图

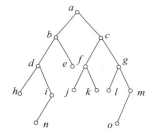

习题 22 图

23. 画一棵权为 3、5、8、9、12 的最优二元树，并计算它的权。

24. 下面给出的各符号串集合，哪些是前缀码？

(1) $\{11,00,10,01\}$

(2) $\{a,b,c,ac,abc,bc\}$

(3) $\{11,101,010,0001,0011\}$

(4) $\{a,b,cb,cde\}$

25. 用右图所示的二元树产生一个前缀码。

26. 画出产生前缀码 $\{11,01,001,1001,1010\}$ 的二元树。

27. 设 6 个字母在通信中出现的频率如下，a：35%，b：15%，c：20%，d：10%，e：15%，f：5%，用 Huffman 算法求传输它们的最优前缀码。画出最优树，指出每个字母对应的编码，编码一个字母需要的平均位数是多少？

习题 25 图

第五部分

代 数 结 构

第11章 代 数 系 统

代数系统由集合和定义在集合上的运算构成，在自动机理论和形式语言、编码理论、软件理论等方面有着重要的应用。本章介绍代数系统的概念和性质及一些重要的代数系统。

11.1 代数系统的概念和性质

11.1.1 二元运算及其性质

在描述代数系统的定义之前，先给出运算的定义及有关运算定律的意义。

定义 11.1.1 设 A 为集合，函数 $f: A \times A \rightarrow A$ 称为 A 上的一个**二元代数运算**，简称**二元运算**。

由定义可知，A 上的二元运算是一种特殊的函数，它要求运算的结果仍然在同一集合 A 中，这种性质称为**封闭性**。因此，A 上的二元运算必须具有确定性和封闭性的特征，即 A 中元素的运算结果是唯一确定的且仍在 A 中。

例 11.1.1 1）加法、乘法运算是正整数集上的二元运算，减法和除法不是。因为正整数集合上不是每一对数的减法和除法运算结果都属于正整数集合，例如：$2-5$、$2/5$ 的结果都不是正整数，因此，减法和除法运算的封闭性不成立。

2）加法、减法、乘法运算是有理数集、实数集上的二元运算，除法不是，因为对于除法运算不是每一对数都有定义，如 $3/0$。

3）乘法和除法运算是非零实数集上的二元运算，而加法和减法运算不是，因为两个非零实数相加或相减可能为 0，不满足运算的封闭性。

4）两个集合的并运算和交运算都是集合 A 的幂集 $P(A)$ 上的二元运算。

5）所有 3 阶实矩阵组成的集合 M 对于矩阵的加法、减法、乘法都是 M 上的二元运算。 ◀

常用 $*$、$\circ$、$\cdot$、$\otimes$、$\oplus$ 等表示二元运算，称为**算符**。设 $f: A \times A \rightarrow A$ 是 A 上的一个二元运算，对任意的 x、$y \in A$，如果 $f(x, y) = z$，可用算符 $*$ 简记为 $x * y = z$，用前缀表示法可写成 $*(x, y) = z$。这些算符除特别说明外，泛指抽象意义上的运算。

例 11.1.2 1）设 M 是所有 n 阶布尔矩阵的集合。对于任意 $A = (a_{ij})_{n \times n}$，$B = (b_{ij})_{n \times n} \in M$，定义 $A * B = (c_{ij})_{n \times n}$，其中 $c_{ij} = a_{ij} \vee b_{ij} (i, j = 1, \cdots, n)$，则 $*$ 运算为二元运算。

2）设 $\mathbb{Z}$ 为整数集，对于任意 $a, b \in \mathbb{Z}$，定义 $a * b = \max\{a, b\}$，则 $*$ 运算为二元运算。 ◀

A 为有限集合时，A 上的二元运算可以通过列表来表示，称其为 A 关于该运算的**运算表**。设 $A_n = \{a_1, a_2, \cdots, a_n\}$，$*$ 是 A 上的二元运算，可以通过表 11.1.1 定义二元运算。

表 11.1.1　二元运算表

*	a_1	a_2	$\cdots$	a_j	$\cdots$	a_n
a_1	$a_1 * a_1$	$a_1 * a_2$	$\cdots$	$a_1 * a_j$	$\cdots$	$a_1 * a_n$
a_2	$a_2 * a_1$	$a_2 * a_2$	$\cdots$	$a_2 * a_j$	$\cdots$	$a_2 * a_n$
$\vdots$	$\vdots$	$\vdots$		$\vdots$		$\vdots$
a_n	$a_n * a_1$	$a_n * a_2$	$\cdots$	$a_n * a_j$	$\cdots$	$a_n * a_n$

例如，对于 $S=\{0，1\}$，由如下运算表可确定 S 的一个二元运算。

$\cdot$	0	1
0	0	1
1	1	1

例 11.1.3　设 $Z_n=\{0，1，2，\cdots，n-1\}$，$+_n$ 和 $\times_n$ 分别表示模 n 加法和模 n 乘法，即 $x+_n y=(x+y)\bmod n$，$x\times_n y=(xy)\bmod n$。当 $n=6$ 时，两个运算的运算表如表 11.1.2 和表 11.1.3 所示。

表 11.1.2　+ 的运算表

$+_n$	0	1	2	3	4	5
0	0	1	2	3	4	5
1	1	2	3	4	5	0
2	2	3	4	5	0	1
3	3	4	5	0	1	2
4	4	5	0	1	2	3
5	5	0	1	2	3	4

表 11.1.3　× 的运算表

$\times_n$	0	1	2	3	4	5
0	0	0	0	0	0	0
1	0	1	2	3	4	5
2	0	2	4	0	2	4
3	0	3	0	3	0	3
4	0	4	2	0	4	2
5	0	5	4	3	2	1

一般地，将函数 $f：A_1\times A_2\times\cdots\times A_n\rightarrow A$ 称为一个 $A_1\times A_2\times\cdots\times A_n$ 到 A 的 n 元运算，简称 **n 元运算**。如果 $A_1=A_2=\cdots=A_n=A$，则称该运算是集合 A 上的 **n 元代数运算**。当 $n=1$ 时，称为 A 上的**一元运算**。

集合 A 上的二元运算就是一个 $A\times A$ 到 A 的映射。下面讨论二元运算具有的性质。

定义 11.1.2　设 * 是集合 A 上的二元运算，如果对于任意的 $x，y\in A$，都有

$$x * y=y * x$$

则称 * 运算满足**交换律**。

整数集 $\mathbb{Z}$ 上的加法运算和乘法运算满足交换律，对任意的 $x，y\in\mathbb{Z}$，都有 $x+y=y+x$ 和 $x\times y=y\times x$ 成立，而减法运算不满足交换律。

定义 11.1.3　设 * 是集合 A 上的二元运算，如果存在 $a\in A$，使得 $a * a=a$，则称 a 是 A 中关于 * 运算的**幂等元**。如果对于任意的 $x\in A$，都有 $x * x=x$，则称 * 运算满足**幂等律**。

整数集 $\mathbb{Z}$ 上，对任意的 $x \in \mathbb{Z}$，$x+x \neq x$，除非 $x=0$。所以整数集上的加法运算不满足幂等律。但是因为 $0+0=0$，所有 0 是"+"运算的幂等元。集合的幂集上的"$\cup$"和"$\cap$"运算满足幂等律。

定义 11.1.4 设 $*$ 是集合 A 上的二元运算，如果对于任意的 $x, y, z \in A$，都有
$$x*(y*z)=(x*y)*z$$
则称 $*$ 运算满足**结合律**。

整数集 $\mathbb{Z}$ 上的普通加法运算和普通乘法运算满足结合律，对任意的 $x, y, z \in \mathbb{Z}$，都有 $(x+y)+z=x+(y+z)$ 和 $(x \times y) \times z=x \times (y \times z)$ 成立，而减法运算不满足结合律。集合的"$\cup$"和"$\cap$"运算满足结合律。

定义 11.1.5 设 $*$ 是集合 A 上的二元运算，若存在 $a \in A$，对于任意的 $x, y \in A$，$a*x=a*y$，进而推出 $x=y$，则称 a 在 A 中关于 $*$ 运算是**左可消去元**。类似地，若存在 $a \in A$，对于任意的 $x, y \in A$，由 $x*a=y*a$，可推出 $x=y$，则称 a 在 A 中关于 $*$ 运算是**右可消去元**。如果 a 既是左可消去元，又是右可消去元，则称 a 是 A 的**可消去元**。

若 A 上的所有元素都是关于 $*$ 运算的可消去元，则称 $*$ 运算满足**消去律**。

整数集 $\mathbb{Z}$ 上的普通加法运算满足消去律，普通乘法运算不满足消去律，例如 $0 \times 2 = 0 \times 3$，但是 $2 \neq 3$。矩阵加法满足消去律，矩阵乘法不满足消去律，集合的"$\cup$"和"$\cap$"运算不满足消去律，例如 $\{a\} \cup \{a, b, c\} = \{b, c\} \cup \{a, b, c\}$，但是 $\{a\} \neq \{b, c\}$。

定义 11.1.6 设 $*$、$\circ$ 是集合 A 上的二元运算，如果对于任意的 $x, y, z \in A$，都有
$$x*(y \circ z)=(x*y) \circ (x*z)$$
则称 $*$ 运算对 $\circ$ 运算**左可分配**。如果对于任意的 $x, y, z \in A$，都有
$$(y \circ z)*x=(y*x) \circ (z*x)$$
则称 $*$ 运算对 $\circ$ 运算**右可分配**。

如果 $*$ 运算对 $\circ$ 运算既左可分配，又右可分配，则称 $*$ 运算和 $\circ$ 运算满足**分配律**。

整数集上的普通乘法对加法满足分配律，加法对乘法不满足分配律。例如，$5+(2 \times 3) \neq (5+2) \times (5+3)$。集合上的并运算对交运算满足分配律，交运算对并运算也满足分配律。

定义 11.1.7 设 $*$、$\circ$ 是集合 A 上的二元运算，如果 $*$ 和 $\circ$ 都可交换，并且对于任意的 $x, y \in A$，都有 $x*(x \circ y)=x$ 和 $x \circ (x*y)=x$，则称 $*$ 运算对 $\circ$ 运算满足**吸收律**。

整数集上的普通乘法对加法、加法对乘法都不满足吸收律。例如，$5+(5 \times 3) \neq 5$。集合上的并运算对交运算、交运算对并运算都满足吸收律。

例 11.1.4 设 $*$ 是集合 A 上的二元运算，其运算表如表 11.1.4 所示。

表 11.1.4 二元运算表

$*$	a_1	a_2	a_3	a_4
a_1	a_1	a_2	a_3	a_4
a_2	a_2	a_2	a_1	a_2
a_3	a_3	a_1	a_3	a_4
a_4	a_4	a_3	a_4	a_4

运算 $*$ 满足结合律、交换律、消去律、幂等律吗？为什么？

解 1)结合律：根据表 11.1.4 可知

$$(a_2 * a_3) * a_4 = a_1 * a_4 = a_4$$
$$a_2 * (a_3 * a_4) = a_2 * a_4 = a_2$$

即

$$(a_2 * a_3) * a_4 \neq a_2 * (a_3 * a_4)$$

因此，结合律不成立。

2)交换律：如果运算 $*$ 满足交换律，则对任意 a_i，$a_j \in A$，有 $a_i * a_j = a_j * a_i$，即这个运算表应该关于对角线对称，但表 11.1.4 不对称，如 $a_4 * a_2 \neq a_2 * a_4$，因此运算 $*$ 不满足交换律。

3)消去律：如果运算 $*$ 满足消去律，则对任意 a_k，a_i，$a_j \in A$，若 $a_k * a_i = a_k * a_j$，有 $a_i = a_j$，即运算表中第 k 行的元素应该互不相同。由 k 的任意性可知，运算表中同一行的元素应该互不相同。同理，运算表中同一列的元素也应该互不相同。但根据表 11.1.4，a_4 在第 4 行出现了 3 次，所以运算 $*$ 不满足消去律。

4)幂等律：如果运算 $*$ 满足幂等律，则对任意 $a_i \in A$，有 $a_i * a_i = a_i$，即这个运算表的对角线元素是 a_1、a_2、a_3、a_4，表 11.1.4 的对角线元素符合 $a_i * a_i = a_i$，$i = 1$，2，3，4，所以幂等律成立。　◀

11.1.2 代数系统和子代数

定义 11.1.8 设 A 是非空集合，$*_1$、$*_2 \cdots *_m$ 是定义在 A 上的各种运算，称集合 A 和定义在 A 上的各种运算 $*_1$、$*_2 \cdots *_m$ 组成的系统为**代数系统**，记为 $\langle A，*_1、*_2 \cdots *_m \rangle$。

由定义可知，代数系统包括非空集合 A（称为代数系统的**载体**）以及 A 上的运算，这些运算可以是一元运算、二元运算或多元运算，并且要求这些运算关于 A 都满足封闭性。

例 11.1.5 1)设 $\mathbb{R}$ 表示实数集，$\langle \mathbb{R}，+ \rangle$、$\langle \mathbb{R}，\times \rangle$ 和 $\langle \mathbb{R}，+，\times \rangle$ 都是代数系统，其中"$+$""$\times$"分别为实数集 $\mathbb{R}$ 上的普通加法、乘法运算。

2)对集合 A 的幂集 $P(A)$，$\langle P(A)，\bigcup \rangle$、$\langle P(A)，\bigcap \rangle$ 和 $\langle P(A)，\bigcup，\bigcap，\sim \rangle$ 都是代数系统，其中"$\bigcup$""$\bigcap$""$\sim$"分别是集合的并、交、补运算。

3)设 $Z_n = \{0，1，2，\cdots，n-1\}$，$\langle Z_n，+_n \rangle$ 和 $\langle Z_n，\times_n \rangle$ 都是代数系统，其中 $+_n$ 和 $\times_n$ 分别表示模 n 加法和模 n 乘法，即 $x +_n y = (x+y) \bmod n$，$x \times_n y = (xy) \bmod n$。

4)对于全体 $n \times n$ 实数矩阵组成的集合 M，$\langle M，\circ \rangle$ 是代数系统，其中"$\circ$"为矩阵乘法运算。　◀

定义 11.1.9 设 $\langle A，*_1、*_2 \cdots *_m \rangle$ 是代数系统，如果 $B \subseteq A$，且 $B \neq \varnothing$，运算 $*_1$、$*_2 \cdots *_m$ 对 B 封闭，则 $\langle B，*_1、*_2 \cdots *_m \rangle$ 也是一个代数系统，称为代数系统 $\langle A，*_1、*_2 \cdots *_m \rangle$ 的**子代数系统**或**子代数**。如果 $B \subset A$，则称 $\langle B，*_1、*_2 \cdots *_m \rangle$ 是 $\langle A，*_1、*_2 \cdots *_m \rangle$ 的**真子代数**。

对任何代数系统 A，它的子代数一定存在，因为任何代数系统都是它自身的子代数。

例 11.1.6 对⟨ℝ，＋⟩而言，⟨ℕ，＋⟩为其真子代数，＋是普通加法运算。⟨ℕ，－⟩不是⟨ℝ，－⟩的子代数，因为普通减法"－"对自然数集合 ℕ 不满足封闭性。 ◀

子代数是抽象代数中的一个重要概念。当原来代数系统的运算满足某些运算律时，它的子代数也满足相同的运算律，也就是子代数和原来的代数系统是同种代数系统。因此，可以通过研究子代数的结构和性质，得到原代数系统的某些性质。

11.1.3 代数系统的性质

一些代数系统所规定的运算中，有些元素呈现出与其他元素很不同的性质，称这些有特殊性质的元素为**特异元素**，这些特异元素又称为代数系统的**代数常数**。特异元素的存在反映了代数系统的一些性质，下面讨论一些常用的特异元素。

定义 11.1.10 设⟨A，*⟩是代数系统，* 是 A 上的二元运算。

1）如果存在 $e_l \in A$，对任意元素 $x \in S$ 满足

$$e_l * x = x$$

则称 e_l 为 A 中关于 * 运算的**左幺元**，或称**左单位元**。

2）如果存在 $e_r \in A$，对任意元素 $x \in S$ 满足

$$x * e_r = x$$

则称 e_r 为 A 中关于 * 运算的**右幺元**，或称**右单位元**。

3）如果存在 $e \in A$，对任意元素 $x \in S$ 满足

$$x * e = e * x = x$$

则称 e 为 A 中关于 * 运算的**幺元**，或称**单位元**。

显然，幺元 e 既是左幺元又是右幺元。

例 11.1.7 1）⟨ℝ，＋⟩中的数 0、⟨$P(A)$，$\bigcup$⟩中的 $\varnothing$ 以及⟨$P(A)$，$\bigcap$⟩中的集合 A，分别是这三个代数系统的关于"＋""$\bigcup$""$\bigcap$"运算的幺元，因为对任意 $x \in ℝ$，

$$x + 0 = 0 + x = x$$

或 $S \in P(A)$，

$$S \cup \varnothing = \varnothing \cup S = S，S \cap A = A \cap S = S$$

2）设 $Z_n = \{0，1，2，\cdots，n-1\}$，$+_n$ 和 $\times_n$ 分别表示模 n 加法和模 n 乘法，即 $x +_n y = (x+y) \bmod n$，$x \times_n y = (xy) \bmod n$。在⟨$Z_n$，$+_n$⟩中 0 是幺元，⟨$Z_n$，$\times_n$⟩中 1 是幺元，因为对任意 $x \in Z_n$，

$$x +_n 0 = 0 +_n x = x，x \times_n 1 = 1 \times_n x = x$$

3）设 $A = \{a，b，c\}$，A 上运算 * 由运算表 11.1.5 给出，那么 a，c 都是⟨A，*⟩的左幺元，它没有右幺元和幺元。注意，左幺元、右幺元、幺元未必总是存在。 ◀

表 11.1.5 运算表

*	a	b	c
a	a	b	c
b	c	a	b
c	a	b	c

定理 11.1.1 设⟨A，*⟩是代数系统，* 是 A 上的二元运算，e_l 和 e_r 分别为 A 中关于 * 运算的左幺元和右幺元，则左幺元等于右幺元，即 $e_l = e_r = e$，且幺元是唯一的。

证明 $e_r = e_l * e_r = e_l$。下面证明唯一性。设⟨A，*⟩有幺元 e 和 e'，那么

$$e = e' * e = e'$$

故幺元是唯一的。

设 e_r、e_l 分别为 $\langle A, * \rangle$ 的左、右幺元，那么

$$e_r = e_l * e_r = e_l$$

因此 $e_r(e_l)$ 即幺元 e，即 $e_r = e_l = e$。

定义 11.1.11 设 $\langle A, * \rangle$ 是代数系统，$*$ 是 A 上的二元运算。

1)如果存在 $\theta_l \in A$，对任意元素 $x \in A$ 满足

$$\theta_l * x = \theta_l$$

则称 θ_l 为 A 中关于 $*$ 运算的**左零元**。

2)如果存在 $\theta_r \in A$，对任意元素 $x \in A$ 满足

$$x * \theta_r = \theta_r$$

则称 θ_r 为 A 中关于 $*$ 运算的**右零元**。

3)如果存在 $\theta \in A$，对任意元素 $x \in A$ 满足

$$x * \theta = \theta * x = \theta$$

则称 θ 为 A 中关于 $*$ 运算的**零元**。

显然，零元 θ 既是左零元又是右零元。

例 11.1.8 1)$\langle \mathbb{R}, \times \rangle$（$\times$ 为普通乘法运算）中的数 0、$\langle P(A), \bigcup \rangle$ 中的集合 A、$\langle P(A), \bigcap \rangle$ 中的 $\varnothing$，分别是这三个代数系统的关于"$\times$"、"$\bigcup$"、"$\bigcap$"运算的零元。

2)设 $Z_n = \{0, 1, 2, \cdots, n-1\}$，$+_n$ 和 $\times_n$ 分别表示模 n 加法和模 n 乘法，在 $\langle Z_n, +_n \rangle$ 中不存在零元，$\langle Z_n, \times_n \rangle$ 中 0 是零元。

定理 11.1.2 设 $\langle A, * \rangle$ 是代数系统，$*$ 是 A 上的二元运算，θ_l 和 θ_r 分别为 A 中关于 $*$ 运算的左零元和右零元。则 $\langle A, * \rangle$ 有关于 $*$ 运算的零元 θ，且零元是唯一的，而且 $\theta_r = \theta_l = \theta$。

该定理的证明方法和定理 11.1.1 相似，留给读者。

幺元和零元是代数系统的特异元，依赖于代数系统中的运算。例如，在代数系统 $\langle \mathbb{N}, +, \times \rangle$ 中，0 关于普通加法运算"$+$"是幺元，关于普通乘法运算"$\times$"是零元；1 关于"$\times$"是幺元，关于"$+$"则既非幺元又非零元。幺元和零元的存在表明运算具有某种特异性，或者说具有某种性质，同结合律、交换律一样，是非常重要的性质。例如，零元一定不是可消去元，所以包含零元的代数系统上的运算不满足消去律，如代数系统 $\langle \mathbb{N}, \times \rangle$ 存在零元，$\langle \mathbb{N}, \times \rangle$ 上的普通乘法运算"$\times$"不满足消去律。

定义 11.1.12 设 $\langle A, * \rangle$ 是代数系统，$*$ 是 A 上的二元运算，e 是 A 中关于 $*$ 运算的幺元，对于一个元素 $a, b \in A$：

1)如果 $a * b = e$，则称 a 是 b 的**左逆元**，b 是 a 的**右逆元**。

2)如果 $a * b = b * a = e$，则称 a **可逆**，b 是 a 的一个**逆元**，或称 b **可逆**，a 是 b 的一个**逆元**。

根据上述定义可知：a 的逆元既是左逆元，又是右逆元。对于幺元 e，有 $e * e = e * e = e$，所以幺元的逆元就是它自身。通常 a 的逆元记为 a^{-1}。当运算是普通加法运算"$+$"时，a 的逆元可记为 $-a$。

例 11.1.9 1)代数系统$\langle M, \times \rangle$，其中 M 为所有 n 阶方阵组成的集合，"$\times$"为矩阵的乘法运算，则 n 阶单位矩阵 E_n 为幺元，只有可逆矩阵有逆元，不可逆矩阵没有逆元。

2)代数系统$\langle \mathbb{Z}, +, \times \rangle$，其中 $\mathbb{Z}$ 为整数集，"$+$"为普通加法运算，"$\times$"为普通乘法运算，$\mathbb{Z}$ 的每个元素 x 对加法运算均有逆元$-x$，但除 1 以外的数对乘法运算都没有逆元。

3)代数系统$\langle \mathbb{Q}, +, \times \rangle$，其中 $\mathbb{Q}$ 为有理数集，"$+$"为普通加法运算，"$\times$"为普通乘法运算，对加法运算，$\mathbb{Q}$ 中每个元素 x 都有逆元$-x$。对乘法运算，0 无逆元，除 0 以外的每个元素 x 都有逆元 $x^{-1}=1/x$。 ◀

定理 11.1.3 设$\langle A, * \rangle$是代数系统，$*$ 是 A 上的二元运算，$*$ 满足结合律，e 为 A 中关于 $*$ 运算的幺元。对于 $a \in A$，如果存在左逆元 b_l 和右逆元 b_r，则 $b_l=b_r=b$，b 是 a 的逆元，而且是关于 $*$ 运算 a 的唯一逆元。

证明 如果存在左逆元 b_l 和右逆元 b_r，则有
$$b_l * a = e \text{ 和 } a * b_r = e$$

因为 $*$ 满足结合律，所以有 $b_l=b_l * e=b_l *(a * b_r)=(b_l * a)* b_r=e * b_r=b_r$，即 $b_l * a=e=a * b_r=a * b_l$，所以 $b_l=b_r=b$。

再证明逆元是唯一的。

对于 $a \in A$，存在逆元，假设 b 和 b' 都是 a 的逆元，则有
$$a * b=b * a=e$$
$$a * b'=b' * a=e$$

由于 $*$ 满足结合律，所以有
$$b=e * b=(b' * a)* b=b' *(a * b)=b' * e=b'$$

即 a 的逆元是唯一的。 ◀

前面 11.1.1 节给出的可消去元与逆元有密切联系。

定理 11.1.4 $\langle A, * \rangle$是代数系统，$*$ 运算满足结合律，对于 $a \in A$，a 有逆元，那么 a 是可消去元。

证明 设 a 的逆元为 a^{-1}，那么由 $a * x=a * y$ 可得
$$a^{-1} *(a * x)=a^{-1} *(a * y)$$

由于 $*$ 运算满足结合律，所以有
$$(a^{-1} * a)* x=(a^{-1} * a)* y$$

即 $e * x=e * y$，可推得 $x=y$。因此，a 是可消去元。 ◀

注意：当 a 是可消去元时，a 不一定是可逆的。例如$\langle \mathbb{N}, + \rangle$中，任一非零元素 a 均是可消去元，但 a 无逆元。

11.1.4 代数系统的分类

定义 11.1.13 设$\langle A, *_1、*_2 \cdots *_m \rangle$和$\langle B, \circ_1、\circ_2 \cdots \circ_k \rangle$是两个代数系统，如果 $k=m$，对应的运算 $\circ_i$ 和 $*_i$ 都是 k_i 元运算，$i=1, 2, \cdots, k$，而且两个代数系统的代数常数也相同，则称这两个代数**同类型**。

例如，代数系统$\langle \mathbb{R}, +, \times \rangle$和$\langle P(A), \bigcup, \bigcap \rangle$是同类型的，它们都含有两个二元运算。

定义 11.1.14 设$\langle A，*_1、*_2\cdots *_m\rangle$和$\langle B，\circ_1、\circ_2\cdots\circ_m\rangle$是两个同类型的代数系统，对应的运算$\circ_i$和$*_i$所规定的运算性质也相同，$i=1，2，\cdots，k$，则称这两个代数**同种**。

例如，定义代数系统时规定：第一个二元运算满足结合律和交换律，第二个二元运算满足结合律，第二个二元运算对第一个二元运算满足分配律，代数系统$\langle\mathbb{R}，+，\times\rangle$和$\langle P(A)，\bigcup，\bigcap\rangle$是同种的。如果还规定第一个二元运算有幺元，而且每个元素都有逆元，那么代数系统$\langle\mathbb{R}，+，\times\rangle$和$\langle P(A)，\bigcup，\bigcap\rangle$不是同种的，因为$P(A)$的元素对$\bigcup$并不都可逆。

11.2 代数系统的同态和同构

同态映射、同构映射是研究代数系统之间关系的工具。

定义 11.2.1 设$\langle A，*\rangle$及$\langle B，\bullet\rangle$均为同类型的代数系统，f是A到B的映射，对任意的$a，b\in A$，有$f(a*b)=f(a)\bullet f(b)$，则称函数$f：A\to B$是从$\langle A，*\rangle$到$\langle B，\bullet\rangle$的**同态映射**，或**同态**。当同态f为单射时，又称为**单一同态**；当f为满射时，又称为**满同态**；当f为双射时，又称为**同构映射**，或**同构**。当两个代数系统间存在满同态（或同构）映射时，也称这两个代数系统**同态**（或**同构**）。当f为$\langle A，*\rangle$到$\langle A，*\rangle$的同态（同构）时，称f为A的**自同态**（**自同构**）。通常用$\langle A，*\rangle\backsim\langle B，\bullet\rangle$表示$\langle A，*\rangle$与$\langle B，\bullet\rangle$同态，用$\langle A，*\rangle\cong\langle B，\bullet\rangle$表示$\langle A，*\rangle$与$\langle B，\bullet\rangle$同构。

例 11.2.1 1）设$f：\mathbb{R}\to\mathbb{R}$为$f(x)=2^x$（$\mathbb{R}$为实数集），那么$f$为$\langle\mathbb{R}，+\rangle$到$\langle\mathbb{R}，\bullet\rangle$的同态。因为对任意实数$x，y$，有

$$f(x+y)=2^{x+y}=2^x\cdot 2^y=f(x)\cdot f(y)$$

由f的定义还可知f为单一同态，但不是满同态，因为0无原象，所以f不是同构。

2）设$f：\mathbb{Z}\to\mathbb{E}$为$f(x)=2x$，其中$\mathbb{Z}$为整数集，$\mathbb{E}$为偶整数集。因为对任意实数$x，y$，有

$$f(x+y)=2(x+y)=2x+2y=f(x)+f(y)$$

而且f是双射函数，所以f为$\langle\mathbb{Z}，+\rangle$与$\langle\mathbb{E}，+\rangle$的同构映射。

3）设$g：\mathbb{R}\to\mathbb{R}$为$g(x)=kx$（$k$为常实数），那么$g$为$\langle\mathbb{R}，+\rangle$到$\langle\mathbb{R}，+\rangle$的自同态，因为对任何实数$x，y$，有

$$g(x+y)=k(x+y)=kx+ky=g(x)+g(y)$$

并且在$k\neq 0$时，g为自同构。 ◀

例 11.2.2 证明代数结构$\langle\mathbb{N}，+\rangle$与$\langle\mathbb{N}，\bullet\rangle$不同构。

证明 用反证法。设$\langle\mathbb{N}，+\rangle$与$\langle\mathbb{N}，\bullet\rangle$同构，$f$为任一同构映射。

不失一般性，设有$n(n\geq 2)$，$f(n)$为一质数p。于是

$$p=f(n)=f(n+0)=f(n)\cdot f(0) \tag{11.1}$$

$$p=f(n)=f(n-1+1)=f(n-1)\cdot f(1) \tag{11.2}$$

根据式(11.1)，$f(n)=1$或$f(0)=1$；根据式(11.2)，$f(n-1)=1$或$f(1)=1$。总之，至少在两处f的值为1，这与f为同构映射（双射）冲突，因此$\langle\mathbb{N}，+\rangle$与$\langle\mathbb{N}，\bullet\rangle$不同构。 ◀

同态映射和同构映射建立了两个代数系统之间的一种联系，如果一个代数系统的运算具有某种性质，则另一个代数系统的运算也有这种性质。关于同态的性质有下面的定理。

定理 11.2.1　设 f 为代数系统 $\langle A, * \rangle$ 到 $\langle B, \cdot \rangle$ 的满同态，则

1）若运算 $*$ 可结合，则运算 $\cdot$ 也可结合。

2）若运算 $*$ 可交换，则运算 $\cdot$ 也可交换。

3）若 $\langle A, * \rangle$ 有幺元 e、零元 θ 和幂等元 a，则 $f(e)$、$f(\theta)$ 和 $f(a)$ 分别是 $\langle B, \cdot \rangle$ 的幺元、零元和幂等元。

4）若 x^{-1} 是 x 在 $\langle A, * \rangle$ 上的逆元，则 $f(x^{-1})$ 是 $f(x)$ 在 $\langle B, \cdot \rangle$ 上的逆元。

证明　1）对任意 $x, y, z \in B$，因为是满射，所以存在 $a, b, c \in A$，使得

$$f(a) = x, \quad f(b) = y, \quad f(c) = z$$

由于运算 $*$ 可结合，则有 $(a * b) * c = a * (b * c)$，因而有

$$
\begin{aligned}
(x \cdot y) \cdot z &= (f(a) \cdot f(b)) \cdot f(c) \\
&= (f(a * b)) * f(c) = f((a * b) * c) = f(a * (b * c)) \\
&= f(a) \cdot (f(b) \cdot f(c)) \\
&= x \cdot (y \cdot z)
\end{aligned}
$$

所以，运算 $\cdot$ 满足结合律。

2）证明方法类似 1），略。

3）对任意 x，存在 $a \in A$，使得 $f(a) = x$，若 $\langle A, * \rangle$ 有幺元 e，则有 $e * a = a * e = a$，因而有

$$f(e) \cdot f(a) = f(e * a) = f(a * e) = f(a) \cdot f(e) = f(a)$$

即

$$f(e) \cdot x = x \cdot f(e) = x$$

所以 $f(e)$ 是 $\langle B, \cdot \rangle$ 的幺元。

类似地，可以证明 $f(\theta)$ 和 $f(a)$ 分别是 $\langle B, \cdot \rangle$ 的零元和幂等元。

4）设 $\langle A, * \rangle$ 的幺元为 e，根据 3），$f(e)$ 是 $\langle B, \cdot \rangle$ 的幺元。因而有

$$f(x^{-1}) \cdot f(x) = f(x^{-1} * x) = f(e)$$
$$f(x) \cdot f(x^{-1}) = f(x * x^{-1}) = f(e)$$

所以，$f(x^{-1})$ 是 $f(x)$ 在 $\langle B, \cdot \rangle$ 上的逆元。　◀

为了进一步讨论同态的性质，我们引入同态像的概念。

定义 11.2.2　设 f 为代数系统 $\langle A, * \rangle$ 到 $\langle B, \cdot \rangle$ 的同态映射，那么称 $f(A)$ 为**同态像**，其中 $f(A) = \{ f(x) \mid x \in A \}$。

定理 11.2.2　设 f 为代数系统 $\langle A, * \rangle$ 到 $\langle B, \cdot \rangle$ 的同态，那么同态像 $f(A)$ 与 $\cdot$ 构成 $\langle B, \cdot \rangle$ 的一个子代数 $\langle f(A), \cdot \rangle$。

证明　只要证 $f(A)$ 非空，且对运算 $\cdot$ 封闭。

因为 A 为非空集合，所以 $f(A)$ 是 B 的非空子集是显然的。

设 a、b 为 $f(A)$ 中任意两个元素，则存在 $x, y \in A$，使得 $f(x) = a$，$f(y) = b$。那么

$$x \cdot y = f(a) \cdot f(b) = f(a*b) \in f(A)$$

故 $f(A)$ 对运算·封闭，$\langle f(A)，\cdot\rangle$ 为 $\langle B，\cdot\rangle$ 的子代数。 ◀

11.3 半群

定义 11.3.1 在代数系统 $\langle S，*\rangle$ 中，如果二元运算 $*$ 满足结合律，则称代数系统 $\langle S，*\rangle$ 为**半群**。当半群 $\langle S，*\rangle$ 含有关于 $*$ 运算的幺元 e 时，称它为**含幺半群**或**独异点**。独异点有时记作 $\langle S，*，e\rangle$。

例如 $\langle \mathbb{Z}，+\rangle$，$\langle \mathbb{N}，+\rangle$，$\langle \mathbb{R}，+\rangle$ 都是半群，$+$ 是普通加法，因为 $+$ 运算满足结合律。它们都含有关于 $+$ 运算的幺元，即独异点。

例 11.3.1 设 $\mathbf{Z}_n = \{0, 1, 2, \cdots, n-1\}$，$\times_n$ 为模 n 乘法运算，即 $x \times_n y = xy \pmod{n}$。证明 $\langle \mathbf{Z}_n，\times_n\rangle$ 为含幺半群。

根据定义，代数系统是半群的充分必要条件是其上有一个二元运算，且该二元运算是可结合的。因此这里需要证明运算 $\times_n$ 在 $\mathbf{Z}_n$ 上是封闭的、可结合的，且存在幺元。

证明 1）$\forall x，y \in \mathbf{Z}_n$，令 $k = x \times_n y = xy \pmod{n}$，则有

$$0 \leqslant k \leqslant n-1$$

即 $k \in \mathbf{Z}_n$，封闭性成立。

2）$\forall x，y，z \in \mathbf{Z}_n$，假设 $u = x \times_n y$，$v = y \times_n z$，有 $xy - u$ 和 $yz - v$ 都能被 n 整除，因而有

$$uz - xv = x(yz - v) - (xy - u)z$$

故 $uz - xv$ 能被 n 整除，所以 $u \times_n z = x \times_n v$，即

$$(x \times_n y) \times_n z = x \times_n (y \times_n z)$$

结合律成立。

3）$\forall x \in \mathbf{Z}_n$，有

$$x \times_n 1 = 1 \times_n x = x$$

1 是幺元，所以 $\langle \mathbf{Z}_n，\times_n\rangle$ 为含幺半群。 ◀

定义 11.3.2 设代数系统 $\langle S，*\rangle$ 为半群，如果二元运算 $*$ 满足交换律，则称代数系统 $\langle S，*\rangle$ 为**可交换半群**。当它含有关于 $*$ 运算的幺元 e 时，称为**可交换含幺半群**，或**可交换独异点**。

例 11.3.2 设 S 是一个集合，$P(S)$ 是 S 的幂集，试证明代数系统 $\langle P(S)，\bigcup\rangle$ 和 $\langle P(S)，\bigcap\rangle$ 都是可交换的含幺半群。

证明 集合的"$\bigcup$""$\bigcap$"运算是可交换和可结合的，所以代数系统 $\langle P(S)，\bigcup\rangle$ 和 $\langle P(S)，\bigcap\rangle$ 都是可交换的半群。

因为对任意集合 $A \in P(S)$，都有 $A \bigcup \varnothing = A = \varnothing \bigcup A$，$A \bigcap S = A = S \bigcap A$，所以 $\varnothing$ 是 $\langle P(S)，\bigcup\rangle$ 的幺元，S 是 $\langle P(S)，\bigcap\rangle$ 的幺元。

因此，代数系统 $\langle P(S)，\bigcup\rangle$ 和 $\langle P(S)，\bigcap\rangle$ 都是可交换的含幺半群。 ◀

半群及独异点具有如下性质。

定理 11.3.1 设 $\langle S，*\rangle$ 为一半群，若对于任意 $A \subseteq S$，且 $A \neq \varnothing$，运算 $*$ 对 A 封闭，

则$\langle A,*\rangle$是半群，称为$\langle S,*\rangle$的**子半群**。若$\langle S,*\rangle$为独异点，幺元$e\in A$，则$\langle A,*,e\rangle$是独异点，称为$\langle S,*,e\rangle$的**子独异点**。

半群$\langle S,*\rangle$的任一子代数都是半群，独异点$\langle S,*,e\rangle$的子代数含有幺元e，则它必为一独异点，证明较简单，这里不赘述。

在半群$\langle S,*\rangle$中，因为$*$运算满足结合律，对于元素$a\in S$，可以定义a的幂：

$$a^1=a$$
$$a^2=a*a$$
$$a^3=a^2*a=a*a*a$$
$$\vdots$$
$$a^n=a^{n-1}*a=\underbrace{a*a*\cdots*a}_{n个a},\qquad n\in\mathbb{Z}^+$$
$$\vdots$$

显然$a^n\in S$。如果$\langle S,*\rangle$存在幺元，设幺元为e，则增加规定：

$$a^0=e$$

容易证明，对于$m,n\in\mathbb{N}$，幂运算满足如下规则：

$$a^m*a^n=a^{m+n}$$
$$(a^m)^n=a^{mn}$$

例 11.3.3　设$\langle S,*\rangle$是半群，对于元素$a\in S$，由a的正整数幂构成的集合$M=\{a^n\mid n\in\mathbb{Z}^+\}$，证明$\langle M,*\rangle$是$\langle S,*\rangle$的子半群。

根据子半群的定义，需要证明M是S的非空子集，$*$运算对M是封闭的。

证明　因为$a=a^1\in M$，所以M是非空集合。根据元素的幂的定义，$\forall n\in\mathbb{Z}^+$，$a^n\in S$，所以M是S的非空子集。$\forall a^n,a^m\in M$，其中$n,m\in\mathbb{Z}^+$，则$a^n*a^m=a^{n+m}$，因而$a^{n+m}\in M$，故$*$运算对M是封闭的。所以$\langle M,*\rangle$是$\langle S,*\rangle$的子半群。　◀

下面介绍一种特殊结构的半群。

定义 11.3.3　$\langle S,*\rangle$是半群，如果存在一个元素$a\in S$，使得对任意的$x\in S$，有

$$x=a^n,\quad 其中 n\in\mathbb{Z}^+$$

则称$\langle S,*\rangle$是**循环半群**，并称a为该循环半群的一个**生成元**，$M=\{a\mid a\in S\wedge a$是S的生成元$\}$称为该循环半群的**生成集**。

注意，a^n只是一种抽象记号，不表示n个a相乘，而是表示当运算为$\circ$时，$a^n=a\circ a\circ\cdots\circ a$，如当$\circ$为$+$时，$a^n=a+a+a+\cdots+a$。

如果知道循环半群$\langle S,*\rangle$的生成元a，则S中的所有元素都可以用a的幂表示，即

$$S=\{a^1,a^2,\cdots,a^n,\cdots\}$$

此时，可记循环半群$\langle S,*\rangle$为$\langle\langle a\rangle,*\rangle$。

对于含幺半群有类似的定义。

例 11.3.4　判断$\langle\mathbb{N},+\rangle$是否是一个循环含幺半群。

解　因为存在元素$1\in\mathbb{N}$，对任意的$n\in\mathbb{N}$，有

$$n=(n-1)+1=1+1+1+\cdots+1=1^n$$

对幺元 0，有 $0=1^0$，因而 1 是生成元，所以〈N，＋〉是一个循环含幺半群。　◀

11.4　群

11.4.1　群及其基本性质

定义 11.4.1　设〈G，$*$〉为二元代数系统，如果 $*$ 运算是可结合的二元运算，且存在幺元 $e\in G$，并对任意 $x\in G$，都有 x 的逆元 x^{-1}，则称二元代数系统〈G，$*$〉为**群**。

根据定义，群是含幺半群，而且每个元素都是可逆的。通常用字母 G 表示群。

定义 11.4.2　在群〈G，$*$〉中，

1）若 $*$ 运算满足交换律，则称 G 为**交换群**或**阿贝尔群**。

2）G 为有限集时，称 G 为**有限群**，此时 G 的元素个数也称为 G 的**阶**；否则，称 G 为**无限群**。

3）只含幺元的群称为**平凡群**。

例 11.4.1　1）代数系统〈$\mathbb{Z}$，＋〉、〈$\mathbb{Q}$，＋〉、〈$\mathbb{R}$，＋〉（其中"＋"为普通加法运算）都是无限群，而且是可交换群（阿贝尔群），数 0 为它们的幺元。〈$\mathbb{Z}$，×〉和〈N，＋〉不是群，因为〈$\mathbb{Z}$，×〉中所有非零整数都没有逆元，〈N，＋〉中，对任意 $a\in$ N 没有逆元，但〈$\mathbb{Z}$，×〉和〈N，＋〉都是含幺半群。

2）代数系统〈$\mathbb{Z}$，×〉、〈$\mathbb{Q}$，×〉、〈$\mathbb{R}$，×〉（其中"×"为普通乘法运算）都不是群，它们虽然都有幺元 1，〈$\mathbb{Q}-\{0\}$，×〉、〈$\mathbb{R}-\{0\}$，×〉都是阿贝尔群，1 为它们的幺元，对任意元素 x，其逆元为"$1/x$"。

3）代数系统〈$P(A)$，$\bigcap$〉、〈$P(A)$，$\bigcup$〉都不是群，因为它们虽然分别有幺元"$\varnothing$"和"A"，但对于任意集合 $x\in P(A)$，当 $x\neq\varnothing$ 或 $x\neq A$ 时，x 没有逆元。代数系统〈$P(A)$，$\oplus$〉（其中 $\oplus$ 为对称差运算）是阿贝尔群，幺元是"$\varnothing$"，对于任意集合 $x\in P(A)$，x 的逆元是 x。　◀

例 11.4.2　设 $\mathbf{Z}_n=\{0,1,2,\cdots,n-1\}$，$+_n$ 为模 n 加法运算，即 $x+_ny=x+y$（mod n）。证明〈$\mathbf{Z}_n$，$+_n$〉为一阿贝尔群。

证明　需要证明 $+_n$ 运算在 $\mathbf{Z}_n$ 上是封闭的，满足结合律和交换律，幺元存在，G 中每个元素的逆元都存在。

1）$\forall x$，$y\in\mathbf{Z}_n$，令 $k=x+_ny=xy$（mod n），则有

$$0\leqslant k\leqslant n-1$$

即 $k\in\mathbf{Z}_n$，封闭性成立。

2）$\forall x$，y，$z\in\mathbf{Z}_n$，假设 $p=x+_ny$，$q=y+_nz$，有 $x+y-p$ 和 $y+z-q$ 都能被 n 整除，因而有

$$(p+z)-(x+q)=(y+z-q)-(x+y-p)$$

故 $(p+z)-(x+q)$ 能被 n 整除，所以 $p+_nz=x+_nq$，即

$$(x+_ny)+_nz=x+_n(y+_nz)$$

所以结合律成立。

3）$\forall x\in\mathbf{Z}_n$，有 $x+_n0=0+_nx=x$，所以 0 是幺元。

4）$\forall x \in \mathbf{Z}_n$，如果 $x \neq 0$，有 $x +_n (n-x) = 0 = (n-x) +_n x$，即 x 的逆元是 $n-x$；如果 $x=0$，$x +_n 0 = 0 +_n x = 0$。所以，$\mathbf{Z}_n$ 中的所有元素都是可逆的。

5）$+_n$ 运算在 $\mathbf{Z}_n$ 上显然满足交换律。

因此，$\langle \mathbf{Z}_n, +_n \rangle$ 为一阿贝尔群。◀

例 11.4.3 设 G 为集合 A 上全体双射函数的集合，$G = \{f : A \to A \mid f \text{ 是双射函数}\}$，$\circ$ 为函数合成运算。证明 $\langle G, \circ \rangle$ 为一群。

需要证明 $\circ$ 运算在 G 上是封闭的，满足结合律，幺元存在，G 中每个元素的逆元都存在。

证明 1）$\forall f, g \in G$，f，g 是双射，所以 $f \circ g$ 也是双射，因而 $f \circ g \in G$，$\circ$ 运算对 G 是封闭的。

2）函数的合成运算 $\circ$ 满足结合律，所以在 G 上 $\circ$ 运算满足结合律。

3）A 上的恒等映射 $I_A \in G$，而对于任意 $f \in G$，$f \circ I_A = I_A \circ f = f$，所以 I_A 是 $\langle G, \circ \rangle$ 的幺元。

4）对于任意 $f \in G$，因为 f 是双射函数，所以 f^{-1} 存在，而且 $f \circ f^{-1} = f^{-1} \circ f = I_A$。所以 f^{-1} 是 f 的逆元，即 G 中每个元素的逆元都存在。

所以，$\langle G, \circ \rangle$ 是群。

在群中元素 a 的幂 a^n 可推广到 $n \in \mathbb{Z}$，这是因为在群 G 中，a^{-1} 有意义，且有单位元。◀

定义 11.4.3 设 $\langle G, * \rangle$ 为群，对任意 $a \in G$，可以定义 a 的**幂**

$$a^n = \begin{cases} e, & n=0 \\ a^{n-1} * a, & n \in \mathbb{Z}^+ \\ (a^{-1})^m, & n \in \mathbb{Z}^-, m = -n \end{cases}$$

幂指数 n 在群中可以取负整数，例如在群 $\langle \mathbb{Z}, + \rangle$ 中，有

$$2^{-2} = (2^{-1})^2 = (-2) + (-2) = -4, \qquad 2^0 = 0 = e$$

对群还可以引入元素的阶的概念。

定义 11.4.4 设 $\langle G, * \rangle$ 为群，$a \in G$，如果 $a^n = e$，且 n 为满足此式的最小正整数，则称 a 的阶为 n，或称 a 为 **n 阶元**，若这样的正整数 n 不存在，称 a **有无限阶**，或称 a 为**无限阶元**。

例 11.4.4 1）群 $\langle \mathbb{Z}, + \rangle$ 的幺元为 0，$0^1 = 0$，所以 0 是 1 阶元，对于任意非 0 整数 a，$a^n = a + a + \cdots + a = na \neq 0$，$a$ 是无限阶元，所以除 0 外的其他整数都是无限阶元。

2）在群 $\langle \mathbb{Z}_4, +_4 \rangle$ 中，$2^2 = 2 + 2 (\mathrm{mod}\, 4) = 0$，所以 2 的阶是 2，可以求得：1 的阶是 4，3 的阶是 4，0 的阶是 1。◀

例 11.4.5 计算群 $\langle G, \times \rangle$ 中元素的阶，$G = \{1, -1, \mathrm{i}, -\mathrm{i}\}$，$\times$ 是普通乘法运算。

解 1 的阶为 1，-1 的阶为 2，i，$-\mathrm{i}$ 的阶都为 4。◀

注意，在任何群 G 中：

1）幺元的阶为 1，而且只有幺元的阶为 1；

2）元素的阶总是正整数，0 和负数不能作为元素的阶；

3）a 为 n 阶元实际上是要同时满足下面两个条件：

- 存在正整数 n，使得 $a^n = e$；
- 对于任何 $0 < n_1 < n$，$a^{n_1} \neq e$。

对群 $\langle G, * \rangle$ 的任意元素 a 及任何整数 m，n，有以下两式成立：

1）$a^m * a^n = a^{m+n}$

2）$(a^m)^n = a^{mn}$

群具有下列性质。

定理 11.4.1 设 $\langle G, * \rangle$ 为群，有

1）$\forall a \in G$，$(a^{-1})^{-1} = a$。

2）G 的所有元素都是可消去的。

3）幺元是 G 的唯一的等幂元素。

4）$\forall a$，$b \in G$，$(a * b)^{-1} = b^{-1} * a^{-1}$。

5）当 $G \neq \{e\}$ 时，G 无零元。

6）$\forall a$，$b \in G$，关于 x 的方程 $a * x = b$，$x * a = b$ 都有唯一解。

7）群 $\langle G, * \rangle$ 的运算表中任意一行（列）都没有两个相同的元素。

证明 1）$(a^{-1})^{-1}$ 是 a^{-1} 的逆元，而 a 也是 a^{-1} 的逆元，根据逆元的唯一性，等式得证。

2）因为 G 是群，每个元素都有逆元，逆元是可消去元，因而，G 的所有元素都是可消去的。

3）设幺元为 e，则

$$e * e = e$$

e 是等幂元。设 G 中有另一等幂元 x，那么

$$x * x = x$$

因而有

$$x * x = x * e = x$$

消去 x 得 $x = e$。所以幺元 e 是唯一的等幂元。

4）根据群 G 的运算满足结合律，且每个元素都有逆元，有

$$(a * b) * (b^{-1} * a^{-1}) = a * (b * b^{-1}) * a^{-1} = e$$
$$(b^{-1} * a^{-1}) * (a * b) = b^{-1} * (a^{-1} * a) * b = e$$

因此 $a * b$ 的逆元为 $b^{-1} * a^{-1}$，即 $(a * b)^{-1} = b^{-1} * a^{-1}$。

5）若 G 有零元 θ，则 $\theta * \theta = \theta$，即 θ 是幂等元，由 2）知：

$$\theta = e$$

当 $G \neq \{e\}$ 时，$\exists a \in G$，$a \neq \theta$，由 θ 是零元，有

$$a * \theta = \theta * a = \theta$$

又由于 $\theta = e$ 是幺元，有

$$a * \theta = a * e = a$$

即 $a = \theta$，和 $a \neq \theta$ 矛盾。所以，G 无零元。（注意，$G = \{e\}$ 时，e 既是幺元，又是零元。）

6）将 $a^{-1} * b$ 代入方程 $a * x = b$ 左边的 x，有

$$a * (a^{-1} * b) = (a * a^{-1}) * b = e * b = b$$

所以，$a^{-1}*b$ 是方程 $a*x=b$ 的解。假设 c 是方程的解，则有 $a*c=b$，因而有

$$c=e*c=(a^{-1}*a)*c=a^{-1}*(a*c)=a^{-1}*b$$

所以 $a^{-1}*b$ 是方程 $a*x=b$ 的唯一解。同理可证 $x*a=b$ 有唯一解。

7）假设群 $\langle G,*\rangle$ 的运算表中某一行有两个相同的元素 c。设它们所在的行表头元素为 a，列表头元素为 b_1 和 b_2，显然 $b_1\neq b_2$，而 $c=a*b_1=a*b_2$，由消去律得 $b_1=b_2$，矛盾。   ◀

定理 11.4.1 中 4）的结果可以推广到有限多个元素的情况，即

$$(a_1*a_2*\cdots*a_r)^{-1}=a_r^{-1}*a_{r-1}^{-1}*\cdots a_2^{-1}*a_1^{-1}$$

11.4.2 子群

定义 11.4.5 设 $\langle G,*\rangle$ 为群，如果 $\langle H,*\rangle$ 为 $\langle G,*\rangle$ 的子代数，且 $\langle H,*\rangle$ 为一群，则称 $\langle H,*\rangle$ 为 $\langle G,*\rangle$ 的**子群**。若 $H\subset G$，称 $\langle H,*\rangle$ 为 $\langle G,*\rangle$ 的**真子群**。

根据定义，$\langle\{e\},*\rangle$ 和 $\langle G,*\rangle$ 均为 $\langle G,*\rangle$ 的子群，称为 $\langle G,*\rangle$ 的**平凡子群**。$\langle G,*\rangle$ 的其他子群则称为**非平凡子群**或**真子群**。

例 11.4.6 1）$\langle\{0,3\},+_6\rangle$ 和 $\langle\{0,2,4\},+_6\rangle$ 是群 $\langle Z_6,+_6\rangle$ 的真子群。

2）$\langle n\mathbb{Z},+\rangle$ 是 $\langle\mathbb{Z},+\rangle$ 的子群，n 是自然数，当 $n\neq1$ 时是真子群。   ◀

对于群 $\langle G,*\rangle$，若 H 是 G 的非空子集，可以根据定义判断 H 是否是子群，除此之外，还可以由以下的定理判断子群。

定理 11.4.2 设 $\langle G,*\rangle$ 为群，H 是 G 的非空子集，那么 $\langle H,*\rangle$ 为 $\langle G,*\rangle$ 的子群的充分必要条件是

1）若 $a,b\in H$，则 $a*b\in H$。

2）若 $a\in H$，则 $a^{-1}\in H$。

证明 先证必要性。

若 $\langle H,*\rangle$ 为 $\langle G,*\rangle$ 的子群，$*$ 对 H 满足封闭性，H 中的每个元素都可逆，所以 1）和 2）显然成立。

再证充分性。事实上满足条件 1）、2）便可知 $*$ 对 H 满足封闭性，H 中的每个元素都可逆。因为 H 是 G 的子集，$*$ 在 G 上满足结合律，$*$ 在 H 上也满足结合律。最后只需证明 G 的幺元 $e\in H$。若 $a\in H$，根据条件 2），$a^{-1}\in H$。再由条件 1）有 $a*a^{-1}\in H$，而 $a*a^{-1}=e$ 为 G 的幺元，所以 $e\in H$。因而，$\langle H,*\rangle$ 为 $\langle G,*\rangle$ 的子群。   ◀

定理 11.4.3 设 $\langle G,*\rangle$ 为群，H 是 G 的非空子集，那么 $\langle H,*\rangle$ 为 $\langle G,*\rangle$ 的子群的充分必要条件是 $\forall a,b\in H$，有 $a*b^{-1}\in H$。

证明 充分性：即证如果 $\forall a,b\in H$，有 $a*b^{-1}\in H$，则 $\langle H,*\rangle$ 为 $\langle G,*\rangle$ 的子群。

$\forall a\in H$，根据给定条件，有 $a*a^{-1}\in H$，即幺元 $e=a*a^{-1}\in H$。由 $e,a\in H$，有 $e*a^{-1}\in H$，因而 $a^{-1}\in H$。

由 $a,b\in H$，有 $b^{-1}\in H$，根据给定条件，有 $a*(b^{-1})^{-1}\in H$，即 $a*b\in H$。

满足定理 11.4.2 的两个条件，$\langle H,*\rangle$ 为 $\langle G,*\rangle$ 的子群。

必要性：如果 $\langle H,*\rangle$ 为 $\langle G,*\rangle$ 的子群，根据定理 11.4.2 的条件 2），$\forall a,b\in H$，

有 $b^{-1} \in H$，再根据条件 1)，有 $a * b^{-1} \in H$。

例 11.4.7 设 $\langle G, * \rangle$ 是一个群，对任意的 $a \in G$，令 $S = \{a^n \mid n \in \mathbb{Z}, \mathbb{Z}$ 是整数集$\}$，证明 $\langle S, * \rangle$ 是 $\langle G, * \rangle$ 的子群。

证明 因为 $a \in S$，所以 S 是 G 的非空子集。$\forall x, y \in S$，存在 $n, m \in \mathbb{Z}$，

$$x = a^n, \quad y = a^m$$

则

$$x * y^{-1} = a^n * (a^m)^{-1} = a^{n-m}$$

由 $n, m \in \mathbb{Z}$，有 $n - m \in \mathbb{Z}$，所以 $a^{n-m} \in S$，由定理 11.4.3 可知 $\langle S, * \rangle$ 是 $\langle G, * \rangle$ 的子群。◀

11.5 循环群和置换群

在这一节里介绍两种重要的群：循环群和置换群。

11.5.1 循环群

定义 11.5.1 如果 $\langle G, * \rangle$ 为群，且 G 中存在元素 $g \in G$，使得 $\forall a \in G$，有

$$a = g^i \ (i \in \mathbb{Z}, \mathbb{Z} \text{ 为整数集合})$$

则称 $\langle G, * \rangle$ 为**循环群**，记作 $G = \langle g \rangle$，并称 g 为循环群 G 的**生成元**，G 的所有生成元的集合称为 G 的**生成集**。

根据循环群的定义，判断一个群是否是循环群，需要说明其生成元存在。

例 11.5.1 证明整数加法群 $\langle \mathbb{Z}, + \rangle$ 是循环群，并求其生成集。

证明 设 $g \in \mathbb{Z}$ 是生成元，则由生成元的定义，$\forall n \in \mathbb{Z}$，存在 $k \in \mathbb{Z}$，使得

$$n = g^k = \underbrace{g + g + \cdots + g}_{k \text{个} g} = kg$$

特别取 $n = 1$ 时，有

$$1 = kg$$

由于 g、k 都是整数，所以必然有

$$g = 1 \text{ 或 } g = -1$$

由此说明，如果 g 是生成元，则 g 必须为 1 或 -1。

$\forall n \in \mathbb{Z}$，有

$$n = 1 + 1 + \cdots + 1 = 1^n$$

$$n = 1 + 1 + \cdots + 1 = (-1)^{-1} + (-1)^{-1} + \cdots + (-1)^{-1} = ((-1)^{-1})^n = (-1)^{-n}$$

所以，1 和 -1 是生成元，$\langle \mathbb{Z}, + \rangle$ 是循环群，其生成集为 $\{1, -1\}$。◀

例 11.5.2 证明 $\langle \mathbf{Z}_n, +_n \rangle$ 为循环群，并求其生成集。

证明 设 g 是 $\langle \mathbf{Z}_n, +_n \rangle$ 的生成元，则 $\forall m \in \mathbf{Z}_n$，$\exists k \in \mathbb{Z}$ 有

$$m = g^k = kg \ (\text{mod } n)$$

若 $m = 1$，则有

$$1 = kg \ (\text{mod } n)$$

因而存在 $t \in \mathbb{Z}$，使得

$$nt+kg=1$$

所以有 gcd$(n，g)=1$，也就是 n 和 g 互素。

如果有 gcd$(n，g)=1$，则

$$\exists b，c\in\mathbb{Z}，bn+cg=1$$

有

$$1=cg(\bmod n)$$

因而有

$$1=g^c$$

则 $\forall m\in Z_n$，

$$m=1^m=(g^c)^m=g^{cm}(cm\in\mathbb{Z})$$

g 是生成元。因此，g 是生成元的充分必要条件是 n 和 g 互素。对于任何小于 n 且与 n 互素的整数都是 $\langle Z_n，+_n\rangle$ 的生成元，所以 $\langle Z_n，+_n\rangle$ 是循环群。$\langle Z_n，+_n\rangle$ 的生成集为：$\{g\,|\,g\in Z_n\wedge(\gcd(g，n)=1)\}$。◄

例如在 $\langle Z_6，+_6\rangle$ 中，1，5 和 6 互素，所以 $\langle Z_6，+_6\rangle$ 的生成集为 $\{1，5\}$。

对于循环群 $G=\langle g\rangle$，由群 G 的阶可以得到两类循环群：

1）若 g 是无限阶元，则

$$G=\{\cdots，g^{-2}，g^{-1}，g^0=e，g^1，g^2，\cdots\}$$

称 G 为**无限阶循环群**。

2）若 g 是 n 阶元，则

$$G=\{g^0=e，g^1，g^2，\cdots g^{n-1}\}$$

称 G 为 **n 阶循环群**。

定理 11.5.1　对于循环群 $G=\langle g\rangle$，

1）若 G 为无限阶循环群，则 G 有且仅有两个生成元：g 和 g^{-1}。

2）若 G 为 n 阶循环群，对于任何小于 n 且与 n 互素的自然数 r，g^r 是 G 的生成元。◄

证明　略。◄

定理 11.5.2　设 $\langle G，*\rangle$ 为循环群，则 G 为阿贝尔群。

证明　设 g 为循环群 $\langle G，*\rangle$ 的生成元，$\forall a，b\in G$，$\exists x，y\in\mathbb{Z}$，有

$$a*b=g^x*g^y=g^{x+y}=g^{y+x}=g^y*g^x=b*a$$

所以，G 为阿贝尔群。◄

关于循环群的子群有以下定理：

定理 11.5.3　对于循环群 $G=\langle g\rangle$，

1）循环群 G 的子群都是循环群。

2）若 $G=\langle g\rangle$ 是一个 n 阶循环群，则由 n 的一切因子 d 都可对应产生一个且仅一个 d 阶子群 $\langle g^{n/d}\rangle$。

证明　1）设 $\langle G，*\rangle$ 为 g 生成的循环群，$\langle H，*\rangle$ 为其子群。当然，H 中的元素均可表示为 g^r。

若 $H=\{e\}$，显然 H 为循环群。

若 $H \neq \{e\}$，那么 H 中有 $g^i (i \neq 0)$。由于 H 为子群，H 中必还有 g^{-i}。因此，不失一般性，可设 i 为正整数，并且它是 H 中元素的最小正整数指数。现证明 H 为 g^i 生成的循环群。

设 g^j 为 H 中任一元素。令 $j = mi + r$，其中 m 为 i 除 j 的商，r 为余数，$0 \leqslant r < i$。于是

$$g^j = g^{mi+r} = g^{mi} * g^r$$
$$g^r = g^{-mi} * g^j$$

由于 g^j，$g^{-mi} \in H$（因 $g^{mi} \in H$），故 $g^r \in H$，根据 i 的最小性，$r = 0$，从而 $g^j = g^{mi} = (g^i)^m$，H 为循环群。

2) 的证明略。 ◀

例如 $\langle n\mathbb{Z}, + \rangle$ 是 $\langle \mathbb{Z}, + \rangle$ 的子群，n 是自然数。因为 $\langle \mathbb{Z}, + \rangle$ 是循环群，所以 $\langle n\mathbb{Z}, + \rangle$ 也是循环群。

11.5.2 置换群

置换群是一种具有重要应用的代数系统。

定义 11.5.2 设 S 为有限集合，$|S| = n$，S 上的任何双射函数 $\tau: S \to S$ 称为 S 上的**一个 n 元置换**。

假设 $S = \{a_1, a_2, \cdots, a_n\}$ 时，S 上的 n 元置换 τ 可表示为

$$\begin{bmatrix} a_1 & a_2 & \cdots & a_n \\ \tau(a_1) & \tau(a_2) & \cdots & \tau(a_n) \end{bmatrix}$$

例 11.5.3 设 $S = \{1, 2, 3\}$，那么 S 上有 6 个置换：

$$\tau_1 = \begin{pmatrix} 1 & 2 & 3 \\ 1 & 2 & 3 \end{pmatrix} \qquad \tau_2 = \begin{pmatrix} 1 & 2 & 3 \\ 2 & 1 & 3 \end{pmatrix} \qquad \tau_3 = \begin{pmatrix} 1 & 2 & 3 \\ 3 & 2 & 1 \end{pmatrix}$$

$$\tau_4 = \begin{pmatrix} 1 & 2 & 3 \\ 1 & 3 & 2 \end{pmatrix} \qquad \tau_5 = \begin{pmatrix} 1 & 2 & 3 \\ 2 & 3 & 1 \end{pmatrix} \qquad \tau_6 = \begin{pmatrix} 1 & 2 & 3 \\ 3 & 1 & 2 \end{pmatrix}$$

一般地，$S = \{a_1, a_2, \cdots, a_n\}$ 时，S 上有 $n!$ 个置换。 ◀

置换的复合运算通常用记号 $\circ$ 表示。

定义 11.5.3 设 τ_1 和 τ_2 是两个 n 元置换，τ_1 和 τ_2 的复合 $\tau_1 \circ \tau_2$ 也是 n 元置换。

例如上例中，

$$\tau_2 \circ \tau_3 = \begin{pmatrix} 1 & 2 & 3 \\ 2 & 3 & 1 \end{pmatrix}$$

将 n 个元素的集合 S 上的全体置换记为 S_n，对于置换的复合运算而言，n 元置换的复合运算对 S_n 是封闭的，复合运算是可结合的，S 上的全体置换中有幺元：恒等函数，又称**幺置换**，且每一置换都有逆置换，因此 $\langle S_n, \circ \rangle$ 是一个群。

定义 11.5.4 将 n 个元素的集合 S 上的全体置换记为 S_n，那么称群 $\langle S_n, \circ \rangle$ 为 S 上的 **n 次对称群**，它的任何子群称为 S 上的 **n 次置换群**。

例如在例 11.5.3 中，$S = \{1, 2, 3\}$，那么 $S_3 = \{\tau_i \mid i = 1, 2, 3, 4, 5, 6\}$，其中 τ_1

为幺置换，$\tau_2^{-1}=\tau_2$，$\tau_3^{-1}=\tau_3$，$\tau_4^{-1}=\tau_4$，$\tau_5^{-1}=\tau_6$。$\langle S_3，\circ\rangle$为三次对称群，且 $H=\{\tau_1\}=\{e\}$为 S_3 的子群。

11.6   环和域

群是只有一个二元运算的代数系统，是较为简单的代数结构，但是实际的代数系统的结构要更为丰富，包含多个二元运算，二元运算之间可能有某种联系。环和域是含有两个发生联系的二元运算的代数系统。

定义 11.6.1   设$\langle R，+，\cdot\rangle$是代数系统，"$+$"和"$\cdot$"分别称为加法运算和乘法运算（不一定是普通的加法和乘法运算），如果

1）$\langle R，+\rangle$是阿贝尔群（或加群）；

2）$\langle R，\cdot\rangle$是半群；

3）乘法运算对加法运算可分配，即对任意元素 $a，b，c\in R$

$$a \cdot (b+c)=a \cdot b+a \cdot c，(b+c)\cdot a=b \cdot a+c \cdot a$$

则称$\langle R，+，\cdot\rangle$为环（ring）。

为了简便，下文将 $a \cdot b$ 简记为 ab，对一个元素 x 的加法逆元记为$-x$，若 x 存在乘法逆元，记为 x^{-1}。

例如代数系统$\langle \mathbb{Z}，+，\times\rangle$、$\langle \mathbb{R}，+，\times\rangle$、$\langle \mathbb{Q}，+，\times\rangle$和$\langle \mathbb{C}，+，\times\rangle$都是环，其中 $\mathbb{Z}$、$\mathbb{R}$、$\mathbb{Q}$、$\mathbb{C}$ 分别为整数集、实数集、有理数集和复数集，"$+$""$\times$"是普通加法和乘法运算。代数系统$\langle M_n(R)，+，\times\rangle$是环，$M_n(R)$是 $n(n\geqslant 2)$阶实矩阵集合，"$+$""$\times$"是矩阵加法和矩阵乘法运算。代数系统$\langle Z[x]，+，\times\rangle$是环，$Z[x]$是所有 x 的整系数多项式的集合，"$+$""$\times$"是多项式的加法和乘法，而$\langle Z，-，\times\rangle$不是环。

例 11.6.1   证明：代数系统$\langle Z_n，+_n，\times_n\rangle$是环。

证明   1）$\langle Z_n，+_n\rangle$为阿贝尔群（证明见例 11.4.2）。

2）$\langle Z_n，\times_n\rangle$为半群（证明见例 11.3.1）。

3）对任意的 $a，b，c\in Z_n$，有

$$
\begin{aligned}
a \times_n (b +_n c) &=a \times_n ((b+c)\bmod n)\\
&=(a \times b+a \times c)(\bmod n)\\
&=a \times b(\bmod n) +_n a \times c(\bmod n)\\
&=a \times_n b +_n a \times_n c
\end{aligned}
$$

同理可证$(b +_n c)\times_n a=b\times_n a +_n c\times_n a$，即"$\times_n$"对"$+_n$"是可分配的。

所以，代数系统$\langle Z_n，+_n，\times_n\rangle$是环。   ◀

环有下列基本性质。

定理 11.6.1   设$\langle R，+，\cdot\rangle$为环，0 为加法幺元，那么对任意 $a，b，c\in R$，

1）$0a=a0=0$

2）$(-a)b=a(-b)=-ab$

3）$(-a)(-b)=ab$

4）若用 $a-b$ 表示 $a+(-b)$，则

$$(a-b)c=ac-ab，c(a-b)=ca-cb$$

证明　1）$a0+a0=a(0+0)=a0$，所以，$a0=0$。同理可证 $0a=0$，即环的加法幺元必为乘法零元。

2）$(-a)b=ab+(-ab)+(-a)b=(a+(-a))b+(-ab)=0b+(-ab)=-ab$，同理可证 $a(-b)=-ab$。

3）仿照 2）可证。

4）$(a-b)c=(a+(-b))c=ac+(-b)c=ac+(-bc)=ac-bc$，同理可证 $c(a-b)=ca-cb$。　◀

注意，$\langle R，+，\cdot\rangle$ 中乘运算未必满足交换律，也未必有幺元(但一定有零元)。

定义 11.6.2　设 $\langle R，+，\cdot\rangle$ 是环。

1）如果环中乘法运算·满足交换律，称 R 为**交换环**。

2）当乘法运算·有幺元时，称 R 为**含幺环**。

3）若有非零元素 a、b 满足 $ab=0$，则称 a、b 为 R 的**零因子**，并称 R 为**含零因子环**，否则称 R 为**无零因子环**。

4）如果 $\langle R，+，\cdot\rangle$ 是含幺环，且是交换环和无零因子环，则称 R 为**整环**。

例如代数系统 $\langle \mathbb{Z}，+，\times\rangle$、$\langle \mathbb{R}，+，\times\rangle$、$\langle \mathbb{Q}，+，\times\rangle$ 和 $\langle \mathbb{C}，+，\times\rangle$ 都是环，乘法运算满足交换律，因而都是交换环；乘法运算存在幺元，幺元为 1，所以都是含幺环；都不存在非零元素 a，b 满足 $ab=0$，都是无零因子环。所以都是整环。

代数系统 $\langle Z_n，+_n，\times_n\rangle$ 是环，$\times_n$ 满足交换律，1 是 $\times_n$ 运算的幺元，因而是交换环和含幺环；但是不是对任意 n 都是无零因子环，因为当 $n=6$ 时，$2\times_n3=0$，2 和 3 都是零因子，所以不是对任意 n，$\langle Z_n，+_n，\times_n\rangle$ 都是整环，如 $\langle Z_6，+_6，\times_6\rangle$ 是含零因子环，不是整环，而 $\langle Z_5，+_5，\times_6\rangle$ 是整环。可以证明，当且仅当 n 是素数时，$\langle Z_n，+_n，\times_n\rangle$ 是整环。

代数系统 $\langle M_n(R)，+，\times\rangle$ 是环，是含幺环，幺元为 $\begin{pmatrix}1&0\\0&1\end{pmatrix}$，但不是交换环和无零因子环，所以不是整环。如在环 $\langle M_2，+，\circ\rangle$ 中有零因子

$$\begin{pmatrix}1&-1\\-1&1\end{pmatrix}\quad 和 \quad \begin{pmatrix}1&1\\1&1\end{pmatrix}$$

因为

$$\begin{pmatrix}1&-1\\-1&1\end{pmatrix}\circ\begin{pmatrix}1&1\\1&1\end{pmatrix}=\begin{pmatrix}0&0\\0&0\end{pmatrix}$$

$\begin{pmatrix}0&0\\0&0\end{pmatrix}$ 是矩阵乘法的零元。

定义 11.6.3　设 $\langle F，+，\cdot\rangle$ 是一个代数系统，其中 $|F|>1$，如果 $\langle F，+，\cdot\rangle$ 为一环，且 $\langle F-\{0\}，\cdot\rangle$ 为阿贝尔群，称 $\langle F，+，\cdot\rangle$ 为**域**。

根据定义，域是可交换含幺环，而且域中无零因子，所以域为整环。但整环未必是域。$\langle \mathbb{R}，+，\times\rangle$ 和 $\langle \mathbb{Q}，+，\times\rangle$ 都是域，但 $\langle \mathbb{Z}，+，\times\rangle$ 不是域，因为 $\langle \mathbb{Z}-\{0\}，\times\rangle$ 不是

群，说明整环不一定是域。

例 11.6.2 当运算为实数加法和乘法时，判断下列集合和给定运算是否构成环、整环和域。如果不是，说明理由。

1）$A = \{2z + 1 \mid z \in \mathbb{Z}\}$

2）$A = \{2z \mid z \in \mathbb{Z}\}$

3）$A = \{a + b\sqrt[3]{5} \mid a, b \in \mathbb{Q}\}$

4）$A = \{1, -1\}$

解 1）不是环，因为关于加法运算不封闭。

2）是环，不是整环和域，因为乘法没有幺元。

3）不是环，因为关于乘法运算不封闭。

4）不是环，因为加法运算不封闭。 ◀

习题

1. 数的加、减、乘、除运算是否为下列集合上的二元运算？

（1）正实数集　　　　　　（2）非零实数集

（3）正整数集　　　　　　（4）偶数集

（5）$\{2^k \mid k \in \mathbb{Z}\}$

2. 设集合 $A = \{a, b, c, d\}$ 上的运算表如下所示。

*	a	b	c	d
a	a	b	c	d
b	b	a	d	d
c	c	d	a	d
d	d	d	d	d

（1）说明运算是否可结合？为什么？

（2）求单位元与零元。

3. 判断下列命题的真假。

（1）$\forall x, y \in R, x * y = |x - y|$，则 0 为 $\langle R, * \rangle$ 的单位元。

（2）$\forall x, y \in R, x * y = x + y - xy$，则 $\forall x \in R, x^{-1} = x/(1-x)$。

（3）每个群都有子群。

（4）$\langle P(A), \bigcup \rangle$ 和 $\langle P(A), \bigcap \rangle$ 这两个代数系统都存在零元和幺元。

4. 以下集合对于给定的运算是否构成代数系统？如果构成，说明该系统是否满足交换律和结合律。求出该运算的零元、幺元及所有可逆元的逆元。

（1）有理数集 $\mathbb{Q}$，$x * y = (x + y)/2$。

（2）$U = \{x \mid x^3 = 1, x \text{ 为复数}\}$，运算为复数的乘法。

（3）正整数集，$x * y = \gcd(x, y)$，即求 x 与 y 的最大公约数。

（4）所有一次多项式的全体构成的集合 $F_1[x]$ 对于运算：多项式的加法。

5. (1)求代数系统$\langle N, \times \rangle$的幺元及所有可逆元的逆元，其中$\times$是普通乘法运算。

(2)求代数系统$\langle Z, + \rangle$的元及所有可逆元的逆元。

(3)设 p 为所有命题公式构成的集合，运算公式为析取运算$\vee$。求代数系统$\langle p, \vee \rangle$的幺元及所有可逆元的逆元。

(4)求代数系统$\langle Z_4, + \rangle$的幺元、零元，以及所有可逆元。

6. 设代数系统$V = \langle S, \circ \rangle$，其中 S 为实数集，代数运算。是普通乘法运算。以下各映射是否为 M 的自同态映射？是否为满自同态映射和自同构映射？

(1)$x \mapsto |x|$　(2)$x \mapsto 2x$　(3)$x \mapsto x^2$　(4)$x \mapsto -x$

7. 设代数系统$\langle S, * \rangle$有幺元 e，零元为 0，并且$|S| \geqslant 2$。证明 0 无左(右)逆元。

8. 设 $A = \{a, b, c\}$，A 上的二元运算。为：$\forall x, y \in A$，$x \circ y = c$。

(1)找出 A 上的所有双射函数。

(2)说明这些函数是否为 $A = \langle a, \circ \rangle$的自同构，为什么？

9. 设 $A = \{a, b, c\}$，A 上的二元运算。为：$\forall x, y \in A$，$x \circ y = x$。

(1)证明 A 关于。运算构成半群。

(2)试通过增加最少的二元运算使得 A 扩张成一个独异点。

10. 设 $\mathbb{Z}^+$ 是正整数集合，$x, y \in \mathbb{Z}^+$，$\mathbb{Z}^+$ 上的运算 $*$ 为：$x * y = \min(x, y)$，问$\langle \mathbb{Z}^+, * \rangle$是否是半群、独异点？

11. 设$\langle S, * \rangle$是半群，对任意 $x, y \in S$，若 $x \neq y$，有 $x * y = y * x$。试证明

(1)对任意 $x \in S$，必有 $x * x = x$。

(2)对任意 $x, y \in S$，必有 $x * y * x = x$。

(3)对任意 $x, y, z \in S$，必有 $x * y * z = x * z$。

12. 设$\langle S, * \rangle$是半群，a 是 S 中的一个元素，使得对 S 中的每一个元素 x，存在 u，$v \in S$，满足 $a * u = v * a = x$，证明 A 中存在幺元。

13. 设$\langle S, * \rangle$是半群，若 S 是有限集合，则 S 中必存在幂等元。

14. 判断下列集合关于指定运算是否构成半群、独异点和群：

(1)$\mathbb{Q}^+$ 是正有理数集，运算是普通加法；

(2)$U = \{x \mid x^3 = 1$，x 为复数$\}$，运算是普通乘法；

(3)a 是正实数，$G = \{a^n \mid n \in \mathbb{Z}\}$，运算是普通乘法；

(4)N 是自然数集，$x * y = \max\{x, y\}$；

(5)$G = \left\{ \begin{bmatrix} 1 & x \\ 0 & 1 \end{bmatrix} \mid x \in \mathbb{Z} \right\}$，运算是矩阵乘法。

15. 设 $\mathbb{Z}$ 是整数集，运算 $*$ 是：对任意 $a, b \in \mathbb{Z}$，$a * b = a + b - 2$，这里$+$和$-$是普通加法和减法运算，证明$\langle \mathbb{Z}, * \rangle$是一个群。

16. 证明群 G 是交换群，当且仅当对任意 $a, b \in G$，有$(ab)^2 = a^2 b^2$。

17. 设 G 为群，若$\forall x \in G$有 $x^2 = e$，证明 G 为交换群。

18. 设 $G = \langle a \rangle$是 15 阶循环群。

(1)求出 G 的所有生成元；(2)求出 G 的所有子群。

19. 证明循环群一定是阿贝尔群，说明阿贝尔群是否一定是循环群，并说明你的理由。

20. 判断下列集合和给定运算是否构成环、整环和域，如果不能，请说明理由。

    (1)$A = \{3x \mid x \in \mathbb{Z}\}$，运算为实数加法和乘法；

    (2)$A = \{2x+1 \mid x \in \mathbb{Z}\}$，运算为实数加法和乘法；

    (3)$A = \{a + b\sqrt[4]{5} \mid a, b \in \mathbb{Q}\}$，运算为实数加法和乘法。

    (4)A 为所有 5 阶矩阵的全体，运算为矩阵的加法和乘法。

21. 设 $\langle R, +, * \rangle$ 是环，其乘法幺元为 1，加法幺元为 0，对于任意的 $a, b \in R$，$\oplus$ 和 $\circ$ 定义为 $a \oplus b = a + b + 1$，$a \circ b = a * b + a^4 + b$，证明 $\langle R, \oplus, \circ \rangle$ 也是环，且与 $\langle R, +, * \rangle$ 同构。

22. 设 a 和 b 是含幺环 R 中的两个可逆元，证明：

    (1)$-a$ 也是可逆元，且 $(-a)^{-1} = -a^{-1}$。

    (2)ab 也是可逆元，且 $(ab)^{-1} = b^{-1}a^{-1}$。

23. 证明如果 $\langle R, +, * \rangle$ 是整环，且 R 是有限集合，则 $\langle R, +, * \rangle$ 是域。

第 12 章　格与布尔代数

格与布尔代数是含有两个二元运算的代数系统，在代数学、逻辑理论研究以及许多实际应用中都占有重要的地位。

12.1　格

格的定义有两种，一种是从偏序集的角度定义，一种是从代数系统的角度定义。这两种格的定义是等价的。

12.1.1　格的基本概念

第 4 章介绍了偏序和偏序集的概念，对偏序集的任一子集引入最小上界和最大下界的概念，但并非每个子集都有最小上界或最大下界，例如在图 12.1.1a 中哈斯图所示的偏序集里，$\{a, b\}$ 没有最小上界，$\{c, d\}$ 没有最大下界。在图 12.1.1b 中哈斯图所示的偏序集里，它的任何两个元素的集合都存在最小上界和最大下界，这样的偏序集称为**偏序格**。

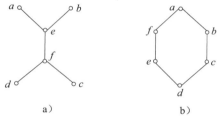

定义 12.1.1　设 $\langle L, \leqslant \rangle$ 是一个偏序集，如果 L 中的任何两个元素构成的子集都有最小上界和最大下界，则称 $\langle L, \leqslant \rangle$ 为**格**(lattice)。

图 12.1.1　哈斯图

在格 $\langle L, \leqslant \rangle$ 中，对于任意 $a, b \in L$，$\{a, b\}$ 的最小上界和最大下界都存在而且是唯一的，因此求最小上界和最大下界可以看成是二元运算。通常用 $a \vee b$ 表示 $\{a, b\}$ 的最小上界，用 $a \wedge b$ 表示 $\{a, b\}$ 的最大下界。由于对任何 a、b、$a \vee b$ 及 $a \wedge b$ 都是 L 中确定的成员，因此 $\vee$、$\wedge$ 均为 L 上的运算。

例 12.1.1　判断下列偏序集是否是格，说明理由。

1) 偏序集 $\langle P(A), \subseteq \rangle$，其中 $P(A)$ 是集合 A 的幂集。

2) 偏序集 $\langle \mathbb{R}, \leqslant \rangle$，其中 $\mathbb{R}$ 表示实数集，$\leqslant$ 表示 $\mathbb{Z}$ 上的小于等于关系。

3) 偏序集 $\langle S_n, D \rangle$，其中 S_n 是 n 的所有因子的集合，D 是整除关系。

解　1) $\forall X, Y \in P(A)$，有

$$X \vee Y = X \cup Y, \quad X \wedge Y = X \cap Y$$

由于 $\cup$ 和 $\cap$ 运算在 $P(A)$ 上是封闭的，所以 $X \cup Y$ 和 $X \cap Y \in P(A)$，偏序集 $\langle P(A), \subseteq \rangle$ 是格，称为 A 的幂集格。

2) $\forall m, n \in \mathbb{R}$，有 $m \vee n = \max(m, n)$，$m \wedge n = \min(m, n)$，所以偏序集 $\langle \mathbb{R}, \leqslant \rangle$ 是格。

3)$\forall x$，$y \in S_n$，有 $x \vee y = \mathrm{lcm}(x, y)$，即 x 与 y 的最小公倍数；$x \wedge y = \gcd(x, y)$，即 x 与 y 的最大公约数。所以偏序集 $\langle S_n, D \rangle$ 是格。　◀

例 12.1.2　判断图 12.1.2 中哈斯图表示的偏序集是否构成格，说明理由。

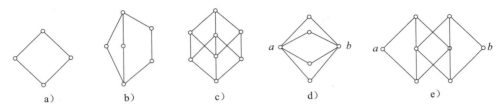

图 12.1.2　哈斯图

解　图 12.1.2a、图 12.1.2b、图 12.1.2c 是格，每个图中的任何两个元素的集合都存在最小上界和最大下界。图 12.1.2d、图 12.1.2e 不是格，前者中的 $\{a, b\}$ 有两个下界元素，但是没有最大下界，后者中的 $\{a, b\}$ 没有下界元素，没有最大下界。　◀

格有许多重要的应用，如数据仓库中关于物化视图的分组方案，采用格的结构，可以占用较小的存储空间，尽可能满足更多的查询需求，提高查询效率。

当 $\langle L, \leqslant \rangle$ 为格时，如果偏序关系"$\leqslant$"的逆关系用"$\geqslant$"表示，则 $\langle L, \geqslant \rangle$ 也为格。在命题演算、集合代数中有对偶定理，例如集合的运算公式具有对偶性，若 $A \cup (A \cap B) = A$ 为真，它的对偶式 $A \cap (A \cup B) = A$ 也为真。关于格也存在对偶性。

定义 12.1.2　设 P 是含有格中元素及符号 $=$、$\leqslant$、$\geqslant$、$\vee$ 和 $\wedge$ 的命题。将 P 中符号 $\vee$ 换成 $\wedge$、$\wedge$ 换成 $\vee$、$\leqslant$ 换成 $\geqslant$、$\geqslant$ 换成 $\leqslant$ 后得到公式 P^*，称 P^* 为 P 的**对偶命题**。

例如 $P = a \vee (b \vee c)$ 的对偶命题为 $P^* = a \wedge (b \wedge c)$，而且 P 和 P^* 互为对偶命题。

格的对偶原理　设 P 是含有格中元素及符号 $=$、$\leqslant$、$\geqslant$、$\vee$ 和 $\wedge$ 的命题，若 P 对一切格为真，则 P 的对偶命题 P^* 对一切格也为真。

例如，如果对所有 L，命题"$\forall a, b \in L$，$a \wedge b \leqslant a$"成立，根据对偶原理，对所有 L，命题"$\forall a, b \in L$，$a \vee b \geqslant a$"也成立。

许多格的性质都是互为对偶命题的，有了格的对偶原理，在证明格的性质时，只需证明其中的一个命题就可以了。格具有下面的重要性质。

定理 12.1.1　设 $\langle L, \leqslant \rangle$ 为格，那么对 L 中任意元素 a、b、c 有

1）幂等律：$a \vee a = a$，$a \wedge a = a$

2）交换律：$a \vee b = b \vee a$，$a \wedge b = b \wedge a$

3）结合律：$a \vee (b \vee c) = (a \vee b) \vee c$

　　　　　　$a \wedge (b \wedge c) = (a \wedge b) \wedge c$

4）吸收律：$a \wedge (a \vee b) = a$，$a \vee (a \wedge b) = a$

证明　1）$a \vee a$ 是 $\{a\}$ 的最小上界，所以 $a \vee a = a$。由对偶原理 $a \wedge a = a$ 也成立。

2）$a \vee b$ 是 $\{a, b\}$ 的最小上界，$b \vee a$ 是 $\{b, a\}$ 的最小上界，$\{a, b\} = \{b, a\}$，所以 $a \vee b = b \vee a$。由对偶原理 $a \wedge b = b \wedge a$ 也成立。

3）两个公式互为对偶，所以只需要证 $a \wedge (b \wedge c) = (a \wedge b) \wedge c$。

由最大下界定义有

$$(a \wedge b) \wedge c \leqslant a \wedge b \leqslant a$$
$$(a \wedge b) \wedge c \leqslant a \wedge b \leqslant b$$
$$(a \wedge b) \wedge c \leqslant c$$

从而 $(a \wedge b) \wedge c \leqslant b \wedge c$，进而 $(a \wedge b) \wedge c \leqslant a \wedge (b \wedge c)$。

同理可证

$$a \wedge (b \wedge c) \leqslant (a \wedge b) \wedge c$$

由偏序关系"$\leqslant$"的反对称性，$a \wedge (b \wedge c) = (a \wedge b) \wedge c$。

4）显然，$a \wedge (a \vee b) \leqslant a$，另一方面，由于

$$a \leqslant a, \quad a \leqslant a \vee b$$

因此

$$a \leqslant a \wedge (a \vee b)$$

于是有

$$a \wedge (a \vee b) = a$$

根据格的对偶原理，$a \vee (a \wedge b) = a$ 也成立。 ◀

根据定理 12.1.1，格是具有两个二元运算的代数系统 $\langle L, \wedge, \vee \rangle$，其中的运算满足上述的四个运算律，这一结论反过来也正确，即若在一个集合上定义了两个二元运算，且这两个二元运算满足前述四个运算律，则可在集合上定义一个偏序关系使之成为格。

定理 12.1.2 设 $\langle L, \wedge, \vee \rangle$ 是代数系统，$\wedge$，$\vee$ 是二元运算，且满足幂等律、结合律、交换律和吸收律，在 L 上定义一种关系"$\leqslant$"：$\forall a, b \in L$，$a \leqslant b$ 当且仅当 $a \vee b = b$，则 $\langle L, \leqslant \rangle$ 是格。

证明 首先证明关系"$\leqslant$"是偏序关系。

因为 $a \vee a = a$，所以有 $a \leqslant a$，"$\leqslant$"是自反的。

假设 $a \leqslant b$，$b \leqslant a$，则有

$$a \vee b = b, \quad b \vee a = a$$

由于 $\vee$ 满足交换律，因而

$$b = a \vee b = b \vee a = a$$

所以"$\leqslant$"是反对称的。

假设 $a \leqslant b$，$b \leqslant c$，则有

$$a \vee b = b, \quad b \vee c = c$$

由于 $\vee$ 满足结合律，则

$$a \vee c = a \vee (b \vee c) = (a \vee b) \vee c = b \vee c = c$$

即

$$a \leqslant c$$

所以"$\leqslant$"是传递的。因而，"$\leqslant$"是偏序关系，$\langle L, \leqslant \rangle$ 是偏序集。

要证明 $\langle L, \leqslant \rangle$ 是格，需要证明 $\forall a, b \in L$，存在最小上界和最大下界。

因为 $\wedge$，$\vee$ 满足吸收律，有

$$a = a \wedge (a \vee b), \quad b = b \wedge (b \vee a)$$

所以有 $a \leqslant a \vee b$，$b \leqslant a \vee b$。因此，$a \vee b$ 是 $\{a, b\}$ 的一个上界。

设 u 是 $\{a,b\}$ 的一个上界，则有 $a\leqslant u$，$b\leqslant u$，由结合律有
$$(a\vee b)\vee u=a\vee(b\vee u)=a\vee u=u$$
所以 $a\vee b\leqslant u$，即 $a\vee b$ 是 $\{a,b\}$ 的最小上界。

同理，$a\wedge b$ 是 $\{a,b\}$ 的最大下界。

所以 $\langle L,\leqslant\rangle$ 是格。定理得证。 ◀

根据上述定理，可以给出格的另一个等价定义。

定义 12.1.3 设 $\langle L,\wedge,\vee\rangle$ 是代数系统，$\wedge$ 和 $\vee$ 是二元运算，如果 $\wedge$ 和 $\vee$ 满足结合律、交换律和吸收律，则 $\langle L,\wedge,\vee\rangle$ 构成格。

格中的运算需要满足 4 条运算律，但其实幂等律可以由吸收律推出。$\forall a\in L$，由吸收律得
$$a\vee a=a\vee(a\wedge(a\vee a))=a$$
同理有
$$a\wedge a=a$$
因此，在 $\langle L,\wedge,\vee\rangle$ 中，$\wedge$ 和 $\vee$ 满足幂等律。所以在这个定义中，只需满足 3 条运算律即可。

定义 12.1.4 设 $\langle L,\wedge,\vee\rangle$ 是格，S 是 L 的非空子集，若 S 关于 L 中的运算 $\wedge$、$\vee$ 仍构成格，则称 S 是 L 的**子格**。

例 12.1.3 设格 L 如图 12.1.3 所示，$S_1=\{a,b,c,d\}$，$S_2=\{a,f,b\}$，S_1 和 S_2 是否是 L 的子格？

解 S_1 是 L 的子格，S_2 不是 L 的子格，因为对 b 和 f，$b\wedge f=d$，而 $d\notin S_2$。 ◀

12.1.2 分配格

定义 12.1.5 设 $\langle L,\vee,\wedge\rangle$ 是一个格，如果对任意 a，b，$c\in L$，有
$$a\wedge(b\vee c)=(a\wedge b)\vee(a\wedge c)$$
$$a\vee(b\wedge c)=(a\vee b)\wedge(a\vee c)$$
即运算满足分配律，则称 $\langle L,\vee,\wedge\rangle$ 为**分配格**。

例如，格 $\langle P(A),\cap,\cup\rangle$ 是分配格，$P(A)$ 是集合 A 的幂集，因为对任意 X，Y，$Z\in P(A)$，有
$$X\cap(Y\cup Z)=(X\cap Y)\cup(X\cap Z)$$
$$X\cup(Y\cap Z)=(X\cup Y)\cap(X\cup Z)$$
即集合的交、并运算满足分配律。

例 12.1.4 说明图 12.1.4 的格是否是分配格。

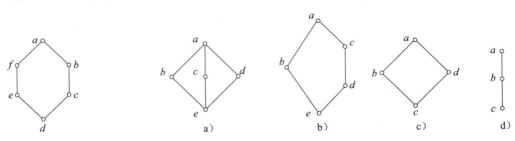

图 12.1.3 格 L 图 12.1.4 格

解 图 12.1.4a、图 12.1.4b 都不是分配格，图 12.1.4c、图 12.1.4d 是分配格。因为在图 12.1.4a 中

$$b \wedge (c \vee d) = b \wedge a = b$$
$$(b \wedge c) \vee (b \wedge d) = e \vee e = e$$

在图 12.1.4b 中

$$c \wedge (b \vee d) = c \wedge a = c$$
$$(c \wedge b) \vee (c \wedge d) = e \vee d = d$$

称图 12.1.4a 为**钻石格**，图 12.1.4b 为**五角格**。

下面给出判断格是分配格的充分必要条件。

定理 12.1.3 设$\langle L, \vee, \wedge \rangle$是格，则 L 是分配格的充分必要条件是 L 中不含有与钻石格或五角格同构的子格。

证明 略。

推论 1) 小于 5 元的格都是分配格。

2) 任何一条链都是分配格。

例 12.1.5 说明图 12.1.5 的格是否是分配格。

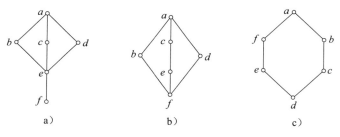

图 12.1.5 格

解 图 12.1.5a、图 12.1.5b、图 12.1.5c 都不是分配格，因为图 12.1.5a 的子格$\{a, b, c, d, e\}$同构于钻石格，图 12.1.5b 的子格$\{a, b, c, d, f\}$也同构于钻石格，图 12.1.5c 的子格$\{a, b, c, d, e\}$同构于五角格。

定理 12.1.4 设$\langle L, \vee, \wedge \rangle$为分配格，那么对 L 中任意元素 a、b、c，有

$$a \wedge b = a \wedge c \text{ 并且 } a \vee b = a \vee c \text{ 当且仅当 } b = c$$

证明 充分性是显然的。

现证必要性。由于

$$
\begin{array}{ll}
(a \wedge b) \vee c = (a \wedge c) \vee c = c & a \wedge b = a \wedge c \\
(a \wedge b) \vee c = (a \vee c) \wedge (b \vee c) & \text{分配律} \\
\qquad = (a \vee b) \wedge (b \vee c) & a \vee c = a \vee b \\
\qquad = b \vee (a \wedge c) & \text{分配律} \\
\qquad = b \vee (a \wedge b) & a \wedge b = a \wedge c \\
\qquad = b
\end{array}
$$

故 $b = c$。

利用定理 12.1.4 可以反证某格不是分配格，如对于图 12.1.4a 所示的格 L，有 $a \wedge b = a \wedge c$ 并且 $a \vee b = a \vee c$，但是 $b \neq c$，所以图 12.1.4a 所示的格 L 不是分配格。

12.1.3   有界格和有补格

定义 12.1.6   设 L 是格，如果存在 $a \in L$，使得 $\forall x \in L$ 有 $a \leqslant x$，则称 a 为格 L 的**全下界**，记为 0；如果存在 $b \in L$，使得 $\forall x \in L$ 有 $x \leqslant b$，则称 b 为格 L 的**全上界**，记为 1。存在全上界和全下界的格，称为**有界格**，记为 $\langle L，\vee，\wedge，0，1\rangle$。

例如，对任意集合 A 的幂集 $P(A)$，$\langle P(A)，\bigcap，\bigcup\rangle$ 是有界格，因为格 $\langle P(A)，\bigcap，\bigcup\rangle$ 存在全上界 $1 = A$，全下界 $0 = \varnothing$。

实际上格 $\langle L，\leqslant\rangle$ 的全上界和全下界，就是 L 的最大元和最小元。而集合的最大元和最小元是唯一的，所以，若格 $\langle L，\leqslant\rangle$ 存在全上界和全下界，一定是唯一的。

显然，有限格是有界格。若有限格 $L = \{a_1, a_2, \cdots, a_n\}$，则 $a_1 \wedge a_2 \wedge \cdots \wedge a_n$ 是 L 的全下界，$a_1 \vee a_2 \vee \cdots \vee a_n$ 是 L 的全上界。但有界格不一定是有限格，例如 $\langle [0，1]，\leqslant\rangle$ 是有界格，但不是有限格。

定义 12.1.7   设 $\langle L，\vee，\wedge，0，1\rangle$ 为有界格，$a \in L$，如果存在 $b \in L$，使得

$$a \vee b = 1 \text{ 和 } a \wedge b = 0$$

则称 b 为 a 的**补元**或**补**。

应当注意补元的下列特点：

1）补元是相互的，即 b 是 a 的补元，那么 a 也是 b 的补元。

2）0 和 1 互为补元。

3）并非有界格中每个元素都有补元，而一个元素的补元也未必唯一。

例 12.1.6   指出图 12.1.6 中各个元素的补元。

解   图 12.1.6a 中元素 a 和 d 互为补元，a 是全上界，d 是全下界，c、b、e 都没有补元；图 12.1.6b 中元素 a 和 e 互为补元，a 是全上界，e 是全下界，b 的补元是 c 和 d，c 的补元是 b 和 d，d 的补元是 a 和 c；图 12.1.6c 中元素 a 和 e 互为补元，a 是全上界，e 是全下界，b 有补元 c 和 d，而 c、d 的补元同为 b；图 12.1.6d 中元素 a 和 c 互为补元，a 是全上界，c 是全下界，b 没有补元。

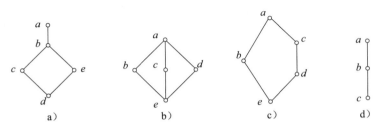

图 12.1.6   有界格

定义 12.1.8   设 $\langle L，\vee，\wedge，0，1\rangle$ 为有界格，如果 L 中每个元素都有补元，称 L 为**有补格**。

例 12.1.7   判断图 12.1.6 中的格是否是有补格。

解　图 12.1.6a 不是有补格，因为存在元素没有补元；图 12.1.6b 和图 12.1.6c 中每个元素都有补元，是有补格；图 12.1.6d 不是有补格，因为多于两个元素的链不是有补格。

关于有补格有下列事实。

定理 12.1.5　有补格 $\langle L, \vee, \wedge, 0, 1 \rangle$ 中元素 0、1 的补元是唯一的。

证明　已知 0、1 互为补元。设 a 也是 1 的补元，那么 $a \wedge 1 = 0$，即 $a = 0$。因此 1 的补元仅为 0。同样可证 0 的补元仅为 1。

定理 12.1.6　有补分配格中每一元素的补元都是唯一的。

证明　设 $\langle L, \vee, \wedge, 0, 1 \rangle$ 为有补分配格，a 为 L 中任一元素，b、c 都是 a 的补元，那么

$$a \wedge b = 0 = a \wedge c, \quad a \vee b = 1 = a \vee c$$

根据定理 12.1.4，$b = c$，因此 a 只有唯一补元。

有补分配格中元素 a 的补元可用 $\bar{a}$ 来表示。

推论　对有补分配格中每一元素 a，有

$$\bar{\bar{a}} = a$$

定理 12.1.7　设 $\langle L, \vee, \wedge \rangle$ 为有补分配格，那么对 L 中任意元素 a、b，有

1) $\overline{a \vee b} = \bar{a} \wedge \bar{b}$

2) $\overline{a \wedge b} = \bar{a} \vee \bar{b}$

证明　由于

$$(a \vee b) \wedge (\bar{a} \wedge \bar{b}) = (a \wedge (\bar{a} \wedge \bar{b})) \vee (b \wedge (\bar{a} \wedge \bar{b})) = 0$$

$$(a \vee b) \vee (\bar{a} \wedge \bar{b}) = (a \vee b \vee \bar{a}) \wedge (a \vee b \vee \bar{b}) = 1$$

因此 $\bar{a} \wedge \bar{b}$ 为 $a \vee b$ 的补元。由补元的唯一性得

$$\overline{a \vee b} = \bar{a} \wedge \bar{b}$$

同样可证 2)，请读者自行完成。

定义 12.1.9　设 $\langle L, \vee, \wedge \rangle$ 为格，如果对 L 中任意元素 a、b、c，只要 $a \leqslant c$，就有 $a \vee (b \wedge c) = (a \vee b) \wedge c$，则称 $\langle L, \vee, \wedge \rangle$ 为**模格**。

由定义可知，分配格一定是模格，但模格不一定是分配格。

12.2　布尔代数

在这一节，讨论另一代数结构——布尔代数，其实它是特殊的格。

12.2.1　布尔代数的基本概念

定义 12.2.1　如果一个格是有补分配格，则称它为**布尔格**或**布尔代数**。

布尔代数中的每一个元素都存在补元，所以在 B 上还有一个一元运算——求补运算。通常用 $\langle B, \vee, \wedge, {}^{-}, 0, 1 \rangle$ 来表示布尔代数，其中 ${}^{-}$ 为一元求补运算。

例 12.2.1　设 A 是任意集合，证明幂集格 $\langle P(A), \cup, \cap, {}^{-}, \varnothing, A \rangle$（其中 ${}^{-}$ 为一

元求补运算)为布尔代数(称为集合代数)。

证明 $P(A)$关于∩和∪构成格,因为∩和∪运算满足交换律、结合律和吸收律。由于∩对∪运算和∪对∩运算都是可分配的,所以$P(A)$是分配格,且全下界是$\varnothing$,全上界是集合A。取全集为A。根据绝对补的定义,对任意$x\in P(A)$,x的补元是$A-x$。因此$P(A)$是有补分配格,即布尔代数。 ◀

由于布尔代数是一个有补分配格,所以关于格、有补格、分配格中成立的所有运算律在布尔代数中都成立。下面列出布尔代数满足的运算律。

对任意a,b,$c\in L$,有

1)$\overline{\overline{a}}=a$ 双重否定律

2)$a\wedge 1\Leftrightarrow a$ 同一律
 $a\vee 0\Leftrightarrow a$

3)$a\vee 1\Leftrightarrow 1$ 零元律
 $a\wedge 0\Leftrightarrow 0$

4)$a\vee a\Leftrightarrow a$ 幂等律
 $a\wedge a\Leftrightarrow a$

5)$a\vee b\Leftrightarrow b\vee a$ 交换律
 $a\wedge b\Leftrightarrow b\wedge a$

6)$(a\vee b)\vee c\Leftrightarrow a\vee(b\vee c)$ 结合律
 $(a\wedge b)\wedge c\Leftrightarrow a\wedge(b\wedge c)$

7)$a\vee(a\wedge b)\Leftrightarrow a$ 吸收律
 $a\wedge(a\vee b)\Leftrightarrow a$

8)$\overline{a\vee b}=\overline{a}\wedge\overline{b}$ 德·摩根律
 $\overline{a\wedge b}=\overline{a}\vee\overline{b}$

9)$a\wedge(b\vee c)\Leftrightarrow(a\wedge b)\vee(a\wedge c)$ 分配律
 $a\vee(b\wedge c)\Leftrightarrow(a\vee b)\wedge(a\vee c)$

10)$a\wedge\overline{a}=0$ 互补律
 $a\vee\overline{a}=1$

上面的运算律不是各自独立的,由交换律、分配律、同一律和互补律可以推出其他运算律,因此布尔代数还可以用代数系统的性质来定义。

定义 12.2.2 设有代数系统$\langle B,\vee,\wedge\rangle$,$\vee$、$\wedge$为$B$上的二元运算。

1)交换律:$\forall a,b\in B$,有
$$a\vee b=b\vee a,\ a\wedge b=b\wedge a$$

2)分配律:$\forall a,b,c\in B$,有
$$a\vee(b\wedge c)=(a\vee b)\wedge(a\vee c)$$
$$a\wedge(b\vee c)=(a\wedge b)\vee(a\wedge c)$$

3)存在$0,1\in B$,使得$\forall x\in B$,有
$$x\vee 1=1,\ x\wedge 0=0$$

4)$\forall x \in B$，均存在元素 $\overline{a}$，使得

$$a \vee \overline{a} = 1, \quad a \wedge \overline{a} = 0$$

称 $\langle B, \vee, \wedge \rangle$ 为**布尔代数**。

可以证明定义 12.2.1 与定义 12.2.2 等价，只要证明 B 为格，进而由 2)、3)、4)可断定 B 为有补分配格。证明略。

例 12.2.2 1)在 $\langle B, \vee, \wedge, ^-, 0, 1 \rangle$ 中取 $B = \{0, 1\}$，得 $\langle \{0, 1\}, \vee, \wedge, ^-, 0, 1 \rangle$ 为布尔代数。

2)$\langle P, \vee, \wedge, \neg, f, t \rangle$ 为布尔代数，这里 P 为命题公式集，$\vee$、$\wedge$、$\neg$ 为析取、合取、否定等真值运算，f、t 分别为永假命题、永真命题，又称为**命题代数**。

3)设 B_n 为由真值 0、1 构成的 n 元有序组组成的集合，即

$$B_n = \{\langle a_1, a_2, \cdots, a_n \rangle \mid a_i = 0 \text{ 或 } a_i = 1, \ i = 1, 2, \cdots, n\}$$

在 B_n 上定义运算(以下用 $\boldsymbol{a}$ 表示 $\langle a_1, a_2, \cdots, a_n \rangle$，$\boldsymbol{0}$ 表示 $\langle 0, 0, \cdots, 0 \rangle$，$\boldsymbol{1}$ 表示 $\langle 1, 1, \cdots, 1 \rangle$)

$$\boldsymbol{a} \vee \boldsymbol{b} = \langle a_1 \vee b_1, a_2 \vee b_2, \cdots, a_n \vee b_n \rangle$$

$$\boldsymbol{a} \wedge \boldsymbol{b} = \langle a_1 \wedge b_1, a_2 \wedge b_2, \cdots, a_n \wedge b_n \rangle$$

$$\neg \boldsymbol{a} = \langle \neg a_1, \neg a_2, \cdots, \neg a_n \rangle$$

那么，$\langle B_n, \vee, \wedge, \neg, 0, 1 \rangle$ 为布尔代数，常称为**开关代数**。 ◄

定义 12.2.3 设 $f: A \to B$ 为布尔代数 $\langle A, \vee, \wedge, ^-, 0, 1 \rangle$ 到布尔代数 $\langle B, \vee, \wedge, ^-, 0, 1 \rangle$ 的同态映射，即对任何元素 a、b，有

1)$f(a \vee b) = f(a) \vee f(b)$

2)$f(a \wedge b) = f(a) \wedge f(b)$

3)$f(\overline{a}) = \overline{f(a)}$

那么称 f 为 A 到 B 的**布尔同态**。当 f 是双射时，称布尔代数 $\langle A, \vee, \wedge, ^-, 0, 1 \rangle$ 和 $\langle B, \vee, \wedge, ^-, 0, 1 \rangle$ **同构**。

12.2.2 布尔表达式与布尔函数

布尔代数中的布尔表达式、布尔函数的范式表示及简化，无论在理论研究和实际应用中都有十分重要的意义，本小节将介绍这两个概念。

定义 12.2.4 设 $\langle B, \vee, \wedge, ^- \rangle$ 为布尔代数，如下递归地定义 B 上的布尔表达式：

1)布尔常元(取值于 B 的常元)是一个布尔表达式。

2)布尔变元(取值于 B 的变元)是一个布尔表达式。

3)如果 e_1、e_2 为布尔表达式，那么 $\overline{e_1}$、$(e_1 \vee e_2)$、$(e_1 \wedge e_2)$ 也是布尔表达式。

4)只有有限次使用规则 1)、2)、3)生成的表达式才是布尔表达式。

为了省略括号，我们约定运算 $^-$ 的优先级高于运算 $\vee$ 和 $\wedge$，并约定表达式最外层括号省略。

定义 12.2.5 含有 n 个不同变元 $x_1, x_2, \cdots, x_n$ 的布尔表达式称为 $\boldsymbol{n}$ **元布尔表达式**，记作 $f(x_1, x_2, \cdots, x_n)$。

例 12.2.3 设$\langle\{0，a，b，1\}，\vee，\wedge，^{-}\rangle$为布尔代数，那么

$$0\wedge x_1，(1\vee\overline{x_2})\wedge x_1，((a\wedge x_1)\vee\overline{x_1\wedge x_2})\wedge(\overline{x_1}\vee x_3)$$

都是布尔表达式，分别称为含有单个变元x_1的布尔表达式、含有2个变元x_1、x_2的布尔表达式和含有3个变元x_1、x_2、x_3的布尔表达式。   ◀

定义 12.2.6 设$\langle B，\vee，\wedge，^{-}\rangle$为布尔代数，$B^n=\{(x_1,x_2,\cdots,x_n)\mid x_i\in\{0，1\}，0\leqslant i\leqslant1\}$，如果一个从$B^n$到$B$的函数$f：B^n\to B$能够用$\langle B，\vee，\wedge，^{-}\rangle$上的$n$元布尔表达式$f(x_1,x_2,\cdots,x_n)$来表示，称函数$f：B^n\to B$为 **n 元布尔函数**。设$B=\{0，1\}$，变元$x$仅从$B$中取值，则称该变元为**布尔变元**。

每个布尔表达式都表示一个布尔函数，布尔函数的值可以通过用0和1替换表达式中的变元得到。

例 12.2.4 计算由$f(x，y，z)=(x\wedge y)\vee\overline{z}$表示的布尔函数。

解 $f(x，y，z)=(x\wedge y)\vee\overline{z}$表示的布尔函数的值见表12.2.1。

表 12.2.1   布尔函数表

x	y	z	$(x\wedge y)\vee\overline{z}$	x	y	z	$(x\wedge y)\vee\overline{z}$
0	0	0	1	1	0	0	1
0	0	1	0	1	0	1	0
0	1	0	1	1	1	0	1
0	1	1	0	1	1	1	1

◀

给定一个布尔函数表，可以写出表示这个布尔函数的布尔表达式。方法类似于在命题代数中，给定命题的真值表写出命题表达式。根据布尔函数表可以写出布尔表达式的析取范式和合取范式。

定义 12.2.7 布尔表达式

$$\alpha_1\wedge\alpha_2\wedge\cdots\wedge\alpha_n$$

称为n个变元的**极小项**，其中α_i为变元x_i或$\overline{x_i}$，而表达式

$$\alpha_1\vee\alpha_2\vee\cdots\vee\alpha_n$$

称为n个变元的**极大项**，其中α_i为变元x_i或$\overline{x_i}$。

显然，n个变元的极小项和极大项各有2^n个。它们具有的性质与第1章中命题表达式的极小项和极大项的性质相同。

布尔表达式的析取范式是极小项的布尔和，合取范式是极大项的布尔积。对于两个变量x_1和x_2，称$x_1\vee x_2$为**布尔和**，$x_1\wedge x_2$为**布尔积**。在布尔代数中布尔和常用x_1+x_2表示，布尔积常用x_1x_2表示。

例 12.2.5 根据表12.2.1可以写出布尔表达式

$$f(x，y，z)=(\overline{x}\wedge\overline{y}\wedge\overline{z})\vee(\overline{x}\wedge y\wedge\overline{z})\vee(x\wedge\overline{y}\wedge\overline{z})\vee(x\wedge y\wedge\overline{z})\vee(x\wedge y\wedge z)$$

这个表达式是$f(x，y，z)=(x\wedge y)\vee\overline{z}$的析取范式。   ◀

12.2.3　布尔代数和数字电路

数字电路广泛应用于通信、电子计算机、自动控制、航天、雷达、电视等科学技术领域。数字电路是用数字信号实现算术运算和逻辑运算的电路，布尔代数是分析和设计数字电路的数学工具。

数字电路中的逻辑门电路可以实现布尔代数的运算，图 12.2.1 是基本的逻辑门电路符号。图 12.2.1a 是反相器，它有一个输入端和一个输出端，输入布尔值，输出该布尔值的补。图 12.2.1b 是与门，它有两个或多个输入端和一个输出端，输入两个或多个布尔值，输出这些布尔值的布尔积。图 12.2.1c 是或门，它有两个或多个输入端和一个输出端，输入两个或多个布尔值，输出这些布尔值的布尔和。

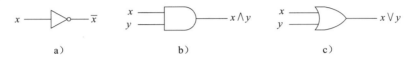

图 12.2.1　基本的逻辑门电路符号

电路的输出只与输入有关，和电路的当前状态无关，称这样的电路为**组合电路**。使用反相器、与门和或门的组合可以构造组合电路。

例 12.2.6　构造产生下列输出的电路：(1) $(x \vee y) \wedge \overline{x}$；(2) $\overline{y} \wedge \overline{x \vee \overline{z}}$。

解　电路如图 12.2.2a 和图 12.2.2b 所示。

图 12.2.2　电路图

例 12.2.7　一决策小组由 3 人组成，每人对决议可以投赞成或反对票，一项决议如果获得两票赞成，则通过。请设计一个投票表决电路。

解　设 3 个人的投票情况分别用 x、y、z 的值表示，如第一人投赞成票时 $x=1$，投反对票时 $x=0$，决议获得通过时 $f=1$，决议未获通过时 $f=0$。对 3 个人所有可能的投票情况及各种情况下的输出 f 值，可以列出一个表，即投票电路的布尔函数表 12.2.2。

表 12.2.2　例 12.2.7 表

x	y	z	F	x	y	z	F
0	0	0	0	1	0	0	0
0	0	1	0	1	0	1	1
0	1	0	0	1	1	0	1
0	1	1	1	1	1	1	1

根据这个表可以写出用析取范式表示的布尔函数

$$F(x, y, z) = (\overline{x} \wedge y \wedge z) \vee (x \wedge \overline{y} \wedge z) \vee (x \wedge y \wedge \overline{z}) \vee (x \wedge y \wedge z)$$

可以用反相器、与门和或门构成的组合电路实现这个布尔函数。在这个布尔函数中，每个极小项(布尔积)用一个 3 输入的与门实现，4 个极小项需要 4 个与门，变量的补用反相器实现，4 个与门的输出作为或门的输入，或门输出布尔函数值。用逻辑门电路实现布尔函数时，布尔函数越简单，需要的门电路越少。利用布尔代数的性质，可以对布尔函数化简，如上式可化简为

$$F(x, y, z) = (\overline{x} \wedge y \wedge z) \vee (x \wedge \overline{y} \wedge z) \vee (x \wedge y \wedge \overline{z}) \vee (x \wedge y \wedge z)$$
$$= (x \wedge y) \vee (x \wedge z) \vee (y \wedge z)$$

这时，可以用 3 个 2 输入与门和 1 个 3 输入或门实现这个布尔函数，这个投票电路如图 12.2.3 所示。

图 12.2.3　投票表决电路图

习题

1. 下面各哈斯图中，哪些是格，哪些不是格？说明理由。

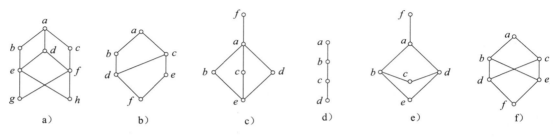

习题 1 图

2. 对格 L 中任意元素 a、b、c、d，证明：

(1) $a \leqslant b$，$a \leqslant c$ 当且仅当 $a \leqslant b \wedge c$。

(2)$a \leqslant c$，$b \leqslant c$ 当且仅当 $a \vee b \leqslant c$。

(3)若 $a \leqslant b \leqslant c$，$d \wedge c = a$，则 $d \wedge b = a$。

(4)$(a \wedge b) \vee (a \wedge c) \leqslant a \wedge (b \vee c)$。

(5)$((a \wedge b) \vee (a \wedge c)) \wedge ((a \wedge b) \vee (b \wedge c)) = a \wedge b$。

(6)$(a \wedge b) \vee (c \wedge d) \leqslant (a \vee c) \wedge (b \vee d)$。

3. 令 $x < y$ 表示 $x \leqslant y$ 且 $x \neq y$，对格 L 中任意元素 a、b，证明 $a \wedge b < a$ 且 $a \wedge b < b$ 当且仅当 a 与 b 是不可比较的，即 $a \leqslant b$、$b \leqslant a$ 都不成立。

4. 对于习题 1 图中的每个格，如果格中的元素存在补元，则求出这些补元。

5. 判断习题 1 图中的每个格是否是分配格、有补格和布尔格，并说明理由。

6. 证明在有界分配格中，拥有补元的所有元素可以构成一个子格。

7. 设 $\langle L, \vee, \wedge \rangle$ 为有补分配格，a、b 为 L 中任意元素，证明
$$\bar{b} \leqslant \bar{a} \text{ 当且仅当 } a \wedge \bar{b} = 0 \text{ 当且仅当 } \bar{a} \vee b = 1$$

8. 设 $\langle L, \vee, \wedge, 0, 1 \rangle$ 是有界格，a 为 L 中任意元素，证明
$$a \wedge 0 = 0, \quad a \vee 0 = a, \quad a \wedge 1 = a, \quad a \vee 1 = 1$$

9. 证明下列布尔恒等式：

(1)$(a \wedge b) \vee (a \wedge \bar{b}) \vee (\bar{a} \wedge b) = a \vee b$

(2)$(a \wedge c) \vee (\bar{a} \wedge b) \vee (b \wedge c) = (a \wedge c) \vee (\bar{a} \wedge b)$

(3)$(a \vee \bar{b}) \wedge (b \vee \bar{c}) \wedge (c \vee \bar{a}) = (\bar{a} \vee b) \wedge (\bar{b} \vee c) \wedge (\bar{c} \vee a)$

(4)$(a \wedge b) \vee (\bar{a} \wedge c) \vee (\bar{b} \wedge c) = (a \wedge b) \vee c$

(5)$(a \vee b \vee d) \wedge (\bar{a} \vee c \vee e) = ((a \vee b) \wedge (\bar{a} \vee c)) \vee ((a \vee d) \wedge (a \vee e))$

(6)$(a \vee b) \wedge (\bar{a} \vee c) = (\bar{a} \wedge b) \vee (a \wedge c)$

10. 化简下列布尔表达式，并求它们的对偶式。

(1)$(1 \wedge a) \vee (0 \wedge \bar{a})$

(2)$(a \wedge b) \vee (\bar{a} \wedge b \wedge c) \vee (b \wedge c)$

(3)$((a \wedge \bar{b}) \vee c) \wedge (a \vee \bar{b}) \wedge c$

(4)$\overline{a \wedge b} \vee a \vee b$

11. 设 a、b 为布尔代数 B 中任意元素，证明
$$a = b \text{ 当且仅当 } (a \wedge \bar{b}) \vee (\bar{a} \wedge b) = 0$$

12. 设 a、b、c、d 为布尔代数 B 中任意元素，证明当 $c \vee a = b$，$c \wedge a = 0$，$d \vee a = b$，$d \wedge a = 0$ 时有 $b \wedge a = a$，$b \wedge c = c$，$c = d$。

13. 设 $\langle B, \vee, \wedge, ^-, 0, 1 \rangle$ 为布尔代数，定义 B 上的环和运算 $\oplus$：对任意 $a, b \in B$
$$a \oplus b = (a \wedge \bar{b}) \vee (\bar{a} \wedge b)$$

(1)证明 $\langle B, \oplus \rangle$ 为阿贝尔群。

(2)证明 $\langle B, \oplus, \wedge \rangle)$ 为含幺交换环。

14. 设 $\langle B, \vee, \wedge, ^-, 0, 1 \rangle$ 为布尔代数，证明
$$a \leqslant b \Leftrightarrow a \wedge \bar{b} = 0 \Leftrightarrow \bar{a} \vee b = 1$$

15. 已知〈{0, a, b, 1}, ∨, ∧, ¯, 0, 1〉为布尔代数，其上有布尔函数

$$f(x_1, x_2, x_3) = (a \wedge x_1 \wedge \overline{x_2}) \vee (x_1 \wedge (x_3 \vee b))$$

(1) 求 $f(b, 1, a)$ 的值。

(2) 求 $f(x_1, x_2, x_3)$ 的主析取范式与主合取范式。

16. 设 a、b 为布尔代数 B 的两个常元，且 $a \wedge b = a$，证明下列方程组

$$\begin{cases} x \vee a = b \\ x \wedge a = 0 \end{cases}$$

有唯一解 $x = \overline{a} \wedge b$。

17. 证明在分配格中，有

(1) $a \wedge \bigvee_{i=1}^{m} b_i = \bigvee_{i=1}^{m} (a \wedge b_i)$

(2) $a \vee \bigwedge_{i=1}^{m} b_i = \bigwedge_{i=1}^{m} (a \vee b_i)$

18. 求下面所给电路的输出。

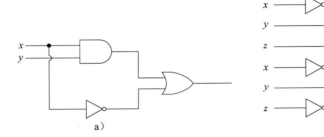

习题 18 图

19. 用反相器、与门和或门构造产生下列输出的电路。

(1) $x + \overline{y}$

(2) $\overline{xy} + y$

(3) $(x + y + z)(\overline{x} + \overline{y} + \overline{z})$

(4) $\overline{\overline{xy} + \overline{yz}}$

参 考 文 献

[1] 左孝凌，李为鉴，刘永才. 离散数学[M]. 上海：上海科学技术文献出版社，1982.

[2] 屈婉玲，耿素云，张立昂. 离散数学[M]. 北京：高等教育出版社，2008.

[3] ROSEN K H. 离散数学及其应用[M]. 袁崇义，等译. 6版. 北京：机械工业出版社，2009.

[4] 徐凤生，等. 离散数学及其应用[M]. 北京：机械工业出版社，2009.

[5] 屈婉玲，耿素云，张立昂. 离散数学学习指导与习题解析[M]. 北京：高等教育出版社，2010.

[6] 石纯一，王家. 数理逻辑与集合论[M]. 北京：清华大学出版社，2005.

[7] 徐洁磐，朱怀宏，宋方敏. 离散数学及其在计算机中的应用[M]. 北京：人民邮电出版社，2005.

[8] 耿素云，屈婉玲，王捍贫. 离散数学教程[M]. 北京：北京大学出版社，2001.

[9] 傅彦，顾小丰，王庆先，等. 离散数学及其应用[M]. 北京：高等教育出版社，2008.

[10] 傅彦，王丽杰，尚明生，等. 离散数学实验与习题解析[M]. 北京：高等教育出版社，2007.

[11] 屈婉玲，耿素云，张立昂. 离散数学题解[M]. 北京：清华大学出版社，2001.

[12] 董晓蕾，曹珍富. 离散数学[M]. 北京：机械工业出版社，2009.

[13] KOLMAN B，BUSBY R C，ROSS S C. 离散数学结构[M]. 罗平，译. 4版. 北京：高等教育出版社，2001.

[14] 柴玉梅，张坤丽. 人工智能[M]. 北京：机械工业出版社，2012.

[15] ANDERSON J A. 离散数学和组合数学[M]. 俞正光，等译. 北京：清华大学出版社，2004.

[16] 王元元，等. 离散数学教程[M]. 北京：高等教育出版社，2010.

[17] ENDERTON H B. 集合论基础[M]. 北京：人民邮电出版社，2006.

[18] CHARTRAND G，ZHANG P. 图论导引[M]. 范益政，等译. 北京：人民邮电出版社，2006.

[19] 屈婉玲，耿素云，张立昂. 离散数学[M]. 2版. 北京：清华大学出版社，2008.